統計科学のフロンティア 12

計算統計 II

統計科学のフロンティア 12

甘利俊一　竹内啓　竹村彰通　伊庭幸人 編

計算統計 II

マルコフ連鎖モンテカルロ法とその周辺

伊庭幸人　種村正美　大森裕浩
和合肇　　佐藤整尚　高橋明彦

岩波書店

編集にあたって
マルコフ連鎖モンテカルロ法と逐次モンテカルロ法

　この巻では，計算統計の最大の話題のひとつであるマルコフ連鎖モンテカルロ法（Markov Chain Monte Carlo, MCMC）と逐次モンテカルロ法（Sequential Monte Carlo, SMC）を扱う．マルコフ連鎖モンテカルロ法は，統計物理の分野で 1950 年代のはじめに導入されたが，統計科学の分野で盛んに使われるようになったのは，それから 40 年近くを経た 1990 年代に入ってからである．その後の展開は華々しいものがあり，現在では計量経済や生物・医学統計，ゲノム解析，空間統計など，さまざまな分野で必須の道具となり，統計科学の標準カリキュラムに取り入れられつつある．

　マルコフ連鎖モンテカルロ法の基本を解説するには，2 つの考え方がある．ひとつは，確率分布からのサンプリングの手法としてのマルコフ連鎖モンテカルロ法そのものを，特定の応用から離れて解説することである．もうひとつは，決まった応用分野に密着して，その分野の案内とマルコフ連鎖モンテカルロ法の入門を兼ねた解説とすることである．たとえば，ベイズ統計の枠組みでの応用についてなら，マルコフ連鎖モンテカルロ法を通じたベイズ統計入門ということになる．

　本書では，読者の志向に応じて，どちらのコースも可能なように配慮した．さらに，配置データ・方向データの尤度解析への応用，ベイズ的手法による経済時系列解析，第 2 の MCMC として注目されている逐次モンテカルロ法，その金融データ解析への応用などを論じ，一冊でこの分野を俯瞰できるような内容となっている．

　本書の主なターゲットは，統計学，情報科学，生物科学，計量経済分析，機械学習などの諸分野で計算統計の手法に興味や必要を感じられている方である．物性理論や分子シミュレーションなど，マルコフ連鎖モンテカルロ法（動的モンテカルロ法）が古典的手法となっている分野の読者にもおすすめしたい．諸分野に共通の基礎的部分について新たな視点を得るとともに，同じ手法が全く異なる目的で利用されていることに驚かれるかもしれ

ない．また，数学としての確率論を学ばれている方は，その基礎的概念が応用の現場で生かされている姿を，本書で知ることができよう．

以下，各著者による解説の概略を紹介する．伊庭による解説「マルコフ連鎖モンテカルロ法の基礎」では，特定の応用分野を想定せずに，基礎からの解説を行った．やさしい具体的な例からはじめて，マルコフ連鎖モンテカルロ法とはどういう方法で，どのように働くのかを明らかにし，なぜそれが必要なのか，マルコフ連鎖を使うとなぜよいのか，を基本から考えつつ，進んだ方法論までを一貫して紹介した．数学の知識をなるべく仮定せずに初歩から説明したが，レプリカ交換法やパーフェクト・シミュレーションのような新しい話題にも触れている．統計科学や情報科学に興味を持つ方はもちろん，物理や化学の研究者，また，情報理論や統計物理の基本概念をアルゴリズムの視点から見直したい読者にも適した内容である．

次は，種村による解説「マルコフ連鎖モンテカルロ法の空間統計への応用」である．ここでは，マルコフ連鎖モンテカルロ法を利用したデータ解析の手法が，空間点過程への応用，方向や配列のデータへの応用を中心に，生物統計をはじめとする多くの実例を通じて紹介されている．これらの応用では，事後分布からのサンプリングではなく，複雑な尤度を持つモデルの最尤推定や診断のためにマルコフ連鎖モンテカルロ法が利用される．統計科学への応用といっても，さまざまな形態があることに注目したい．空間統計に関する邦書は多くないので，その意味でも貴重な解説である．なお，種村氏は尾形良彦氏とともに，1980年代はじめからマルコフ連鎖モンテカルロ法の統計科学への応用を発表されており，それらは先駆的な研究として世界的に広く知られている[*1]．

後半の第III部，第IV部では，計量経済への応用を念頭において，ベイジアンモデリングへの応用を解説としている．後半の最初は，大森による「マルコフ連鎖モンテカルロ法の基礎と統計科学への応用」である．この解説は，いわば第2の基礎編として位置付けられるもので，ベイジアンモデ

リングの解説を兼ねたマルコフ連鎖モンテカルロ法入門となっている．多数の例題を用いて，マルコフ連鎖モンテカルロ法の実際の使い方が，ベイズ統計の基礎および潜在変数や階層構造を利用したモデリングの方法と並行して解説される．

　後半の 2 番目は和合と大森の共著による展開編「マルコフ連鎖モンテカルロ法の経済時系列モデルへの応用」である．ここでは，各種のベイズモデル，状態空間モデルを紹介しながら，ベイズ統計の立場から時系列解析の方法が解説される．第 2 章は状態空間モデルの基礎的な扱い方を簡潔に論じており，初心者にも有用であろう．それ以外の部分の内容はかなり高度であるが，単位根・共和分の問題のベイズ的な扱い，ベイジアン因子分析，確率的ボラティリティ変動モデル，レジーム間の遷移を含む自己回帰モデルなど，さまざまな話題が扱われている．

　この巻の第 III 部，第 IV 部の解説と，本シリーズ第 4 巻『階層ベイズモデルとその周辺』および第 11 巻『計算統計 I』の第 III 部は相補的な内容であり，あわせて，現代的なベイズ統計とその計算技法の概観を与えている．

　2 篇の補論では逐次モンテカルロ法の周辺が解説されている．「逐次モンテカルロ法」は分野によりパーティクル・フィルタ（モンテカルロ・フィルタ）や condensation などと呼ばれる方法を含む総称である．この手法では，対象となる系の多数の複製（粒子）を並列にシミュレートしながら，分裂させたり消滅させたりして計算を行う．遺伝的アルゴリズム（GA）に似た面もあるが，状態空間モデルなどにもとづく統計的モデリングを背景としているという特徴があり，さまざまな応用で注目されている．

　伊庭による「逐次モンテカルロ法入門」では，一般的な枠組みを解説し，非ガウス型の状態空間モデルによる時系列解析とロボットのナビゲーショ

[*1] 日本人によるこの分野での先駆的な研究としては，種村氏と尾形氏のものが最も有名であるが，それ以外にもいくつかの例がある．まず，シミュレーテッド・アニーリング法のような制約充足への応用では，津田孝夫氏らの研究がきわめて早い時期に行われている: Tsuda, T. and Kiyono, T. (1964) Application of the Monte Carlo method to systems of nonlinear algebraic equations, Numerische Mathematik, 6, 59–67. 逐次的な手法については以下がある: Akashi, H. and Kumamoto, H. (1977) Random sampling approach to state estimation in switching environments, Automatica, 13, 429–434.

ン（ローカリゼーション）の問題を応用例として紹介している．物理学における類似の方法（「拡散モンテカルロ法」など）との関係にも言及した．

佐藤と高橋による「モンテカルロフィルタを用いた金利モデルの推定」では，逐次モンテカルロ法を利用して，金融工学と状態空間モデリングを融合する試みについて解説している．現代の金融理論では，直接観測できない因子を含むモデルが用いられるが，現実の社会への応用のためにはその推定が必須となる．ここでは，それを理論モデルの外で行うのではなく，理論に統計科学的手法を組み込むことで統合的に行うアプローチが論じられる．

以上がこの巻のあらましであるが，マルコフ連鎖モンテカルロ法が統計科学に与えた影響，今後の展望などについて，いますこし述べたい．

統計科学に与えた影響として，最も目立つのは，1990年代のベイズ統計の流行の起爆剤となったことであろう．ただし，ベイズ統計が新たな注目を集めているのは，マルコフ連鎖モンテカルロ法のみによるわけではなく，平滑化事前分布や周辺尤度最大化法などの発展，機械学習や符号理論のような周辺分野での確率的定式化の展開がその背景にある．また，広い観点からみると，それぞれの対象にカスタマイズされたモデルを統計学のユーザが自力で作り出すという志向が，シンプルで実用的な体系の再評価をうながした面もある．しかし，それらを考慮に入れても，計算の困難という障害がアルゴリズムの発展によって取り除かれたことの実際的・心理的効果は無視できないものであった．

より詳しくみると，マルコフ連鎖モンテカルロ法が離散変数と連続変数の統一的な扱いを可能にしたことが重要である．また，MCMCを含めた計算統計科学の発展は「統計的モデリングの正規分布からの解放」という面でも，最後の一押しとなったのではないかと思われる．こうした展開は，モデリングの選択肢を増やすとともに，統計学の形式や理論にも影響を与える可能性がある．たとえば，モデル選択におけるベイズ因子の定義をめ

ぐる問題*2 は古くから論じられてきたが，マルコフ連鎖モンテカルロ法の登場で周辺尤度の計算が容易になって，議論が蒸し返されている．また，一見すると技術的だが，よく考えると，統計的な推論の目的についての反省をうながすような問題もある*3．第 11 巻の序文でも述べたが，統計学の方法を実践するための道具であるアルゴリズムが，さまざまな原理的問題を呼び起こすことは興味深い．

マルコフ連鎖モンテカルロ法の方法論そのものの発展はどうであろう．90 年代以降で目新しいものとしては，たとえば，レプリカ交換モンテカルロ法のような拡張アンサンブルを用いた手法の普及やパーフェクト・シミュレーションの登場がある．物理科学の視点からみると，マルコフ連鎖モンテカルロ法が，物理過程の真似という枠から脱することで，どのような新たな展開があるかは興味深い．一方では，この期間に，統計科学での要求に適合させるために，さまざまな工夫が行われてきた．それらの多くは有用なものであるが，今後，研究が進むにつれて，閉じた世界での細かな改良に陥る不安もないとはいえない．方法論の開発をめざす研究者には，学際的な視野を失わず，豊かな思想と見識を持つことを望みたい．

最後に，大局的にみて最も重要なのは，新たな応用分野への展開である．これは，物理科学から統計科学への導入に匹敵する全く新しい分野への参入から，すでにマルコフ連鎖モンテカルロ法が利用されている分野における新しい場面での使用まで，さまざまなレベルで考えられるが，いずれの場合も，確率的な枠組みが前提となる．そうした枠組みは，対象となる分野に既に備わっていることも，最初から作らなければならないこともあるが，ありがちなのは，以前から存在するが，忘れられている，もしくは，必

---

*2 事前密度が規格化不能なとき，その扱い方にモデルの周辺尤度が依存するため，ベイズ因子を用いたモデル選択で問題が起きる(improper prior の困難)．規格化不能でない場合でも，ある状況では古典的な検定とベイズ流の検定(あるいはモデル選択)が全く違う様相を示す(Lindley's paradox)．

*3 例として，有限混合分布における label switching の問題がある．教師なしで対象にラベルを貼って分類する問題をマルコフ連鎖モンテカルロ法で扱うと，ラベルの名前をそっくり入れ替えた状態の間を移り動く結果が得られる．予測分布などのラベルの入れ替えに依存しない対象だけを計算する，と割り切れば問題ないが，字義通りの「分類」にこだわると当惑することになる．

ずしもその分野の主流とはいえないという場合である．もし，その理由が，計算の困難にあるとすれば，そこにチャンスが生まれる．統計学の外部からみた場合の「ベイズ統計学」がまさにその例であった．コンピュータ・グラフィクス（レンダリング）における経路積分による定式化，誤り訂正符号の理論[*4] における確率的定式化なども，この図式にあてはまる．この意味では，マルコフ連鎖モンテカルロ法は「確率の科学」[*5] の友であり，最強の武器であるといえる．新しい応用分野として期待されるものには，コンピュータ・グラフィクス，組み合わせ論，実験計画法，力学系理論，などがあるが，おそらく，まだまだ未知のものがあるはずである．読者が新たな分野を切り開くのに本書が役立つことを期待したい．

（伊庭幸人）

[*4] この例では，実際に有用だったのは，マルコフ連鎖モンテカルロ法より，むしろ平均場近似などの決定論的な近似計算法であった．本シリーズ第 11 巻『計算統計 I』第 III 部の樺島氏・上田氏による解説，特に付録の部分を参照．

[*5] これはたとえば「大偏差形式」などと言い換えてもよい．

目 次

編集にあたって

第Ⅰ部　マルコフ連鎖モンテカルロ法の基礎　　伊庭幸人　　1

第Ⅱ部　マルコフ連鎖モンテカルロ法の
　　　　空間統計への応用　　　　　　　　　種村正美　　107

第Ⅲ部　マルコフ連鎖モンテカルロ法の
　　　　基礎と統計科学への応用　　　　　　大森裕浩　　153

第Ⅳ部　マルコフ連鎖モンテカルロ法の
　　　　経済時系列モデルへの応用　　和合肇・大森裕浩　　213

補論A　逐次モンテカルロ法入門　　　　　　伊庭幸人　　293

補論B　モンテカルロフィルタを用いた
　　　　金利モデルの推定　　　　　佐藤整尚・高橋明彦　　327

索　引

I
マルコフ連鎖モンテカルロ法の基礎

伊庭幸人

目 次

1 はじめに　3
2 マルコフ連鎖モンテカルロ法とは　8
　2.1 小さなモデル　8
　2.2 メトロポリス法の適用　10
　2.3 サイズが大きくなると　16
　2.4 連続変数のメトロポリス法　19
　2.5 ギブス・サンプラー　23
3 基本原理から具体的なアルゴリズムまで　28
　3.1 次元の呪い　28
　3.2 静的なモンテカルロ法の一般形　31
　3.3 静的なモンテカルロ法の限界　33
　3.4 なぜマルコフ連鎖を使うのか　35
　3.5 マルコフ連鎖と定常分布　39
　3.6 定常分布への収束の証明　43
　3.7 詳細釣り合い条件　47
　3.8 メトロポリス法とメトロポリス・ヘイスティングス法　49
　3.9 ギブス・サンプラー（熱浴法）　53
　3.10 ギブス・サンプラーと階層モデル　55
　3.11 そのほかの方法　58
　3.12 マルコフ連鎖の組み立て方　60
　3.13 アルゴリズム設計上の注意点　62
　3.14 実際に使う前に——収束の判断，乱数，ほか　63
4 分布から分布族へ　66
　4.1 マルコフ連鎖モンテカルロ法の2つの悩み　66
　4.2 シミュレーテッド・アニーリング　69
　4.3 アニーリングから拡張アンサンブルへ　72
　4.4 レプリカ交換モンテカルロ法　74
　4.5 多重和・多重積分の計算（初級篇）　78
　4.6 多重和・多重積分の計算（中級篇）　81
　4.7 積分の道と交換の道（上級篇）　83
　4.8 ラテン方陣の個数を計算する　87
付　録　91
　1 定常分布への収束の証明（本文の続き）　91
　2 遷移行列の固有値問題　92
　3 パーフェクト・シミュレーション　95
　4 条件付き密度を利用した多重積分法の導出　97
参考文献　102

1 はじめに

マルコフ連鎖モンテカルロ法(MCMC)は，多変量の確率分布からサンプルを得るための一群の手法である．その特徴は以下のようにまとめられる．

- ■ 正規分布などの性質の良くわかっている分布だけでなく，離散変数，連続変数を問わず，さまざまな分布に適用できる．
- ■ 非常に多変量の場合（確率変数が高次元ベクトルである場合）[*1]にも適用できる．

ここで「サンプルを得る」というのは，実世界で調査や実験をしてサンプルを得るという意味ではなく，数式などで明示的に与えられた確率分布からの具体的なサンプルを得るという意味である．「サンプリングの手法」というより「与えられた分布に従う乱数の生成法」といったほうがまぎれがないかもしれないが，「○○分布からの乱数生成」というイメージで思い浮かぶより，はるかに大規模かつ複雑な問題が扱われるので，この解説では「サンプリング」という言葉を一貫して用いることにする．

統計科学の範囲で，マルコフ連鎖モンテカルロ法が最も使われているのは，広い意味でのベイジアンモデリングに関連した領域である．ベイズ統計では，データ y が与えられたときに，パラメータ x のもとでの y の確率 $P(y|x)$ と x の事前分布 $P(x)$ を用いて，y のもとでの x の条件付き確率（事後分布）

$$P(x|y) = \frac{P(y|x)P(x)}{Z}, \qquad Z = \sum_{x} P(y|x)P(x) \qquad (1)$$

を計算する．Z は確率の合計を 1 とするための正規化定数（規格化定数，基準化定数）である．ここで，事後分布 $P(x|y)$ からの x のサンプルを得るためにマルコフ連鎖モンテカルロ法が利用される．狭い意味のベイズ統計

[*1] 高次元ベクトルの確率変数が 1 個あるといっても，1 成分の確率変数が多数あるといっても同じである．以下では気分によって使い分け，しばしば両者を併記する．

以外に,統計学・パターン認識・機械学習などにおいて「隠れた状態変数」「潜在変数」「missing data」を含む問題や誤り訂正符号を解読する問題なども同様の形に書けるので,マルコフ連鎖モンテカルロ法が適用できる.

分布の正規化定数が不明という条件のもとで,多変量で非ガウスの分布からのサンプリングが必要になるのは,統計科学に限らない.マルコフ連鎖モンテカルロ法の発祥の地,そして,最大の応用分野は,統計物理を中心とした物理学の分野である[*2].歴史的にみると,1950年代の登場から長らくの間,マルコフ連鎖モンテカルロ法の応用範囲は,物理学の世界にほぼ限られていたのが,20世紀の最後の15年ほどで統計学をはじめとする情報の科学の世界全体で広く利用されるようになったのである.

平衡統計物理においては,ある事象 x の確率は,そのエネルギー $\mathcal{E}(x)$ から,次の確率分布で決まる.

$$P(x) = \frac{\exp(-\beta\mathcal{E}(x))}{Z}, \qquad Z = \sum_{x} \exp(-\beta\mathcal{E}(x)) \qquad (2)$$

ここで,$\beta = 1/T$ は温度の逆数である.正規化定数 Z は,統計物理では分配関数と呼ばれる.$P(x)$ をギブス分布あるいはカノニカル分布という.事象をあらわす確率変数 x の例は,

- 系に含まれる原子の位置を並べたベクトル
- たんぱく質の形を決めるパラメータを並べたベクトル
- 磁性体の中にあるミクロの磁石(スピン)の向きを並べたベクトル

などである.ここで,x のサンプルを得るためにマルコフ連鎖モンテカルロ法が用いられる.統計物理では,単に「モンテカルロ法」といえば,マルコフ連鎖モンテカルロ法をさすことが多い.区別する必要のあるときには動的モンテカルロ法と呼ぶこともある.

マルコフ連鎖モンテカルロ法の応用される領域はベイズ統計と統計物理だけではない.統計科学の範囲でも,条件付き確率の公式(1)から導かれるものに限らず,より広く,高次元・多変量の分布からのサンプリングが

[*2] この解説で「統計物理」と書いたときには「理論化学」などを含めて理解してほしい.特に米国においては,わが国でいう「統計物理」「物性物理」のかなりの部分が「化学」に含まれる.

必要な問題一般に，マルコフ連鎖モンテカルロ法が適用されている．例としては，分割表の厳密検定や空間点過程の最尤推定などがある[*3]．物理学においても，狭い意味の統計物理以外に，素粒子論や量子重力の問題で経路積分を計算するためにマルコフ連鎖モンテカルロ法が使われている．新しい話題としては，メトロポリス光輸送（MLT）のようなコンピュータグラフィクスへの応用がある．

　こうした汎用性は，確率分布によって定式化できる問題なら分野によらず適用できることから生じる．裏返せば，何もないところからマルコフ連鎖モンテカルロ法によって魔法のように答が導き出せるわけではない．平衡統計物理のように適用される仕方がはっきりした学問では誤解されることは少ないが，データ解析への応用においては注意が必要である．アルゴリズムを適用する前に，まず，確率モデルを用いたモデル化と統計手法の選定を行わなければならない．その上で，作成したモデルに基づいた解析を行う手段として，マルコフ連鎖モンテカルロ法の適用を検討する，というのが正しい考え方である[*4]．マルコフ連鎖モンテカルロ法の適用を意識して確率的なモデル化を試みる，ということはあってもよいが，モデル化の段階を省くことはできない．

　マルコフ連鎖モンテカルロ法の原理を理解し，実装することはたいへん簡単である．しかし，見かけの簡単さとは裏腹に，わずかの条件の違いで思わぬ誤った結果が得られることもあり，使いこなすのはそれほど容易ではない．それにもかかわらず，さまざまな分野で使われているのは，マルコフ連鎖モンテカルロ法なしでは手が付けられないような面白い問題，実装できないような有用な手法が，数多くあるからである．

[*3] 分割表のサンプリングについてはこの解説の第4章で扱う．空間点過程の最尤推定については本巻の第II部で種村氏が論じている．

[*4] たとえば，マルコフ連鎖モンテカルロ法を利用することで，ある分布のもとで「特定な条件を満たすような稀な事象」が起きる確率を正確に求めることができる，というふうに説明すると，現実の世界ではとんどデータが存在しないような事象の解明がただちに可能なように錯覚されることがある．これはもちろん誤りである．データが極端に不足していて他に手がかりがなければ，どのような方法を用いても意味のある結果が得られるはずがない．なんらかの補助的な知識が事前に得られるのであれば，まずそれを確率モデルを用いて表現することが先決であり，計算手法の出番はそのあとである．

統計物理では，数千次元，数万次元の多変量分布からマルコフ連鎖モンテカルロ法を用いてサンプリングすることが行われている．これは，数千次元，数万次元の積分計算や期待値の計算が，わずかな数のサンプルから良い近似で求まる場合があることを意味する．おかしいと感じられるかもしれないが，原理的には，選挙の開票で正確なランダムサンプリングができていれば，わずか2%とか3%の開票率で当選者を割り出せるのと同じである．

問題は，厳密なランダムサンプリングを行うのが容易ではないことである．あとで見るように，マルコフ連鎖モンテカルロ法では，対象となる分布の複雑さが，得られるサンプルの非独立性の度合い，すなわち，マルコフ連鎖の混合時間に現れてくる．独立なサンプルが十分得られなければ，結果として偏りが生じ，公平なサンプリングが実現されないことになる．許容できる計算コストの範囲内で，十分に混合の速いマルコフ連鎖を用意することができるかどうかが，マルコフ連鎖モンテカルロ法が利用可能であるための，ほとんど唯一の，しかし根本的な条件である．

この解説では，このあと第2章で，やさしい例を用いて，導出抜きに，マルコフ連鎖モンテカルロ法とはどういう方法なのかを説明する．第3章では，マルコフ連鎖を用いないモンテカルロ法との比較からはじめて，アルゴリズムの導出・組み立て方までを論じる．第4章では，やや進んだ話題として，困難な問題でのサンプリング効率を改善する「拡張アンサンブル法」と高次元積分の計算法について系統的に述べる．

全体を通じて，断片的な知識や技術を羅列することを避け，できるだけ一貫した原理を示すことをめざした．マルコフ連鎖モンテカルロ法は，その目的や技法において「マルコフ連鎖を用いないモンテカルロ法」と「最適化」の中間のようなところがあるが，どちらにも似ていないところもある．この解説では，両者との比較を絶えず意識するようにした．

マルコフ連鎖モンテカルロ法の面白さはその学際性にある，というのが

著者の立場であり，本稿でも「確率分布を扱う汎用の方法」としてのマルコフ連鎖モンテカルロ法を解説するという立場をとった．統計科学への応用とマルコフ連鎖モンテカルロ法を同時に学習したい読者は，第2章を読まれた後，すぐに他の解説に進まれるのがよいかもしれない．その場合，この解説の第3章以下は，基礎固めと知識の整理のための「2冊目のテキスト」に相当するものとして役立つと思う．

統計科学の書物では，一般の確率分布 $P(x)$ に適用できる手法の説明でも $P(x|y)$ のようにデータ y で条件付けられた形の式を書くことがあるが，本稿では原則としてそうした表現はしない．ベイズ統計に固有の事情を論じた3.10節は例外である．多くの場合，y で条件付けられているかどうかはアルゴリズムにとってあまり本質的でないと思われる．大部分の箇所では，サンプルされる確率変数を x で表し，外部から与えた，固定されたパラメータあるいはハイパーパラメータを θ で示した．ベイズ統計への応用で事後分布の確率変数に対応するのは，3.10節では x と λ，それ以外では x である．

さまざまな条件付き確率(密度)があらわれるとき，それらをすべて P あるいは p で表現し，独立変数によって区別するという記法がよく用いられるが，この解説でもそれに従った．ただし，本稿と補論Ⅰでの取り決めとして，プライム $'$ のついた記号はもとの記号と同じ変数で値だけが異なるものをさすとする．従って，$P(x_1|x_2)$ と $P(x_2|x_1)$ の P は一般には違うが，$P(x_1|x_2)$ と $P(x_1'|x_2)$ の P は同じである．混乱する恐れのあるときは，このような記法にこだわらず，文字を変えるか，添え字をつけて明示的に区別した．

アルゴリズムの説明では，式 a の値を計算して z に代入することを，$z \leftarrow a$ のように左向きの矢印で示した．

本稿をまとめるにあたっては，赤穂昭太郎氏，駒木文保氏，麻生英樹氏，粕谷宗久氏，福水健次氏，高野宏氏ほかの方々に貴重なご意見を頂いた．また持橋大地氏，小林景氏，大西俊郎氏には原稿を詳しく読んで頂き，細部にわたるご助言を頂いた．これらの皆さんに深く感謝する．

2 マルコフ連鎖モンテカルロ法とは

この章では,簡単な例をいくつか用いて,マルコフ連鎖モンテカルロ法とはどのような方法なのか説明しよう.

2.1 小さなモデル

マルコフ連鎖モンテカルロ法は,離散確率変数の分布も連続確率変数の分布も同じ枠組みで扱えるのが特徴である.ここでは,以下のような3つの離散確率変数 $\{x_1, x_2, x_3\}$ の分布を例として考えよう.x_1, x_2, x_3 はそれぞれ $+1$ か -1 の2つの値のどちらかをとるとする.

$$P(x_1, x_2, x_3) = \frac{\exp(\theta x_1 x_2 + \theta x_2 x_3 + \theta x_3 x_1)}{Z} \tag{3}$$

$$Z = 2\exp(3\theta) + 6\exp(-\theta) \tag{4}$$

たとえば,$(x_1, x_2, x_3) = (1, 1, -1)$ なら $\theta \times 1 \times 1 + \theta \times 1 \times (-1) + \theta \times (-1) \times 1 = -\theta$ だから,$P(1, 1, -1) = \exp(-\theta)/Z$ となる.Z は (x_1, x_2, x_3) の $2^3 = 8$ 通りの組み合わせについて確率の和をとったときに 1 となるための定数(正規化定数)である.

背景を少し説明する.2つの値 ± 1 をとる離散変数 $x_1, x_2, \cdots, x_N$ の分布は一般に以下のように書ける.

$$P(x_1, x_2, \cdots, x_N) = \frac{\exp(f(x_1, x_2, \cdots, x_N))}{Z} \tag{5}$$

$$Z = \sum_{x_1 \in \{\pm 1\}} \sum_{x_2 \in \{\pm 1\}} \cdots \sum_{x_N \in \{\pm 1\}} \exp(f(x_1, x_2, \cdots, x_N))$$

$$f(x_1, x_2, \cdots, x_N) = \sum_i \theta_i x_i + \sum_{(i,j)} \theta_{ij} x_i x_j + \sum_{(i,j,k)} \theta_{ijk} x_i x_j x_k + \cdots \tag{6}$$

$\theta_i, \theta_{ij}, \theta_{ijk}$ 等が分布のパラメータである.2値の場合は,x_i のとる値を $\{0, 1\}$

とせずに $\{+1, -1\}$ としたほうが便利なことが多いので，ここでもそうしているが，本質的ではない．

こうした分布は，統計科学・情報科学・統計物理のさまざまな局面に現れる．高次の項では $(i, j, k, \cdots)$ の可能な組み合わせの数が増えるが，典型的な問題では，ある程度以上高次の項はないか，変数の数が多くなると，そのほとんどがゼロになるのが普通である．「i と j の双方を同時に添え字に含むゼロでないパラメータがあるとき，i と j を結ぶ」という条件のもとで図を描くと，たとえば図1のような感じになる．

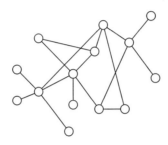

図1　複雑な例．
50個とか100個の変数がある場合を想像されたい．

図1のような複雑な場合について，分布からのサンプリングができ，x_i や $x_i x_j$ 等の期待値が計算できるとよいわけである．図1のような場合，2値の変数が100個あれば可能な状態の数は 2^{100} 個であり，通常の方法でサンプルを生成することは困難である．この場合も2つの状態を与えたときの確率の相対的な値は(5)と(6)から簡単に計算できるが，正規化定数 Z の計算には 2^{100} 個の和が必要であり，普通に考えれば，サンプリングにも同じくらいの手数がかかる．図2で示される3変数の分布(3)は，こうした例を念頭においたおもちゃと考えて欲しい．

図2　簡単な例．分布(3)に対応するグラフ

―― いろいろな分野で分布(**3**)の意味を考える ――

統計学では，(3)は2体の交互作用 θ をパラメータとする対数線形モデル(log-linear model)である．これは，いわゆるベイジアンネットの一種と考えることもできる．統計物理では，(3)は結合定数を J，温度の逆数を β としたとき $\theta = \beta J$ であるようなイジングモデルである．誤り訂正符号の解読という文脈では，(3)は，3つのビット x_1, x_2, x_3 を $(x_1 x_2, x_2 x_3, x_3 x_1)$ の3つのビットに符号化して雑音 $\frac{\exp(-\theta)}{\exp(-\theta)+\exp(\theta)}$ の対称伝送路で送る場合に相当する[*5]．

2.2 メトロポリス法の適用

簡単な例(3)に，マルコフ連鎖モンテカルロ法のひとつであるメトロポリス法を適用すると，次のようになる．

[分布(**3**)に対するメトロポリス法]
(x_1, x_2, x_3) の任意の初期状態からはじめて，以下を繰り返す．
1. 3つの変数のどれかひとつを選ぶ．はじめに一定の順番を決めておいて，それで選んでも，ランダムに選んでもよい．
2. 選んだ変数 x_i の値を $-x_i$ で置き換え，他の2つをそのままにした状態を次の「候補」とする．たとえば，状態 (x_1, x_2, x_3) で最初の変数を選んだなら，$(-x_1, x_2, x_3)$ が候補．
3. 「候補」の確率と現在の状態の確率の比 r を計算する．
たとえば，最初の変数を選んだとすると，

[*5] 実際に使われる誤り訂正符号では，符号化したあとの方がビット長が増える．誤り訂正符号については，本シリーズの11巻『計算統計 I』の樺島氏と上田氏の解説を参照．

$$r \leftarrow \frac{p(-x_1, x_2, x_3)}{p(x_1, x_2, x_3)} = \exp\left(-2\theta x_1(x_2 + x_3)\right) \tag{7}$$

4. $0 \leq R < 1$ の一様乱数 R を生成する．
5. $R < r$ なら「候補」を次の状態に採用する(受理，accept)．さもなければ，現在の状態をそのまま次の状態とする(棄却，reject)．

このルールでは，$r > 1$ であれば，すなわち，「候補」の確率が現在より大きければ，候補は必ず採用される．この点では，確率の値を目的関数として最大化する逐次改良法(山登り法)と同じであるが，$r < 1$ でも確率 r で「候補」に移動するという点が異なっている．山登り法が作り出す (x_1, x_2, x_3) の列は，山のてっぺん(一般には局所的極大値)に到達しておしまいであるが，いまのルールでは永遠にさまよい続ける．難しくいうと，上の確率的ルールが「マルコフ連鎖」を定め，それに基づいて作られたプログラムはそこからの「サンプル列」を生成することになる．ある乱数列から得られたサンプル列の例を図3に示す．

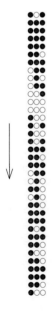

図3 メトロポリス法の出力．
メトロポリス法によって生成される列の例を示す．上から下に生成されている．各ステップの x_1, x_2, x_3 の状態を描いてある．● が -1，○ が $+1$ を表わす．θ の値は 0.2．

ポイントは，このマルコフ連鎖が分布(3)を「定常分布」とするように設計されているということである．この意味は第3章で説明する．このおかげで，初期状態から十分長くたったあとの出力の列から，十分に間隔をあけてとったサンプルは，もとの分布(3)からのほぼ独立なサンプルと見なせるのである．

これは，任意の量の期待値が，列の長さ無限大の極限で，出力された列についての平均値に一致することを意味する．たとえば，分布(3)のもとで x_1 が $+1$ をとる確率は，図3のような列の中で x_1 が ○ である割合として計算できるはずである．このようにして，いろいろな量の期待値や周辺確率を計算するのが，マルコフ連鎖モンテカルロ法の基本的な仕組みである．式で書くと，任意の統計量 $A(\boldsymbol{x})$ の期待値 $\mathbb{E}(A(\boldsymbol{x}))$ は，生成されたサンプル列 $\boldsymbol{x}^{(1)}, \boldsymbol{x}^{(2)}, \cdots, \boldsymbol{x}^{(M)}$ を用いて

$$\mathbb{E}(A(\boldsymbol{x})) = \lim_{M \to \infty} \frac{1}{M} \sum_{m=1}^{M} A(\boldsymbol{x}^{(m)})$$

と求められるわけである[*6]．

ここで，サンプル間の相関は平均値に影響しないので，平均値の計算に使うサンプルを「十分大きな間隔をあけてとる」というのを文字通りにとる必要は無いことを注意しておく．たとえば，出力の列 $x^{(1)}, x^{(2)}, x^{(3)} \cdots$ から100個おきに選んで，計算に使うサンプル列 $x^{(m^*)}, x^{(m^*+100)}, x^{(m^*+200)} \cdots$ を作るとする．先頭の位置 m^* を1から100まで変えることで，$x^{(1)}, x^{(101)}, x^{(201)} \cdots$ から，$x^{(100)}, x^{(200)}, x^{(300)} \cdots$ まで，100種類の列が可能であるが，それらについての平均値がどれも同じ値に収束するなら，100種類の列を合併したもの，すなわち，もとのサンプル列について平均を計算しても，やはりその値に収束するだろう．これは出力されたサンプルを全部使って計算しても，同じ値に収束するということにほかならない．無理に長い間隔をあけなくても，シミュレーション全体の長さが十分長ければ良いのである．

もっとも，サンプルから期待値を計算するのには多少とも手間がかかる

[*6] 統計物理だと，期待値 $\langle A \rangle$，$\bar{A}$ 等と書くところで，統計学では $\mathbb{E}(A)$ と書く．なお，この解説では，期待値との混同を避けるために「エネルギー」の意味の E は $\mathcal{E}$ のように書体を変えた．

ので，あまりに密な間隔でサンプルを採っても，サンプル間の相関のために期待値の精度はあがらず損である．また，ある量の期待値でなく，分散やキュムラントが計算の目的である場合，精度の高い計算にはサンプル相関の補正が望ましいことがある[*7]．しかし，まず，やたらに間隔をあけなくても良い理由を理解してほしい．

サンプルをとる間隔ははじめに決めておく必要がある．結果として状態の変化がなかった場合も，新しいサンプルとして数えることに注意したい．たとえば「3回ごとのサンプルを用いて期待値を計算する」と決めた場合，3回のうち何回候補が棄却されても，3回目のサンプルを使うのが正しい．3回続けて棄却された場合は，前と同じ値のサンプルをふたたび使うことになる．

◇　◇　◇　◇　◇

実験してみよう．(3)は2値の確率変数3つの分布なので，可能な状態の数は $2^3 = 8$ 個であり，いろいろな確率が簡単に求められる．x_1 が1をとる確率は θ によらず 1/2 である．また，$x_1 x_2$ の期待値は，(3)と(4)から

$$\frac{2\exp(3\theta) - 2\exp(-\theta)}{Z} = \frac{2\exp(3\theta) - 2\exp(-\theta)}{2\exp(3\theta) + 6\exp(-\theta)}$$

と計算できる．これらとメトロポリス法で求めた値の比較を図4に示した．$\theta > 0$ が大きくなると，サンプル列上の平均値の収束の速さが遅くなる様子がわかる．相関が消える目安となる時間を，マルコフ連鎖の混合時間という[*8]．実は，いまの場合，混合時間は $\theta \to \infty$ のとき，θ の指数関数で増大する．

[*7] いわゆる推定の不偏性の問題「(標本数)で割るか(標本数-1)で割るかの違い」に相当するものが，(標本数-1)を(標本数-相関の効果)に置き換えた形で増幅されて生じる．

[*8] 物理の用語では「緩和時間」に相当する．「混合」「混合時間」という用語は必ずしも一般的でないかもしれないが，ほかの分野でも受け入れやすいようなので，以下ではこれらを常用する．なお「収束」という表現は不用意に用いると誤解を招くことがあるので，この解説では注意して用いている．マルコフ連鎖の場合の「収束」の正確な意味については 3.5 節，3.6 節と付録 2 で詳しく論じられる．

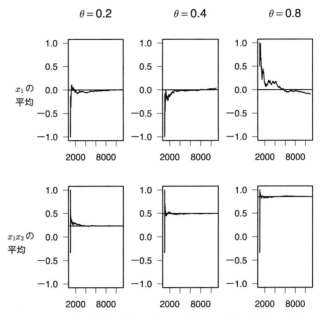

図 4 平均値の収束の様子．右の列ほど θ の値が大きい．それぞれの θ に対して，上の図では x_1 の平均，下の図では $x_1 x_2$ の平均が縦軸にプロットされている．横軸はアルゴリズムのステップ数，水平の直線は理論値である．横軸の単位は繰り返しの数を系の変数の数(この例では 3)で割ったもので，物理ではモンテカルロ・ステップ(MCS)と呼ばれる．

生成される列のほうで「混合」の様子をみてみよう．θ の値が大きくなると，生成される列は図 5 の左のようになる．図の列には 36 個のサンプルが示されているが，サンプル相関が大きいために，実質的に含まれている情報ははるかに少ない．このことが，計算の効率の低下，統計量の収束の遅さをもたらしている．θ がさらに大きくなると，計算時間内で得られる列は図 5 の右側のようになってしまう．分布(3)のもとでは，○と●を反転した状態(すべての i について x_i を $-x_i$ とした状態)の確率は等しいので，●●●が出れば○○○も同じくらいの割合で出なければならず，図 5 の右側はこれだけみると正しくない結果である．初期状態と乱数によっては○○○が出続けるケースもあるが，それはそれで間違いである．この場

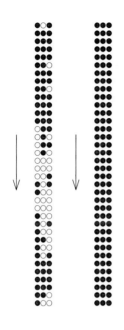

図5 θ が大きいときのメトロポリス法の出力．図3と同様に上から下に生成されている．左は $\theta = 0.3$ のとき，右は θ をさらに大きくしたとき．

合も，マルコフ連鎖モンテカルロ法の原理がおかしいわけではなく，さらに長く待てば反転した状態もあらわれるはずだが，それまでの平均的な時

―――― 最初の部分をどの程度捨てるか ――――

理屈の上では，期待値を計算するのにサンプル列の最初の部分を捨てなくても，正しい値に収束するが，実際には捨てたほうがよい．統計科学では，この操作を burn-in と呼ぶことがある．たとえば，図4の平均の計算では，サンプル列の最初の 1000 MCS は計算に使わずに捨てている．著者は，多くの場合，平均を計算するために使う分の 20% から 100% 程度の量を捨てているが，この数字にはっきりした根拠はない．捨てた残りを前半と後半に分けて検定して，統計量の期待値の差が有意にならなくなるまで捨てる，というような方式も統計科学ではよく行われる．サンプル列やその上の平均をプロットしてトレンドの有無を見るのも有用である．若干の理論的な背景を付録2で述べるが，なんらかの理論によって捨てる量を事前に決めるのは，一般には難しい．

間が計算時間を越えているのである．

この節の内容を実感するために一番よい方法は，どんな計算機言語でもいいから，ここで述べたことを白紙から実装してみることである[*9]．

2.3 サイズが大きくなると

はじめて学ぶ読者は拍子ぬけするかもしれないが，計算法の基本はこれで全部である．しかし，このような方法がなぜそれほど有用なのだろうか．実はマルコフ連鎖モンテカルロ法の真価は，高次元・多変量の場合にあらわれる．それを本当に理解するには，高次元・多変量の怖さを知る必要があるが，それはあとで論じるとして，ここではメトロポリス法が多変量の場合にも容易に適用できることをみよう．

グラフ G を $L \times L$ の正方格子(図6)とするとき，以下のモデルを正方格子上のイジングモデルという．

$$\boldsymbol{x} = \{x_i\}, \quad x_i \in \{+1, -1\}$$

$$P(\boldsymbol{x}) = \frac{\exp\left(\theta \sum_{(i,j) \in G} x_i x_j\right)}{Z} \quad (8)$$

$$Z = \sum_{\boldsymbol{x}} \exp\left(\theta \sum_{(i,j) \in G} x_i x_j\right)$$

ここで，$\sum_{(i,j) \in G}$ は格子上で隣接する対についての和であり，$\sum_{\boldsymbol{x}}$ は $\boldsymbol{x}$ のとりうる 2^{L^2} の状態についての和である．

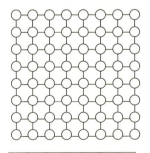

図6　一辺が $L=8$ の正方格子．
統計物理では，上端と下端，左端と右端をつなげたものを考えることが多い(周期境界条件)．

[*9] 擬似乱数のサブルーチンが必要であるが，原稿を書いている時点(2005年)でポピュラーなものとしては「メルセンヌ・ツイスタ」がある("Mersenne Twister"で検索するとよい)．

この種のモデルは統計物理では磁性体や表面吸着，合金のモデルとして詳しく研究されている．統計科学では画像再構成や空間データの解析に利用される．今度は，$L=8$ なら変数の数が $8^2=64$ で系のとりうる状態数は 2^{64} 通り，$L=50$ なら変数の数が 2500 で状態数は 2^{2500} 通りという天文学的数字となるが，マルコフ連鎖モンテカルロ法の適用は，小さなサイズの場合とほとんど同じようにして可能である．

[正方格子上のイジングモデルに対するメトロポリス法]
$\bm{x}=\{x_j\}$ の任意の初期状態からはじめて，以下を繰り返す．
1. i を選ぶ．ランダムに選んでもよいし，あらかじめ決めた順番，たとえば，左上隅から辞書式の順序で選んでもよい．$x_i' \leftarrow -x_i$ とする．
2. $\bm{x}'$ を，$\bm{x}=\{x_j\}$ のうち x_i の値のみを x_i' に置き換えたものとし，以下で定義される r の値を計算する．

$$r \leftarrow \frac{P(\bm{x}')}{P(\bm{x})} = \frac{\exp\left(\theta \sum_{j \in N(i)} x_i' x_j\right)}{\exp\left(\theta \sum_{j \in N(i)} x_i x_j\right)} = \exp\left(-2\theta x_i \sum_{j \in N(i)} x_j\right)$$

ここで $N(i)$ は i のまわりの上下左右 4 個の点の集合とする．
ただし，端では境界条件にあわせて修正する．
3. $0 \leq R < 1$ の乱数 R を発生する．
$R < r$ なら $x_i \leftarrow x_i'$ とし，そうでなければ何もしない．

ここで，正規化定数(分配関数)Z は，ステップ 2 で確率の比を取ったときに，$j \in N(i)$ となる x_j を含まない因子とともに分母・分子で打ち消しあっている．したがって，Z はアルゴリズムを実装するには必要ない．これはマルコフ連鎖モンテカルロ法一般に共通の性質で，変数の多い問題に適用するにあたって極めて有利である．

この例も簡単に実装できるので，ぜひ一度試みることをお勧めする．動いているところを眺めるだけなら，ウェブにデモが多数あるので「Ising, Monte Carlo」などで検索してみるとよい．統計物理では，θ が絶対温度 T の逆数(あるいは結合定数を J として J/T)に相当するが，デモの中には，

温度計の絵*10をマウスでドラッグすることでTを変えられるものもあり，なかなか楽しめる．ぜひご覧になって頂きたい．

混合時間のサイズ依存性

いまの例で，計算の効率を決める混合時間は変数の数 $N = L^2$ にどう依存するだろう．$\theta > 0$ のとき，θ が $\theta^* \simeq 0.4407$ より小さければ，混合時間は，変数の数 N が大きくなるとき N に比例して大きくなる*11．これは，操作の数(計算時間)でステップ数をはかった場合であるが，変数1個当たり(MCS)で考えれば「一定値に収束する」ということになる．これに対して，θ が θ^* より大きければ，混合時間は一辺の長さ L の指数関数で増加する．すなわち，θ が θ^* より小さければ，状態の個数が 2^{2500} 個，いや，もっともっとあっても，マルコフ連鎖モンテカルロ法で任意の量の期待値が計算できるが，θ が θ^* より大きくなったとたんに，状況はまったく変わってしまうのである！

この結果から学ぶべきことは何だろうか．統計物理はともかく，個々のデータを扱う統計科学への応用にあたっては，閾値の存在のようなきれいな性質が意味を持つとは限らない．その意味では，これはやや特殊な例かもしれない．一方，以下のようなことは，この例の教訓として一般に応用できるだろう．

- ■ 超多変量の分布についても，マルコフ連鎖モンテカルロ法がうまく働くケースがある．
- ■ うまく働く場合と働かない場合の相違は，変量の数や次元だけでなく，問題の性質の差によるところが大きい．
- ■ 非ガウス・多変量の分布では，パラメータのわずかな差によって問題の性質ががらりと変わることがある．

---

*10 すぐあとのコラムで定義する θ^* で割った θ/θ^* を温度計に目盛っているものが多い．
*11 混合時間を「最も混合の遅い量の時間相関の漸近形を $\sim \exp(-t/\tau)$ としたときの τ」と定義した場合．「$\exp(-t_0/\tau) \sim 1/N$ となる t_0」と定義した場合には，$t_0 \sim \tau \log N$ なので因子 $O(\log N)$ が加わる．

2.4 連続変数のメトロポリス法

離散変数の多変量分布に馴染みの薄い読者は,興味のある例が出てこないのでしびれを切らしているかもしれない.連続変数の場合のメトロポリス法について考えてみよう.

現在の状態を少し変えたものを「候補」として,候補を採用するかどうかを確率的に決める,という点は連続変数の場合もまったく同じである.確率の比は確率密度の比にそのまま読みかえればよい.違いは連続的にあるものの中から「候補」を選ぶために,適当な確率密度からのサンプリングを行う点だけである.

少なくとも 5 変量(5 次元)か 10 変量(10 次元),場合によっては数千,数万の変数を扱うのがマルコフ連鎖モンテカルロ法の身上であるが,ここでは図示しやすくするために 2 次元の例を考える.まず,2 変量正規分布

$$p(x_1, x_2) = \frac{1}{Z} \exp\left(-\frac{x_1^2 - 2bx_1x_2 + x_2^2}{2}\right) \qquad (9)$$

の場合を考えよう.ここで,$|b| < 1$ とする.正規化定数 Z は $2\pi/\sqrt{1-b^2}$ であるが,これは以下の計算では必要とされない.

[2 変量正規分布に対するメトロポリス法]
(x, y) の任意の初期状態からはじめて,以下を繰り返す.
1. $\triangle_1$ と $\triangle_2$ を原点対称の確率密度 $\alpha(\triangle_1, \triangle_2)$ から発生させる.
2. 「候補」x'_1, x'_2 を以下で定める.

$$x'_1 \leftarrow x_1 + \triangle_1$$
$$x'_2 \leftarrow x_2 + \triangle_2$$

3. 「候補」の状態と現在の状態の確率の比 r を計算する.

$$r \leftarrow \frac{p(x'_1, x'_2)}{p(x_1, x_2)}$$

4. $0 \leq R < 1$ の一様乱数 R を発生する.$R < r$ なら $x_1 \leftarrow x'_1, x_2 \leftarrow x'_2$

とし，そうでなければ何もしない．

候補を提案するための密度 α は，対称性 $\alpha(\triangle_1,\triangle_2)=\alpha(-\triangle_1,-\triangle_2)$ をみたせば，ほとんどなんでもよい[*12]．たとえば，δ を適当な「ステップ幅」として，(a) 分散 δ^2 平均 0 の正規分布から $\triangle_1, \triangle_2$ を独立に選ぶ，(b) 区間 $(-\delta, +\delta)$ 上の一様分布から $\triangle_1, \triangle_2$ を独立に選ぶ，などが考えられる．実は，x_1, x_2 を同時に変える代わりに，(i) $x_1' \leftarrow x_1 + \triangle_1; x_2' \leftarrow x_2$, のように x_1 のみを動かしたものを候補として受理するかどうかを判定する，(ii) 逆に x_2 のみを動かして x_1 を変えないものを候補として受理するかどうかを判定する，を交互に行ってもよい．こうした驚くべき柔軟性が何に由来しているのか，やってはいけないことは何なのか，という疑問が生じるが，これは次の章のテーマである．

メトロポリス法によるサンプリングの様子を図 7 の左側に示した．初期状態を $(3.0, 9.0)$ として，最初の 800 回の繰り返しの結果が示されている．対象は分布 (9) で $b=0.8$ としたものである．α としては (a) の正規分布の密度で $\delta = 0.8$ としたものを用いた．

もう少し面白い例として，変数の範囲が不等式で制約されているような

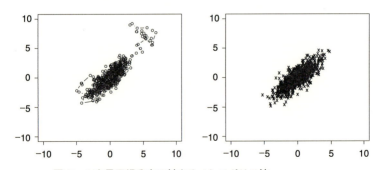

図 7　2 変量正規分布に対するメトロポリス法．
左がメトロポリス法，右は比較用に別の方法で発生させた同じ個数の独立サンプル．左では m ステップ目と $m+1$ ステップ目を直線で結んである（短い線は省略）．

[*12] アルゴリズム全体が次章で述べる既約性，非周期性などの条件の連続系版を満たすような選び方をする必要がある．

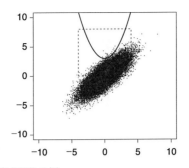

図 8 不等式制約の例.
制約のない分布(式(9)で $b=0.8$ としたもの)から生成した 40000 個の独立なサンプルをプロットした上に,制約 $x_2 \geq 0.5x_1^2 + 3$ の限界を重ね書きした.点線の枠内が図 9 の範囲に対応.

ケースを考えよう.x_1 と x_2 の間に,たとえば $x_2 \geq 0.5x_1^2 + 3$ のような制約があり,その範囲では重み(9)に比例した確率で (x_1, x_2) が出現し,その外の確率はゼロ,という場合を考える[*13].不等式制約の様子は図 8 に示されている.曲線の上側にある点を選ぶわけであるが,図 8 の場合,これは 40000 個中 92 個($\simeq 0.23\%$)に過ぎない.したがって,制約のない分布からサンプルを生成しておいて不等号を満たすものだけを選ぶ,という方法は効率がよくない.

メトロポリス法を使ってみよう.候補を提案するところまでは,制約のない場合と同じである.そのあと,現在と候補の確率の値を比較するわけであるが,候補が範囲をはみ出せば確率はゼロであるから,$r = p(x_1', x_2')/p(x_1, x_2)$ はゼロとなり,必ず棄却される.したがって,制約のない場合のアルゴリズムのステップ 2 を次の 2' で置き換え,制約条件を満たす初期状態を選んで,ステップ $1, 2', 3, 4$ を繰り返せばよいことになる.

2'.「候補」x_1', x_2' を以下で定める.

[*13] 不等式 $x_2 \geq 0.5x_1^2 + 3$ は説明のための例で特に意味はない.

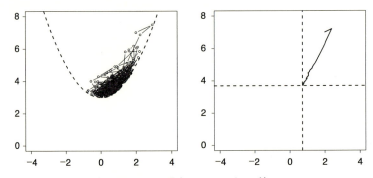

図9 不等式制約のある場合のメトロポリス法.
生成されたサンプル列(左)とその平均値の動き(右)を (x_1, x_2) 平面上に示す. サンプル列は, 定常状態に入った後も, いつまでも動き続けるのに対し, それを用いて計算した平均値は1点に収束する.

$$x_1' \leftarrow x_1 + \Delta_1$$
$$x_2' \leftarrow x_2 + \Delta_2$$

もし $x_2' < 0.5(x_1')^2 + 3$ であれば, 候補 (x_1', x_2') を受理せずに (x_1, x_2) に留まることを, その場で決める.

もし $x_2' \geq 0.5(x_1')^2 + 3$ であれば, 先に進んで, ステップ3と4で (x_1', x_2') を受理するかどうか決める.

ここで「何も考えずに候補を選んで, はみ出したら棄却する」のが正しく, 「現在の位置に応じて, はみ出さないように候補を選ぶ」は(アルゴリズムの他の部分がそのままであれば)誤りであることに注意したい.

結果の例を図9に示した. ここでは $\delta = 1.0$ とした. 左側の図は, 初期状態 $(x_1, x_2) = (2.0, 7.0)$ からスタートして, 最初に得られた3200個の点の間を線でつないである. 不等式制約 $x_2 \geq 0.5x_1^2 + 3$ の境界を点線で示した. 制約のない分布から独立にサンプルする方法と比較すると, 制約を満たす領域の中だけで動くため, 無駄なサンプルが出ない様子がわかる. その代わり, サンプル間には相関が生じる.

右側の図は期待値の計算の例である. 離散変数の場合と同様に, 生成したサンプルの列について平均を求めればよい. 最初のほうのサンプルを捨

てたほうが収束が速いが，ここでは全く捨てない場合の結果を示した．ここでは，一番簡単な例として x_1 と x_2 の期待値を計算したが，$x_1^2+x_2^2$ でも $\sin x_1$ でも，任意の量の期待値や周辺確率が同様に計算できる[*14]．図の縦横の点線の交点が，格子を切って通常の数値積分を行って求めた「真の値」である．正しい値に収束していることがわかる．

2次元の場合は，領域を格子に切って，通常の数値積分を行う方法が使える．しかし，5次元，10次元となると，格子に切る方法は効率が急速に下がる．次章で詳しく論じるが，既知の分布から独立にサンプルを生成して棄却する方法も，次元が増えると効率が維持できない．高次元・多変量の世界では，多変量正規分布のような，それ専用の方法[*15]が使える場合を除いて，マルコフ連鎖モンテカルロ法が有利になる．

2.5 ギブス・サンプラー

統計科学や情報科学では，ギブス・サンプラー（Gibbs sampler）の名前をよく耳にする．マルコフ連鎖モンテカルロ法とギブス・サンプラーの関係はどうなっているのだろうか．「マルコフ連鎖モンテカルロ法」が上位の概念で，「ギブス・サンプラー」は，いままで紹介してきたメトロポリス法などと並んでマルコフ連鎖モンテカルロ法の中のひとつの種類，というのが正しい包含関係になる．いろいろな名前が出てくるので，今後出てくるものも含めて，各方法の間の関係を図10にまとめておく．

ギブス・サンプラーの説明をする．ギブス・サンプラーも，乱数を用いてつぎつぎに変数の値を書き換えることでサンプル列を生成するという点では，メトロポリス法と全く同じである．生成したサンプル列の利用の仕方も変わらない．唯一の違いは，変数の書き換えの部分を，メトロポリス法では「候補を選び，受理するか否かを決定する」という2段階で設計す

[*14] 実は $P(\boldsymbol{x})$ の生成するサンプルのうちごく一部で極端な値をとる変数（母分散の大きい変数）については問題がある．これに関連した問題は第4章で出てくる．

[*15] 時空間構造のない多変量正規分布の場合は共分散行列のコレスキー分解に基づく方法，時間構造がある場合にはカルマン・フィルタのサンプリング版が有用である．後者については，第Ⅳ部の和合氏と大森氏の解説を参照．

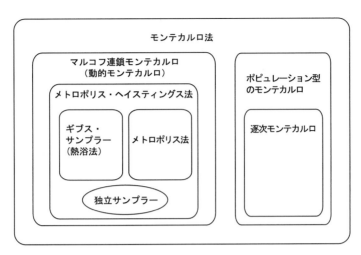

図 10 アルゴリズムの間の関係.
「ギブス・サンプラー」「メトロポリス・ヘイスティングス法」は主に統計学や情報処理関係で使われる用語である.ギブス・サンプラーは,物理でいう**熱浴法**(heat bath algorithm)と同じと考えてよいだろう.メトロポリス・ヘイスティングス法については,3.8 節で扱う.「ポピュレーション型のモンテカルロ」,「逐次モンテカルロ」については補論 I で解説する.

るのに対し,ギブス・サンプラーでは「条件付き分布からのサンプリング」という発想で行うことである.

変数 x をいくつかの成分に分けて,$x = \{x_i\}, i = 1, \cdots, N$ のように書こう.x_i はもとからある自然な要素でも,それらをいくつかずつにまとめ直したものでもよい.毎回,ひとつの成分 x_i を選んで,現在のその値を忘れて新しく取り直すとする.そのとき,新しい x_i の値を,それ以外の成分を固定した条件付き確率

$$P(x_i | x_1, \cdots, x_{i-1}, x_{i+1}, \cdots, x_N)$$

で選ぶのが,ギブス・サンプラーの要点である.連続変数なら条件付き密度を考えることになる.ここで,x_i 以外の変数 $(x_1, \cdots, x_{i-1}, x_{i+1}, \cdots, x_N)$ の値はこの前後で変わらないことに注意したい.任意の初期状態から出発して,他の成分を固定した条件付き確率に従ってひとつの成分を取り直す,という操作を限りなく繰り返すわけである.成分 i の選び方は毎回ランダ

ムに選んでも,計算をはじめる前に決めた順番で順繰りに選んでもよい. 2 変数 $x = \{x_1, x_2\}$ の場合に具体的に書くと以下のようになる.

[**2 変数分布に対するギブス・サンプラー**]
(x_1, x_2) の任意の初期状態からはじめて,以下を繰り返す.
1. x_1 の新しい値を $P(x_1|x_2)$ で選ぶ.
2. x_2 の新しい値を $P(x_2|x_1)$ で選ぶ.

実際に使うには,条件付き分布 $P(x_1|x_2), P(x_2|x_1)$ からサンプリングを行う必要がある.たとえば,2 変量正規分布(9)については,$x_1^2 - 2bx_1x_2 + x_2^2 = (x_1 - bx_2)^2 + (1-b^2)x_2^2$ から,x_2 を固定したときの x_1 の条件付き密度は

$$p(x_1|x_2) = \frac{1}{\sqrt{2\pi}} \exp\left(-\frac{(x_1 - bx_2)^2}{2}\right) \qquad (10)$$

となる.同様に x_1 を固定したときの x_2 の条件付き密度は

$$p(x_2|x_1) = \frac{1}{\sqrt{2\pi}} \exp\left(-\frac{(x_2 - bx_1)^2}{2}\right) \qquad (11)$$

となる.これらからサンプルを生成するのは簡単である.

不等式制約 $x_2 \geq 0.5x_1^2 + 3$ がある場合は,x_2 の条件付き密度 $p(x_2|x_1)$ は,正規分布(11)のうち,$x_2 \geq 0.5x_1^2 + 3$ を満たす部分以外をゼロとし,残りを積分が 1 になるように正規化しなおしたものであり,図 11 の左側のような形になる.また,不等式制約を x_1 について解くと,$|x_1| < \sqrt{2(x_2 - 3)}$ $(x_2 \geq 3)$ となるから,x_1 の条件付き密度 $p(x_1|x_2)$ は図 11 の右側のような形になる.これらの密度に従ったサンプルの発生は,たとえば逆関数法[*16]によって,可能である.

それぞれの例についてギブス・サンプラーを走らせた結果を図 12 に示

[*16] 実数値をとる確率変数 x が密度関数 $p(x)$ に従うとする.対応する累積分布関数を $F(z) = \int_{-\infty}^{z} p(x)dx$,その逆関数を F^{-1} とすると,(1) $(0,1]$ の一様分布から乱数 R を生成し,(2) $x = F^{-1}(R)$ とすることで,密度 $p(x)$ に従うサンプルを生成できる.これを逆関数法という.なお,切断正規分布に特化した方法は Geweke(1991)を参照.

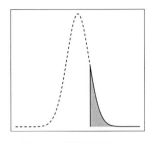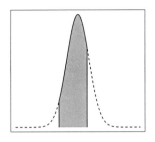

図 11 切断正規分布(truncated normal distribution).
高さは影をつけた部分の面積が 1 になるようにスケールしな
おすとする.

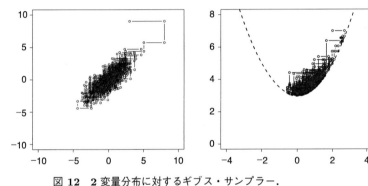

図 12 2 変量分布に対するギブス・サンプラー.
左が 2 変量正規分布の場合. 右がそれに不等式制約を加えた
場合.

す. 3.8 節で論じるが, 連続変数の場合のメトロポリス法の効率は候補を選ぶ際のステップ幅 δ に少なからず影響される. その点では, ステップ幅という概念のないギブス・サンプラーのほうがすぐれている. 反面, 連続変数の場合にギブス・サンプラーの効率的な実装ができるかどうかは, 条件付き分布からのサンプリングが容易にできるかどうかに依存する. いま述べた場合も, 切断正規分布からサンプルを発生させる方法を知らなければ, 実装できなかった.

ギブス・サンプラーは離散変数の場合にも使える. この場合, 条件付き分布からのサンプリングはむしろ簡単になることが多いが, メトロポリス

法との違いは利点も欠点もともに目立たなくなる．たとえば，正方格子上のイジングモデル(8)の場合，1個の格子点 i 上の変数 x_i を除いてほかのすべての変数 $\{x_{j(\neq i)}\}$ を固定したときの条件付き確率 $P(x_i = \pm 1|\{x_{j(\neq i)}\})$ は

$$\frac{P(x_i = \pm 1, \{x_{j(\neq i)}\})}{\sum_{x_i \in \{\pm 1\}} P(x_i, \{x_{j(\neq i)}\})} = \frac{\exp\left(\pm\theta \sum_{j \in N(i)} x_j + \theta \sum_{k,l \neq i} x_k x_l\right)}{\sum_{x_i \in \{\pm 1\}} \exp\left(\theta \sum_{j \in N(i)} x_i x_j + \theta \sum_{k,l \neq i} x_k x_l\right)}$$

となる(複号同順)．$N(i)$ は i に隣接する 4 個の格子点，$\sum_{k,l \neq i}$ は格子点 i を含まない対 $(k,l) \in G$ についての和である．分布全体の正規化定数 Z が分母・分子でキャンセルしていることに注意．さらに，x_i を含まない因子 $\exp(\theta \sum_{k,l \neq i} x_k x_l)$ が分母・分子で打ち消しあうので，上の式は

$$\frac{\exp\left(\pm\theta\sum_{j \in N(i)} x_j\right)}{\exp\left(\theta\sum_{j \in N(i)} x_j\right) + \exp\left(-\theta\sum_{j \in N(i)} x_j\right)}$$

と簡単化される．これを用いると，以下のようなアルゴリズムが構成される．

[正方格子上のイジングモデルに対するギブス・サンプラー(熱浴法)][*17]．
$x = \{x_j\}$ の任意の初期状態からはじめて，以下を繰り返す．
1. 格子点 i を選ぶ．ランダムに選んでもよいし，あらかじめ決めた順番，たとえば，左上隅から辞書式の順序で選んでもよい．
2. 必要な条件付き確率を計算する[*18]．
$$P(x_i = +1|\{x_{j(\neq i)}\}) \leftarrow \frac{\exp(\theta\sum_{j \in N(i)} x_j)}{\exp\left(\theta\sum_{j \in N(i)} x_j\right) + \exp\left(-\theta\sum_{j \in N(i)} x_j\right)}$$
3. $0 \leq R < 1$ の一様乱数 R を発生する．
  $R < P(x_i = +1|\{x_{j(\neq i)}\})$ なら $x_i \leftarrow 1$ とし，さもなければ $x_i \leftarrow -1$

---

*17 イジングモデルの場合には Glauber Dynamics とも呼ばれる．この Glauber は 2005 年度ノーベル物理学賞受賞者と同一人．

*18 実装する場合は $P(x_i = \pm 1|\{x_{j(\neq i)}\}) = (1 \pm \tanh(\theta\sum_{j \in N(i)} x_j))/2$ のように書き直して組み込み関数の tanh を用いるのが好まれる(オーバーフローなどを防止するため)．

とする.

3 基本原理から具体的なアルゴリズムまで

それでは，なぜマルコフ連鎖を使う方法が高次元・多変量のサンプリングで有利なのか，からはじめて，一般論からいま紹介したアルゴリズム達が出てくるまでを追ってみよう．歴史的には物理現象とのアナロジーが大きな役割を果たしたが，ここではそういう面を表に出さずに解説してみる[*19].

3.1 次元の呪い

簡単なモンテカルロ法の例としてよくあげられるのは「乱数を使って π を求める」手法である．円の面積を求めるのに，正方形の中で一様分布するように擬似乱数を生成し，「円の中に入った割合」×「正方形の面積」で円の面積を求める，これから π の値がわかる，というやり方である（図 13）.

図 13 円の面積

同じ方法を N 次元球に応用したらどうなるだろうか．原理的には，辺の長さ 2 の N 次元立方体中の一様乱数を生成し，それに内接する半径 1 の N 次元球の中に入る割合を求め，その比率を計算すればよいはずである．

ところが，N が大きくなると，うまく行かなくなる．N が大きくなったときの半径 1 の N 次元球の体積は

[*19] 物理的なイメージについては『ベイズ統計と統計物理』(伊庭(2003))を参照されたい．

$$V_N = \frac{\pi^{N/2}}{(N/2)!} = \frac{\pi^{N/2}}{\Gamma(N/2+1)}$$

であるのに対し[*20]，球を囲む N 次元立方体の体積は 2^N である．両者の比は，

$$V_N \div 2^N = \frac{\pi^{N/2}}{2^N (N/2)!} \tag{12}$$

であるが，この値は N が100とか1000とか大きくなると，どんどん小さくなる．すなわち，N 次元立方体の中の一様分布から乱数を引いて作った候補が高次元の球の中にヒットする確率は，とても小さくなってしまう．結果的に，N が大きくなると，ほとんどの試行が無駄になってしまい，一桁の精度ですら容易に得られないのである．

この事情を理解するのに，高次元の球の体積の公式をわざわざ勉強する必要はない．同様の効果は，大きな立方体と小さな立方体(図14)でも生じるからである．いま小さな N 次元立方体の一辺を $1-\epsilon$，それを囲む大きな立方体の一辺を1とする．大きな立方体の中の一様乱数を用いて，ヒット率から小さな立方体の体積を求めるとする．大きな立方体の体積は1，小さい

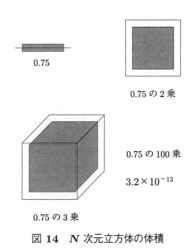

0.75

0.75 の 2 乗

0.75 の 100 乗
3.2×10^{-13}

0.75 の 3 乗

図 14　N 次元立方体の体積

[*20] 半整数の階乗はガンマ関数の定義に従い，たとえば，$(\frac{3}{2})! = \frac{3}{2}(\frac{1}{2})! = \frac{3}{2}\frac{\sqrt{\pi}}{2}$ 等と計算される．本文の理解には重要でないが，念のため．

立方体は $(1-\epsilon)^N$ であるから，ヒット率は $(1-\epsilon)^N$ となり，N が大きくなると急激に減少する．たとえば，「1 次元立方体」つまり線分の場合に近似度 $1-\epsilon$ が 0.75 だとする．100 次元の立方体で一辺の長さの近似度が同じ値 $1-\epsilon=0.75$ をとるとすると，N 次元体積の近似度は $(1-\epsilon)^{100}=3.2\times 10^{-13}$ という極小の値になってしまうのである！

逆に，効率を一定にするためには，一辺の近似度 $1-\epsilon$ を次元 N が大きくなるにつれて良くしていかないといけない．N 次元球の場合にも，外接する多面体で囲むとかして，近似度をあげることは可能であるが，どんどん面倒になっていく．問題の難しさが本質的に変わっていないように見える場合でも，確率変数の次元があがる（個数が増える）と計算効率が急速に低下することが，高次元・多変量の問題を扱う上でのこの種のモンテカルロ法の決定的な欠点である．

皮が全体より大きい？

半径 1 m の 1000 次元球があるとしよう．表面の厚さ 1 cm($=1/100$ m)の「皮」の体積を見積もってみる．ひとつの近似法は，半径 r の 1000 次元球の表面積を $S(r)$ として

$$\text{「皮」の体積} \simeq \text{表面積} \times \text{皮の厚さ} = S(1)/100 \text{ m}^3 \quad (\text{※})$$

とすることである．一方，$S(r)=S(1)\,r^{999}$ だから，

$$\text{球の全体積} = \int_0^1 S(r)\,dr = S(1)\int_0^1 r^{999}\,dr = S(1)/1000 \text{ m}^3$$

である．皮の体積が皮を含む全体の体積より大きい！ [21].

---

[21] もちろん，近似（※）が悪いのであるが，どの程度悪いのだろう．これは「皮」を除いた「中身」の体積を計算すればわかる．1000 次元の場合，球全体を 1 としたとき，「中身」は，なんと $(0.99)^{1000} \simeq 4.3 \times 10^{-5}$ である．味はよいが，皮が分厚いくだものにざぼんというのがあるが，1000 次元球はそれよりずっと皮ばっかりである．

3.2 静的なモンテカルロ法の一般形

本質的な問題は，前節で論じた高次元球と立方体の例にすべて含まれているが，問題の一般性を明らかにするために，本解説で「静的なモンテカルロ」と呼ぶ方法(マルコフ連鎖を使わない方法)の一般形をここで示しておく[*22]．この解説の中では，マルコフ連鎖モンテカルロ法と対比させるために，「やられ役」を演じることになるが，対象を選べば有用な方法であり，それ自体知っておく価値がある．

解くべき問題
正規化定数の不明な分布 $P(\boldsymbol{x})$ が与えられているとする．
与えられた統計量 $A(\boldsymbol{x})$ の分布 $P(\boldsymbol{x})$ のもとでの期待値

$$\mathbb{E}(A(\boldsymbol{x})) = \sum_{\boldsymbol{x}} A(\boldsymbol{x}) P(\boldsymbol{x})$$

を求めたい．また $P(\boldsymbol{x})$ の正規化定数 Z を求めたい．

解くのに使える材料
まず，$\boldsymbol{x}$ を与えたときに $P(\boldsymbol{x})$ の正規化定数を除いた部分が計算できることを仮定する．すなわち，定数 Z があって $P(\boldsymbol{x}) = \tilde{P}(\boldsymbol{x})/Z$ と書け，$\tilde{P}(\boldsymbol{x})$ の値が効率よく計算できるとする．
また，$P(\boldsymbol{x})$ に「似た」分布 $Q(\boldsymbol{x})$ があって以下を満たすとする(似ていなくても，アルゴリズムは形式的に正しいが，効率が悪くなる)．

- ∎ $Q(\boldsymbol{x})$ からのサンプルが効率よく生成できる．
- ∎ $\boldsymbol{x}$ を与えると $Q(\boldsymbol{x})$ の値が計算できる．期待値だけでなく，Z も求めるためには正規化定数まで含めて計算できる必要がある．

[*22] simple sampling というと，サンプルを発生させる $Q(\boldsymbol{x})$ が一様分布などの場合に限定され，importance sampling というと，$Q(\boldsymbol{x})$ に工夫をした「静的」な方法をさす場合とマルコフ連鎖モンテカルロ法を含める場合と両方あって厄介なので，ここでは「静的」という用語を使った．

■ $P(\boldsymbol{x}) \neq 0$ である $\boldsymbol{x}$ については $Q(\boldsymbol{x}) \neq 0$.

アルゴリズム

以下の 1, 2 を $\alpha = 1$ から M まで十分多い回数 M 繰り返す.
1. $Q(\boldsymbol{x})$ からサンプル $\boldsymbol{x}^{(\alpha)}$ を生成.
2. $A(\boldsymbol{x}^{(\alpha)})$ と
$$w^{(\alpha)} = \tilde{P}(\boldsymbol{x}^{(\alpha)})/Q(\boldsymbol{x}^{(\alpha)}) \tag{13}$$
を計算して記録する.

期待値は次のように計算される.
$$\sum_{\boldsymbol{x}} A(\boldsymbol{x})P(\boldsymbol{x}) = \left(\sum_{\alpha=1}^{M} A(\boldsymbol{x}^{(\alpha)}) w^{(\alpha)} \right) \bigg/ \left(\sum_{\alpha=1}^{M} w^{(\alpha)} \right)$$

また,正規化定数 Z は
$$Z = \frac{1}{M} \sum_{\alpha=1}^{M} w^{(\alpha)}$$

と計算できる.実際には, $\{w^{(\alpha)}\}$ や $\{A(\boldsymbol{x}^{(\alpha)})\}$ をいったん記憶しなくても, $\boldsymbol{x}^{(\alpha)}$ を生成しながら, $w^{(\alpha)}$ や $A(\boldsymbol{x}^{(\alpha)})w^{(\alpha)}$ を足しこんでいって,右辺の α に関する和を計算すればよい.

導出

$\tilde{P}$ の定義より $P(\boldsymbol{x}) = \tilde{P}(\boldsymbol{x})/Z$ なので,式(13)より
$$w^{(\alpha)} = \frac{P(\boldsymbol{x}^{(\alpha)}) \times Z}{Q(\boldsymbol{x}^{(\alpha)})}$$

である.また, M が大きければ,大数の法則から, $x^{(\alpha)}$ についての平均は $Q(\boldsymbol{x})$ についての期待値で置き換えられる.よって,

$$\lim_{M \to \infty} \frac{1}{M} \sum_{\alpha=1}^{M} A(\boldsymbol{x}^{(\alpha)}) w^{(\alpha)} = \sum_{\boldsymbol{x}} A(\boldsymbol{x}) \frac{P(\boldsymbol{x}) \times Z}{Q(\boldsymbol{x})} Q(\boldsymbol{x}) = Z \times \sum_{\boldsymbol{x}} A(\boldsymbol{x}) P(\boldsymbol{x})$$

$$\lim_{M \to \infty} \frac{1}{M} \sum_{\alpha=1}^{M} w^{(\alpha)} = \sum_{\boldsymbol{x}} \frac{P(\boldsymbol{x}) \times Z}{Q(\boldsymbol{x})} Q(\boldsymbol{x}) = Z \times \sum_{\boldsymbol{x}} P(\boldsymbol{x}) = Z$$

となる.これから,上のアルゴリズムが $M \to \infty$ で正しい答を与えることがわかる.

連続変数の場合は確率密度を扱うことになるが，話はほとんど同じである．$p(\boldsymbol{x})d\boldsymbol{x}$ 等で $P(\boldsymbol{x})$ 等を置き換えることになるが，基準となる測度 $d\boldsymbol{x}$ はいつも同じなので，比をあらわす式の上では $P(\boldsymbol{x})/Q(\boldsymbol{x})$ を $p(\boldsymbol{x})/q(\boldsymbol{x})$ で置き換えればよい．サンプルについての和は和 $\sum_{\alpha}$ のままであり，計算すべき対象の定義に出てくる和は積分 $\int d\boldsymbol{x}$ に読み替える．

円の面積を求めるモンテカルロでは，$p(\boldsymbol{x})$ が単位円の中の一様密度，$q(\boldsymbol{x})$ が外接する一辺 2 の正方形の中の一様密度である．いずれもその外ではゼロとする．このとき，円の面積が Z に相当する．正方形が円をすっかり含むというのが「$p(\boldsymbol{x}) \neq 0$ である $\boldsymbol{x}$ については $q(\boldsymbol{x}) \neq 0$」という条件である．もっと大きい正方形を使ってもよいわけだが，明らかに無駄が出て効率は低下する．これは，$q(\boldsymbol{x})$ が $p(\boldsymbol{x})$ に「似ている」ほど効率が良くなることの例になっている．

3.3 静的なモンテカルロ法の限界

静的なモンテカルロ法をイジングモデル(8)に応用するとどうなるだろうか．$Q(\boldsymbol{x})$ としては，$N = L^2$ 個の変数 $\{x_i\}$ を独立にランダムに選ぶとする．すなわち，$Q(\boldsymbol{x}) = 1/2^N$．すると，

$$w(\boldsymbol{x}) = \frac{\tilde{P}(\boldsymbol{x})}{Q(\boldsymbol{x})} = 2^N \exp\left(\theta \sum_{(i,j) \in G} x_i x_i\right) \tag{14}$$

を重みとして，アルゴリズムを実行すればよいことになる．ところが，これは N がある程度大きいとうまくいかなくなる．どんなに小さい $\theta \neq 0$ についても，一定の精度を確保するための計算の手間が N の指数関数で発散するのである．さらに困ったことに，$Q(\boldsymbol{x})$ を決めるのにどんなうまい近似法を用いても，多くの場合，N が大きければ同じことになる．

何が起きているのか知るために，(14)で定義される重み w の分布を見てみよう．図 15 に示したように，w の分布は w の平均値よりゼロに近い側に高いピークを持つ裾の重い分布になる．

図 15 の左の図は，サイズ $N = 8 \times 8$ という画像とすれば豆粒のような大

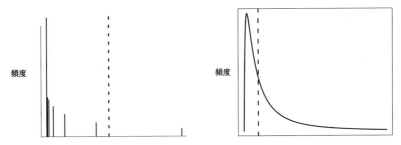

図 15 w の分布．左側はイジングモデル(8)についての実験結果($N=8\times 8$, $\theta=0.25$)．右側は連続変数の場合の概念図．点線は，左の図ではサンプルの平均，右の図では理論的な期待値を示す．左の図では，分布の右側の裾は図の範囲の外にはみ出している．

きさで，しかも θ の値が 0.25 と小さいときのものである．非常に穏やかな条件にもかかわらず，かなりゆがんだ分布になっている．N や θ が大きくなると，たちまち大変なことになる．どうしてそういうところを図にしないかというと，ゆがみすぎて，それこそ絵にも描けないようになるからである．図 15 の左側でも，ヒストグラムの右側の裾はもっとずっと右のほうまで続いているのだが，図全体を見やすくするためにその部分をカットしてある．計算が全くうまくいかなくなった状態では，w のヒストグラムは大文字の L の字の形になる．縦棒はほとんどゼロのところに立ち，横棒は目で見て頻度ゼロと区別がつかない．

　この現象は，基本的には，高次元の球や立方体に関する静的なモンテカルロ法が次元が高いときにうまくいかないのと同じである．「滅多に球の中にヒットしない」が「滅多に期待値より大きい w が出現しない」に対応する．分布が実質的にゼロでない値をとる領域が高次元の空間の中でごくわずかの部分に集中しているということが原因であるが，それだけでなく，ある軸の方向の射影(周辺分布)，あるいは断面(条件付き分布)で見たときには，ほんの少しのずれのように見えても，もとの分布(同時分布)でみれば大変な違いになるということが重要である．N 次元立方体の中の立方体の話や N 次元球の「皮」と「芯」についての話をしたのは，その点を強調するためであった．

―――― 独立な要素の積と独立な要素の和 ――――

少し見方を変えると，問題の本質は

「多数の独立な要素の積」は「多数の独立な要素の和」とは全く異なった振る舞いを示す

ことにあるともいえる．適当な条件のもとで，多数の独立な変数の和は正規分布に近づくが，多数の独立な正値変数の積の分布は裾を引いた分布になる．この分布を「確率変数の対数が正規分布する」という意味で対数正規分布という[*23]．実は，図 15 の右側は対数正規分布を描いたものである．一方，対象が多数の独立な部分からなるとき，全体がある状態になる確率は部分の確率の積になる．この意味で，系のサイズが大きいとき，$P(\boldsymbol{x})$, $Q(\boldsymbol{x})$ は多数のほぼ独立な量の和でなく積になることが期待される．これから，$w = P(\boldsymbol{x})/Q(\boldsymbol{x})$ の分布が長く裾を引くこと，また，分布 P と Q のモンテカルロ法の意味での差を測るには，w の期待値でなく，$\log w$ の期待値

$$-D(Q\|P) = -\sum_{\boldsymbol{x}} Q(\boldsymbol{x}) \log \frac{Q(\boldsymbol{x})}{P(\boldsymbol{x})}$$

を考えた方がよいことがわかる[*24]．

$D(Q\|P)$ は情報理論で Kullback-Leibler 情報量(KL 情報量，KL-divergence)として知られる量にほかならない．このあたりから，モンテカルロ法，情報理論からランダム系の物理まで，確率の科学のさまざまな分野のつながりが見えてきそうな気もするが，ここは先を急ごう．

3.4 なぜマルコフ連鎖を使うのか

静的なモンテカルロ法は，もとの分布 $P(\boldsymbol{x})$ 全体を大域的に近似するような分布 $Q(\boldsymbol{x})$ を考えようとしたところに無理がある．そこで，$P(\boldsymbol{x})$ の局

[*23] 対数をとると「多数の独立な変数の積」は「多数の独立な変数の和」になる．
[*24] この式では P, Q は和が 1 に正規化されている必要がある．

所的な性質をもとにして考えれば,高次元・多変量の場合に適した方法ができるのではないか,と考えるのが,マルコフ連鎖モンテカルロ法のひとつの出発点である.

$P(x)$ の局所的性質として,一般に期待できそうなのは「$P(x)$ の値が大きい x の近くの点 x' では $P(x')$ の値が大きい可能性が高い」ということである.$P(x)$ の大きい領域が,図16のように変な形で,しかも考えている高次元空間のほんの少しを占めるに過ぎない場合,でたらめに点を選んでもその領域に入る可能性は低い.しかし,そういった場合でも,$P(x)$ の大きい領域に含まれる点のそばの点は,やはりそういう領域に含まれる可能性が高いだろう.したがって,どこかから出発して,だんだん確率の大きいほうに移動して行き,確率が大きくなったら,その辺をうろうろする,というような方法がよさそうである.

次のような見方もできる.静的なモンテカルロ法で効率を上げようとすると $P(x)$ をできるだけよく近似する $Q(x)$ を選ぶことになる.その際の定石は,$P(x)$ の値が大きくなる x を探すために最適化計算を行い,それに基づいて $Q(x)$ を構成することである.$Q(x)$ としては,たとえば多変量正規分布やその混合が用いられる.この方式の弱点は,最適化の計算を通して $P(x)$ の様子を知っても,いったんそれを $Q(x)$ で大域的に表現しなければならない点にある.この段階で情報が失われてしまう.これを解決しようとすると「局所的な探索の部分とモンテカルロの部分を一体化する」という考え方になるが,それは「確率の大きいほうに移動して行き,確率が大きくなったら,その辺をうろうろする」ということにほかならない.

図 16 変な形

第2章のはじめに導入したメトロポリス法は，まさにそういうやり方になっている．イジングモデル(8)の例では，「少しずつ動かす」というのは，$N = L^2$ 個の変数のうち1個だけを変更したものを「候補」とすることに相当する．図7左や図9左には，連続変数2つの場合に，メトロポリス法で生成された列が「確率の大きいほうに移動して行き，確率が大きくなったら，その辺をうろうろする」様子が示されている．

一方，第2章の最後で論じたギブス・サンプラーは，問題を分割して，それぞれは効率良く扱えるものに分けて，それを統合するというアプローチである．ポイントは，統合の仕方として「条件付き分布からのサンプリングによって状態を部分的に更新していく」という方法を取ることで，これによって，全体として，つじつまのあった計算を行い，かつ，高次元でも部分と全体とのギャップによって計算が破綻しないようにできる．しかし，それは同時に「少しずつ動く」という性質や「局所的な探索」を持ち込むことになっている．

いくつかの例で，2つの変数 (x_1, x_2) を交互にサンプルするギブス・サンプラーの動き方を図示すると，図17のようになる（灰色の領域の一様分布をサンプルするとする）．図の左のように x_1 と x_2 が独立であれば，x_1 と x_2 はお互いに拘束し合わないので効率が最大になり，任意の2点 A, B を2ステップで繋ぐことができる．しかし，この場合はそもそも x_1 と x_2 を別々に選べばよく，ギブス・サンプラーは必要ない．図17の真ん中のように (x_1, x_2) に強い相関があると x_1 と x_2 が互いの値を拘束しあうので，文字通り「少しずつ」動くことになる*25．図17の右は「無相関だが独立でない」例であるが，この場合も A, B をつなぐのに一気には行けず，数ス

---

*25 図17の真ん中の図を見ると「なぜニュートン法のようなアフィン不変性のある方法を開発しないのか」と思う読者もいるだろう．この指摘は必ずしも間違っていないのであるが，マルコフ連鎖モンテカルロ法の場合，(1)真の意味で大域的な手法であって漸近的に局所的な話に持ち込めない，(2)詳細釣り合い条件(3.7節)が基礎にある，など，なかなか簡単にはいかない事情があるのである．

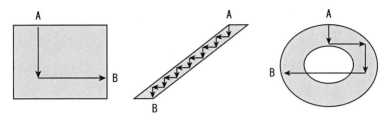

図 17 ギブス・サンプラーの動き方. 矢線で 2 点 A, B をつなぐ経路の例を示した. 実際には, 後戻りも含めて, 確率的に行ったり来たりしながら動く.

テップを必要とする.

　大雑把にいうと, 解くべき問題と仮定した条件(どのような条件付き分布からサンプルできるとするか)のギャップに応じて, ギブス・サンプラーは「少しずつ動く」ことになる.

―――― 準モンテカルロ法とマルコフ連鎖モンテカルロ法 ――――

「準モンテカルロ法」と呼ばれる「超一様分布列」を利用した積分の計算法が金融工学の分野を中心に使われている[*26]. 準モンテカルロ法は, 5 桁の相対精度を要求されるといった場合に強みを発揮する. 一方, マルコフ連鎖モンテカルロ法が得意とする超高次元の統計物理や統計科学の問題に対しては(直接に適用した場合には)必ずしも効果的ではないと思われる. この章の冒頭で述べた N 次元球の体積を求める問題で, N が大きくなると困難に陥るのは, 準モンテカルロ法でも通常の静的なモンテカルロ法でも同じであろう. 準モンテカルロ法では, 必要な計算の量 C を要求精度 ϵ と次元 N の関数として $C \sim A(N) B(1/\epsilon, N)$ と書いたとき, $B(1/\epsilon, N)$ の部分の $\epsilon \to 0$ での漸近形を問題にする. それに対して, われわれは, むしろ「定数」$A(N)$ の N 依存性に「次元の呪い」をみるのである.

[*26] 詳細は本シリーズ 11 巻の手塚氏の解説を参照. なお, 超一様分布列は「準乱数」とも呼ばれるが, 一般には擬似乱数の代わりには使えない. 特別な種類の列(CUD 列)なら使えるという議論が Owen and Tribble(2005)にある.

3.5 マルコフ連鎖と定常分布

前の節では,第2章で紹介したメトロポリス法やギブス・サンプラーを先取りして議論した.第3章の目標は,これらの仕組みを数理的に表現する入れ物を導入し,それを使ってすでに紹介したアルゴリズムを正当化することである.本節から3.7節までが,その中心となる部分である.

まず,マルコフ連鎖の概念を導入しよう.状態を「動かす」「部分的に書き換える」ことを表現するためには「前の状態に依存して次の状態が決まる」としなければならない.次の状態 x' をとる確率が,直前の状態 x にのみ依存するようなルールで動くシステムを一般にマルコフ連鎖と呼ぶ.この解説では,x から x' に移る確率(遷移確率)を $\pi(x \to x')$ と書くことにする[*27].

マルコフ連鎖というだけなら,どの2つの状態の間も有限の確率で移動できてよい.これに対して,マルコフ連鎖モンテカルロ法で用いるマルコフ連鎖の遷移確率 π は,ゼロあるいはゼロに近い値をとる部分が多い.これが「少しずつ動かす」「部分的に書き換える」ことの数学的表現になっている.いままでに説明した例でみると,まず,第2章で議論したイジングモデル(8)に対するメトロポリス法では,変数のうちの1個か0個を変更した状態に移動する確率だけが0でないとした.遷移確率の言葉では,ある x から 2^N 個の x' への遷移のうち,$N+1$ 個を除いて $\pi(x \to x') = 0$ であるということになる.2.4節の連続変数のメトロポリス法の例では,候補を選ぶのに分散 δ^2 の正規分布を使うとすると,x と x' の距離が δ の数倍を越える場合は,密度 $\pi(x \to x') \simeq 0$ となる.2.5節のギブス・サンプラーでも,変数をひとつずつ動かしているので,x と x' で2つ以上の成分

[*27] ここで「動く」というのは,あくまで,サンプリングのための仮想的なプロセスに関してであって,現実の世界の時間とは関係がない.これは,いままでの展開から明らかだと思うが,たとえば「時系列データの解析をマルコフ連鎖モンテカルロ法で行う」ということになると,たちまち混乱する人が出るので,このあたりでもう一度確認しておきたい.

が異なっていれば，$\pi(\boldsymbol{x} \to \boldsymbol{x}') = 0$ である*28．

さて，ここまでは，まだ，サンプルしたい分布 $P(\boldsymbol{x})$ と遷移確率 $\pi(\boldsymbol{x} \to \boldsymbol{x}')$ のつながりが無い．「確率 $P(\boldsymbol{x})$ の大きい方に移動していくが，時々は戻る」ように π を決めるのがおよその目標であるが，それだけでは分布 $P(\boldsymbol{x})$ での期待値を正確に計算できる保証はない．そこで，次のことを要請しよう．

要請

どんな初期状態 $\boldsymbol{x}^{(0)}$ からはじめても，遷移確率 π による移動（状態遷移）を多数回繰り返して到達した $\boldsymbol{x}$ の分布は，$\boldsymbol{x}^{(0)}$ のとり方によらず，分布 $P(\boldsymbol{x})$ に一致する．

この要請が満たされると，ある $\boldsymbol{x}^{(0)}$ からはじめて，状態遷移を十分繰り返したあとの $\boldsymbol{x}^{(1)}$ は分布 $P(\boldsymbol{x})$ からのサンプルと見なせ，その $\boldsymbol{x}^{(1)}$ からはじめて，状態遷移を十分繰り返したあとの $\boldsymbol{x}^{(2)}$ は $\boldsymbol{x}^{(1)}$ とは独立な分布 $P(\boldsymbol{x})$ からのサンプルと見なせる．以下同様にして，$P(\boldsymbol{x})$ からの独立サンプルの列 $\boldsymbol{x}^{(1)}, \boldsymbol{x}^{(2)}, \boldsymbol{x}^{(3)}, \cdots$ が得られるわけである．サンプル同士が独立と見なせるまでの時間が「混合時間」に相当する．そこで，2.2 節の例と同様にして，さまざまな量の $P(\boldsymbol{x})$ での期待値や周辺分布が，遷移確率 π によって定まるマルコフ連鎖のサンプル列の上の平均値として計算できることになる*29．実際には，大きな間隔をあけてサンプルをとる必要が無いことは，2.2 節で既に説明した通りである．

「要請」をマルコフ連鎖の定理として証明できる形にもっていくのが，本節の残りの仕事である．まず，遷移確率 $\pi(\boldsymbol{x} \to \boldsymbol{x}')$ のもとで，ステップ t の分布 $P_t(\boldsymbol{x})$ は，ステップ $t+1$ で次のように変換されることに注意しよう．

---

*28 あとの 3.10 節で述べるように，統計科学への応用では，多くの要素をまとめて同時に変えることも多いが，その場合でも，変数を組み分けして一組ずつ動かしている限り，遷移密度 π がゼロになるような $\boldsymbol{x}$ と $\boldsymbol{x}'$ の対がたくさんある．

*29 著者はこの議論でほぼ納得するが，数学好きの読者は「分布の収束」と「サンプル列の上の平均の収束」の関係が気になるかもしれない．有限状態空間の場合に平均値の確率収束と次節で示す分布の収束の関連を数式で説明したものは，たとえば，Winkler(2003) の定理 4.3.3 の導出にある．概収束を示すには，特定の状態に戻ってきた時刻でサンプル列を多数の断片にブツ切りにし，独立同分布の場合の大数の強法則を使う．デュレット(2005) の 1.8 節，Norris(1997) の 1.10 節，Robert and Casella(2004) の定理 6.63 などを参照．

$$P_{t+1}(\bm{x}') = \sum_{\bm{x}} P_t(\bm{x})\pi(\bm{x} \to \bm{x}') \quad (15)$$

この式の意味は，たくさんの状態(代表点)の集合を考えて，それらを独立に並列に状態遷移させていくとするとわかりやすい．遷移の前の代表点の分布が $P_t(\bm{x})$ であるとして，それらが一斉に確率的に移動してできる分布が $P_{t+1}(\bm{x})$ となると考えるわけである．この形で「要請」を表現すると，

要請†
　どんな初期分布 P_0 から初期状態 $\bm{x}_0$ を選んでも，$t \to \infty$ で $P_t(\bm{x})$ は分布 $P(\bm{x})$ に収束する．

となる．この先の解説では，数学的な扱いは，マルコフ連鎖の状態が有限個の場合(それぞれが有限個の値をとる離散変数が有限個の場合)に限るので，どの距離を用いて「収束」を定義しても同値である．要請†では，「どんな初期状態 $\bm{x}_0$ についても」の代わりに，より強い「どんな初期分布 P_0 で選んだ $\bm{x}_0$ についても」になっているが，このほうが扱いが便利である．

$P_t(\bm{x})$ が $P(\bm{x})$ に収束するためには，$P(\bm{x})$ は，任意の $\bm{x}$ について，

$$P(\bm{x}') = \sum_{\bm{x}} P(\bm{x})\pi(\bm{x} \to \bm{x}') \quad (16)$$

を満たさなければならない．このとき，$P(\bm{x})$ は遷移確率 π で決まるマルコフ連鎖の定常分布(不変分布)になっているという[*30]．これは，代表点の集合のイメージで考えると，個々の点は確率的に動いても，全体としての分布は不変になる場合に相当する(図18)．代表点の集合を「流体」だと考えると，式(16)は，$\bm{x}$ 地点における「流入量」と「流出量」が釣り合うという式とみることもできる．

与えられた $P(\bm{x})$ が遷移確率 π で決まるマルコフ連鎖の「定常分布」になっていることは，「要請†」が成り立つための必要条件であるが，それだけで「要請†」が満たされるかというと，そうはいかない．まず，ある初期状

[*30] 無限個の状態がある場合に，式(16)を満たす分布が正規化可能な場合は「定常分布」，一般の場合は「不変分布」と使い分ける流儀もあるが，本稿の範囲では，その意味で「定常分布」でない「不変分布」は考えないでよいだろう．「平衡分布」「均衡分布」も似たような意味だが，一意性と収束が保証される場合に使うのが正式らしい．

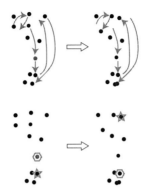

図 18 定常分布のイメージ．黒点のそれぞれが系の状態に対応する．左側が遷移前，右側が遷移後である．個々の点は動いても，点の分布は変わらない．図では，点の数が有限なので，少し変わるように描いてある．

態 $x^{(0)}$ について，$x^{(0)}$ から行き着くことのできない状態 x^* で $P(x^*) \neq 0$ のものがあれば，駄目である．一回では「近く」にしか行けなくても，何ステップかのうちには，どの状態からどの状態にも行けるということ，難しくいえば，図 19 のようなマルコフ連鎖の遷移グラフが強連結であることが必要である．これは当たり前で，少しずつ動いていって状態空間全体を探りながらサンプルを採ろうというのに，行けないところがあったのではうまくいかないに決まっている．この条件を「既約性」という．

これで大丈夫かというと，もうちょっとだけ条件がいる．以下の 2 つは同じでない．

A 任意の x, x' について，ある M があって，遷移確率 π による遷移をちょうど M 回繰り返して，x から x' に有限の確率で到達できる．

B ある M があって，任意の x, x' について，遷移確率 π による遷移をちょうど M 回繰り返して，x から x' に有限の確率で到達できる．

たとえば，校庭に一列にいくつかの丸を書いて，その上を行ったり来たりして遊ぶとする．確率 1/2 で左に一歩，1/2 で右に一歩行き，もといた場所には止まらない．端にいる場合，次は必ず一歩戻るとする．このとき，一回目が奇数番の丸だと，奇数回目には必ず奇数番の丸，偶数回目には必ず

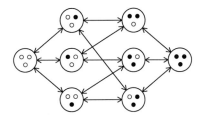

図 19　2.2 節の例の遷移グラフ.
2.2 節のアルゴリズムについて，8 個の状態のうち，他の状態を経由せずに直接行けるもの同士を線で結んだ．一般には x から x' に行けても x' から x に行けるとは限らない(この図の例ではそうなっているが).

偶数番の丸にいることになり，条件 A は満たされるが，条件 B は満たされない．

以下では条件 A(既約性)でなく，より強い条件 B を仮定する．B で付け加わった部分が「非周期性」の条件に相当する．どれかひとつの要素 $\tilde{x}$ について $\pi(\tilde{x} \to \tilde{x}) \neq 0$ であれば，A から B がいえる[*31]．上の校庭の例でも，たとえば「端に来たら戻るか立ち止まるかを選ぶ」とすれば，B が成り立つ．特に，ギブス・サンプラーは A を満たせば必ず B を満たす．

3.6　定常分布への収束の証明

この節では定常分布への収束の証明を与える．証明に入る前に，収束するのは，異なる初期条件をもち，異なる乱数列によって動く多数の代表点の「分布」であって，個々のサンプル列ではないということを確認しておきたい．個々の列にあらわれる状態はどこまでも変化しつづけ「収束」はしない．これは，最適化との基本的な違いであり，「収束」でなく「混合」という用語をいままで用いてきた理由である．生成されたサンプルを用いて計算される統計量の平均は求める期待値に「収束」するが，これは代表

[*31] $\pi(\tilde{x} \to \tilde{x})$ が極めて小さいがゼロでない値をとるとき，実際にはどうみえるのだろうか？　短時間では周期的なように見え，長く観察すると非周期的だと分かるであろう．校庭の遊びの例で考えてみるとよい．

点の分布の収束から二次的にいえることである.

　もちろん,状況によっては「収束」が目に見えることもある.たとえば,ベイズ統計で事後密度が密度最大の点(MAP 推定値)のまわりに集中していれば,離れた点から出発したサンプル列は,揺らぎながら密度の高い領域に移動し,そのあとは MAP 推定値のまわりで小さく揺らぎ続ける(図 7 左や図 9 左の場合も,初期状態をかけ離れた値に取って,遠くから図を眺めれば,そういう風に見えるだろう).しかし,図 3 や図 5 の左側のように,さまざまな状態がサンプル列の中に出現する場合や確率の大きい領域が複数あってその間を不規則な間隔で行き来するような場合でも,代表点の「分布」は収束していてかまわない[*32].

　さて,証明である.はじめに,π で定まる遷移の代わりに,それを M 回繰り返したものを,あらためて π と置けば,前の節の条件 B の M は 1 としてよいことに注意する[*33](条件 A だとこうはいかない).いいかえると「遷移確率 $\pi(x \to x')$ が,どの x, x' の対についてもゼロでない」場合について証明すれば十分だということになる.条件 B で $M = 1$ としたものを,以下では条件 B*と呼ぶ.

　以下では,式(16)をみたす定常分布 $P(x)$ が存在することを仮定して,任意の初期分布 $P_0(x)$ から $P(x)$ への収束を証明する.マルコフ連鎖モンテカルロ法では $P(x)$ を与えて,それを定常分布とする遷移確率を決めるの

[*32] 統計物理でよく知られているように,系が多数のほぼ独立な部分からなるとみなせるときは,さまざまな状態が列の中に出現していても,系全体に関する統計量(巨視的な量)の揺らぎは小さくなり,その量については burn-in のときに初期の値から特定の値への「収束」が観測される.しかし,これもまた,代表点の分布の収束とは別の概念である.たとえば,系全体に相関が及んでいれば巨視的な量も大きく揺らぎ続けるが,その場合も代表点の分布は収束していてよい.

[*33] M の整数倍でない m について,m 回遷移したときの分布も同じところに収束するのか心配になるが「任意の初期分布」について証明するので問題ない.m を M で割った余りを d として,与えられた初期分布から d 回だけ遷移した後の分布をあらためて初期分布と思えばよいのである.

が普通なので,これだけで十分用が足りる[*34].

証明のポイントは,任意の分布 $P_0(\boldsymbol{x})$ から出発して,遷移を1回したあとの分布 $P_1(\boldsymbol{x}) = \sum_{\boldsymbol{x}'} P_0(\boldsymbol{x}') \pi(\boldsymbol{x}' \to \boldsymbol{x})$ が

$$P_1(\boldsymbol{x}) = cP(\boldsymbol{x}) + (1-c)R_1(\boldsymbol{x}) \tag{17}$$

と書けることである.ここで,

- ■ $P(\boldsymbol{x})$ は定常分布.
- ■ $0 < c < 1$ は P_0 によらない定数.
- ■ R_1 は P_0 に依存してよいが,$0 \leq R_1(\boldsymbol{x}) \leq 1, \sum_{\boldsymbol{x}} R_1(\boldsymbol{x}) = 1$ を満たす.すなわち,$\boldsymbol{x}$ の確率分布と解釈できる.

式(17)の意味は,遷移を1回行うたびに,分布の一部,少なくとも割合 c が,定常分布 $P(\boldsymbol{x})$ に「化ける」ということである.そこで,これを何回もやれば,c が小さくても,しまいには,全部 $P(\boldsymbol{x})$ になってしまうことが期待できる.ここで大事なのは,$c > 0$ が遷移前の分布 P_0 に依存しないことと,$P(\boldsymbol{x})$ に化けた分を差し引いた残り $R_1(\boldsymbol{x})$ が任意の $\boldsymbol{x}$ について $R_1(\boldsymbol{x}) \geq 0$ となることである.

条件 B* と定常分布の存在のもとでの式(17)の証明は付録1で示した.ここでは,それを仮定して,いま説明した方針で証明をやってしまおう.まず,2回遷移したあとの分布 $P_2(\boldsymbol{x})$ は式(17)と $P(\boldsymbol{x})$ が定常分布であることと $P(\boldsymbol{x}) = \sum_{\boldsymbol{x}'} P(\boldsymbol{x}') \pi(\boldsymbol{x}' \to \boldsymbol{x})$ を使うと

$$\begin{aligned} P_2(\boldsymbol{x}) &= \sum_{\boldsymbol{x}'} P_1(\boldsymbol{x}') \pi(\boldsymbol{x}' \to \boldsymbol{x}) \\ &= cP(\boldsymbol{x}) + (1-c) \sum_{\boldsymbol{x}'} R_1(\boldsymbol{x}') \pi(\boldsymbol{x}' \to \boldsymbol{x}) \end{aligned} \tag{18}$$

と書ける.

一方,式(17)の $R_1(\boldsymbol{x})$ は確率分布とみなせるので,これを初期分布 P_0

[*34] 実際には条件 B* のもとで定常分布の存在が証明できる.なお,定常分布の一意性は収束の証明から自明に従うことに注意.定常分布が P_a, P_b の2種類あるとして,初期分布を $P_0 = P_a$ とすると,収束定理から,n 回遷移した後の分布 P_n は $n \to \infty$ で $P_n \to P_b$.一方,定常分布の定義より,任意の n について $P_n = P_0 = P_a$ であるから $P_a = P_b$ となる.

だと思って，再度(17)を適用すると

$$\sum_{x'} R_1(x')\pi(x' \to x) = cP(x) + (1-c)R_2(x) \qquad (19)$$

となる．ここで，$R_2(x)$ は一般には $R_1(x)$ とは違うが，$0 \leq R_2(x) \leq 1$，$\sum_{x} R_2(x) = 1$ を満たし，再び確率分布とみなせる．(18)に(19)を代入すると

$$P_2(x) = \{1 - (1-c)^2\}P(x) + (1-c)^2 R_2(x) \qquad (20)$$

となる[*35]．

この変形を繰り返すと，m 回遷移したあとの分布 $P_m(x)$ は

$$P_m(x) = (1 - (1-c)^m)P(x) + (1-c)^m R_m(x)$$

$$0 \leq R_m(x) \leq 1, \quad \sum_{x} R_m(x) = 1$$

となる．ここで，$0 < c < 1$ であることを思い出すと，$|R_m(x)| \leq 1$ だから，$m \to \infty$ のとき，$P_m(x) \to P(x)$ がわかる．これで証明は終わりである．

状態数が可算無限個の場合でも，定常分布の存在を仮定すれば，結果は変わらない．これに対して，連続確率変数(非可算無限個の状態に相当)への拡張は，数学的には面倒で，病理的な現象も起きるが，マルコフ連鎖モンテカルロ法の場合に，それが原因で問題が起きることはまずない．むしろ，定常分布の密度関数が発散する，あるいは，非常に大きくなる点がある場合に，混合が遅くなる可能性があることが問題である[*36]．

[*35] $P(x)$ の前の係数 $1-(1-c)^2$ は，直接計算してもよいが，$R_2(x)$ の前の係数 $(1-c)^2$ を先に求めておいて，$\sum_{x} P_2(x) = \sum_{x} P(x) = \sum_{x} R_2(x) = 1$ から出すのが簡単である．

[*36] この場合，発散する点の近傍を通ったサンプル列は「ブラックホール」に吸い込まれて，計算時間内には出てこなくなるかもしれない．こうした現象は，発散する点のよほど近くの点を初期状態として計算を試みないと見落とす可能性がある．なお，ジェフリーズの事前分布はしばしば有界ではなく，事後分布にもその特異性が残ることがあり，いまの文脈では要注意．

―― いろいろな証明法 ――

ここで述べた証明は,「カップリング」という技法による証明を,単なる式の変形に書き直したものである.もとの方法は連続変数の場合にも拡張して使われる.有限状態の場合によく見かける証明は,分布間の距離を $d(\mathcal{P}, \mathcal{Q}) = \sum_{\boldsymbol{x}} |\mathcal{P}(\boldsymbol{x}) - \mathcal{Q}(\boldsymbol{x})|$ で定義して,任意の分布 $\mathcal{P}_0, \mathcal{Q}_0$ ($\mathcal{P}_0 \neq \mathcal{Q}_0$) について,1 ステップ遷移したあとの分布を $\mathcal{P}_1, \mathcal{Q}_1$ としたとき,条件 B* のもとで,$d(\mathcal{P}_1, \mathcal{Q}_1) < d(\mathcal{P}_0, \mathcal{Q}_0)$ となることを示すものである.これがわかれば,「区間縮小法」から,遷移を繰り返したときの確率分布が,初期分布によらず,あるひとつの分布に収束することがわかる.この方法では定常分布の存在も同時に示せる.詳しくは文献を参照.もうひとつの証明は,行列の固有値問題に帰着させてペロン・フロベニウスの定理を使う方法である.そこで出てくる固有ベクトルと固有値によって確率の時間発展を示す式は,問題の性質を考える枠組みとして有効である.付録 2 を参照.

3.7 詳細釣り合い条件

分布の収束の条件そのものは難しいものではない.むしろ問題は「$P(\boldsymbol{x})$ が定常分布になる」という条件が一般的すぎて,これを満たすマルコフ連鎖を設計するのがかえって難しいことである.

そこで登場するのが,マルコフ連鎖モンテカルロ法の核心となる**詳細釣り合い**(detailed balance)の条件である.これは,任意の $\boldsymbol{x}, \boldsymbol{x}'$ について,

$$P(\boldsymbol{x})\pi(\boldsymbol{x} \to \boldsymbol{x}') = P(\boldsymbol{x}')\pi(\boldsymbol{x}' \to \boldsymbol{x}) \tag{21}$$

が成り立つ,と表現される.これが「遷移確率 π のもとで $P(\boldsymbol{x})$ が定常分布になること」の十分条件であることは容易にわかる.(16)式が「x における代表点の流入と流出が全体として釣り合う」という意味なのに対し,(21)式は「すべての対 $(\boldsymbol{x}, \boldsymbol{x}')$ について個々に釣り合う」という,より強い条件を課している.たとえば,図 20 のように 3 つの状態のうちでぐるぐる

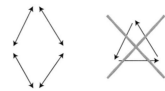

図 20 詳細釣り合いを満たすことができる例と満たさない例（ぐるぐる循環）

循環して釣り合うのでは詳細釣り合い条件を満たさない．友人のグループで借金を清算する場合でいえば，一般の定常分布は，複雑なお金のやりとりの末，全員がそれぞれが収支ゼロになるのに対応する．これに対し，詳細釣り合い条件を満たすということは，各ペアについてそれぞれ別に借金を清算することにあたる．後者の方がわかりやすいことは明らかだろう．

詳細釣り合い条件を満たすものに限定してしまえば「遷移確率 π のもとで $P(x)$ が定常分布になる」ように遷移確率 π を設計することは簡単である．具体例は次節以下で示す．「釣り合い」が基本になっているので，ある状態に行く割合が増えたり，新しい遷移が加わっても，反対方向の遷移をそれと釣り合うように変えれば，定常分布は変わらないことになる．これが第 2 章で述べた「驚くべき柔軟性」の源である．

なお，自明であるが，$\pi(x' \to x) = 0$ かつ $\pi(x \to x') = 0$ であれば (x, x') についての詳細釣り合い条件が満たされることを注意しておく．重要なポイントとして，

遷移確率 π を定めるには比 $P(x)/P(x')$ のみで十分

ということがある．これは，定常分布の定義(16)においてすでに一般に成り立っているが，詳細釣り合い条件が成り立つ場合は，$\pi(x \to x') \neq 0$ のもとで，(21)式を

$$\frac{\pi(x' \to x)}{\pi(x \to x')} = \frac{P(x)}{P(x')} \qquad (22)$$

と変形すれば明らかである．事後分布(1)やギブス分布(2)では正規化定数が不明なことが多いので，この性質は重要である．

ようやく第2章のアルゴリズムを導出するところまできた.次節以下では,詳細釣り合い条件を利用して,与えられた分布を定常分布とするようなマルコフ連鎖をいくつか具体的に構成しよう.

3.8 メトロポリス法とメトロポリス・ヘイスティングス法

最初はメトロポリス法である.メトロポリス法では,確率的な手順で「候補」を作り,それを採用するかどうかをまた確率的な方法で決める,という2段階で遷移を定義した.状態 x にいるときに x' が「候補」として選ばれる確率を $Q(x,x')$ とする.しばらくの間,対称性 $Q(x,x')=Q(x',x)$ を仮定しよう.選んだ候補 x' を採用するかどうか決める部分は

- $r=P(x')/P(x) \geq 1$ なら候補 x' を必ず受理(accept)[*37].
- $r=P(x')/P(x) < 1$ なら確率 r で候補 x' を受理(accept)する.それ以外の場合は,以前からの x に留まる(reject).

となる.具体的には,第2章でみたように,$0 \leq R < 1$ の一様乱数を発生させて,$R<r$ の場合のみ x を x' で置き換えればよい.r が1より大きければ R の値によらず受理されるので,場合分けはいらないはずだが,乱数の節約や r の計算でのオーバーフローの防止のために,もとの表現に忠実に $r \geq 1, r < 1$ で分けてプログラムを書くことも多い.数式の上では,簡潔に「確率 $\min(1,r)$ で受理する」と表現することもできる.

メトロポリス法の遷移確率は,$P(x)$ と $P(x')$ がともにゼロでない任意の2状態 x, x' について,上のルールから,$x \neq x'$ のとき,

- $P(x') \geq P(x)$ なら,

$$\pi(x \to x') = Q(x,x') \tag{23}$$
$$\pi(x' \to x) = Q(x',x)P(x)/P(x') \tag{24}$$

- $P(x') < P(x)$ なら,

[*37] すぐ下の規則をみればわかるように,$P(x)=P(x')$ なら,どちらの規則に従っても確率1で x' が採用されるので,等号 = は含んでも含まなくても同じである.

$$\pi(\boldsymbol{x} \to \boldsymbol{x}') = Q(\boldsymbol{x}, \boldsymbol{x}')P(\boldsymbol{x}')/P(\boldsymbol{x}) \qquad (25)$$

$$\pi(\boldsymbol{x}' \to \boldsymbol{x}) = Q(\boldsymbol{x}', \boldsymbol{x}) \qquad (26)$$

となる．このルールで定義されるマルコフ連鎖が詳細釣り合い条件(21)を満たすことは次のようにして確かめられる．$P(\boldsymbol{x}') \geq P(\boldsymbol{x})$の場合，(23)の両辺を(24)の両辺で割って，対称性$Q(\boldsymbol{x}, \boldsymbol{x}') = Q(\boldsymbol{x}', \boldsymbol{x})$を用いると

$$\frac{\pi(\boldsymbol{x} \to \boldsymbol{x}')}{\pi(\boldsymbol{x}' \to \boldsymbol{x})} = \frac{P(\boldsymbol{x}')}{P(\boldsymbol{x})}$$

となるが，これは式(22)に他ならない．$P(\boldsymbol{x}') < P(\boldsymbol{x})$の場合も，同様にして，(25)と(26)から(22)が確かめられる[*38]．

$Q(\boldsymbol{x}, \boldsymbol{x}') \neq Q(\boldsymbol{x}', \boldsymbol{x})$の場合には，$r$の定義を$r = P(\boldsymbol{x}')/P(\boldsymbol{x})$から

$$r = \frac{P(\boldsymbol{x}')Q(\boldsymbol{x}', \boldsymbol{x})}{P(\boldsymbol{x})Q(\boldsymbol{x}, \boldsymbol{x}')} \qquad (27)$$

と変更すれば，詳細釣り合い条件を満たすことが上と同様に示せる．ただし，$Q(\boldsymbol{x}, \boldsymbol{x}') = 0$なら$Q(\boldsymbol{x}', \boldsymbol{x}) = 0$とする．$\boldsymbol{x}$と$\boldsymbol{x}'$の間の遷移確率を求める際には，(27)の右辺の式が1より大きいか小さいかで場合分けすればよい．この一般化を統計学ではメトロポリス・ヘイスティングス法(MH法)と呼ぶ[*39]．

第2章で見た例が，本節で論じたメトロポリス法の具体例になっていることを確かめよう[*40]．まず，2.2節で考えた例で$Q(\boldsymbol{x}, \boldsymbol{x}') = Q(\boldsymbol{x}', \boldsymbol{x})$であることは，どれかひとつの$x_i$を変えて現在の状態$\boldsymbol{x}$から候補$\boldsymbol{x}'$を作るときに，$x_i$の値1が値$-1$になる確率と値$-1$が値1になる確率が等しいことからわかる．また，与えられた遷移確率のもとで，有限回の遷移で任意の$\boldsymbol{x}$から任意の$\boldsymbol{x}'$に行けること，非周期的であることは容易に確かめら

[*38] よく考えてみると，対$(\boldsymbol{x}, \boldsymbol{x}')$について証明すればよいので，$P(\boldsymbol{x}') \geq P(\boldsymbol{x})$と仮定しても一般性を失わない．その意味ではこれは蛇足である．

[*39] この名前は，メトロポリス法を一般化した形を示した論文 Hastings(1970)に由来するが，Hastings がメトロポリス法を独立に発見したというわけではない．

[*40] 正確にいうと，これらの例で，この節の枠組に直接載るのは，変更を試みる変数の番号iをランダムに選んだ場合である．一定の順で選んだ場合については 3.12 節で議論する．

れる[*41]．2.3節の正方格子上のイジングモデルに対するメトロポリス法も同様である．この場合，要素数が $N = L^2$ のとき，状態数は 2^N あるが，任意の2つの状態間は N 回以下の遷移で結ばれている．

2.4節の例は連続変数なので，サンプルしたい分布 $P(\boldsymbol{x})$，候補を選ぶ分布 $Q(\boldsymbol{x}, \boldsymbol{x}')$ の代わりに，それぞれ，確率密度 $p(\boldsymbol{x})$，$q(\boldsymbol{x}, \boldsymbol{x}')$ を考えることになる．前者については比のみが問題なので，$P(\boldsymbol{x}')/P(\boldsymbol{x})$ を $p(\boldsymbol{x}')/p(\boldsymbol{x})$ で置き換えればよく，後者については密度 $q(\boldsymbol{x}, \boldsymbol{x}')$ にしたがうサンプル $\boldsymbol{x}'$ が生成できればよい．この置き換えを行って，$q(\boldsymbol{x}, \boldsymbol{x}')$ を $\alpha(x_1' - x_1, x_2' - x_2)$ に対応させれば，2.4節で論じたアルゴリズムが得られる．

一般に，メトロポリス法の場合，無理に沢山の変数を同時に動かそうとすると，候補が採用される割合が極端に低くなってしまう．これは，図14や図16で候補が密度の大きい領域から飛び出してしまうことに対応する．特に高次元空間では，「次元の呪い」によって，ほとんどすべての候補が意味の無い場所に行ってしまう可能性が高い．静的なモンテカルロ法と変わらなくなるわけである．一方，連続変数の場合には，1回に動かす幅があまりに少なく，受理の率が高すぎても，混合が悪くなる．詳しくはこの節の最後のコラムを参照されたい．

マルコフ連鎖モンテカルロ法全体の源泉である論文 Metropolis et al. (1953) では，$\boldsymbol{x}$ に相当するものは多数の分子の配置，x_i は個々の分子の位置（空間座標）であり，1回の遷移で1個の分子を少しだけ動かす形のメトロポリス法が提案されている．統計物理の多くの問題，特に，気体・液体や高分子の計算では，現在でもこのタイプの方法が用いられている．

統計科学では，たとえば空間点過程の問題や分割表のサンプリングなどに，メトロポリス法が使われている．これに対して，階層的なベイズモデルや潜在変数を含んだモデルを扱うためには，オリジナルのメトロポリス法とはかなり違うイメージのメトロポリス・ヘイスティングス法が使われる．これについては後でもう少し説明する．

[*41] 規則的に選ぶ場合は，非周期性が成り立つには $\theta \neq 0$ が必要．

ステップ幅の影響

図21に，メトロポリス法による2次元正規分布のサンプリング(2.4節の図7)で，候補を提案する分布の標準偏差 δ をいろいろ変えたときの様子を示した．δ が大きいと候補が受理される確率が減り，有効なサンプル数が少なくなる．図21の下の図で点の数が減ってみえるのはそのためである．逆に，δ が小さいと，候補が高い確率で受理されるので一見よさそうにみえるが，一回に動く量が少なくなり，小さな歩幅で行ったり来たりするので，動きが極端に遅く，有効なサンプル数はやはり減ってしまう．中間にベストのところがあるわけである[*42]．

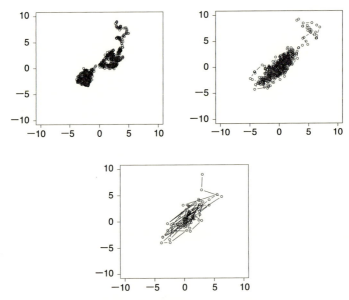

図21 メトロポリス法の振る舞いとステップ幅．
左上，右上，下の順にステップ幅 δ が 0.2, 0.8, 6.0 の場合である．それぞれ最初の 800 回の繰り返しの結果を，m ステップ目と $m+1$ ステップ目を直線で結んで示してある．

[*42] 統計物理では，50%程度の受理確率がよいと昔から言われている．50%という数字は必ずしもあてにならないが，受理確率が大きすぎても効率が悪くなるということは頭に入れておいたほうがよい．

3.9 ギブス・サンプラー(熱浴法)

別の考え方で,与えられた分布を定常分布とするようなマルコフ連鎖を作るのがギブス・サンプラー(熱浴法)である.ギブス・サンプラーでは,変数が $x = \{x_i\}$ と書けるとき,各成分 i ごとに,i 以外の変数 $\{x_{j(\neq i)}\}$ を固定した条件付き分布

$$P(x_i' \mid \{x_{j(\neq i)}\})$$

からのサンプル x_i' で x_i の値を置き換える操作を繰り返す.x_i' を選ぶとき同じ成分の以前の値を参照しないのが特徴である.連続変数の場合も分布が密度関数で表わされるだけで同じである.置き換える成分の番号 i は,はじめに決めた確率でランダムに選んでもよいし,規則的に選んでもよい.ギブス・サンプラーの例は,第 2 章の 2.5 節で論じた.

ギブス・サンプラーで $P(x)$ が定常分布になることは,ほとんど条件付き確率の定義そのものであるが,丁寧に示すと次のようになる.$x = \{x_j\}$ を P からのサンプル,条件付き確率に従って成分 i を取り直した後の状態を $x' = \{x_j'\}$ とする.仮定から,i 番目以外の成分の周辺分布は $P(x_1, \cdots, x_{i-1}, x_{i+1}, \cdots, x_N)$ と書けるので,取り直した後の x_i' と i 番目以外の成分 $\{x_{j(\neq i)}\}$ の同時確率は,条件付き確率の定義より

$$P(x_i' \mid \{x_{j(\neq i)}\}) \times P(x_1, \cdots, x_{i-1}, x_{i+1}, \cdots, x_N)$$
$$= P(x_1, \cdots, x_{i-1}, x_i', x_{i+1}, \cdots, x_N)$$

となるが,$j \neq i$ について $x_j' = x_j$ なので,右辺は $P(x')$ に等しい.すなわち,遷移前の x が P に従って分布しているとき,遷移後に状態 x' が実現される確率は $P(x')$ になる.これで,$P(x)$ が定常分布になることが示せた.

上では,詳細釣り合い条件を経由せずに,$P(x)$ がギブス・サンプラーで不変なことを直接に示したが,ギブス・サンプラーの各ステップは詳細釣り合い条件を満たす.というのも,実はギブス・サンプラーはメトロポリス・ヘイスティングス法の特殊な場合なのである.メトロポリス・ヘイスティングス法の定義で,候補を選ぶ確率 $Q(x, x')$ を,現在の状態 x と候補

x' がひとつの成分 i 以外は同じとき

$$Q(\boldsymbol{x}, \boldsymbol{x}') = \alpha_i P(x_i'|x_1, \cdots, x_{i-1}, x_{i+1}, \cdots, x_N)$$

とし，2成分以上異なるときはゼロとおく（変更を試みる成分 i を各ステップで確率的に選ぶと考えて，i が選ばれる確率を α_i とした）．すると，成分 i が選ばれたときに，候補 x' が受理される確率を決める比 r は，式 (27) から

$$r = \frac{P(\boldsymbol{x}')Q(\boldsymbol{x}',\boldsymbol{x})}{P(\boldsymbol{x})Q(\boldsymbol{x},\boldsymbol{x}')} = \frac{P(\boldsymbol{x}')\,P(x_i|x_1',\cdots,x_{i-1}',x_{i+1}',\cdots,x_N')}{P(\boldsymbol{x})\,P(x_i'|x_1,\cdots,x_{i-1},x_{i+1},\cdots,x_N)} \quad (28)$$

となる．因子 $P(x_1,\cdots,x_{i-1},x_{i+1},\cdots,x_N)$ を式 (28) の分母・分子に掛けると，条件付き確率の定義と $x_j' = x_j\,(i \neq j)$ から

$$r = \frac{P(\boldsymbol{x}')\,P(\boldsymbol{x})}{P(\boldsymbol{x})\,P(\boldsymbol{x}')} = 1$$

となり，恒等的に $r=1$ である．したがって，すべての「候補」が採用されることになり，ギブス・サンプラーが再現される．逆にいえば，メトロポリス・ヘイスティングス法は，メトロポリス法とギブス・サンプラーを「補間」するような一般化として定義されていることになる．メトロポリス・ヘイスティングス法が詳細釣り合い条件を満たすことは前の節で示したので，ギブス・サンプラーの各ステップも詳細釣り合い条件を満たすことがわかる．

ギブス・サンプラーの場合，メトロポリス法と違って「候補の棄却」に相当することはないので，条件付き分布からのサンプリングの手間を度外視すれば，なるべく多数の変数を同時に動かす（ブロック化する）ほうが効率がよい．しかし，条件付き分布からのサンプリングの結果として，以前と同じ，あるいは，以前と近い値が選ばれることはあるので，その割合が目立って減るのでなければ，多数の変数を同時に動かしても，条件付き分布からのサンプリングのコストの増加を上回る利得が得られないかもしれない．

3.4 節の例をみると，相互に強く依存している変数をすべてブロック化すれば効率があがるが，中途半端に分かれていると効果が少ないことが予想できる．そうはいっても，必ずしもそう都合よくブロック化できるわけではない．極端な話，すべての変数をブロック化して，何も条件を付けない

$P(x)$ から効率よくサンプルできれば最良であるが,これは解こうとした問題そのものなので無意味である.解きたい問題と解ける問題のギャップを計算パワーで埋めるのが,ギブス・サンプラーなのである.

3.10 ギブス・サンプラーと階層モデル

統計物理でもギブス・サンプラー(あるいは熱浴法)は使われるが,それだけがとびぬけて良く知られているということはない.統計科学でギブス・サンプラーが普及したのは,階層的なモデリングと結びついたことが大きい.具体例は第Ⅲ部の大森氏の解説に譲り,以下では枠組みだけを簡単に説明する.

階層ベイズモデルでは,データ y の発生機構として,$\lambda \Rightarrow x \Rightarrow y$ のような多段階のものを考える.これを数式で書くと,同時密度 $p(x, y, \lambda)$ を
$$p(x, y, \lambda) = p(y|x)p(x|\lambda)p(\lambda)$$
と書くことに相当する.x を通常の意味の未知パラメータとするとき,階層が上のパラメータ λ はハイパーパラメータと呼ばれる.同様のモデルを,分野や文脈によって,潜在変数を含んだモデル,状態空間モデル,隠れ状態モデル,欠測を含むモデル,混合分布モデルなどと呼ぶこともある.これらの場合,x を「潜在変数」「(隠れ)状態」「missing data」などと呼び,λ のほうをパラメータと呼ぶことが多い.x との関係では λ は本稿のほかの部分の θ に相当するが,ほかでは θ を外部から与えられた固定パラメータとしているのに対し,本節の λ はサンプリングの対象となる確率変数なので,違う文字を使うことにした.

この場合,$\lambda \Rightarrow x \Rightarrow y$ のように順方向にサンプリングを行うのは比較的容易である[*43].これに対し,データ解析の問題では y が与えられたときの (x, λ) の条件付き分布(事後分布)からのサンプリングが要求される.こ

[*43] 必ずしもそうでないこともある.たとえば,第Ⅱ部で種村氏が論じているような空間点過程のモデルでは順方向のシミュレーションがすでに困難であり,一般にはマルコフ連鎖モンテカルロ法を必要とする.画像復元で用いられるマルコフ場事前分布でも多くの場合同様である.

れはベイズの公式から

$$p(\boldsymbol{x},\boldsymbol{\lambda}|\boldsymbol{y}) = \frac{p(\boldsymbol{y}|\boldsymbol{x})p(\boldsymbol{x}|\boldsymbol{\lambda})p(\boldsymbol{\lambda})}{\iint p(\boldsymbol{y}|\boldsymbol{x})p(\boldsymbol{x}|\boldsymbol{\lambda})p(\boldsymbol{\lambda})d\boldsymbol{x}d\boldsymbol{\lambda}} \tag{29}$$

と書けるが，右辺からのサンプリングは一般には容易でない．

そこで，$\boldsymbol{\lambda}$を与えたときの$\boldsymbol{x}$の条件付き密度，$\boldsymbol{x}$を与えたときの$\boldsymbol{\lambda}$の条件付き密度を考えると，それぞれ

$$p(\boldsymbol{x}|\boldsymbol{\lambda},\boldsymbol{y}) = \frac{p(\boldsymbol{y}|\boldsymbol{x})p(\boldsymbol{x}|\boldsymbol{\lambda})}{\int p(\boldsymbol{y}|\boldsymbol{x})p(\boldsymbol{x}|\boldsymbol{\lambda})d\boldsymbol{x}} \tag{30}$$

$$p(\boldsymbol{\lambda}|\boldsymbol{x},\boldsymbol{y}) = \frac{p(\boldsymbol{x}|\boldsymbol{\lambda})p(\boldsymbol{\lambda})}{\int p(\boldsymbol{x}|\boldsymbol{\lambda})p(\boldsymbol{\lambda})d\boldsymbol{\lambda}} \tag{31}$$

となる．(30),(31)をみると，どちらも1つずつの因子が分母・分子で打ち消しあって，同時密度(29)より式が簡単になっている．そこで，条件付き密度(30),(31)からのサンプリングが効率よくできれば，ギブス・サンプラーの考えを適用して，(29)からのサンプリングができることになる[*44]．ここでは$(\boldsymbol{x},\boldsymbol{\lambda})$とまとめたものが他の章の$\boldsymbol{x}$に対応しているというだけで，収束の証明などはもちろん全く同じである．このようなタイプのギブス・サンプラーは統計学で data augmentation として知られている手法の一種とも解釈できる．

一般には，$\boldsymbol{x}=\{x_i\}$, $\boldsymbol{\lambda}=\{\lambda_i\}$ のように成分に分けて，$\boldsymbol{x}$の1成分，または，$\boldsymbol{\lambda}$の1成分を除いて全部を固定した条件付き密度を計算し，ギブス・サンプラーを構成することが考えられる．このとき「成分」として最も細かい要素をとる必要はなく，条件付き確率の計算が容易な範囲で適当にまとめ直して考えてよい（x_i, λ_i 等がそれぞれベクトルでもよい）．

さらに一般には，条件付き密度からのサンプリングが容易にできるとは限らない．その場合には，$p(x_i|\boldsymbol{\lambda},\{x_{j(\neq i)}\})$ のような条件付き密度に対し，それを近似する密度 $q(x_i|\boldsymbol{\lambda},\{x_{j(\neq i)}\})$ を導入して，q によって候補を生成するメトロポリス・ヘイスティングス法を用いる方法がある．このようなタイプのメトロポリス・ヘイスティングス法は後述の「独立サンプラー」の拡

[*44] ここで，$p(\boldsymbol{x}|\boldsymbol{\lambda})$ の正規化定数が $\boldsymbol{\lambda}$ を含む場合，(31)の計算でそれらを無視することは許されないことに注意したい．(30)の $p(\boldsymbol{y}|\boldsymbol{x})$ の正規化定数が $\boldsymbol{x}$ を含む場合も同様．

張とみなすこともできる．これに対して，統計科学の文献では，既述のメトロポリス法のような少しずつ動かすタイプの方法をランダム・ウォーク型のメトロポリス・ヘイスティングス法と呼ぶことがある．ほかにも，さまざまな手法が開発されているが，それらについては第Ⅲ部，第Ⅳ部に譲る．

マルコフ連鎖モンテカルロ法が階層ベイズモデルに対して用いられるとき，いつもここで述べたような形になるわけではない．たとえば，マルコフ場による画像再構成では，x の事後密度(30)からのサンプリングに相当する部分にマルコフ連鎖モンテカルロ法が用いられるが，一般のマルコフ場では $p(x|\lambda)$ の正規化定数の λ 依存性が複雑なため，(31)を用いた λ のサンプリングを同時に行うことはできない．この場合は，x と λ の階層間を行き来することよりも，むしろ，ひとつの階層の中で x を成分 $x = \{x_i\}$ に分けてギブス・サンプラーなどを適用することがメインになる．

さらに視野を広げれば，統計科学の範囲でも，空間点過程の最尤推定や分割表のサンプリングのように，ベイズモデルに直接結びつかないマルコフ連鎖モンテカルロ法の応用もある．ここで説明したタイプの応用は，ある切り口からみた場合には典型的なものであるが，それがすべてというわけではない．

──── EMアルゴリズム ────

「EMアルゴリズム」を知っている読者は，階層モデルに対するギブス・サンプラーとの類似性に気づくかもしれない．違いは，EMアルゴリズムは x を含む十分統計量の期待値の計算と λ の最適化を交互に行うのに対し，ギブス・サンプラーでは両者とも条件付き分布からの乱数を使ったサンプリングで置き換えられている点である．EMアルゴリズムは通常の意味で一点に「収束」するが，ギブス・サンプラーが生成するサンプル列はそうではない．これらの違いは，EMアルゴリズムが λ の点推定値(最尤推定値あるいは MAP 推定値)を求める手法であるのに対し，ギブス・サンプラーは λ も含めた事後分布(29)からのサンプル生成を目的としていることに対応している．

3.11 そのほかの方法

マルコフ連鎖を導入することで，静的なモンテカルロ法の高次元・多変量での欠点を克服したわけであるが，そうなると今度は，やはり少しでも大きく動かしたいということになる．そこで，いろいろな方法が考えられている．以下，そのいくつかを紹介する．これらとは別に，普通のマルコフ連鎖モンテカルロ法とは違う風変わりな実装を行う手法として，パーフェクト・シミュレーション（パーフェクト・サンプリング）と呼ばれるものがある．付録3で要点を説明したので，興味のある読者は参照されたい．

独立サンプラー —— 静的なモンテカルロとの境界

独立サンプラーというのは，候補 x' を提案する分布 $Q(x, x')$ が x によらないようなメトロポリス・ヘイスティングス法のことである．アルゴリズムは以下のようになる．

［独立サンプラー］

x の任意の初期状態からはじめて，以下を繰り返す．

1. 分布 $Q(x')$ から候補 x' をサンプルする．
2. $r \leftarrow \dfrac{P(x')Q(x)}{P(x)Q(x')}$ を計算する．
3. $(0,1]$ の一様乱数 R を生成して，$R < r$ なら x' に移動する．

既約性を満たすには $P(x) \neq 0$ なら $Q(x) \neq 0$ となる Q を選ぶ必要がある．

基本的に，独立サンプラーは「少しずつ動く」という性質を持っていない．候補が受理されなかった場合には以前の状態に留まるので，生成される状態の列の中の隣り合う状態は互いに独立ではないが，候補自体は毎回独立に生成されるので，$Q(x)$ が $P(x)$ に十分似ていないと，受理の可能性が低くなる．したがって，高次元・多変量では効率が下がることが予想されるが，次元の低い場合に限って，静的なモンテカルロ法の代わりに使うのであれば問題はないだろう．特に，期待値の計算でなく，サンプリング自体が目的の場合には，静的なモンテカルロ法より便利かもしれない．

変数 x をいくつかのブロックに分けて，個々のブロックに含まれる変数の数(個々のブロックをひとまとまりと見たときの次元)があまり大きくないようにして，ブロックごとに独立サンプラーを実行するのであれば，高次元・多変量の場合にも適用できる．これについては，前の節で，ギブス・サンプラーの拡張として論じた．

漸化式の方法との併用 ── 解ける部分は一気に

　ギブス・サンプラーで沢山の変数を同時に動かそうとすると，多変量の条件付き分布からのサンプリングのコストを下げることが重要になる．そこで考えられるのが，カルマン・フィルタ，forward-backward 法，ビリーフプロパゲーション法，転送行列法など，漸化式を用いた方法の利用である．通常これらの方法は期待値や和・積分の計算のために利用されるが，対応する「サンプリング用のバージョン」があるので，ここではそれらを利用する．カルマン・フィルタの場合については，第Ⅳ部の和合氏・大森氏の解説を参照されたい[*45]．利用される方法の側からみれば，ギブス・サンプラーの部品として組み込まれることで，適用できる範囲が増大するわけである．

ハミルトニアン・モンテカルロ ── ニュートン力学を逆から眺める

　気体・液体やタンパク質のモデルの計算では，メトロポリス法と並んで，分子動力学法(Molecular Dynamics, MD)がよく使われる．分子動力学法は運動方程式を数値積分して答を出す方法であるが，モンテカルロ法とは深い関係があり，両者の中間的な手法であるハミルトニアン・モンテカルロ法(ハイブリッド・モンテカルロ法)は統計科学でも使われている．統計物理ではハミルトン方程式が先にあり，その結果として熱平衡のギブス分布がある．それに対して，ハミルトニアン・モンテカルロでは，逆に，与えられた分布を定常分布として持つマルコフ連鎖を設計するための道具としてハミルトン力学系を考える．発想の逆転で応用が広がるのは興味深い．

---

　*45　離散状態変数の場合については，Jensen *et al.*(1995), Qian and Titterington(1989), Matsubara *et al.*(1997)などを参照．

具体的な手法は第 I 部のおわりの文献案内を参照されたい．

クラスター・アルゴリズム —— 工夫して大きく変える

　イジングモデルのように，外見上は「大きく変える」のに役立つ構造がないモデルでも「大きく変えて，かつ，確率の高い状態から確率の高い状態を効率よく作り出す方法」があれば，それを使って x を動かした方がよいはずである．Swendsen-Wang アルゴリズム，Wolff アルゴリズム，ループ・アルゴリズムなどの手法では，イジングモデルをはじめとする特定のクラスの確率分布について，補助変数を導入することで，詳細釣り合い条件を満たしつつ多くの変数を同時に効率よく動かす．この系統の手法は，うまくいけば効果抜群であるが，モデルに内在する構造に強く依存しており，モデルがわずかに変わっただけで使えなくなったり，無理に使っても効率が上がらなくなるのが難点である．これも詳細は参考文献にゆずる．

3.12　マルコフ連鎖の組み立て方

　マルコフ連鎖モンテカルロ法の良さは，さまざまな部品を自由に組み合わせて，アルゴリズムを構成できる点にある．ある操作による遷移に続いて，別の操作による遷移を行うことを「合成する」と呼ぶことにする．少し考えると，以下のことがわかる．

- ■　収束の条件としての，既約性・非周期性(条件 B)は合成したあとの遷移が全体として満たせばよい．
- ■　ある分布が，いくつかの操作のそれぞれに対して定常分布であれば，それらを合成した遷移の定常分布でもある．すなわち，与えられた分布が定常分布になるかどうかは，合成する前の個々の遷移について検証すればよい．

　メトロポリス法やギブス・サンプラーで，あらかじめ決めた順番で規則的に要素を選んでもよいことは，これらの性質から導かれる．成分 x_i を操作する(ギブス・サンプラーなら条件付き確率に従って取り直す)ことで生じる遷移を Move(i) とすると，すべての要素についての Move(i) を順番に

合成したものが，アルゴリズムの全体になる．個々の Move(i) は詳細釣り合い条件を満たすので，それぞれが，与えられた分布を不変にする．そこで，いま述べた性質から，合成された遷移も与えられた分布を不変にすることがいえる．あとは，合成された全体が条件 B を満たすことを示せばよい．定常分布の性質からサンプルはどの操作のあとで取ってもよいことに注意する．

ここで，実は著者も長らく誤解していたのであるが「詳細釣り合い条件を満たす遷移を合成したものは詳細釣り合い条件を満たす」は一般には成り立たない[*46]．したがって，規則的に要素を選ぶタイプのアルゴリズムは，個々の遷移は詳細釣り合い条件に基盤をおいて設計されているが，合成された遷移そのものは詳細釣り合い条件を満たすとは限らない．しかし，上のように考えれば，収束という点では問題はない．なお，あらかじめ決めた確率でランダムに要素や遷移の種類を選ぶ場合には，合成された遷移全体も詳細釣り合い条件を満たす．

例として，正方格子上のイジングモデル(8)を考えると，(1) ランダムに要素を選ぶ，(2) 端から辞書式の順番でスキャンしていく，(3) 図 22 のように市松模様に分けて白の部分と黒の部分を交互にやる，のいずれの方法

図 22 市松模様．
「白」「黒」は $x_i = \pm 1$ とは無関係なことに注意．

[*46] 付録 2 で，詳細釣り合い条件は遷移行列 $\mathbf{T}$ が重み付きの内積(58)のもとで（作用素として）対称であることに相当することを述べた．いま 2 つの遷移を合成する場合を考え，遷移行列を $\mathbf{T}_1, \mathbf{T}_2$ とすると，合成された遷移の行列は積 $\mathbf{T}_2\mathbf{T}_1$ となるが，$\mathbf{T}_1, \mathbf{T}_2$ が可換でなければ，$\mathbf{T}_1, \mathbf{T}_2$ が対称であることから積 $\mathbf{T}_2\mathbf{T}_1$ が対称であることは導かれない．一方，$\mathbf{T}_1\mathbf{P}_* = \mathbf{P}_*$, $\mathbf{T}_2\mathbf{P}_* = \mathbf{P}_*$ なら，$\mathbf{T}_2\mathbf{T}_1\mathbf{P}_* = \mathbf{P}_*$ なので「ある分布 $\mathbf{P}_*$ を不変にする」という性質は合成で受け継がれる．

で操作する要素を選んでもよいことになる．市松方式(3)の場合，市松の白(黒)の部分の操作に必要なのは黒(白)の部分の要素の値だけである．そこで黒の部分，白の部分をそれぞれ並列に操作してよいことになる．こうした方法(2部グラフの分割に基づく並列化)は広く利用されている．なお，市松に分けずに全部の要素を並列に操作するのは誤りで，与えられた分布(8)からの正しいサンプリングにならない．

3.13 アルゴリズム設計上の注意点

やってよいことばかり述べたので，アルゴリズムの設計上，やってはいけないことにも触れておく．まず，原則的にしてはいけないのは，シミュレーションを実行中にその規則を変更することである．マルコフ連鎖モンテカルロ法では，候補を選ぶ際の動かす幅，変数を選ぶ順番や頻度，期待値の計算に使うサンプルの間隔など「任意」に決めてよいこと(アルゴリズムのパラメータ)が沢山あるが，これは計算をはじめる前に任意に選んでよいという意味であって，計算中にむやみに変えてよいわけではない．特に問題なのは「現在の状態」や「しばらく前の状態」を参照してアルゴリズムのパラメータを変化させることで，誤りの原因となることが多い[*47]．計算の途中で得た「経験」を生かすには，計算をそこでやめて，アルゴリズムのパラメータを変えて，あらたに計算をはじめればよい．最後に変えたあと，アルゴリズムのパラメータを固定して長く走らせて，期待値の計算はその部分で得られたサンプルのみを用いる[*48]．それで不満な場合は，何か間違ったことをしようとしている可能性が高い．

ほかに，ありがちな間違いとして，メトロポリス・ヘイスティングス法

[*47] 悪い例として「ある状態に一定のステップ数いたら，よそに移りやすいように候補を選ぶ際のステップ幅を伸ばし，移ったらまた縮める」というのをあげておく．これはバイアスの原因となる．たとえば「そこに行く確率もそこから出る確率も低い」状態の頻度は正しい値より小さくなるだろう．

[*48] 初期状態は，前の計算から渡しても問題ないので，実装上は続けてひとつのシミュレーションにして「期待値を計算しはじめるまでは何をしてもよいが，いったん期待値の計算に入ったら計算法のパラメータはすべて固定する」と考えることもできる．

で候補を提案する密度 $q(\boldsymbol{x}, \boldsymbol{x}')$ に関するものがある．一般に，マルコフ連鎖モンテカルロ法では連続変数と離散変数がほとんど同じ扱いとなるので，安心してしまい，変数変換のときなどにヤコビヤンを忘れる間違いが多い．確率密度を扱うときは，状態の変化や状態を表わす変数の変換を「点から点へ」でなく「微小体積から微小体積へ」として考える癖をつけるとよい．

$q(\boldsymbol{x}, \boldsymbol{x}')$ に関連したよくある間違いは，メトロポリス法で，不等式制約があるとき，許容される領域の端の近くでは，候補を生成する密度 $q(\boldsymbol{x}, \boldsymbol{x}')$ を「はみ出さない」ように変えたくなることから起きる．そうすると，もはや $q(\boldsymbol{x}, \boldsymbol{x}')$ は対称ではなくなるので，そういう事はやめるか，メトロポリス・ヘイスティングス法として正しい重みを計算するか，いずれかにしないと，端のほうの確率密度がおかしくなる．

3.14 実際に使う前に——収束の判断，乱数，ほか

以下は，応用分野やモデルを特定しないコメントなので，各分野の専門家の意見とあわせて，考える材料にされたい．実のところ，マルコフ連鎖モンテカルロ法を使うかどうかが，しばしば最大の問題となる．迷う場合は，汎用性があってプログラムが直観的に速く組めるのが利点，実行速度があまり速くなくて収束が不確実なのが欠点，というのを心に留めて，ほかの計算法や近似法との2本立てで進めるのがひとつのやり方である．

混合の速さ・期待値の収束の判定など[*49]
いわゆる「収束の判定」には，はじめの非定常的な部分(burn-in で捨てる部分)の長さを見積もることと，定常的になってからの混合の速度や統計量の期待値の収束の速さをチェックすることの双方が含まれる．両者の関係と相対的な重要さは，扱うモデルや初期状態によってさまざまである(付録2も参照)．当然であるが，はじめの部分を必要以上にたくさん捨てたからといって，定常的になったあとの混合が速くなるということはない．

[*49] 少し古いが，座談会 Kass et al.(1998)で，いろいろな統計学者の意見が読める．

実際の判断にあたっては，まず「いろいろな初期状態と乱数の種で試して，互いに近い結果が得られるのを確かめる」のが基本だと思う[*50]．その上で，さらに，特別な初期状態や不利な初期状態を試す，長く走らせてトレンドがあるかどうかをみる等も有益である．

各種の「収束判定法」については他の著者に譲るが，統計科学でよく使われる，ひとつの初期状態から走らせた結果を前半と後半に分けて機械的に検定して判断する方法は，局所的に密度の大きい領域にトラップされても検出できない可能性がある．大まかな収束が確認されているときに burn-in の長さを決めるには便利であるが，正体のわからない問題を相手にしたときに，それだけに頼るのは不安である．

どんなに高度な検定法を使っても，サンプル列の中で「一度も起きていないこと」についての情報は得られないことに注意したい．一般に「収束が遅い」「混合が遅い」はわかっても，「全然収束していない」「極度に混合が遅い」はかえって見分けにくい．これは，図5の左右を比較すればわかると思う．複数の初期状態や特別な初期状態を試すことが奨励されるのは，そのためである．

収束の判定は，モデルやアルゴリズムのパラメータ，事後分布の式に代入するデータが変わるごとに行うのが原則である．一見，似たような状況でも，収束の様子は大きく変わりうる．

混合の遅さの意味を考えよう

マルコフ連鎖の混合が遅くなることは，数値計算法としてみた場合には単純に望ましくないことである．しかし，単なる不具合と片づけるには惜しいこともある．統計科学の場合，事後分布で密度の高い領域がいくつかに分裂しているのが原因であれば，データに対して複数の解釈が可能なことが示唆されているのかもしれない．推定する未知パラメータの事後分布が細長い形をしている場合（いわゆる悪条件の場合）は，データを説明するた

[*50] 何回もやるのはあくまでチェックのためで，多数の短い列で計算を行って平均をとることを計算手法として奨めているわけではない．短い列の平均をとる方法は，はじめの部分が捨てきれていない場合にバイアスを生じるおそれがある．

めに類似の効果をもつ未知パラメータが複数個，モデルに含まれている可能性がある．物理では，混合の遅さは相転移の存在や物理系の性質，たとえば「分子の形態が複数存在する」とか「系の中の欠陥がゆっくり運動して消える過程がある」などに結びついていることがある．「計算」からモデルの解釈へのフィードバックを常に考えるようにしたい．

バグ

収束の問題以上に注意が必要なのはプログラムの誤りである．特にバグが出やすいというのではなくて，わかりにくいのである．統計物理などでは，小さな系について別の方法で正確な数値計算をして比較するのが定石であるが，モデルが複雑な場合はチェックが難しい．マルコフ連鎖モンテカルロ法を使って長く仕事をしている人に聞くと，生涯忘れられないような失敗を1度や2度は経験しているようである．少し慣れたころが危ないという．

乱数

擬似乱数の主流は，乗算合同法からM系列に移り，現在(2005年)はメルセンヌ・ツイスタが全盛である．問題のある擬似乱数がデフォルトになっているソフトやシステムもあるので注意が必要である．また，それ以前に，初心者の失敗は「乱数がぜんぜん出ていない」のが原因のことがある．理由は，乱数ルーチンの移植の失敗(マシンが変わったら同じ種から前と同じ数列が出るか必ず検証するようにするとよい)，ビットの下位がランダムでない乱数から mod 2 や mod 10 で整数乱数を作ろうとした，受け渡しで実数の精度が違っていた，等々である．少なくとも，自分が何という名前の乱数生成法を使っているか，乱数の種(seed)をどうセットするか，くらいは知っておこう．

4 分布から分布族へ

この章では，マルコフ連鎖モンテカルロ法の弱点とされる「分布が多峰性だと混合時間が長くなる」および「期待値の計算はできても，多重積分や多重和の値は直接求まらない」について考え，これらの問題が一連の分布をまとめて分布族として考えることで，ある程度一般的に解決できることを示す．

4.1 マルコフ連鎖モンテカルロ法の2つの悩み

マルコフ連鎖モンテカルロ法の基本は「少しずつ変える」ということであった．それが，高次元・多変量での強みをもたらしているが，同時に弱点にもなっている．特に，確率密度の大きな領域が図23のようにいくつかに分裂している場合(多峰性の分布の場合)が問題である．与えられたマルコフ連鎖で，分布の密度の大きい領域だけを通ってひとつの領域から他の領域に移動することができないと，混合時間が大きくなり，効率はひどく低下する．

アルゴリズムの必要条件である「有限回の遷移で任意の状態から他の任意の状態に行ける」を満たすようにするのは比較的容易でも，定量的な効率まで制御するのは一般に困難である．「数学的には正しいが，まともな結

図 23　ばらばら

果を得るには世界中の計算機で宇宙の終わりまで計算してもだめ」なことは決して珍しくない．2.2 節で考えた簡単な例でも，θ の値が大きければ，混合時間はたいへん長くなる．

こうした状況を改善するためには，3.11 節で述べたように「大きく動かす」努力をするのがひとつの方法であるが，一般にはケースバイケースの工夫が必要だったり，動かす操作自体の計算量が増えたりして，必ずしも簡単ではない．本章では，このような状況を改善するための考え方として「拡張アンサンブル法」を紹介する．この方法では，ひとつの分布を考える代わりに，ある分布族をなんらかの意味で合併あるいは混合したものをマルコフ連鎖モンテカルロ法でサンプリングすることで，混合を促進する．すべての種類の混合の遅さに効くわけではないが[*51]，かなり汎用性がある．

マルコフ連鎖モンテカルロ法のもうひとつの弱点は，分布の正規化定数に相当する多重和や多重積分の計算が直接できないことである．任意の非負の多変数関数 $f(\boldsymbol{x})$ の $\boldsymbol{x}$ に関する和あるいは積分が求めたいとする．$Z = \sum_{\boldsymbol{x}} f(\boldsymbol{x})$，または $Z = \int f(\boldsymbol{x}) d\boldsymbol{x}$ のようにおくと，

$$P(\boldsymbol{x}) = \frac{f(\boldsymbol{x})}{Z} \tag{32}$$

は確率分布（確率密度）になる．任意の $\boldsymbol{x}$ について $f(\boldsymbol{x})$ の値が計算できれば，マルコフ連鎖モンテカルロ法によって $P(\boldsymbol{x})$ からのサンプリングができる．これによって，任意の量の期待値が計算されるが，Z の値は求まらない．これは，静的なモンテカルロ法では，期待値と同時に Z も求まるのと対照的である．

正規化定数が不明の分布が与えられた場合，期待値やサンプルが得られればそれで十分なことも多いが，例外もある．Z あるいは $\log Z$ に相当するものは，統計物理では「自由エネルギー」，ベイズ統計では「モデルの周

[*51] たとえば，統計物理でいう臨界緩和の解消には効かないとされている．

辺尤度」の計算のために必要である[*52]．また，あとの例に示すように，組み合わせ論的な問題で，与えられた条件を満たす場合の数を推定するためにも，Z を計算するアルゴリズムが役に立つ．

実は「期待値の計算はできても，多重和や多重積分の値は直接求まらない」というのは，文字通りにとると変である．もし，あらゆる期待値が計算できるのなら，逆数 $1/f(\boldsymbol{x})$ の $P(\boldsymbol{x})$ での期待値を計算すれば，(32)から，$\mathbb{E}(1/f(\boldsymbol{x})) = V/Z$ となる．ここで，V は考えている状態 $\boldsymbol{x}$ の総数あるいは状態空間の全体積である．これから，正規化定数 Z が求まるはずである．しかし，$P(\boldsymbol{x})$ のもとでまれにしか生成されない $\boldsymbol{x}$ に対して，$1/f(\boldsymbol{x})$ は極めて大きい値をとる．こうした母分散の大きい——場合によっては無限大になる——統計量の期待値はうまく計算できないので，この方法はうまくいかない．

Z を計算することの困難は，マルコフ連鎖モンテカルロ法が生成するサンプル列が密度の濃い領域の中だけをぐるぐる動いていて「外の世界を知らない」ということに由来する（図 24）．静的なモンテカルロ法では，$Q(\boldsymbol{x})$ という「外部」の物差しがあったので，その中での「全体」の大きさを測ることができた．しかし，マルコフ連鎖モンテカルロ法に安易に「外部」を導入すると，外部がほとんど全部になってしまい「次元の呪い」の再来となる．そこで「外部」と「内部」を玉ねぎ状につなぐ分布の族を導入する

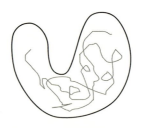

図 24　外の世界を知らない

[*52] 本当に積分それ自体が必要なのかどうかは検討の余地がある．世の中が連続的に変化するものなら，無限小のパラメータの差についての積分の差だけで十分なのではあるまいか？モデルの周辺尤度の計算はモデル選択のために必要とされるが，モデルの集合を大きなモデルの中に連続的に埋め込むことができれば不要かもしれない．物理学での自由エネルギーの計算は，2 相の共存や溶媒中での結合の安定性を考える場合には，やはり必要であろう．

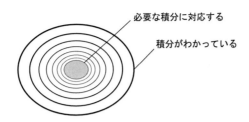

図 25 玉ねぎ状につなぐ．これはイメージ図で，実際にはもっと一般の分布族が用いられる(4.5 節以下を参照)．

という考えが出てくる(図 25)．「分布から分布族へ」である．

4.2 シミュレーテッド・アニーリング

まず，混合の遅さの問題のほうから考える．本題はサンプリングと期待値の計算であるが，その前に少し寄り道して，最適化について考えよう．これは，ベイズ統計なら事後分布のモード(MAP 推定値)を探したい場合に，統計物理ならエネルギー最低の状態(基底状態)に興味がある場合に相当する．

マルコフ連鎖モンテカルロ法を利用して最適化を行う手法として，シミュレーテッド・アニーリング法[*53]がある．一般に，最大化する関数 $f(x)$ の形が複雑な場合，$f(x)$ を大きくする方向にひたすら動いていく方法(山登り法)のような局所的な最適化法は大域的な最適解に行かないことがある．このような場合に，シミュレーテッド・アニーリング法では，マルコフ連鎖モンテカルロ法で分布 $P(x|\theta)$ をシミュレートしながら，パラメータ θ をゆっくり動かして，しだいに $P(x|\theta)$ が目的関数の最大値のまわりに集中するようにする．

最もよく知られた形では，ギブス分布(2)の形を借りて，$-f(x)$ をエネルギー $\mathcal{E}(x)$ に見立てた分布

$$P(x|\beta) = \frac{\exp(\beta f(x))}{\sum_{x} \exp(\beta f(x))} \qquad (33)$$

[*53] シミュレーテッド・アニーリング法の原論文は Kirkpatrick *et al.*(1983)．

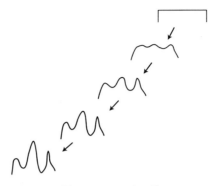

図 26 アニーリング

を考え，$P(x|\beta)$ からのサンプルを生成するようなマルコフ連鎖モンテカルロ法の計算を行いながら，温度の逆数 β の値をしだいに大きくする操作（アニーリング）を行う．ここで「行いながら」というのはある β で有限ステップ計算したあと，その最後の x の状態を初期状態として，次の β の値での計算をはじめるという意味である．温度 $T=1/\beta$ の値が大きいときは，分布(33)は一様分布に近づき，マルコフ連鎖モンテカルロ法が速く混合することが期待できる[*54]．一方，$T=1/\beta \to 0$ の極限では，分布(33)は $f(x)$ を最大にする点 x^* に集中し，マルコフ連鎖モンテカルロ法は山登り形の最適化法と同じ振る舞いをする．

　シミュレーテッド・アニーリング法の狙いは，計算中にゆっくりと分布の形を変えたほうが，確率的な揺らぎの効果で，いきなり山登り法を行うのに比べて，局所的な極値にトラップされる可能性が低くなるという点にある．第3章で述べたように，計算の途中で目標となる分布の形を変えることは，サンプリングの手法としてのマルコフ連鎖モンテカルロ法の原理に反する．シミュレーテッド・アニーリング法の場合は，あくまで最適化が目標で，手段としてマルコフ連鎖モンテカルロ法を流用しているに過ぎな

[*54] x の動ける範囲に厳しい拘束条件がある場合は，温度 T をいくら大きくしてもマルコフ連鎖モンテカルロ法の効率が良くならないことがある．こうしたときは，拘束条件そのものをゆるめて，本来禁止されている状態に有限の確率を与えるような分布族を考え，パラメータ $\theta \to 0$ の極限で禁止されている状態の確率がゼロになるようにするのが効果的である．

いので，このようなことが許されるのである．アルゴリズムを構成する部品としてのマルコフ連鎖モンテカルロ法は，ギブス・サンプラーでも，メトロポリス法でも，なんでもかまわない．

シミュレーテッド・アニーリング法は，汎用の最適化手法であるが，ベイズ推定の際に事後分布のモード（MAP 推定値）を求めるのにも応用できる．通常の最適化では，事後分布の密度が局所的に高いところが複数ある場合，間違ったところに行ってしまう可能性があるが，それを少なくするために役立つわけである．この場合，式(33)に対応するものは

$$P(\bm{x}|\bm{y},\beta) = \frac{P(\bm{x}|\bm{y})^\beta}{\sum_{\bm{x}} P(\bm{x}|\bm{y})^\beta} \tag{34}$$

となる．$P(\bm{x}|\bm{y},\beta)$ は $\beta \to \infty$ で事後分布 $P(\bm{x}|\bm{y})$ のモードに集中する．この形の応用で時代を画したのが，ギーマンらのマルコフ確率場モデルによる画像復元の研究[*55]である．

───── サンプリング/期待値計算と最適化 ─────

実際の応用の場面では，サンプリングと最適化の境目は必ずしもはっきりしないかもしれない．たとえば，マルコフ連鎖モンテカルロ法で事後分布からのサンプリングを行う場合でも，MAP 推定値に近い値を求めることに主たる興味があるのなら，$\beta \to \infty$ のような操作をしなくても，狙いはアニーリングとあまり変わらないことになる．しかし，アルゴリズム的にも，統計手法の面からも，サンプリングと最適化では目的も手法も違う，という原則は押さえておくべきだと著者は考える．参考までに，この解説では論じないものも含めて，さまざまな手法を「サンプリング/期待値計算」と「最適化」で対比して整理したものをすぐあとの表 1 に示した．統計物理の言葉では，それぞれ「有限温度状態を扱うアルゴリズム」と「基底状態を求めるアルゴリズム」に相当する．

[*55] Geman and Geman(1984), Geman et al.(1990)など．本シリーズ第 4 巻の乾氏による解説「視覚計算とマルコフ確率場」にも取り上げられている．

表1 サンプリング/期待値計算と最適化の対応.「/」としたのは，平均場近似のように期待値の計算が主な目的のもの，逐次モンテカルロ法のように同時分布からのサンプリングに用いるには注意が必要なものがあるからである．[ ]内はより一般の意味の表現を意味する．

サンプリング/期待値計算の世界	最適化の世界
[マルコフ連鎖モンテカルロ法] 拡張アンサンブル法	シミュレーテッド・アニーリング法
[ポピュレーション型モンテカルロ法] 逐次モンテカルロ法	遺伝的アルゴリズム（GA）
[漸化式を用いた多重和の計算] forward(-backward)アルゴリズム Baum-Welch 法の期待値計算の部分 ビリーフプロパゲーション法 転送行列法	[動的プログラミングによる最適化] ビタビ・アルゴリズム
平均場近似 loopy belief propagation 法	平均場アニーリング （Hopfield-Tank の方法）

4.3 アニーリングから拡張アンサンブルへ

分布の密度の高い領域が飛び飛びになっている場合のサンプリング法として，シミュレーテッド・アニーリング法の考え方を応用することはできないだろうか．まず考えられるのは，式(34)で，$\beta \simeq 0$ とした分布のサンプリングを行いながら，$\beta \to \infty$ の代わりに，ゆっくり $\beta \to 1$ として，$\beta = 1$ でもとの分布が再現されたところで β を固定して，期待値の計算に使うサンプルをとり始める，という方法である．一般には，適当なパラメータ θ で連続的にもとの分布を変形した分布族を考え，同様な操作をすることが考えられる．これは，図 27 の左側の図のように，どうでもよいような局所的なピークがある場合にはそこから逃げ出せてよいかもしれないが，右側の図のように，本当にサンプルしたい領域が 2 箇所以上ある場合には，結局，そのどちらかに閉じ込められてしまうのでうまくいかないだろう．

ひとつの領域に閉じ込められるのを防ぐには，サンプルをとりながら，強

図 27　アニーリングでうまくいくか？

制的に温度を上げたり下げたりしたいところであるが，これはマルコフ連鎖モンテカルロ法の原理からいって正当化できない．

　また，いろいろな初期状態から，アニーリングの操作を何度も何度も繰り返して，その結果を平均したらどうか，というのもすぐ思いつくが，これまた，結果の正しさには，原理的に何の保証も無い．たとえば，図 28 のように，ある温度のところで，確率の大きい 2 つの領域間を計算時間内に行き来できなくなるとする．その時点で，領域の中に入る確率の総和が 2 つの領域でほぼ等しいとしよう．もっと温度が下がると，片方の領域の確率だけがどんどん小さくなってゼロになってしまうかもしれないが，このときには，もはや計算時間内に一方から他方に移ることはできないから，正しい答を得る望みはない．

　そういうわけで，シミュレーテッド・アニーリング法の考え方を分布からのサンプリングに適用するには，もうひと工夫必要である．これを可能にしたのが，拡張アンサンブルモンテカルロ法（extended ensemble Monte Carlo, generalized ensemble Monte Carlo）と総称される一群の手法である[*56]．こ

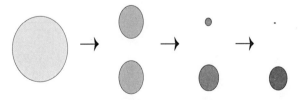

図 28　繰り返しやってもだめな例．
　　　　左から右に温度が下がるとする．

[*56] 分子シミュレーションでは，良く似た「拡張系」という名称が違う方法群（能勢ダイナミクスなど）の総称として使われているので，混同しないように注意されたい．

れらの方法では温度 T のようなパラメータを外部から制御する代わりに，パラメータの異なるいろいろな分布をなんらかの意味でまとめた分布（混合分布ないし同時分布）を計算の対象とすることで，目的を果たそうとする．拡張アンサンブル法には，マルチカノニカル法（その一種とみなせるエントロピック・サンプリング法，ワン・ランダウ法，フラット・ヒストグラム法），シミュレーテッド・テンパリング法，等々，さまざまなものがある．次の節では，一番わかりやすいレプリカ交換モンテカルロ法（パラレル・テンパリング法，Metropolis-coupled MCMC）を紹介する．

4.4 レプリカ交換モンテカルロ法

レプリカ交換モンテカルロ法（パラレル・テンパリング法，Metropolis-coupled MCMC）と呼ばれる手法では，異なるパラメータの値 θ_k, $k=1,\cdots,K$ を持つ分布 $P(\boldsymbol{x}|\theta_k)$ を複数まとめた同時分布

$$P(\boldsymbol{x}_1,\boldsymbol{x}_2,\cdots,\boldsymbol{x}_K) = \prod_{k=1}^{K} P(\boldsymbol{x}_k|\theta_k) \tag{35}$$

をマルコフ連鎖モンテカルロ法でサンプリングする．

ギブス分布の場合には，逆温度が $\beta = \beta_1, \beta_2, \cdots, \beta_K$ の一連の分布

$$P(\boldsymbol{x}|\beta_k) = \frac{\exp(-\beta_k \mathcal{E}(\boldsymbol{x}))}{Z(\beta_k)} \tag{36}$$

を考えることになる．一般には，β に相当するものを含まない分布 $P(\boldsymbol{x})$ を，アニーリングのときのように，

$$P(\boldsymbol{x}|\beta_k) = \frac{P(\boldsymbol{x})^{\beta_k}}{\sum_{\boldsymbol{x}} P(\boldsymbol{x})^{\beta_k}}$$

と変形してもよい．また，もともとの問題に含まれているパラメータ θ の値を変えてできる分布の族[*57]を考えてもよいが，この場合，いずれかの θ_k で，マルコフ連鎖が速く混合しないと効果が出ない．

アルゴリズムは，分布(35)を定常分布にするような遷移として次の2種

[*57] 事後分布からのサンプリングを行う場合，$P(\boldsymbol{x}|\theta)$ の $\boldsymbol{x}$ がすでに「パラメータ」であるから，θ は「ハイパーパラメータ」ということになる．

類を考え，これらを交互に実行することで定義される．

1. **個々の分布についての普通の計算**

   まず，それぞれの分布 $P(\boldsymbol{x}_k|\theta_k)$ について，$P(\cdot|\theta_k)$ を不変にするような $\boldsymbol{x}_k$ の遷移を各々考え，これらを並列に実行する．たとえば，$P(\boldsymbol{x}_1|\theta_1)$ については，$\boldsymbol{x}_1$ を $P(\cdot|\theta_1)$ を定常分布とするメトロポリス法やギブス・サンプラーで動かす．他も同様にする．この部分は，パラメータ θ の異なる計算を K 個同時にやっているだけである．

2. **確率的交換**

   上記に加えて，適当なステップ数ごとに，ランダムに選んだ $1 \leq k < K-1$ について状態 $\boldsymbol{x}_k$ と $\boldsymbol{x}_{k+1}$ を確率 $\min(1, r)$ で「交換」する[*58]．ここで，

   $$r = \frac{P(\boldsymbol{x}_1,\cdots,\boldsymbol{x}_{k+1},\boldsymbol{x}_k,\cdots,\boldsymbol{x}_K)}{P(\boldsymbol{x}_1,\cdots,\boldsymbol{x}_k,\boldsymbol{x}_{k+1},\cdots,\boldsymbol{x}_K)} = \frac{P(\boldsymbol{x}_{k+1}|\theta_k)P(\boldsymbol{x}_k|\theta_{k+1})}{P(\boldsymbol{x}_k|\theta_k)P(\boldsymbol{x}_{k+1}|\theta_{k+1})} \quad (37)$$

   である．

   「交換」の正確な意味は，それ以降の計算を「$\boldsymbol{x}_k^{(0)} = \boldsymbol{x}_{k+1}$, $\boldsymbol{x}_{k+1}^{(0)} = \boldsymbol{x}_k$, それ以外の s ($s \neq k, k+1$) については $\boldsymbol{x}_s^{(0)} = \boldsymbol{x}_s$」と定義した初期状態 $\{\boldsymbol{x}_s^{(0)}\}$ から再スタートする，ということである．これが分布(35)を不変にする遷移を定義することは，メトロポリス法との類似から理解できる．

分布(35)は操作 1, 2 のそれぞれに対して不変となるので，これらの遷移を合成して定義したマルコフ連鎖に対しても不変となる．ということは，分布(35)の確率変数のうち，たとえば $\boldsymbol{x}_3$ だけを見て，他を無視した場合，$\boldsymbol{x}_3$ は分布 $P(\cdot|\theta_3)$ からのサンプルとみなせ，これを用いて任意の量の分布 $P(\cdot|\theta_3)$ での期待値が計算できることになる．他の k についても同じであ

[*58] ステップ 2 の 1 回ごとに，ランダムに k を選んで $\boldsymbol{x}_k$ と $\boldsymbol{x}_{k+1}$ を確率的に交換するのを，複数回(たとえば K 回ずつ)逐次的にやってよい．並列化したければ，k が偶数の対と奇数の対(ともに $\simeq K/2$ 個)について交互に，それぞれを同時並列にやればよい．

る[*59]．図29のように，操作2によって絶えずかき乱されているのに，答えが正しく出るのは，(37)式を使って$\min(1, r)$で交換確率を定義したおかげである．

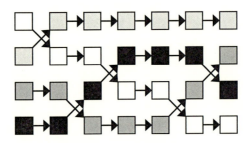

図 29 レプリカ交換モンテカルロ法．K個の期待値（図では$K=4$）が同時に計算できる．期待値は各行（水平方向）に沿ってとったサンプルで計算しなければならない．交換のあとを追いながら，矢印に沿って計算してはいけない．

特に，ギブス分布(36)については，

$$r = \exp\left((\beta_{k+1} - \beta_k) \times (\mathcal{E}(\boldsymbol{x}_{k+1}) - \mathcal{E}(\boldsymbol{x}_k))\right)$$

となる．この場合，分母・分子で正規化定数（分配関数）$Z(\beta_k)$, $Z(\beta_{k+1})$がキャンセルしていることに注目したい．ギブス分布に限らず，rの表式には，未知の正規化定数があっても打ち消しあって出てこないが，これが「交換」を考えたことの重要な利点になっている．

交換の効果はどうか．図29は「パラメータ方向のランダム・ウォークによって自動的にアニーリングが行われている」とみることができる．分布族(36)の場合は温度$T=1/\beta$の大きいところで，一般にはマルコフ連鎖の混合の速くなるパラメータ（ハイパーパラメータ）θで，速い混合が起きて，それが他のパラメータのところでの混合に良い影響を及ぼす．イメージ的

[*59] 仮想時間方向にサンプル相関があるのは通常のマルコフ連鎖モンテカルロ法と同じであるが，パラメータθの値の違う同時刻のサンプル間，たとえば$\boldsymbol{x}_1^{(t)}$と$\boldsymbol{x}_2^{(t)}, \boldsymbol{x}_3^{(t)}$等には（長時間平均を考えれば）相関が無い．これは手順を考えると一寸妙な気がするが，分布(35)から正しくサンプリングをしているのだから，そうなって当然なのである．

には，1階は2つの棟に分かれているが2階には連絡通路のある家で，1階から2階にいったん登ってから別棟に移動するという感じになる(図30)．普通のアニーリングと違って，本当にサンプルしたい領域が2箇所以上ある場合の期待値の計算にも効果があることが重要である．複数の領域の相対的な重みが正しく計算できるところが，詳細釣り合い条件を守った功徳である．

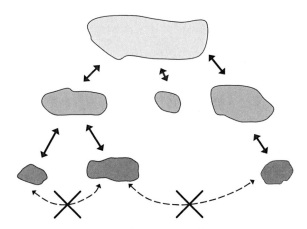

図 30　レプリカ交換モンテカルロ法のイメージ．
$K = 3$ に対応．

パラメータ θ_k の間隔は，予備的なシミュレーションを何回か走らせて，交換の頻度の少ないところに追加し，多すぎるところは減らすことで，適応的に定めることができる(Hukushima(1999))．ただし，隣同士の交換の頻度が十分あることは，アルゴリズムがうまく機能するための必要条件で，十分条件ではないことに注意する必要がある．交換して，新しいパラメータで計算をはじめても，状態 x については，必ずしもすぐに以前の記憶を失うわけではないので，しばらくすると元に戻ってしまうかもしれない．すべての k で隣同士は高い頻度で交換しているのに，交換のあとを追いかけ

ていくと,端から端まで(θ_1 から θ_K まで)移動するものはひとつもないという状況は可能である.

なお,交換の頻度を一定にするパラメータの間隔は,次のようにして理論的に見積もることができる.まず,式(37)で与えられる r について,$\log r$ の $P(\boldsymbol{x}_k|\theta_k) \times P(\boldsymbol{x}_{k+1}|\theta_{k+1})$ での期待値をとると,

$$-\left\{\sum_{\boldsymbol{x}_k} P(\boldsymbol{x}_k|\theta_k) \log \frac{P(\boldsymbol{x}_k|\theta_k)}{P(\boldsymbol{x}_k|\theta_{k+1})} + \sum_{\boldsymbol{x}_{k+1}} P(\boldsymbol{x}_{k+1}|\theta_{k+1}) \log \frac{P(\boldsymbol{x}_{k+1}|\theta_{k+1})}{P(\boldsymbol{x}_{k+1}|\theta_k)}\right\}$$

と対称化した KL 情報量にマイナスをつけた形に書ける(なぜ r でなく $\log r$ の期待値をとるのかは 3.3 節を参照).$\Delta\theta_k = \theta_{k+1} - \theta_k$ が小さいとき,KL 情報量とフィッシャー情報量 $I(\theta) = -\mathbb{E}\left(\dfrac{d^2 \log P(\boldsymbol{x}|\theta)}{d^2\theta}\right)$ の関係を使うと,

$$\mathbb{E}(\log r) = -I(\theta_k) \times \Delta\theta_k{}^2 \tag{38}$$

となる.$\log r$ が近似的に正規分布に従うとすると,r の典型的な値は $\exp(\mathbb{E}(\log r))$ 程度であるから,$\sqrt{I(\theta_k)}$ に反比例して $\Delta\theta_k$ をとれば交換の頻度がおよそ一定になることがわかる[*60].「ジェフリーズの事前分布」と同じ形になるのは面白い.

4.5 多重和・多重積分の計算(初級篇)

次に多重和・多重積分の問題を考えよう.ここでは被積分関数 $f(\boldsymbol{x})$ は $f(\boldsymbol{x}) > 0$ の実数関数であるとする[*61].いちばん簡単なやり方をひとことでいうと「対数を取って,何かで微分しなさい」となる.実はこれですべてなのであるが,これだけではあまりにサービスが悪いので,もう少しだ

[*60] ギブス分布の場合,比熱を C_T,$C_\beta = -\dfrac{d^2}{d^2\beta}\log Z(\beta)$,系の大きさを N とすると,$I(\beta) = -C_\beta = C_T/\beta^2$ なので,$\Delta\beta_k = \beta_{k+1} - \beta_k$ とすると,式(38)は,$\mathbb{E}(\log r) = C_\beta \times \Delta\beta_k{}^2 = -N/\beta^2 \times C_T/N \times \Delta\beta_k{}^2$ となる.すなわち,交換の頻度を一定にする β の間隔は,系の大きさの平方根 $\sqrt{N}$ に反比例し,要素あたりの比熱 C_T/N が大きくなる点で密になる.

[*61] 負の値や複素数値をとる関数の場合には,マルコフ連鎖モンテカルロ法は有効でない.そうした場合に,変数 $\boldsymbol{x}$ が超高次元の関数の多重和・多重積分を数値的に行うことは,多体の量子力学の問題を調べるために必要であるが,おそらく一般には不可能である(負符号問題).量子計算機が必要なのかもしれない.

け説明しよう.

以下では,xについての多重和$\sum_x f(x)$を求める問題として説明するが,多重積分については,適宜「和」を「積分」に読み替えればよい.まず,適当なパラメータθを持つ関数の族$f(x|\theta)$を

- あるθ_*に対し$f(x|\theta_*) = f(x)$
- あるθ_0に対し,$f(x|\theta_0)$の和$\sum_x f(x|\theta_0)$が既知

の条件を満たすように選ぶ.すると「対数を取って微分したもの」を$\Phi(\theta)$として,

$$\Phi(\theta) = \frac{d}{d\theta}\log\sum_x f(x|\theta) = \frac{\sum_x\left\{\frac{1}{f(x|\theta)}\frac{df(x|\theta)}{d\theta}\right\}f(x|\theta)}{\sum_x f(x|\theta)} \quad (39)$$

となる.ここで,

$$w_\theta(x) = \frac{1}{f(x|\theta)}\frac{df(x|\theta)}{d\theta} = \frac{d\log f(x|\theta)}{d\theta} \quad (40)$$

$$P(x|\theta) = \frac{f(x|\theta)}{\sum_x f(x|\theta)} \quad (41)$$

とおくと,(39)の右辺は分布$P(x|\theta)$での$w_\theta(x)$の期待値$\mathbb{E}_\theta(w_\theta(x))$の形になっている.すなわち,

$$\Phi(\theta) = \frac{\sum_x w_\theta(x)f(x|\theta)}{\sum_x f(x|\theta)} = \mathbb{E}_\theta(w_\theta(x)) \quad (42)$$

関係(41)を用いれば,$f(x|\theta)$を重みとしたマルコフ連鎖モンテカルロ法で$\Phi(\theta)$を計算できる.

一方,(39)をθで1次元積分すると,

$$\log\sum_x f(x|\theta_*) = \log\sum_x f(x|\theta_0) + \int_{\theta_0}^{\theta_*}\Phi(\theta)d\theta \quad (43)$$

となる.$\log\sum_x f(x|\theta_0)$は既知としているので,求める和の対数$\log\sum_x f(x|\theta_*)$が求まったことになる.実際には,無限個のθの値でマルコフ連鎖モンテカルロ法を走らせるわけにはいかないので,積分(43)を台形公式などで離散化して,必要な分点でマルコフ連鎖モンテカルロ法によって$\Phi(\theta)$を計算することになる.これは,統計物理で古くから知られている「**熱力学的積分**」(thermodynamic integration)による自由エネルギーの計算法にほかなら

ない.

特に,欲しい和が逆温度 β での分配関数 $\sum_{\boldsymbol{x}} \exp(-\beta \mathcal{E}(\boldsymbol{x}))$ の場合, $f(\boldsymbol{x}|\beta) = \exp(-\beta \mathcal{E}(\boldsymbol{x}))$ と取れば, $w_\beta(\boldsymbol{x}) = -\mathcal{E}(\boldsymbol{x})$ となり, (42) と (43) は, それぞれ

$$\Phi(\beta) = -\frac{\sum_{\boldsymbol{x}} \mathcal{E}(\boldsymbol{x}) \exp(-\beta \mathcal{E}(\boldsymbol{x}))}{\sum_{\boldsymbol{x}} \exp(-\beta \mathcal{E}(\boldsymbol{x}))} = -\mathbb{E}_\beta(\mathcal{E}(\boldsymbol{x}))$$

$$\log \sum_{\boldsymbol{x}} \exp(-\beta_* \mathcal{E}(\boldsymbol{x})) = \log \sum_{\boldsymbol{x}} \exp(-\beta_0 \mathcal{E}(\boldsymbol{x})) + \int_{\beta_0}^{\beta_*} \Phi(\beta) d\beta$$

となる. $\mathbb{E}_\beta(\mathcal{E}(\boldsymbol{x}))$ は逆温度 β でのエネルギーの期待値の意味であるが,物理学者なら $\langle \mathcal{E} \rangle_\beta$ と書いたほうが馴染むかもしれない.

ここで説明した方法で計算がうまくいくためには,分布 $P(\boldsymbol{x})$ のもとでの $w_\theta(\boldsymbol{x}) = \dfrac{d}{d\theta} \log f(\boldsymbol{x}|\theta)$ の分散が有限であまり大きくない値をとる必要がある.すぐ上で論じたギブス分布の場合には,エネルギー $\mathcal{E}(\boldsymbol{x})$ の分散が有限になることが必要であるが,これは多くの場合に成り立つ条件である[*62]. 一般の場合には,式(41)から, $w_\theta(\boldsymbol{x})$ の分散は $\dfrac{d}{d\theta} \log P(\boldsymbol{x}|\theta)$ の分散に等しく, $\mathbb{E}_\theta\left(\dfrac{d}{d\theta} \log P(\boldsymbol{x}|\theta)\right) = 0$ から,フィッシャー情報量

$$I(\theta) = -\mathbb{E}_\theta\left(\frac{d^2 \log P(\boldsymbol{x}|\theta)}{d^2\theta}\right) = \mathbb{E}_\theta\left\{\left(\frac{d \log P(\boldsymbol{x}|\theta)}{d\theta}\right)^2\right\}$$

に一致するので,これがあまり大きくならなければよい[*63].

残るは関数族 $f(\boldsymbol{x}|\theta)$ の選び方である.とりあえず,温度の異なるギブス分布の族でよいことも多いが,ほかの可能性については 4.7 節で論じる.

[*62] 統計物理の用語でいえば,比熱 C_T あるいは C_β が大きくなるほど不利ということになる.なお,すでに気づかれた読者もいると思うが,統計物理でいう一般化感受率と統計学でいうフィッシャー情報量 $I(\theta)$ は本質的に同じものである.

[*63] 一般に,ある分布族で, θ や「ほかの条件」を一定にして $\boldsymbol{x}$ の要素数 N を増やしたとき, $\mathcal{E}(\boldsymbol{x})$ の分散やフィッシャー情報量 $I(\theta)$ は $O(N)$ 程度で増加することが多いので,多変量・高次元でもよい性質が期待できる.これは,期待値を計算する量 $w_\theta(\boldsymbol{x})$ が, $f(\boldsymbol{x}|\theta)$ そのものでなく,その対数 $\log f(\boldsymbol{x}|\theta)$ について線形の量であることに関係している. 3.3 節末尾のコラムを参照.

4.6 多重和・多重積分の計算(中級篇)

前節の方法を知っていれば,それが最良かどうかはともかく,多重和や多重積分が計算できる.しかし,なぜ,対数を取って微分するとよいのだろう? 以下のように考えてみよう.

非負の実数値をとる2つの関数 $f(x)$ と $g(x)$ があるとき,x に関する多重和の比は

$$\frac{\sum_{x} f(x)}{\sum_{x} g(x)} = \frac{\sum_{x} \{f(x)/g(x)\} g(x)}{\sum_{x} g(x)} \tag{44}$$

と $g(x)$ を重みとする $f(x)/g(x)$ の期待値の形に書ける.ただし,$g(x)=0$ なら $f(x)=0$ であるとし,そのとき,$f(x)/g(x)$ については $0/0=0$ とみなした.これは,$g(x)$ を重みとしてマルコフ連鎖モンテカルロ法でサンプルして,$f(x)/g(x)$ の期待値を計算すれば,多重和の比が求められるという式である.この様子は図31の左の図をイメージすればよい.すなわち,図31の図形の中全体に広がった一様密度を $g(x)$,灰色の部分の一様密度を $f(x)$ とした場合,灰色の部分にサンプル列が入る頻度を数えているのである.図形全体の面積はわからなくても,相対頻度から相対的な面積が求まるのは不思議ではない.それでは,$f(x)$ と $g(x)$ の対はなんでもよいのかというと,これらは(比例定数を除いて)「近い」ことが必要である.そうでないと,図31の右の図のようになってしまい,相対頻度の推定が精度よくできない.すでに気付かれた読者もいると思うが,ここまでは第3章のはじめの静的なモンテカルロ法の議論と同じである.唯一の違いは第3章の $Q(x)$ と異なり,重み $g(x)$ でのサンプリングがマルコフ連鎖モンテカルロ法によるという点である.

静的なモンテカルロ法の場合だと,よい $Q(x)$ が見つからなければそれでおしまいである.ところが,マルコフ連鎖モンテカルロ法でサンプリングを行っている場合は,正規化定数(分配関数)がわかっていなくても期待値の計算ができるので,それを利用して「1段ロケット」から「多段ロケッ

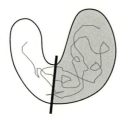 

図 31　比率の計算

ト」への進化が可能である．すなわち，2 つの関数 $f(\boldsymbol{x})$, $g(\boldsymbol{x})$ ではなく，一連の関数の列 $\{f(\boldsymbol{x}|\theta_k)\}, (k=1,\cdots,K)$ を考える．$\{f(\boldsymbol{x}|\theta_k)\}$ は $f(\boldsymbol{x}|\theta_K)$ が和（積分）が欲しい関数，$f(\boldsymbol{x}|\theta_1)$ が和（積分）が知られている関数となり，どの k についても $f(\boldsymbol{x}|\theta_k)$ と $f(\boldsymbol{x}|\theta_{k+1})$ が近いように選ぶ[*64]．

すると，(44)に対応する式は

$$\frac{\sum_{\boldsymbol{x}} f(\boldsymbol{x}|\theta_K)}{\sum_{\boldsymbol{x}} f(\boldsymbol{x}|\theta_1)} = \frac{\sum_{\boldsymbol{x}} f(\boldsymbol{x}|\theta_K)}{\sum_{\boldsymbol{x}} f(\boldsymbol{x}|\theta_{K-1})} \times \frac{\sum_{\boldsymbol{x}} f(\boldsymbol{x}|\theta_{K-1})}{\sum_{\boldsymbol{x}} f(\boldsymbol{x}|\theta_{K-2})} \times \cdots \times \frac{\sum_{\boldsymbol{x}} f(\boldsymbol{x}|\theta_2)}{\sum_{\boldsymbol{x}} f(\boldsymbol{x}|\theta_1)}$$

$$= \prod_{k=1}^{K-1} \left\{ \frac{\sum_{\boldsymbol{x}} \{f(\boldsymbol{x}|\theta_{k+1})/f(\boldsymbol{x}|\theta_k)\} f(\boldsymbol{x}|\theta_k)}{\sum_{\boldsymbol{x}} f(\boldsymbol{x}|\theta_k)} \right\} \quad (45)$$

となる．(45)の対数をとると，多重和の計算公式の「差分版」

$$w_k(\boldsymbol{x}) = \frac{f(\boldsymbol{x}|\theta_{k+1})}{f(\boldsymbol{x}|\theta_k)} \quad (46)$$

$$\Phi(\theta_k, \theta_{k+1}) = \log \left\{ \frac{\sum_{\boldsymbol{x}} w_k(\boldsymbol{x}) f(\boldsymbol{x}|\theta_k)}{\sum_{\boldsymbol{x}} f(\boldsymbol{x}|\theta_k)} \right\} = \log \mathbb{E}_{\theta_k}(w_k(\boldsymbol{x})) \quad (47)$$

$$\log \sum_{\boldsymbol{x}} f(\boldsymbol{x}|\theta_K) = \log \sum_{\boldsymbol{x}} f(\boldsymbol{x}|\theta_1) + \sum_{k=1}^{K-1} \Phi(\theta_k, \theta_{k+1}) \quad (48)$$

が得られる．「差分版」と呼んだのは，(46),(47),(48)が「初級篇」で説明した「微分版」の公式(40),(42),(43)にちょうど対応しているからである．実際，

[*64] 玉ねぎ（図 25）のような一方向的な包含関係でなくても，密度 $f(\boldsymbol{x}|\theta_k)$ のもとでの比(46)の分散が大きくならないという意味で隣接する分布同士が近ければよい．ただし，粒子数が 1 個違う f_{k-1} と f_k の対を考える場合（化学ポテンシャルの計算など）のように，差分が本質的な場合には，f_{k-1} と f_k の役割を交換すると分散が発散することもある．ヒストグラムや分布の重なりを測って積分を計算する方法については文献案内を参照．

$$f(\boldsymbol{x}|\theta_{k+1}) \simeq f(\boldsymbol{x}|\theta_k) + \left.\frac{d}{d\theta}f(\boldsymbol{x}|\theta)\right|_{\theta=\theta_k} \times (\theta_{k+1} - \theta_k)$$

と展開して「差分版」に代入すると，θ の刻みの細かい極限で「微分版」の公式を再現することができる．

こんどは $w_k(\boldsymbol{x}) = f(\boldsymbol{x}|\theta_{k+1})/f(\boldsymbol{x}|\theta_k)$ の $\theta = \theta_k$ での分散があまり大きくないことが必要である．微分型ではうまくいく場合でも，隣接する θ_k と θ_{k+1} を十分近い値にとらないと $w_k(\boldsymbol{x})$ の分散が大きくなってしまうので注意を要する．差分型では，台形公式の離散化誤差を気にしなくてよく，微分の解析的な計算も不要である．そのかわり，変数が多くなると，多数の θ の値でシミュレーションを行わなければならない[*65]．このあたりの有利・不利は難しいが，初心者は微分型を使ったほうが安全であろう．

4.7 積分の道と交換の道（上級篇）

上級なので「道を極める」わけではない．既知のもの $f(\boldsymbol{x}|\theta_1)$ と未知のもの $f(\boldsymbol{x}|\theta_K)$ を補間する列 $\{f(\boldsymbol{x}|\theta_k)\}(k=1,\cdots,K)$ のことを「道」にたとえているのである．

さて，ここまで来ると，いろいろな展望が出てくる．まず「積分の道」についてはさまざまな可能性があることがわかる．要するに，少しずつ違う分布を並べていって既知の分布につなげればよいのである．「積分の道」となりうるのは，普通の意味で「パラメータが少しずつ違う分布」でなくともよい．これに気がつくと，見掛け上全く違う方法もこの枠組みに準拠して理解することができる．

たとえば，ベイズモデルの周辺尤度の計算に用いられる Chib(1995) の方法は，「道」として，変数の数の違う一連の関数を使う場合として解釈できる．より正確には，分布のモードの近似値を $\boldsymbol{x}^* = \{x_1^*, x_2^*, \cdots, x_N^*\}$ としたとき，途中を補間する関数 f_k を，後半の $N-k$ 個 $\{x_{k+1}, x_{k+2}, \cdots, x_N\}$ の

[*65] $\{\theta_k\}$ の最適な取り方は，小川・江口(1997)，Gelman and Meng(1998) などで議論されているが，マルコフ連鎖の混合時間の θ 依存性の評価が困難なので，理論的な考察には限界がある．

変数を，x^* の成分に固定した
$$f_k(x_1, x_2, \cdots, x_k) = f(x_1, x_2, \cdots, x_k, x^*_{k+1}, x^*_{k+2}, \cdots, x^*_N)$$
で定義すればよい．f_N は積分の欲しい関数 f であり，f_0 は変数がすべてあらかじめ計算しておいた値 x^* に固定されているという意味で「既知」である．ただし，これだけでは前節の一般論にのらない．というのも，この定義での f_k と f_{k-1} は，変数 x^*_k を 1 点に固定しているために，モンテカルロ法の意味で「近い」とはいえないからである．

Chib の方法では各 x_i の条件付き密度が正規化定数を含めて既知，あるいは効率的に推定できるとする（最も簡単にはギブス・サンプラーの場合を考える）．これを利用すると，f_k の積分と f_{k-1} の積分の比がマルコフ連鎖モンテカルロ法で計算できる形に書けるので，あとは前の節と同様に，欲しい積分を計算することができる．詳細は付録 4 を参照されたい．この後半の部分はこの手法に固有であるが，未知と既知の間に「積分の道」を作るという発想は一般論と同じである[*66]．

一般に $f(x|\theta)$ の選び方の規準としては「途中結果の利用効率」と「混合の速さ」の両方が考えられる．前者が問題になるのは，もともとの問題で，和や積分が与えられた関数族 $f(x|\theta)$ の各 θ に対して必要とされている場合である．具体的には，さまざまなハイパーパラメータについての周辺尤度の差が必要であるとか，いろいろな温度に対して自由エネルギーを求めたいといったケースがある．このような場合には，もとの関数族をそのまま「積分の道」に使えば，途中の結果もすべて利用できるので望ましいといえる．

別の要求として，少しでも混合がよくなるようにしたいということがある．この観点からいえば，もとのパラメータより混合の悪くなるようなほうに道をつけるのは避けたい．多くの場合，和や積分が既知の関数に対応する分布は，温度無限大のようなマルコフ連鎖の混合のよいところに相当している．このような場合はあまり問題がない．しかし，周辺尤度の差を

[*66] Chib のオリジナルの導出では「1 点での確率密度の値が Rao-Blackwellization によって効率よく計算できる」ことが鍵であるが，それは，ここでいう「後半」に相当する．その流れでは，ここで強調した「多段式にすること」はむしろ付加的要素かもしれない．

計算する場合や統計物理で異なる境界条件の自由エネルギーを比較する場合には，途中結果の利用効率や道の短さを重視すると，a と b をつなぐとして，両端 a, b と a → b の途中の点のすべてで混合が遅い道のつけ方になる可能性がある[*67]．極端に混合が悪くなることが予想される場合，見掛け上損でも，遠回りして，混合のよいところ c に道をつないで，c → a と c → b の差を計算した方がよいこともある．

「道」を決める 3 番目の因子として「既知の情報をうまく利用できるようにする」ということも考えられる．この意味では，先に述べた Chib の方法での「道」の作り方は，条件付き分布の「正規化定数がわかっている（効率よく計算できる）」という情報を有効に使うようにデザインされているともいえる．

さて，上級篇の最後として，拡張アンサンブル法と積分の関係について述べる．積分の計算に使った「道」とレプリカ交換モンテカルロ法の構成に使った分布族（以下「交換の道」と呼ぶ）は，目的こそ違うが，同じ種類のものである．図 32 は「交換の道」を概念的に示したものであるが，これは同時に「積分の道」にもなりうる．また，パラメータ θ の間隔をどのくらいあけたらよいかという問題についても，差分型の積分法とレプリカ交換モンテカルロ法に並行関係がありそうなことは，いままでの議論（たとえば 4.4 節の終わりの部分と 4.5 節の終わりの部分）から推察できる．

したがって，レプリカ交換モンテカルロ法は和や積分の手段としても有効な方法であるということになる．多重和や多重積分の計算のためには，いずれにせよ「道」が必要なので，その上で交換を行うことで，混合を速くすることができれば，一石二鳥の効果が期待できる．この解説では論じな

[*67] 極端な例として，重なりがほとんどない密度 $g(x)$ と $h(x)$ を $f(x|\theta) = \theta g(x) + (1-\theta)h(x)$ のように混合分布で補間する場合がある．g, h から導かれる分布がともに単峰性で容易にサンプルできる場合でも，f は多峰性となり，マルコフ連鎖モンテカルロ法の混合は遅くなるだろう．

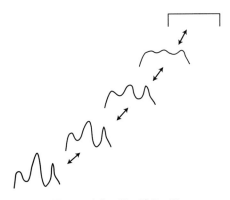

図 32 交換の道・積分の道.

かったが，別のタイプの拡張アンサンブル法であるマルチカノニカル法では，計算の過程で自然に正規化定数(分配関数)Zが求まってしまう．この場合も，見掛けの上ではかなり違ってみえるが「分布族をまとめて考えているので多重和や多重積分の計算と相性がよい」という点では同じである．

Path Sampling と自由エネルギー計算

Gelman と Meng は多重積分の計算法と拡張アンサンブル法について「importance sampling から path sampling へ」という観点でまとめたレビューを書いている(Gelman and Meng(1998))．この章のまとめ方も方向が近いが，拡張アンサンブル法の「混合の促進」という側面を強調した点が少し異なっている．

Gelman らも強調しているように，マルコフ連鎖モンテカルロ法による多重積分の計算という主題は物理学者や化学者によって古くから研究されてきた．特に，1970年代に粒子系の自由エネルギー計算のために考えられた「アンブレラ法」は拡張アンサンブル法の先駆となるものであった．

この章で論じたような多重積分法を統計科学の問題にはじめて導入したのは，統計数理研究所の尾形たちである(Ogata(1990)など)．

一般に，混合の遅さがボトルネックとなるような困難な問題では，積分の計算に拡張アンサンブル法を応用することは魅力的な選択だと思われる．

4.8 ラテン方陣の個数を計算する

この章で考えたことの応用として「ある制約条件を満たす離散的な対象の数」を推定する問題を考える．

この節で説明する拡張アンサンブルを用いる方法は，Pinn and Wieczerkowski(1998)によって開発され，魔方陣の個数の計算に使われた．これまでに，魔方陣，N-Queen の配置(Hukushima(2002))，周辺度数を与えた分割表などの個数がこの方法で近似的に計算されている．ここでは，ラテン方陣(Latin square，ラテン方格)の個数を推定する問題を考える(伊庭(2004))．

ラテン方陣とは，$L \times L$ の分割表の各ます目に 1 から L までの数字のどれかが書き込まれた表で，以下の条件を満たすものである．

- ■ 1 から L までのどの数字も各行にちょうど 1 個ずつ出現する．
- ■ 1 から L までのどの数字も各列にちょうど 1 個ずつ出現する．

この条件をうまく表現するために，$x = \{x_{lmn}\}, (1 \leq l, m, n \leq L)$ という変数を導入する．x_{lmn} は，l 行 m 列目に数字 n があらわれるとき 1，それ以外は 0 の値をとるとする．すると，ラテン方陣の条件は，

$$
\begin{aligned}
\forall \quad m, n \quad & \sum_l x_{lmn} = 1 \\
\forall \quad l, n \quad & \sum_m x_{lmn} = 1 \\
\forall \quad l, m \quad & \sum_n x_{lmn} = 1
\end{aligned} \quad (49)
$$

と書き換えられる．最後の式はます目に入る数字は 1 個だけだということに対応している．ラテン方陣の例と 2 つの表現の対応の様子は，図 33 をみて頂きたい．

条件(49)を満たす $L \times L \times L$ の表の数を推定せよ，というのがここで考える問題である．マルコフ連鎖モンテカルロ法をこの種の数え上げ問題に応用するためには，まず，次を満たす適当な関数 ε を選んで，制約条件を

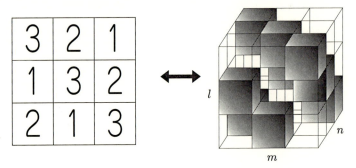

図 33 ラテン方陣の表現．$L=3$ のラテン方陣を示す．左の図の上下と左右が右の図の z 軸 (l) と x 軸 (m) に，左の図の数字が右の図の y 軸（奥行きの軸，n）に，それぞれ対応している．右の図では 1 の入る部分には黒い小立方体が入っており，0 の部分は空いている．

方程式 $\mathcal{E}(\boldsymbol{x})=0$ で表現する．

- ■ $\mathcal{E}(\boldsymbol{x}) \geq 0$.
- ■ $\mathcal{E}(\boldsymbol{x})=0 \Leftrightarrow \boldsymbol{x}$ が与えられた条件を満たす．

ラテン方陣の場合，

$$\mathcal{E}(\boldsymbol{x}) = \sum_{m,n}\left|\sum_l x_{lmn} - 1\right|^\sigma + \sum_{l,n}\left|\sum_m x_{lmn} - 1\right|^\sigma + \sum_{l,m}\left|\sum_n x_{lmn} - 1\right|^\sigma$$

と定義するのがひとつの方法である．ここで σ は正の定数で，以下では $\sigma=1$ とする．制約条件を表わす式 $\mathcal{E}(\boldsymbol{x})=0$ のイメージは図 34 に示されている．

関数 $\mathcal{E}(\boldsymbol{x})$ を用いて，分布族 $P(\boldsymbol{x}|\beta)$ を

$$P(\boldsymbol{x}|\beta) = \frac{\exp(-\beta\mathcal{E}(\boldsymbol{x}))}{Z(\beta)}, \qquad Z(\beta) = \sum_{\boldsymbol{x}} \exp(-\beta\mathcal{E}(\boldsymbol{x})) \quad (50)$$

で定義しよう．すると，

- ■ $\beta=0$ のとき恒等的に $\exp(-\beta\mathcal{E}(\boldsymbol{x}))=1$ なので，正規化定数 $Z(0)$ は制約がないときに $\boldsymbol{x}$ がとりうる状態の数になる．
- ■ $\beta \to \infty$ のとき，$\exp(-\beta\mathcal{E}(\boldsymbol{x}))$ は $\mathcal{E}(\boldsymbol{x})$ が 0 のとき 1，それ以外は $\exp(-\beta\mathcal{E}(\boldsymbol{x})) \to 0$ となる．したがって，$C = \lim_{\beta\to\infty} Z(\beta)$ が与えられた制約条件を厳密に満たす $\boldsymbol{x}$ の数である．

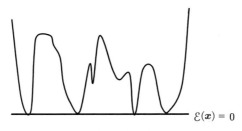

図 34 制約条件を表現する.

そこで,求める組み合わせの数を求めるには,$Z(0)$ の値を既知として,十分大きな β について $Z(\beta)$ を計算すればよいことになる.以下では,$\{\beta_k\}, k=1,\cdots,K$ を,$\beta_1=0$,$\beta_K=$「計算時間内に生成されるすべてのサンプルが制約を厳密に満たす β の値」と選び,$Z(\beta_K)$ を計算することにする.このために,この章で展開した多重和の計算法を使うというのが,この節の眼目である.

精度の高い計算のために差分型の手法を用いるとして,式(46),(47),(48)で,θ_k を β_k,$f(\boldsymbol{x}|\theta_k)$ を $\exp(-\beta_k \mathcal{E}(\boldsymbol{x}))$ とすると,以下のようになる.

$$w_k(\boldsymbol{x}) = \exp\left((\beta_k - \beta_{k+1})\mathcal{E}(\boldsymbol{x})\right) \quad (51)$$

$$\Phi(\beta_k, \beta_{k+1}) = \log\left\{\frac{\sum_{\boldsymbol{x}} w_k(\boldsymbol{x})\exp(-\beta_k\mathcal{E}(\boldsymbol{x}))}{\sum_{\boldsymbol{x}} \exp(-\beta_k\mathcal{E}(\boldsymbol{x}))}\right\} = \log \mathbb{E}_{\beta_k}(w_k(\boldsymbol{x})) \quad (52)$$

$$\log C = \log Z(\beta_K) = \log Z(0) + \sum_{k=1}^{K-1} \Phi(\beta_k, \beta_{k+1}) \quad (53)$$

期待値(52)の計算で,分布(50)からのサンプリングのためにマルコフ連鎖モンテカルロ法を使うわけである.ここまでが「中級篇」に相当する.

ところが,ラテン方陣についてのマルコフ連鎖モンテカルロ法は,制約条件(49)が「硬い」ため,必ずしも容易ではない.われわれの場合,β が小さいときは制約が弱くなっているので,一度に1個ずつ x_{lmn} を変えるようなメトロポリス法で十分速い混合が望めるが,β の大きい領域では,ほ

表 2 ラテン方陣の個数. ( ) 内は小数 2 位までの自然対数を示した. "MCS" は「x_{lmn} を変化させるための試行を変数の数だけ繰り返す」ことを 1MCS としたときのステップ数である. $K-1$ は並列に計算した β の数(レプリカ数. 本文参照). この表では,結果のばらつきはわからないが,$L=11$ の場合に,表とは別に 3 回走らせた結果は,7.74, 8.05, 7.91 $\times 10^{47}$ であった.

大きさ L	厳密な個数	推定された個数	MCS $\times$ $K-1$
6	812851200 (20.52)	826590527 (20.53)	410000×27
10	9.98×10^{36} (85.19)	9.85×10^{36} (85.18)	510000×49
11	7.77×10^{47} (110.27)	7.74×10^{47} (110.27)	510000×49

とんど動かなくなってしまう[*68]. 一方,式 (53) によって,$Z(\beta_K)$ を計算するためには,どのみち,一連の $\{\beta_k\}$ の値でサンプリングと期待値の計算を行わなくてはならない. そこで,レプリカ交換モンテカルロ法を用いて,一連の β_k の値の計算を結合させることが考えられる. このようにしても,実質的な計算量はほとんど増えないので,混合が速くなった分,得はずである. これで「上級篇」の内容を使ったことになる.

結果の例は表 2 に示した. ラテン方陣については,かなり強力な厳密数え上げのアルゴリズムがあるので,厳密解と比較できるという利点がある. 表 2 は予備的な結果で,$\{\beta_k\}$ の値も人間が恣意的に選んでいるが,まずまずの値が求まっているようである.

この節で述べたことは,この章の内容を説明するための例であって,確立された成果というわけではない. 交換なしでアニーリングを行いながら積分を行った場合との比較,ほかのタイプのモンテカルロ法との効率の比較,このやり方でどこまでバイアスのない推定が可能なのかなど,さまざまな疑問や問題点があるが,ここではこれ以上論じないことにする.

[*68] ラテン方陣について,制約を最小限に破ってサンプリングを行う方法として,Jacobson and Matthews(1996)によるものが知られているが,ここではあえてそれを使わない.

付　録

1　定常分布への収束の証明（本文の続き）

　式(17)を示そう．まず，初期分布 P_0 がある点 x' の上に集中している場合を考える．条件 B* より，$\pi(x' \to x)$ は，どの x についても正の値をとるから，定常分布 $P(x)$ に十分小さい定数 $0 < c < 1$ を掛けて縮めて，$cP(x)$ のグラフが $\pi(x' \to x)$ のグラフよりも下になるようにすれば，「余り」$(1-c)R_1(x)$ は非負になるだろう．これが基本となる考えである．一般の P_0 の場合には，定数 c は分布 P_1 によらないように，したがって，遷移する前の分布 P_0 に依存しないようにとる必要があるが，状態は有限個であるから，どれかの状態の上に集中して分布している場合の中で最悪のものを考えればよい．これは，x' についての最小値を考えることに相当する．

　以上を具体的に式で書いてみる．まず，定義

$$P_1(x) = \sum_{x'} P_0(x')\pi(x' \to x)$$

から

$$P_1(x) \geq \left\{\min_{x'}\pi(x' \to x)\right\}\left\{\sum_{x'}P_0(x')\right\} = \min_{x'}\pi(x' \to x) \quad (54)$$

となる．次に，条件 B* より任意の x について $\min_{x'}\pi(x' \to x) > 0$ となるので，ある正の数 $c_x > 0$ があって，

$$\min_{x'}\pi(x' \to x) > c_x P(x)$$

となる．c_x は x の値によるが，x のとる値は有限個しかないので，

$$c = \min_x c_x$$

とすると，x によらない正の定数 $c > 0$ について，

$$\min_{x'}\pi(x' \to x) > c P(x) \quad (55)$$

が成り立つことがわかる．ここで，c の値を小さくしても式(55)は成り立

つので，必要ならとり直して $c < 1$ とする．

式(54)と式(55)より，状態 $\boldsymbol{x}$ にも分布 P_1 にもよらない定数 c があって，任意の $\boldsymbol{x}$ について，

$$P_1(\boldsymbol{x}) \geq c P(\boldsymbol{x}) \tag{56}$$

が成り立つことがわかる．そこで

$$R_1(\boldsymbol{x}) = \frac{1}{1-c}(P_1(\boldsymbol{x}) - cP(\boldsymbol{x}))$$

と定義すると，式(56)と $c < 1$ より，$R_1(\boldsymbol{x}) \geq 0$ で

$$P_1(\boldsymbol{x}) = cP(\boldsymbol{x}) + (1-c)R_1(\boldsymbol{x})$$

となり，求める式(17)の形になる．両辺の $\boldsymbol{x}$ についての和を考えると $\sum_{\boldsymbol{x}} P(\boldsymbol{x}) = \sum_{\boldsymbol{x}} P_1(\boldsymbol{x}) = 1$ より $\sum_{\boldsymbol{x}} R_1(\boldsymbol{x}) = 1$ がわかる．これで，式(17)とそれに付随する条件 $0 < c < 1$, $0 \leq R_1(\boldsymbol{x})$, $\sum_{\boldsymbol{x}} R_1(\boldsymbol{x}) = 1$ が示せた．$R_1(\boldsymbol{x}) \leq 1$ が残ったが，これは $\sum_{\boldsymbol{x}} R_1(\boldsymbol{x}) = 1$ と $0 \leq R_1(\boldsymbol{x})$ から出る．

2 遷移行列の固有値問題

有限状態空間のマルコフ連鎖の収束と遷移行列の固有値問題の関係について，詳細釣り合い条件を仮定して説明する．かなりの部分は，詳細釣り合い条件を満たさない場合にも一般化できるが，早い段階で詳細釣り合い条件を仮定すると話が簡単になる．連続変数の場合を含めた形式については Geyer(1992)を参照．

遷移確率 π を要素とする行列 $\mathbf{T}$ を $(\boldsymbol{x}', \boldsymbol{x})$ 成分が $\mathbf{T}_{\boldsymbol{x}',\boldsymbol{x}} = \pi(\boldsymbol{x} \to \boldsymbol{x}')$ となるように定義して，マルコフ連鎖の**遷移行列**と呼ぶ．π の引数と $\mathbf{T}$ の添え字で $\boldsymbol{x}, \boldsymbol{x}'$ が逆になっているが，これは遷移の矢印は左から右に向くのが自然なのに対し，ここでは行列を列ベクトルに左から掛けて遷移をあらわしているからである．m ステップ目に状態 $\boldsymbol{x}$ に滞在する確率 $P_m(\boldsymbol{x})$ を成分とする列ベクトルを $\mathbf{P}_m$ とすると，仮想時間 m についての確率の時間変化 $P_{m+1}(\boldsymbol{x}) = \sum_{\boldsymbol{x}'} P_m(\boldsymbol{x}')\pi(\boldsymbol{x}' \to \boldsymbol{x})$ は $\mathbf{P}_{m+1} = \mathbf{T}\mathbf{P}_m$ と行列とベクトルの積で書けるので，m 回の遷移は行列 $\mathbf{T}$ の m 乗であらわせ，

$$\mathbf{P}_m = \mathbf{T}^m \mathbf{P}_0$$

となる．定常分布 $P(\boldsymbol{x})$ に対応するベクトル $\mathbf{P}_*$ は定常分布の定義 $P(\boldsymbol{x}) = \sum_{\boldsymbol{x}'} P(\boldsymbol{x}')\pi(\boldsymbol{x}' \to \boldsymbol{x})$ から

$$\mathbf{P}_* = \mathbf{T}\mathbf{P}_* \tag{57}$$

を満たすので，行列 $\mathbf{T}$ の固有値 1 の固有ベクトルである．

任意の $\boldsymbol{x}$ について $P(\boldsymbol{x}) \neq 0$ を仮定すると，詳細釣り合い条件 $P(\boldsymbol{x})\pi(\boldsymbol{x} \to \boldsymbol{x}') = P(\boldsymbol{x}')\pi(\boldsymbol{x}' \to \boldsymbol{x})$ は

$$P(\boldsymbol{x})^{\frac{1}{2}}\pi(\boldsymbol{x} \to \boldsymbol{x}')P(\boldsymbol{x}')^{-\frac{1}{2}} = P(\boldsymbol{x}')^{\frac{1}{2}}\pi(\boldsymbol{x}' \to \boldsymbol{x})P(\boldsymbol{x})^{-\frac{1}{2}}$$

とも書けるが，これは対角行列 $\mathbf{D}_*$ を $\mathbf{P}_*$ を対角線に並べたものと定義すると，$\mathbf{D}_*^{-\frac{1}{2}} \mathbf{T} \mathbf{D}_*^{\frac{1}{2}}$ が対称行列であることと等価となる[*69]．

対称行列 $\mathbf{D}_*^{-\frac{1}{2}} \mathbf{T} \mathbf{D}_*^{\frac{1}{2}}$ の固有値を $\{\lambda_\alpha\}$，対応する固有ベクトルを $\{\mathbf{V}_\alpha^{sym}\}$ とする．$\mathbf{V}_\alpha = \mathbf{D}_*^{\frac{1}{2}}\mathbf{V}_\alpha^{sym}$ とすると，$\mathbf{V}_\alpha$ はもとの行列 $\mathbf{T}$ の固有値 λ_α の固有ベクトルである．$\{\mathbf{V}_\alpha^{sym}\}$ は普通の意味で互いに直交するが，$\{\mathbf{V}_\alpha\}$ は重み付き内積(58)のもとでのみ互いに直交することに注意したい．固有値 λ_α は対称行列の固有値なので常に実数であるが，これは詳細釣り合い条件を満たす遷移行列に特有の性質である．

任意の初期分布 $P_0(\boldsymbol{x})$ について，対応するベクトル $\mathbf{P}_0$ は，正規直交系 $\mathbf{V}_\alpha^{sym}$ で展開でき，したがって，$\mathbf{V}_\alpha$ でも展開できる．すでに述べたように定常分布 $\mathbf{P}_*$ は $\mathbf{T}$ の固有値 1 の固有ベクトルなので，$\mathbf{V}_0 = \mathbf{P}_*$ とすると，

$$\mathbf{P}_0 = c_0 \mathbf{P}_* + \sum_{\alpha \geq 1} c_\alpha \mathbf{V}_\alpha \tag{59}$$

となる．ここで，(58)を使って $\mathbf{P}_*$ への直交射影を計算しても，あとの議論から逆に考えてもわかるが，確率の総和が 1 であることから，常に $c_0 = 1$ が示せる．固有ベクトルの定義 $\mathbf{T}\mathbf{V}_\alpha = \lambda_\alpha \mathbf{V}_\alpha$ から

[*69] 定常分布の重みの逆数 $1/P(\boldsymbol{x})$ で重み付けられた内積 $(\,,\,)_P$ を，

$$(\mathbf{Q}_1, \mathbf{Q}_2)_P = \sum_{\boldsymbol{x}} \left\{ \mathbf{Q}_1(\boldsymbol{x})\mathbf{Q}_2(\boldsymbol{x})/P(\boldsymbol{x}) \right\} \tag{58}$$

で定義する．ここで，$\mathbf{Q}_1, \mathbf{Q}_2$ は要素が正とは限らない任意のベクトルで，$\mathbf{Q}_1(\boldsymbol{x})$ 等はその $\boldsymbol{x}$ 成分をあらわす．すると，本文の内容は，遷移行列 $\mathbf{T}$ の定義する作用素が内積(58)についての対称性 $(\mathbf{Q}_1, \mathbf{T}\mathbf{Q}_2)_P = (\mathbf{T}\mathbf{Q}_1, \mathbf{Q}_2)_P$ を持つことに対応する．こちらの考え方だと，あとの議論でいちいち対称化した行列に直さなくても，内積の公理から導かれる一般論を適用するだけですむ．

$$\mathbf{P}_m = \mathbf{T}^m \mathbf{P}_0 = \mathbf{P}_* + \sum_{\alpha \geq 1} c_\alpha (\lambda_\alpha)^m \mathbf{V}_\alpha \tag{60}$$

となり，m 回遷移した後の確率ベクトル $\mathbf{P}_m$ の展開が求まる．$\mathbf{P}_m$ と $\mathbf{P}_*$ は確率分布に対応しているが，他の $\mathbf{V}_\alpha$ $(\alpha \geq 1)$ の成分は正とは限らないことに注意する．

ここで，ペロン・フロベニウスの定理[*70] と呼ばれる事実を使うと，本文 3.6 節の条件 B* のもとで，固有値 1 は重複度 1（単純根）で，残りの固有値は絶対値が 1 より真に小さいことがわかり，これから任意の初期分布 $\mathbf{P}_0$ から定常分布 $\mathbf{P}_*$ への収束 $\lim_{m \to \infty} \mathbf{P}_m = \mathbf{P}_*$ がいえる．

初期状態 x_0 から出発した時点では，式(59)の左辺 $\mathbf{P}_0$ は x_0 の上に集中した分布となり，それを展開した右辺には $c_\alpha \neq 0$ $(\alpha \neq 0)$ の項が多数あらわれる．何回も遷移を繰り返すと，式(60)の右辺で $(\lambda_\alpha)^m \to 0$ となるので，$\mathbf{P}_*$ 以外の項がしだいに消えて，定常分布が実現される．そこで，サンプル $x^{(1)}$ を採取すると，それについて条件付けられた分布は，その瞬間には $x^{(1)}$ の上に集中する[*71]．それを式(59)の右辺の形に展開すると，右辺には再び多数の項が出現するが，さらに何回も遷移を繰り返すと，$\mathbf{P}_*$ 以外の項が消えて，条件付き分布も定常分布に近づく．以下これを繰り返して，近似的に独立なサンプルの列が得られる．分布の収束を考えた場合も，得たサンプルに関する条件付き分布という視点からみれば，定常分布に一度だけ収束して終わり，というわけではないことに注意したい．

任意の初期状態からはじめた場合と定常分布から初期状態を選んだ場合のいずれでも，λ_α $(\alpha = 1, 2, \cdots)$ の絶対値が 1 より小さい度合いによって分布の収束の速さ（混合時間）が支配される点は同じで，違いは係数 c_α の部分だけである．しかし，有界でない連続変数（の有限状態近似）の場合には，初期状態を定常密度の大きい領域から遠くにとれば，係数の違いの効果は

[*70] 逆に考えると本文 3.6 節と付録 1 の議論はペロン・フロベニウスの定理の一部の証明を与えていることになる．

[*71] このように説明すると，絶えずサンプルを採取していると収束しなくなってしまうように感じるかもしれないが，あくまで「条件付き」というのは見方の問題で，現実の系の状態が変わるわけではないので，そんなことはない．実際に系の状態を変化させてしまう量子力学の「観測」とは全く違うことに注意．

どんどん大きくなるので，その意味では無視できないともいえる．初期状態で c_α ($\alpha=1,2,\cdots$) の絶対値が大きいときに，その影響をなるべく減らすことが，生成した列の最初の方を捨てる操作(burn-in)の狙いである．

マルコフ連鎖モンテカルロ法が有効な場面では，ベクトル $\mathbf{P}_m$ も行列 $\mathbf{T}$ も巨大次元になるので，展開式(60)を使って実際の計算を行ったり，収束を評価することはあまり現実的でない．そうした場合でも(60)が定性的な理解に役立つことがある．たとえば，統計量 A を $A(\boldsymbol{x})$ を成分とするベクトル $\mathbf{A}$ で表わすと，代表点の分布に関する A の期待値 $\mathbf{A}\cdot\mathbf{P}_m$ の時間変化は，式(60)から

$$\mathbf{A}\cdot\mathbf{P}_m = \mathbf{A}\cdot\mathbf{P}_* + \sum_{\alpha\geq 1} c_\alpha(\lambda_\alpha)^m (\mathbf{A}\cdot\mathbf{V}_\alpha)$$

となる(ドット $\cdot$ は内積)．このとき，$\mathbf{A}\cdot\mathbf{V}_\alpha=0$ となる固有値 λ_α は収束の速度に寄与しない．この現象は，(遷移確率の決め方を含めて)系に対称性があって，$\mathbf{A}$ と $\mathbf{V}$ が違う変換性を持つ場合にしばしばみられる．2.2節の図4では，θ が大きくなると，x_1 の期待値の収束が悪くなるのに，$x_1 x_2$ の期待値の収束の速さはあまり変わらない．これはいま述べた現象の例である．一般に事後確率の対数とか全エネルギーのような量は系全体と同じ対称性を引き継いでいることが多く，それで分布の収束や混合の速さを判定すると誤ることがある．

3 パーフェクト・シミュレーション

パーフェクト・シミュレーション(パーフェクト・サンプリング)と呼ばれる方法は，擬似乱数が完全にランダムだという条件のもとに，与えられた分布からの独立なサンプルを正しく生成する保証のあるアルゴリズムを与える．普通のマルコフ連鎖モンテカルロ法と違い，この手法でのシミュレーションはサンプルをひとつ得るごとに「終わる」．これを繰り返して得られる，異なる乱数列に対応するサンプルは，与えられた分布からの互いに独立なサンプルとみなしてよい．

普通とは逆に，乱数列のほうを決めて，あらゆる初期状態からの時間発

展を考えよう．有限状態空間のときは，多くの場合，十分長い仮想時間のあとでは，すべてのシミュレーションが「合体」(収斂，coalesce)して，生成されるサンプル列が初期状態によらなくなる．ポイントは，いったん同時刻に同じ状態をとると，乱数が同じなので，以後もずっと同じになるという点である．

ある時刻 M^* があって，それ以後は，どの乱数列についても，サンプル列が初期状態に依存せず乱数列にのみ依存する状態になることが前もってわかっているとする．すると，M^* での状態をサンプルとして採用すれば，この項目の最初に述べた意味で「正しいサンプリング」になっている．理由は次のように考えるとわかる．まず，初期状態を定常分布から選び，乱数列をランダムに選ぶとすれば，定常分布の定義から各時刻 M について正しいサンプリングになっている．ところが，M が M^* より大きければ，状態は初期状態によらず，乱数列のみに依存するから，「初期状態を定常分布から選んだ」という仮定は不要になり，無条件で正しいサンプリングになっていることがいえる．

実際に使おうとすると，以下の 2 点が問題になる．(1)合体の判定にあらゆる初期状態を試す必要があるのでは意味がない．(2)M^* がわからない．(1)はいくつかの方法で対処できる．たとえば，(a)各要素 x_i に「?」という状態を導入して，与えられた乱数列のもとで他の「?」状態がとる値によらず x_i の値が定まるときに x_i にその値を入れる．「?」の数がゼロになったら「すべて合体」と判定する．(b)状態の空間に状態遷移で保存されるような半順序を入れ，極大元・極小元からスタートしたものが全部一致したら「すべて合体」と判定する，などがある．(2)は，あるステップ数計算して合体に至らなかったら，使った乱数列のはじめの方(仮想時間では「過去」)に乱数を継ぎ足したもので計算をやりなおし，「すべて合体」と判断されるまで，伸ばしてゆけばよい(乱数列のあとの方，仮想時間で未来の側に継ぎ足すのは正しくない[*72])．

[*72] いろいろな説明があると思うが，合体と判断された場合に，さらに過去に継ぎ足しても取得するサンプルは変わらないが，未来に継ぎ足すと，合体したまま状態が変わってしまうことに注意するとよい．Häggström(2002)の例 10.1 も参考になる．

パーフェクト・シミュレーションは，収束を速くする方法ではないことに注意したい．また，難しい問題をやらせると，サイズを大きくしたときに，結果が得られるまでの時間が発散するような事例も報告されている(Childs et al.(2001))．「パーフェクトにだめな計算法」になることもありうるわけである．

パーフェクト・シミュレーションの原理とマルコフ連鎖の理論で使われる「カップリング」の議論の関係はよく知られている．しかし，統計物理で以前に研究された"damage spreading"や非線形科学で論じられている「共通の外部雑音によるカオス素子の同期現象」との類似性まではあまり認識されていないようである．これらをあわせて考察することで，何か面白いことがわかるかもしれない．

4　条件付き密度を利用した多重積分法の導出

以下では式を短くするために，多重積分でも積分記号はひとつしか書かない．x^* は形式的には任意の点でよいが，実際には，サンプルする分布の密度の大きい点，たとえば，分布のモードの近似値をとるとする．

まず，f_{k-1} の積分と f_k の積分の比

$$\frac{\int f_{k-1}(x_1,\cdots,x_{k-1})\, dx_1\cdots dx_{k-1}}{\int f_k(x_1,\cdots,x_k)\, dx_1\cdots dx_{k-1}dx_k}$$
$$= \frac{\int f(x_1,\cdots,x_k^*,x_{k+1}^*,\cdots,x_N^*)\, dx_1\cdots dx_{k-1}}{\int f(x_1,\cdots,x_k,x_{k+1}^*,\cdots,x_N^*)\, dx_1\cdots dx_{k-1}dx_k} \quad (61)$$

が，以下のように表わせることに注意する．

$$\frac{\int \frac{f(x_1,\cdots,x_k^*,x_{k+1}^*,\cdots,x_N^*)}{\int f(x_1,\cdots,x_k',x_{k+1}^*,\cdots,x_N^*)\,dx_k'} f(x_1,\cdots,x_k,x_{k+1}^*,\cdots,x_N^*)dx_1\cdots dx_{k-1}dx_k}{\int f(x_1,\cdots,x_k,x_{k+1}^*,\cdots,x_N^*)\,dx_1\cdots dx_{k-1}dx_k} \quad (62)$$

(62)の分子の積分で dx_k を内側に入れると，dx_k による積分で生じる因子が，因子 $\int f(x_1,\cdots,x_k',x_{k+1}^*,\cdots,x_N^*)\,dx_k'$ と打ち消し合って，(61)の形になる．

条件付き密度の定義式

$$p(x_k|x_1,\cdots,x_{k-1},x_{k+1},\cdots,x_N) = \frac{f(x_1,\cdots,x_{k-1},x_k,x_{k+1},\cdots,x_N)}{\int f(x_1,\cdots,x_{k-1},x'_k,x_{k+1},\cdots,x_N)\,dx'_k} \tag{63}$$

を使うと，式(62)は，重み $f_k(x_1,\cdots,x_k) = f(x_1,\cdots,x_k,x^*_{k+1},\cdots,x^*_N)$ による $p(x^*_k|x_1,\cdots,x_{k-1},x^*_{k+1},\cdots,x^*_N)$ の期待値

$$\mathbb{E}_{f_k}\Big(p(x^*_k|x_1,\cdots,x_{k-1},x^*_{k+1},\cdots,x^*_N)\Big) \tag{64}$$

にほかならないことがわかる．

積分の比(61)が(64)で表現できることより，4.6節の式(45)と同様な考え方で，求める積分の対数 $\log \int f(x_1,\cdots,x_N)\,dx_1\cdots dx_N$ は

$$\log f(x^*_1,\cdots,x^*_N) - \sum_{k=1}^{N} \log \mathbb{E}_{f_k}\Big(p(x^*_k|x_1,\cdots,x_{k-1},x^*_{k+1},\cdots,x^*_N)\Big)$$

と分解される．f を事前分布と尤度関数の積として，最初の項を事前分布の部分と尤度関数の部分に分けて書けば，これは Chib(1995)の式(12)に相当する．ここでは，$p(x_k|x_1,\cdots,x_{k-1},x^*_{k+1},\cdots,x^*_N)$ は正規化定数も含めて知られているとしており，期待値 $\mathbb{E}_{f_k}(\cdot)$ は f_k を重みとしたマルコフ連鎖モンテカルロ法で計算できるので，変数の固定の仕方の異なるマルコフ連鎖モンテカルロ法を N 回別々に走らせて，求める積分が計算できる．

このタイプの方法は，計量経済の分野を中心に，ベイズモデルへの応用では広く使われているようである．ギブス・サンプラー以外へ拡張したバージョン(Chib and Jeliazkov(2005)など)もある．著者はこの方法で実際に計算を行ったことはないが，一般論の射程を示すために紹介した．分子系のシミュレーションで使われるようなランダム・ウォーク型のメトロポリス法とは相性が悪そうである．逆に，ブロックの大きいギブス・サンプラーの場合には，少ない段数で答が得られるので，有利かもしれない．

文献案内

本解説に関する付加的な情報や訂正は以下で提供する予定である.

    http://www.ism.ac.jp/~iba/iwanami.html

上のページでも紹介したが，伊庭(2003)は，アルゴリズムの物理的なイメージ，ベイズ統計自体の解説などに重点を置いており，本解説とは相補的な内容になっている．以下では，本文中で述べられなかった文献を解説する．

統計科学

Gelman et al.(2003), Carlin and Louis(2000), 丹後(2000), MacKay(2003)のような，現代的な統計科学・情報科学のテキストの多くが，マルコフ連鎖モンテカルロ法に触れている．初心者はそこからはじめるのもよいと思う．

マルコフ連鎖モンテカルロ法を主題としたテキストでは，Gamerman(1997)が手頃で人気があるらしい．Robert and Casella(2004)は包括的な内容．少し古いが，論文集 Gilks et al.(1996)は，発行時点での統計科学への応用の鳥瞰図を与えている．Liu(2001)は興味ある話題を含むが，玉石混淆の印象もある．Häggström(2002)は有限状態空間にしぼった小さな本.

分野別で人数が最も多いのは，おそらく，計量経済・経済時系列・マーケティング関連であるが，文献の紹介は，大森氏と和合氏の解説に譲る．ほかには，空間統計(間瀬・武田(2001)，本巻の種村氏の解説)，画像処理(Winkler(2003), Geman and Geman(1984)), ニューラルネット(Neal(1996)), 機械学習(Andrieu et al.(2003)), 系図解析(Thompson(2000), Geyer and Thompson(1995), Jensen et al.(1995)), 系統樹解析(Ronquist and Huelsenbeck(2003), Altekar et al.(2004)), 配列解析(Jensen et al.(2004), 生物や物体の形態解析(Amit et al.(1991), Grenander and Miller(1994)), 実験計画(Müller(1999))など．また，組み合わせ計算一般(Jerrum and Sinclair(1996), Pinn and Wieczerkowski(1998)), コンピュータ・グラフィクス(Veach and Guibas(1997), Chenney and Forsyth(2000))など

もある．Kass et al.(1998)は座談会の記録．統計科学における MCMC についてのウェブサイトが以下にある：

http://www.statslab.cam.ac.uk/~mcmc/

統計物理

最近の統計物理の教科書には動的なモンテカルロ法がとりあげられていることが多い．統計科学と同じく，初心者はまずそれらで学ぶのがよいと思う．ヘールマン(1990)は，話題が豊富で楽しそうな本である．上田(2001)の導入部は本解説と重なるところがある．網羅的なものとしては，応用分野ごとの総合報告を集めたもの(Binder(1986, 1987, 1995a, 1995b))，スピン系中心のテキスト(Landau and Binder(2005)，Newman and Barkema(1999))，分子系が中心のテキスト(上田(2003)，Frenkel and Smit(2002))などがある．ウェブで入手できる解説 Murthy(2003)は文献が充実している．

方法論のトピック

ハミルトニアン・モンテカルロ(ハイブリッド・モンテカルロ)は Neal(1996)が定番．また，本シリーズの第4巻『階層ベイズモデルとその周辺』に所載の松本による解説にも，ニューラルネット時系列解析への応用が示されている．ランジュバン方程式の画像認識への応用が Amit et al.(1991)にある．局所的な幾何学的不変性を取りこむ試みは Zlochin and Baram(2001)．

クラスター・モンテカルロのオリジナルは Swendsen and Wang(1987)，レビューは Swendsen et al.(1992)．統計科学への応用の試みは Higdon(1998)，量子スピン系への応用は Kawashima and Harada(2004)，系の対称性を利用する方法については Krauth(2004)をそれぞれ参照．

パーフェクト・シミュレーションは Häggström(2002)，Robert and Casella(2004)，Liu(2001)などで解説されている．原論文は Propp and Wilson(1996)．「不明な状態」を使う定式化は，たとえば，Childs et al.(2001)．関連情報のウェブサイト(英文)もある．

本解説では触れなかったが，モデルの間をジャンプすることで変数の数，次元が変わるアルゴリズムを統計科学では reversible jump 法という．統計

物理でも，グランドカノニカル法(上田(2003)，Frenkel and Smit(2002))など粒子数の変わる方法はあるが，統計科学の場合，たとえば1つの成分を2つに分けるなどの複雑な操作を，詳細釣り合い条件を満たしつつ行う必要がある．Andrieu et al.(2001)，Robert and Casella(2004)などを参照．reversible jump 法のオリジナルは Green(1995)．類似の手法の画像認識への応用が Grenander and Miller(1994)にある．

拡張アンサンブル法は，物理系向きには Iba(2001)，Berg(2000)，Berg(2004)，Mitsutake et al.(2001)など．統計科学向けは難しいが，Liu(2001)の10章，Geyer and Thompson(1995)，Altekar et al.(2004)など．複数のパラメータ θ の値で行なった計算を統合する multiple histogram 法は，Ferrenberg and Swendsen(1989)および Swendsen et al.(1992)．

多重積分(自由エネルギー，周辺尤度)の計算については，物理向きには Mezei and Beveridge(1986)，Frenkel and Smit(2002)，上田(2003)など．統計科学向きには，Gelman and Meng(1998)，Chib(1995)，Chib and Jeliazkov(2005)など．組み合わせの数の計算は，Häggström(2002)，Jerrum and Sinclair(1996)，Pinn and Wieczerkowski(1998)など．拡張アンサンブル法の自由エネルギー計算への応用は：

http://www.fos.su.se/physical/sasha/freeen.html

レプリカ交換モンテカルロ法は何回も再発見されている：Kimura and Taki(1991)，Geyer(1991)，伊庭(1993)，Hukushima and Nemoto(1996)．

マルコフ連鎖の数学

カップリング法による収束の証明は Häggström(2002)，Norris(1997)，デュレット(2005)など．最初は有限，後の2者は可算の場合を扱っている．区間縮小法(不動点定理)による収束の証明はシナイ(1995)，Winkler(2003)などにある．ペロン・フロベニウスの定理は，たとえば杉浦・横沼(1990)．連続変数の場合の数学については Meyn and Tweedie(1993)が定番らしい．Robert and Casella(2004)の6章に要約があるが，要約でもすでに難解．理論的背景としてよく引用されるのは Tierney(1994)であるが，詳しい証明はない．

参考文献

Altekar, G., Dwarkadas, S., Huelsenbeck, J. P. and Ronquist, F.(2004): Parallel Metropolis coupled Markov chain Monte Carlo for Bayesian phylogenetic inference, Bioinformatics, 20, 407-415.

Amit, Y., Grenander, U. and Piccioni, M.(1991): Structural image restoration through deformable templates, Journal of the American Statistical Association, 86, 376-387.

Andrieu, C., Djurić, P. and Doucet, A.(2001): Model selection by MCMC computation, Signal Processing, special issue on MCMC for signal processing, 81, 19-37.

Andrieu. C, de Freitas N., Doucet, A. and Jordan, M.I.(2003): An Introduction to MCMC for Machine Learning, Machine Learning, 50, 5-43.

Berg, B. A.(2000): Introduction to multicanonical Monte Carlo simulations, in *Monte Carlo Methods*, ed. Madras, N., Fields Inst. Commun. 26 (American Mathematical Society). http://arxiv.org/abs/cond-mat/9909236 で草稿が入手可能.

Berg, B. A.(2004): *Markov Chain Monte Carlo Simulations and their Statistical Analysis*, World Scientific (2004).

Binder, K. (ed.) (1986): *Monte Carlo Methods in Statistical Physics* (2nd ed.), Topics in current physics vol.7, Springer.

Binder, K. (ed.) (1987): *Applications of the Monte Carlo Method in Statistical Physics* (2nd ed.), Topics in Current Physics vol.36, Springer.

Binder, K. (ed.) (1995a): *The Monte Carlo Method in Condensed Matter Physics*, Topics in Applied Physics vol.71, Springer (2nd ed.).

Binder, K. (ed.) (1995b): *Monte Carlo and Molecular Dynamics Simulations in Polymer Science*, Oxford Unversity Press.

Carlin B. P. and Louis T. A.(2000): *Bayes and Empirical Bayes Methods for Data Analysis* (2nd ed.), Chapman & Hall/CRC.

Chenney, S. and Forsyth, D. A.(2000): Sampling plausible solutions to multibody constraint problems, SIGGRAPH 2000 Conference Proceedings, 219-228.

Chib, S.(1995): Marginal likelihood from the Gibbs output, Journal of the American Statistical Association 90, 1313-1321.

Chib, S. and Jeliazkov, I.(2005): Accept-reject Metropolis-Hastings sampling and marginal likelihood estimation, Statistica Neerlandica, 59, 30-44.

Childs, A. M., Patterson, R. B. and MacKay, D. J. C.(2001): Exact sampling from nonattractive distributions using summary states, Physical Review E, 63,

036113.
Ferrenberg, A. M. and Swendsen, R. H.(1989): Optimized Monte Carlo data analysis, Physical Review Letters 63, 1195-1198.
Frenkel, D. and Smit, B.(2002): *Understanding Molecular Simulations: From Algorithms to Applications*, Elsevier (2nd ed.).
Gamerman, D.(1997) *Markov Chain Monte Carlo*, Chapman & Hall/CRC.
Gelman, A., Carlin, J. B., Stern, H.S. and Rubin, D. B.(2003): *Bayesian Data Analysis*, Chapman & Hall/CRC (2nd ed.).
Gelman, A. and Meng, X-L.(1998): Simulating normalizing constants: From importance sampling to bridge sampling to path sampling, Statistical Science, 13, 163-185.
Geman, S. and Geman, D.(1984): Stochastic relaxation, Gibbs distributions, and the Bayesian restoration of images, IEEE Transactions on Pattern Analysis and Machine Intelligence, 6, 721-741.
Geman, D., Geman, S., Graffigne, C. and Dong, P.(1990): Boundary detection by constrained optimization, IEEE Transactions on Pattern Analysis and Machine Intelligence, 12, 609-628.
Geweke, J.(1991): Efficient simulation from the multivariate normal and Student-t distributions subject to linear constraints. Geyer(1991)と同じ論文集の571-578. 論文の著者のウェブサイトで入手可能.
Geyer, C. J.(1991): Markov chain Monte Carlo maximum likelihood, *Computing Science and Statistics: Proceedings of the 23rd Symposium on the Interface*, ed. E. M. Keramidas, Interface Foundation, Fairfax Station, Va., 156-163.
Geyer, C. J.(1992): Practical Markov chain Monte Carlo, Statistical Science, 7, 473-511.
Geyer, C. J. and Thompson E. A.(1995): Annealing Markov chain Monte Carlo with applications to ancestral inference, Journal of the American Statistical Association, 90, 909-920.
Gilks, W. R., Richardson, S., Spiegelhalter, D. J. (eds.) (1996): *Markov Chain Monte Carlo in Practice*, Chapman & Hall.
Green, P. J.(1995): Reversible jump Markov chain Monte Carlo computation and Bayesian model determination, Biometrika, 82, 711-732.
Grenander, U. and Miller, M. I.(1994): Representations of knowledge in complex systems, Journal of Royal Statistical Society B, 56, 549-603.
Häggström, O.(2002): *Finite Markov Chains and Algorithmic Applications*, London Mathematical Society, Student Texts 52, Cambridge University Press.
Hastings, W. K.(1970): Monte Carlo sampling methods using Markov chains and their applications, Biometrika, 57, 97-109.
Higdon, D. M.(1998): Auxiliary variable methods for Markov chain Monte

Carlo with applications, Journal of the American Statistical Association, 93, 585-595.

Hukushima, K. and Nemoto, K.(1996): Exchange Monte Carlo method and application to spin glass simulations, Journal of the Physical Society of Japan, 65, 1604-1608.

Hukushima, K.(1999): Domain-wall free energy of spin-glass models: Numerical method and boundary conditions, Physical Review E, 60, 3606-3613.

Hukushima, K.(2002): Extended ensemble Monte Carlo approach to hardly relaxing problems, Computer Physics Communications, 147, 77-82.

Iba, Y.(2001): Extended ensemble Monte Carlo, International Journal of Modern Physics C, 12, 623-56.

Jacobson, M. T. and Matthews, P.(1996): Generating uniformly distributed random Latin squares, Journal of Combinatorial Designs, 4 405-437.

Jensen, C. S., Kong, A. and Kjærulff, U.(1995): Blocking Gibbs sampling in very large probabilistic expert systems, International Journal of Human-Computer Studies, 42, 647-666.

Jensen, S. T., Liu, X. S., Zhou, Q. and Liu, J. S.(2004): Computational discovery of gene regulatory binding motifs: A Bayesian perspective, Statistical Science, 19, 188-204.

Jerrum, M. and Sinclair A.(1996): The Markov chain Monte Carlo method: an approach to approximate counting and integration, in *Approximation Algorithms for NP-Hard Problems*, eds. Co, P. P. and Hochbaum, D., Wadsworth Publishing Company. ウェブ上に草稿あり.

Kass, R. E., Carlin, B. P., Gelman, A. and Neal R. M.(1998): Markov chain Monte Carlo in practice: a roundtable discussion, The American Statistician, 52, 93-100. ウェブ上で入手可能.

Kawashima, N. and Harada, K.(2004): Recent developments of world-line Monte Carlo methods, Journal of the Physical Society of Japan, 73, 1379-1414.

Kimura, K. and Taki, K.(1991): Time-homogeneous parallel annealing algorithm, *Proceedings of the 13th IMACS World Congress on Computation and Applied Mathematics (IMACS'91), Vol.2*, eds. Vichnevetsky, R. and Miller, J.J.H., 827-828.

Kirkpatrick, S., Gelatt Jr., C. D. and Vecchi, M. P.(1983): Optimization by simulated annealing. Science, 220, 671-680.

Krauth, W.(2004): Cluster Monte Carlo algorithms, in *New Optimization Algorithms in Physics*, eds., Hartmann, A. K and Rieger, H., WILEY-VCH.

Landau, D. P. and Binder, K.(2005): *A Guide to Monte Carlo Simulations in Statistical Physics*, Cambridge Univ Press (2nd ed.).

Liu, J. S.(2001): *Monte Carlo Strategies in Scientific Computing*, Springer.

MacKay D. J. C.(2003): *Information Theory, Inference and Learning Algorithms*, Cambridge University Press.

Matsubara, F., Sato, A. and Koseki, O.(1997): Cluster heat bath algorithm in Monte Carlo simulations of Ising models, Physical Review Letters, 78, 3237-3240.

Metropolis, N., Rosenbluth, A. W., Rosenbluth, M. N., Teller, A. H. and Teller, E.(1953): Equation of state calculations by fast computing machines, Journal of Chemical Physics, 21, 1087-1092.

Meyn, S. P. and Tweedie, R. L.(1993): *Markov chains and Stochastic Stability*, Springer. ウェブ上で入手可能.

Mezei, M. and Beveridge, D. L.(1986): Free energy simulations, Annals of the New York Academy of Sciences, 482, 1-23.

Mitsutake, A., Sugita, Y. and Okamoto Y.(2001): Generalized-ensemble algorithms for molecular simulations of biopolymers, Biopolymers (Peptide Science), 60, 96-123. http://arxiv.org/abs/cond-mat/0012021 で入手可能.

Müller, P.(1999): Simulation-based optimal design, *Bayesian Statistics 6*, 459-474, eds. Bernardo. J. M., Berger, J.O., Dawid, A. P. and Smith, A. F. M., Oxford Uiversity Press.

Murthy K. P. N.(2003): An introduction to Monte Carlo simulations in statistical physics problem. http://arxiv.org/abs/cond-mat/0104167 で入手可能.

Neal, R. M.(1996): *Bayesian Learning for Neural Networks*, Lecture Notes in Statistics, 118, Springer.

Newman, M. E. J. and Barkema, G. T.(1999): Monte Carlo Methods in Statistical Physics, Oxford University Press.

Norris, J. R.(1997): *Markov Chains*, Cambridge University Press.

Ogata, Y.(1990): A Monte Carlo method for an objective Bayesian procedure, 42, 403-433.

Owen, A. B. and Tribble, S. D.(2005): A quasi-Monte Carlo Metropolis algorithm, Proceedings of the National Academy of Sciences, 102, 8844-8849.

Pinn, K. and Wieczerkowski, C.(1998): Number of magic squares from parallel tempering Monte Carlo, International Journal of Modern Physics C, 9, 541-546.

Propp, J. G. and Wilson, D. B.(1996): Exact sampling with coupled Markov chains and applications to statistical mechanics, Random Structures and Algorithms, 9, 223-252.

Qian, W. and Titterington, D. M.(1989): On the use of Gibbs Markov chain models in the analysis of image based on second-order pairwise interactive distributions, Journal of Applied Statistics,16, 267-281.

Robert, C. P. and Casella, G.(2004): *Monte Carlo Statistical Methods*, Springer

(2nd ed.).
Ronquist, F. and Huelsenbeck, J. P.(2003): MrBayes 3: Bayesian phylogenetic inference under mixed models, Bioinformatics, 19, 1572-1574.
Swendsen, R. H. and Wang, J.-S.(1987): Nonuniversal critical dynamics in Monte Carlo simulation, Physical Review Letters, 58, 86-88.
Swendsen, R. H., Wang, J-S., and Ferrenberg, A. M.(1992): New Monte Carlo methods for improved efficiency of computer simulations, Binder, K. (ed.) (1995a)の p.75-91 に所収.
Thompson, E. A.(2000): *Statistical inference from genetic data in pedigrees*, Institute of Mathematical Statistics.
Tierney, L.(1994): Markov chains for exploring posterior distributions, The Annals of Statistics, 22, 1701-1762.
Veach, E. and Guibas, L. J.(1997): Metropolis light transport, Computer Graphics (SIGGRAPH 97 Proceedings), Addison-Wesley, 65-71. ウェブ上で入手可能.
Winkler, G.(2003): *Image Analysis, Random Fields and Markov Chain Monte Carlo Methods*, Springer, (2nd ed.).
Zlochin, M. and Baram, Y.(2001): Manifold stochastic dynamics for Bayesian learning, Neural Computation, 13, 2549-2572.
伊庭幸人(1993): 研究報告会要旨, 統計数理 41 巻, 65-67；ベイズ統計と統計物理——有限温度での情報処理, 物性研究, 60-6, 677-699.
伊庭幸人(2003): ベイズ統計と統計物理, 岩波講座 物理の世界, 岩波書店.
伊庭幸人(2004): 2004 年度統計関連学会連合大会講演報告集, 89-90.
上田顕(2001): 計算物理入門, サイエンス社.
上田顕(2003): 分子シミュレーション——古典系から量子系手法まで, 裳華房.
小川奈美子, 江口真透(1997): マルコフ連鎖モンテカルロ法による高次元積分, 統計数理 45, 377-408.
シナイ, Ya. G.(1995): 確率論入門コース, (森真訳), シュプリンガー・フェアラーク東京.
杉浦光夫, 横沼健雄(1990): ジョルダン標準形・テンソル代数, 岩波書店.
丹後俊郎(2000): 統計モデル入門, 医学統計学シリーズ 2, 朝倉書店.
デュレット, R.(2005): 確率過程の基礎, (今野紀雄, 中村和敬, 曽雌隆洋, 馬霞訳)シュプリンガー・フェアラーク東京.
ヘールマン, D.W.(1990): シミュレーション物理学(小澤哲, 篠嶋妥訳)シュプリンガー・フェアラーク東京.
間瀬茂, 武田純(2001): 空間データモデリング, データサイエンス・シリーズ 7, 共立出版.

II
マルコフ連鎖モンテカルロ法の空間統計への応用

種村正美

目次

1 空間統計とは？　109
2 マルコフ連鎖モンテカルロ法の空間統計における役割　111
 2.1 配置図データに対する個体間相互作用の尤度推定　111
 2.2 2次モーメント量による統計的診断　113
3 ギブス点過程の MCMC シミュレーション法　115
4 MCMC シミュレーションによる尤度関数の推定法　117
 4.1 反発型相互作用ポテンシャル族に対する近似尤度　118
 4.2 反発力の強さを測る　124
5 MCMC シミュレーションの収束判定法　127
 5.1 Gelman-Rubin の方法　128
6 配置図データ解析の実際　131
 6.1 反発型相互作用ポテンシャル族による解析例　132
 6.2 Soft-Core ポテンシャル族による解析例　134
7 方向データの解析　135
 7.1 方向相互作用ポテンシャルモデルと尤度関数　135
 7.2 厳密に尤度関数が計算できるモデル　137
 7.3 シミュレーション・データに対する尤度法の確認　139
 7.4 実データの解析例――アミノ酸配列データから相互作用を測る　142
8 まとめと今後の展望　148
参考文献　151

1 空間統計とは？

平面や空間の限られた領域の内部に多数の点状対象（生物個体，地理学的施設，媒質中の金属粒子，等々）が散布しているとしよう．点状対象を粒子と呼ぶことにする．このとき，粒子の配置の様式にはどんなものがあるのだろうか，そしてそれらはどのように特徴づけるのだろうか．

図1に平面上の典型的な3種類の配置を与える．いずれも同一の大きさの

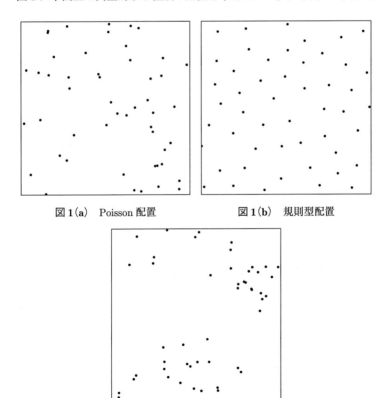

図1(a) Poisson 配置　　図1(b) 規則型配置

図1(c) 集中型配置

正方形領域の中に50個の粒子を配置させた人工データである．図1(a)はPoisson配置と呼ばれ，粒子は正方形領域の中で互いに独立かつ一様ランダムに散布されている．これはPoisson点過程の1つのサンプルと見なすことができる．図1(b)は規則型配置と呼ばれ，粒子たちは互いに一定の間隔を保ちながら配置されている．図の配置は一定半径をもつ粒子が重なり合わない，ランダムな配置として実現されたもので，ランダム逐次充填配置(たとえば，Tanemura, 1979, 1988)の1つのサンプルである．そして，図1(c)は集中型配置と呼ばれ，粒子たちは他の配置に比べて，ある場所では集中的に配置している一方で，別の場所ではまばらになっている．この配置は，最初に5個の点を独立かつランダムに置き，次いでそれらの粒子を中心とする一定半径の円内にそれぞれ9個の点をランダムに置くことによって，粒子の総数が50個になるようにしたものである．これは，いわゆるNeyman-Scott点過程(たとえば，Stoyan $et\ al.$(1995))の1つのサンプルである．

　上に示した3種類の配置は視覚的に一見してそれらの違いがわかるのであるが，逆に，与えられた配置データを大まかに分類し，定量的に特徴づける必要がある．そのための種々の統計的手段を与えるのが空間統計(spatial statistics)の分野である．また，与えられたデータが，観測されたような配置を示す要因，すなわちそれが生成されたメカニズムを考える必要が出てくる．たとえば，粒子間の誘引・反発といった相互作用，観測領域への定着過程，そして環境条件の不均質性などが考えられる．さらに，これらの諸要因が重なって現れることもしばしばであろう．これらの情報は所与のデータに含まれていると考えられ，配置データの生成メカニズムに関する情報を統計的に引き出すことが空間統計の1つの課題である．

　上のような分析をどこまで進めることができるかは，観測データがどんな形式で与えられているかに依存する(たとえばTanemura(1998))．すなわち，粒子の位置に関する情報が部分的にしか与えられない場合と完全に与えられる場合とで異なる．また，個々の粒子が特性値(マーク)を持つか否かで扱いが異なる．特性値をもつ場合は，'マーク付き粒子配置'と呼ばれる．ここでは，すべての粒子の位置が完全なマップ(配置図)として与え

られ，マークは持たないことを前提として議論を進める．

いま，平面上の限られた領域 A の中に N 個の粒子が与えられていて，それらの位置座標が $X = (x_1, x_2, \cdots, x_N)$ であるとする．そのとき空間統計の課題は次のように要約できる．すなわち，観測データ X がどのような型の配置に分類されるかを定めて X を特徴づけ，X に対する統計モデルを構築し，モデルのパラメータを推定して，さらに将来出現すると予想される配置を予測することである．

2 マルコフ連鎖モンテカルロ法の空間統計における役割

与えられた配置図データ X が粒子間の誘引・反発という相互作用の結果として出現したと仮定しよう．実際，粒子の集まりが生物個体の集団(個体群)であるとき，個体間の誘引や反発が観測される配置図に反映される．すなわち，ある場所に1つの生物個体が存在することが，相互作用により別の個体が占める位置に依存すれば個体群全体の空間配置にも影響する．たとえば，個体間に誘引作用が働くとき，集中型配置が得られ，反発作用が働けば規則型配置が得られるだろう．特に，相互作用がゼロのときは Poisson 配置が得られる．生態学においては，不完全な空間配置データに対しても有効な，個体間の誘引性・反発性を記述する種々の指標が提案されている(たとえば，長谷川・種村(1986))．

2.1 配置図データに対する個体間相互作用の尤度推定

配置図データ X が与えられている場合，この考え方をさらに進めて，個体間(粒子間)相互の誘引・反発をポテンシャルエネルギーと考え，X からこのポテンシャルを統計的に推定する方法が提出されている(Ogata and Tanemura(1981a, 1981b, 1984, 1985, 1986, 1989), Diggle et al.(1994)など)．

いま，2つの粒子 x_i と x_j の間に働く相互作用を，2点間の距離 $r_{ij} = |x_i - x_j|$ の関数であるポテンシャル関数 $\phi(r_{ij})$ で表す．領域 A における N 個の粒子の配置はそれらの全ポテンシャルエネルギー

$$U_N(X) = \sum_{i<j}^{N} \phi(r_{ij}) \qquad (1)$$

が定常に達するように互いの位置が調節された結果であると考える．すると，配置図データ X はいわゆる Gibbs(ギブス)分布

$$f(X) = \exp\{-U_N(X)\}/Z(\phi; N, A) \qquad (2)$$

に従うと見なせる．ここで

$$Z(\phi; N, A) = \int_{A^N} \exp\{-U_N(X)\}\, dx_1 \cdots dx_N \qquad (3)$$

は Gibbs 分布の規格化因子であって，統計物理学において**配位分配関数**(configurational partition function)と呼ばれる．Gibbs 分布に従う粒子配置を実現する統計モデルを **Gibbs 点過程**と呼ぶ．Gibbs 点過程は相互作用する粒子集団に対する Markov 点過程の一部をなし，種々のポテンシャル関数を考えることによって広範囲の粒子配置を取り扱うことのできる柔軟で魅力的な統計モデルである．また，マルコフ連鎖モンテカルロ(Markov Chain Monte Carlo, MCMC)法はその由来から Gibbs 点過程に対するシミュレーション法として，ごく自然な最適の方法である．

さて，ポテンシャル関数を推定するために，ポテンシャルの形状とスケールはパラメータ θ で規定されるとして，ポテンシャル関数の族 $\{\phi_\theta(r)\}$ を考える．このパラメータ化されたポテンシャル関数を上式の Gibbs 分布に代入すれば，それはパラメータ θ をもつポテンシャル関数に対する尤度になる．そこで，もしも与えられたデータ X の下で尤度を最大にするパラメータ $\hat{\theta}$ のポテンシャル関数が得られれば，われわれはポテンシャル関数の最尤推定を実現したことになる．

■**MCMC による尤度関数の推定**

ところで，ここで実際に最尤推定を実行する上で重大な問題が生じる．すなわち，Gibbs 分布の分母に現れる規格化因子 $Z_N(\phi_\theta; N, A)$ が θ の関数

となり，それが $2N$ 重積分（d 次元空間では dN 重積分）であるために計算が厄介であることである．ただし，相互作用がゼロに対応する Poisson 配置（Poisson モデル）の場合は例外であって，このとき $\phi_\theta(r) \equiv 0$ であるので，規格化因子は θ に依らず $Z(\phi_\theta; N, A) = |A|^N$ となる．したがって Poisson モデルを基準にとれば，われわれの（対数）尤度関数は

$$\Lambda(\phi_\theta; X) = -\sum_{i<j}^{N} \phi_\theta(r_{ij}) - \log \bar{Z}(\phi_\theta; N, A) \qquad (4)$$

となる．ここで $\bar{Z} = Z/|A|^N$ である．

そこで希薄な粒子配置（密度 $\rho \equiv N/|A|$ が小さい場合）に対しては種々の近似的方法が適用された（Ogata and Tanemura, 1981a, 1984, 1985, 1986）．しかし，密度 ρ が大きくなるとそれらの近似はバイアスが生じ，MCMC を多用した尤度関数の推定（規格化因子の推定）が考案された（Ogata and Tanemura, 1981b, 1984, 1989）．その概要については後述する．

2.2　2次モーメント量による統計的診断

次に，尤度推定の結果として得られた推定ポテンシャル関数を用いて，粒子配置のサンプルを作成するためにも MCMC は非常に有用である．MCMC 法によって作成したサンプルを元のデータとどの程度一致がよいかを診断するために使うのである．

元のデータと推定ポテンシャル関数に対する MCMC 法によるサンプルとの間の診断用統計量として，2次モーメント量に基づく K 関数やそれの変形である L 関数が用いられる．K 関数の推定量 $\hat{K}(r)$ は

$$\rho \hat{K}(r) = \frac{1}{N} \sum_{i=1}^{N} N_i(r) \qquad (5)$$

によって得られる．ただし，$N_i(r)$ は粒子 x_i を中心として，半径 r の円内に含まれる他の粒子の個数である．実際のデータから K 関数を不偏推定するには適切な境界補正を加える必要がある．別の2次モーメント量として，2体相関関数または**動径分布関数**（radial distribution function）$g(r)$ があり，これは $K(r)$ と

の関係がある．Poisson 配置に対しては $K(r)=\pi r^2$, $g(r)=1$ となる．したがって $\hat{K}(r)-\pi r^2$ や $\hat{g}(r)-1$ は観測データが Poisson 配置からどの程度外れているかを表している．特に，$K(r)=\pi r^2$ から $r=[K(r)/\pi]^{1/2}$ と変形すると，

$$L(r) = \sqrt{\frac{K(r)}{\pi}} \qquad (6)$$

は直線 $L_0(r)=r$ から外れているかどうかで Poisson 配置からの偏りを判定できる．$L(r)$ を L 関数と呼ぶ．

■MCMC シミュレーションによる配置データの生成と統計的診断

これらの2次モーメント量（たとえば L 関数）を元の配置データに対して予め計算しておく．そして，尤度推定で得られたポテンシャル関数を用いて MCMC シミュレーションによって作成された多数の配置サンプルから L 関数の包絡線を描く．その結果，もしも元のデータの L 関数がシミュレーションから得られた包絡線の間に入れば，推定が適切であったことの示唆を与えることとなる．

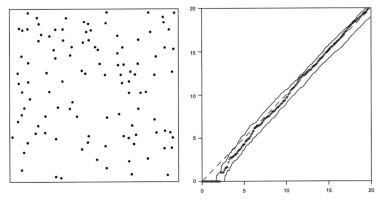

図2(a) シロガシラハイイロカモメ
(Gray gull, *Larus modestus*)の巣配置．
$N=110$, $|A|=100\times100\,(\mathrm{m}^2)$．

図2(b) L 関数による診断

一例として，図2(a)に示した配置図データを考える．これはカモメの一種の集団営巣地における巣の配置である（個体数 $N=110$，面積 $|A|=100\times 100\,\mathrm{m}^2$）．第6章で述べるように，このデータからカモメの個体間（巣間）に働くポテンシャル関数が尤度推定される．推定されたポテンシャル関数を用いて，次節に与える MCMC シミュレーション法によって平衡配置の多数の標本を生成する．それらの標本から99個のサンプルを選び，おのおのの配置に対して L 関数を計算した．図2(b)は L 関数による診断を与える．この図において＋＋＋印の曲線は元のデータに対する L 関数を表し，実線の2本の曲線は推定されたポテンシャル関数に基づくシミュレーションで生成した99個の L 関数の包絡線（関数 $L(r)$ のそれぞれの r における最大値および最小値をそれぞれ結んでできる曲線）を示す．また，点線で示す傾斜角 $45°$ の対角線は Poisson 配置モデルの L 関数である．横軸の単位はメートルである．この図から，カモメのデータの $L(r)$ は $0<r\lesssim 6$ の範囲で対角線より下にあることがわかり，特に $0<r\lesssim 2$ において0である．このことは，カモメの巣の間に，2メートル程度の間隔あけが存在することを示す．これにより，カモメの巣の配置データが Poisson 配置から外れて規則型配置に属することが強く示唆される．一方，尤度推定されたポテンシャル関数に基づくシミュレーションによる L 関数は r の全区間にわたってカモメのデータのそれを完全に覆っていることがわかる．このことは，われわれのポテンシャル関数による尤度推定がカモメの巣の2メートル程度の間隔あけを含めて配置図データの特徴を極めてよく捉えていることを示している．

3 ギブス点過程の MCMC シミュレーション法

Gibbs 点過程に対する MCMC シミュレーション法は元来 Metropolis *et al.*(1953)によって開発された．その後いくつかの改良等が加えられ，現在ではメトロポリス-ヘイスティングス(Metropolis-Hastings)法の特別な場合

と解釈されている．また Metropolis-Hastings 法は任意の確率密度関数 $u(X)$ に対してアルゴリズムが作られるが，Gibbs 分布に対しては簡略化されたアルゴリズムが可能である．

いま矩形領域 A において N 個の粒子が存在し，離散時刻 t における粒子配置を $X(t) = \{x_i(t); i = 1, \cdots, N\}$ とする．ここで，領域 A は周期境界条件によってトーラス状につながっていると仮定する．いま，$X(t)$ の次の時刻のための候補 $X'(t)$ を次のように定める．この時刻 t で 1 つの粒子をランダムに選び，その番号を m とする．このとき，粒子 m の次の時刻のための候補位置 $x'_m(t)$ として，$(x_m^1(t) \pm \delta, x_m^2(t) \pm \delta)$ を頂点とする微小正方形の中からランダムに選び，その他の $N-1$ 個の粒子は $X(t)$ と同じ座標とする．ただし，(x_m^1, x_m^2) は x_m の座標成分を表し，$\delta > 0$ は後述のパラメータである．このようにして定めた候補 $X'(t)$ に対する全ポテンシャルエネルギー $U_N(X'(t))$ を計算して，それを $U_N(X(t))$ と次のようにして比較する：

1. もし $U_N(X'(t)) \leq U_N(X(t))$ であれば，次の時刻の配置として $X(t+1) \leftarrow X'(t)$ と置く；
2. もし $U_N(X'(t)) > U_N(X(t))$ であれば，$(0,1]$ 上の一様乱数 ξ を取り出して，次の操作を行う：
   (a) もし $\xi \leq \exp[U_N(X(t)) - U_N(X'(t))]$ であれば，$X(t+1) \leftarrow X'(t)$ と置く；
   (b) さもなければ $X(t+1) \leftarrow X(t)$ と置く．

上のアルゴリズムに基づいて，粒子配置列 $\{X(t); t = 1, 2, \cdots, T\}$ を生成すれば，それが求めるマルコフ連鎖となる．T が十分大きな整数値であるとき，初期条件に依存することなく $X(t)$ の確率分布は Gibbs 分布に近づくことが期待される．ここで，上のアルゴリズムにおいて規格化因子 $Z(\phi_\theta; N, A)$ が現れないという重要な点に注意する．

パラメータ δ は $X'(t)$ を選ぶときに，選択された粒子の最大変位幅であった．これはマルコフ連鎖の収束に影響するが，経験上，候補位置が棄却さ

れる割合がほぼ半分になるようにとればよいとされている．このパラメータの選択等に関して，詳細な研究がマルコフ連鎖の収束に関連づけて最近行われている．

4 MCMCシミュレーションによる尤度関数の推定法

Ogata and Tanemura(1981b, 1984, 1989)は相互作用ポテンシャルがスケール・パラメータ σ をもち，

$$\phi_\sigma(r) = \phi_1(r/\sigma)$$

なる性質を満たす場合に，MCMCによって規格化因子および尤度関数を任意の密度 ρ に対して推定する方法を与えている．ここで，ϕ_1 はスケールに関して標準化された関数で，ポテンシャルの形状を定め，その形状は別のパラメータで特徴づけられる．上記のスケール性のために，われわれは密度の代わりに**換算密度**(reduced density) $\tau = (N/|A|)\sigma^2$ を導入でき，対数尤度関数(4)は

$$\Lambda(\tau; X) = -\sum_{i<j}^{N} \phi_1\left(r_{ij}^*/\sqrt{\tau}\right) - \log \bar{Z}(\tau, \phi_1; N) \qquad (7)$$

となる．ここで $r_{ij}^* = r_{ij}/\sqrt{|A|/N}$ である．われわれは $E[\partial \Lambda(\tau; X)/\partial \tau] = 0$ を期待することができ，その結果

$$-\frac{1}{2N} E\left[\sum_{i<j}^{N} (r_{ij}^*/\sqrt{\tau}) \phi_1'(r_{ij}^*/\sqrt{\tau})\right] = -\frac{\tau}{N} \cdot \frac{\partial}{\partial \tau} \log \bar{Z}(\tau, \phi_1; N) \quad (8)$$

の関係が得られる．ここで，両辺は

$$\psi(\tau) = P|A|/N - 1$$

の定義を与えていて，左辺は運動学による定義から導かれ，右辺は統計力学による．P は**圧力**(pressure)であり，関数 $\psi(\tau)$ は Poisson 配置からの偏りを測る量である．この関数がすべての τ に対して得られれば，(8)式を積分することによって

$$\frac{1}{N}\log \bar{Z}(\tau,\phi_1;N) = -\int_0^\tau \frac{\psi(t)}{t}\,dt \qquad (9)$$

が得られる．したがって，標準化されたポテンシャル関数 ϕ_1 ごとに $\psi(\tau)$ を用意しておけば，われわれは規格化因子ならびに対数尤度関数を τ の関数として与えることができる．

さて，われわれは前章に述べた MCMC シミュレーション法によって，ϕ_1 に対する Gibbs 点過程の M 個のサンプル $[X^*(t)=\{x_i^*(t); i=1,\cdots,N\}; t=1,\cdots,M]$ を求めることができる（ここで $t=1,\cdots,M$ は $X^*(t)$ が Gibbs 分布からのサンプルであるような添字とし，MCMC シミュレーションから得られた時系列の添字でないことに注意しておく）．これから $r_{ij}^*(t)=|x_i^*(t)-x_j^*(t)|$ を計算すると，$\psi(\tau)$ の不偏推定量が'時間平均'

$$\hat{\psi}(\tau) = -\frac{1}{2N}\cdot\frac{1}{M}\sum_{t=1}^{M}\sum_{i<j}^{N}\frac{r_{ij}^*(t)}{\sqrt{\tau}}\cdot\phi_1'\left(\frac{r_{ij}^*(t)}{\sqrt{\tau}}\right) \qquad (10)$$

によって与えられる．

以上のようにしてポテンシャル関数モデル ϕ_1 ごとに得られた複数の尤度関数を用いて，1つの観測データからそれぞれのモデルに対するパラメータ値を推定する．このとき，どのモデルが最もデータに近い粒子配置を再現できるかを測る規準としてふさわしいのが **AIC**（赤池情報量規準）

$$\text{AIC} = (-2)(最大対数尤度) + 2(パラメータ数) \qquad (11)$$

である．この規準によれば，パラメータ数の異なるモデル族の間でも，AIC が最小となるモデルが最適のモデルとして選択される．

4.1 反発型相互作用ポテンシャル族に対する近似尤度

ここで，具体的にポテンシャル関数モデル族を与えて，それらの近似尤度を求めた例を示そう．

自然界には図 1(b) や図 2(a) に示したような規則型配置が比較的よく見られる．そのような配置データが与えられたとき，第 2 章で述べたように粒子間には反発型の相互作用が働くことが予想されるが，統計学的にどの程度の反発相互作用であるかを調べてみたい．そのために，われわれはス

ケール・パラメータ σ をもつ次のような一連のポテンシャル：
(1) Very-Soft-Core(非常に柔らかい殻をもつ)ポテンシャル
$$\phi_\sigma(r) = -\ln[1-\exp\{-(r/\sigma)^2\}],$$
(2) Soft-Core(柔らかい殻をもつ)ポテンシャル
$$\phi_\sigma(r) = (\sigma/r)^n, \quad n=4,6,8,12,16,24,$$
(3) Hard-Core(硬い殻をもつ)ポテンシャル
$$\phi_\sigma(r) = \begin{cases} \infty, & r \leq \sigma \\ 0, & r > \sigma \end{cases}$$
を考える(図3参照).

Hard-Coreポテンシャルは，Soft-Coreポテンシャルにおいて $n \to \infty$ とした極限と見なすことができ，直径が σ の互いに重なり合わない粒子のモデルである．

関数 $\psi(\tau)$ は換算密度 τ に関する展開式
$$\psi(\tau) = B_2\tau + B_3\tau^2 + \cdots + B_k\tau^{k-1} + \cdots$$
として与えられることが統計力学において知られており，ビリアル展開と

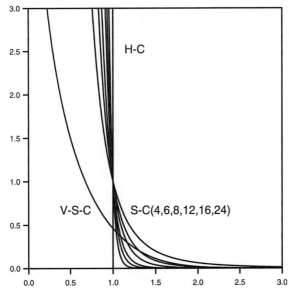

図3 スケールパラメータ $\sigma=1$ に対する反発型ポテンシャルモデル．

呼ばれる．ここで B_k $(k=2,3,\cdots)$ はビリアル係数であって，

$$B_2 = -\frac{1}{2}\int_{\mathbb{R}^2} f_{12}\, d\boldsymbol{x}_2, \quad B_3 = -\frac{1}{3}\int_{\mathbb{R}^4} f_{12}f_{13}f_{23}\, d\boldsymbol{x}_2 d\boldsymbol{x}_3, \cdots$$

等で定義される．ただし $f_{ij}=\exp\{-\phi_1(r_{ij})\}-1$ $(r_{ij}=|x_i-x_j|)$ であり，f_{ij} は Mayer 関数と呼ばれる．

さて，上に掲げた 3 つのポテンシャルモデルのうち Very-Soft-Core ポテンシャルに対しては，そのポテンシャル関数形のために容易にビリアル係数が計算でき，われわれは 7 次 $(k=7)$ まで求めた (Ogata and Tanemura, 1984)．また，Hard-Core ポテンシャルに対しては，やはり 7 次までのビリアル係数が数値計算を多用して求められている (Ree and Hoover, 1967)．そして，このビリアル展開による近似は MCMC 等のシミュレーションとの比較の結果，Hard-Core ポテンシャルの場合 $0<\tau<0.6$ で有効 (Very-Soft-Core ポテンシャルの場合もほぼ同様) であることが知られている．しかしこれらのビリアル展開は τ が大きくなると近似が次第に不正確になる．それを克服して τ の有効範囲を広げるために，$\psi(\tau)=(a_1\tau+a_2\tau^2+a_3\tau^3+a_4\tau^4)/(1+b_2\tau+b_3\tau^2)$ の形の有理関数によるパデ (Padé) 近似が用いられる．その結果，2 つのポテンシャルとも $\tau<0.88$ 程度まで近似が有効となる．そして，対数尤度関数 (7) の第 2 項が (9) 式により

$$\frac{1}{N}\log\bar{Z}(\tau,\phi_1;N) = -\int_0^\tau \frac{a_1+a_2 t+a_3 t^2+a_4 t^3}{1+b_2 t+b_3 t^2}\, dt$$

を用いて計算できることになる．この積分の結果は

$$\frac{1}{N}\log\bar{Z}(\tau,\phi_1;N)$$
$$= c_0\tau^2+c_1\tau+c_2\log(1+b_2\tau+b_3\tau^2)+c_3[\tan^{-1}(c_4\tau+c_5)-c_6]$$

の形にまとめられる (係数の値を表 1 に与える)．

一方，Soft-Core ポテンシャルに対しては本節の最初に述べた ψ を MCMC シミュレーションで直接推定する方法の方が，ビリアル展開を経るよりも柔軟なやり方である．なぜなら，Soft-Core ポテンシャルの場合，ビリアル係数の積分計算は基本的に無限領域で行うことになって厄介であり，たとえいくつかのビリアル係数が求まったとしても近似の有効な τ の範囲が

表1 Very-Soft-CoreポテンシャルとHard-Coreポテンシャルに対する係数(Ogata and Tanemura, 1984).

ポテンシャル	c_0	c_1	c_2	c_3
Very-Soft-Core	0.076267	1.5195	0.63299	-0.098731
Hard-Core	—	0.036141	-0.36934	21.569

ポテンシャル	c_4	c_5	c_6
Very-Soft-Core	0.85737	0.12505	-0.12440
Hard-Core	13.414	-17.298	1.5131

ポテンシャル	b_2	b_3
Very-Soft-Core	0.013340	1.4016
Hard-Core	-1.5458	0.59937

限られるからである.そこで,われわれは任意に与えた換算密度τに対して$\psi(\tau)$をMCMCシミュレーションで推定する.とくにSoft-Coreポテンシャルの場合は不偏推定量$\hat{\psi}(\tau)$に対して(10)式で与えた'時間平均'が

$$\hat{\psi}(\tau) = \frac{1}{M}\sum_{t=1}^{M}\psi(\tau,t); \; \psi(\tau,t) \equiv \frac{n}{2N}\sum_{i<j}^{N}\left(\frac{\sqrt{\tau}}{r_{ij}^{*}(t)}\right)^{n} \quad (12)$$

となり,全ポテンシャルエネルギーの計算のみから行えるという特徴がある.われわれは粒子数$N=500$で標準正方形領域$|A_1|=N$(すなわち粒子1個当たりの平均面積$v\equiv|A|/N$が1となる領域)に対してSoft-Coreポテンシャルの$n=4,6,8,12$および24のそれぞれについて,周期境界条件(トーラス上)でMCMCシミュレーションを行った.すべてのnに対して,換算密度を$\tau_k=0.05k$, $(k=1,2,\cdots,15)$と設定して,それぞれのτ_kについて不偏推定量$\hat{\psi}(\tau_k)$などを求めた.その一例として$n=8$のSoft-Coreポテンシャルに対する結果を表2に示す.表2において"s.d."は$\hat{\psi}$の不偏標本標準偏差を表し,$\hat{\psi}_{\rm sp}$は後述の(18)式(スプライン(spline)関数による回帰式)によるψ値を示す.

また図4には,$\tau=0.50$における$\psi(\tau,t)$の時系列を与える.図では50ステップごとの時刻tに対して停止時刻$T=10^6$まで与えてある.しかし表2に与えた$\psi(\tau,t)$の平均・標準偏差の計算には時系列の最初から時刻

表 2 Soft-Core ポテンシャル $\phi_\sigma(r) = (\sigma/r)^n$ に対する MCMC シミュレーション結果 ($n=8$ の場合). サンプル数 M はすべての τ に対して $M = 9.5 \times 10^6$ である.

τ	$\hat{\psi}$	s.d.	$\hat{\psi}_{\text{sp}}$
0.05	0.10050	0.02423	0.10272
0.10	0.22036	0.03456	0.22028
0.15	0.35722	0.05870	0.35568
0.20	0.51460	0.06040	0.51217
0.25	0.69386	0.06151	0.69323
0.30	0.90108	0.06862	0.90270
0.35	1.15119	0.07002	1.14533
0.40	1.43336	0.09208	1.42669
0.45	1.75532	0.11273	1.75312
0.50	2.13349	0.13080	2.13167
0.55	2.58963	0.15406	2.57053
0.60	3.08778	0.15785	3.08037
0.65	3.66157	0.17943	3.67373
0.70	4.35107	0.20440	4.36470
0.75	5.15353	0.21721	5.16891

$t = 50000$ までを初期条件の影響を避けるために取り除いて,サンプル数 $M = 9.5 \times 10^5$ としてある[*1]. この図から表 1 に与えた $\hat{\psi}$ の $\tau = 0.5$ における値との対応が見てとれる. サンプル数 M を粒子数 N で割ると,この場合 $M/N = 1900$ であるが,Soft-Core ポテンシャルの他の n に対して $1900 \leq M/N \leq 4900$ の区間とした.

このようにして求めた Soft-Core ポテンシャルの $n = 4, 6, 8, 12, 16$ および 24 のすべてに対する $\hat{\psi}(\tau)$ を τ に関する多項式で近似し,その次数は上に与えた AIC で定めた. それらの多項式を積分することによって,対数尤度関数(7)の第 2 項が(9)によって

$$\frac{1}{N} \log \bar{Z}(\tau, \phi_1; N) = d_1 \tau + d_2 \tau^2 + \cdots + d_6 \tau^6 \qquad (13)$$

[*1] 初期条件の影響を避けるために取り除く部分はしばしば burn-in と呼ばれるので,ここではそれに対応する時間を 'burn-in 時間' と呼ぶことにする. burn-in 時間 R はある初期状態から出発して平衡状態に達するまでの時間であり,いくつかの理論的研究があるが,それを厳密に推定するのは極めて困難である. われわれの場合は経験的に burn-in 時間 R を $R/N = 100$ と定めた. その根拠付けについては後述する.

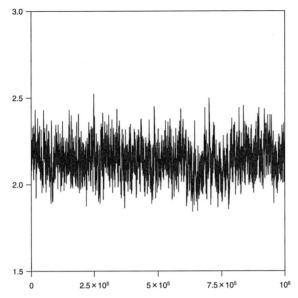

図 4 $\tau=0.50$ における Soft-Core ポテンシャル($n=8$)に対する $\psi(\tau,t)$ の時系列の一例. 図では $\psi(\tau,t)$ は $t=50i$ ($i=1,2,\cdots,T/50$) に対して与えられており, $T=10^6$ としてある.

の形にまとめられる(係数の値を表 3 に与える).

これらの近似は $\tau\approx0.8$ まで適用できると見なせる.

ここで,実際に観測された配置図データから粒子間の相互作用の尤度推定を行う際に,上で考察してきたいくつかの反発型ポテンシャル関数モデル族の中でどのモデルがデータに良く当てはまるかを(11)で与えた AIC

表 3 Soft-Core ポテンシャルに対する多項式近似(13)の係数(Ogata and Tanemura, 1984).

n	d_1	d_2	d_3	d_4	d_5	d_6
4	2.7842	1.8313	0.38566			
6	2.1270	1.4573	0.90159	0.35414		
8	1.9249	1.3111	1.0008	0.25748	0.54526	
12	1.7731	1.1812	0.94188	—	1.3960	
16	1.7116	1.1215	0.89407	0.43833	0.078797	1.2038
24	1.6581	1.0654	0.98387	—	0.16382	1.6686

で測ることにする．この場合，未知パラメータは1個(σ)のみであるから Very-Soft-Core ポテンシャルおよび Soft-Core ポテンシャルに対しては

$$\text{AIC} = (-2)(最大対数尤度) + 2 \qquad (14)$$

となる．ところが，Hard-Core ポテンシャルに対してはポテンシャルの不連続性から

$$\text{AIC} = (-2)(最大対数尤度) + 4 \qquad (15)$$

を採用すべきことが示されている(Ogata and Tanemura, 1984)．なお，相互作用の働かない Poisson 配置モデルに対しては $\phi(r) \equiv 0$(Poisson モデル)であるため，AIC $\equiv 0$ であることに注意する．

以上によって，われわれの反発型ポテンシャルモデルが Poisson モデルを含めて観測データに適用できる手順が示されたことになる．

4.2 反発力の強さを測る

実際の配置図データの解析例を示す前に，今度は Soft-Core ポテンシャル族を拡張して

$$\phi(r;\alpha,\sigma) = (\sigma/r)^{2/\alpha}; \qquad 0 \leq \alpha < 1, \quad 0 \leq \sigma < \infty \qquad (16)$$

の形の，2つのパラメータ (α,σ) をもつポテンシャル族に対する尤度関数を与えよう(Ogata and Tanemura, 1989)．このモデルにおいて，$\alpha = 0$ は Hard-Core ポテンシャルモデルに対応し，$\sigma = 0$ は Poisson モデルに対応することを注意しておく．

(16)式で与えたポテンシャルモデル族に対する(対数)尤度関数は，パラメータが σ(または $\tau[= N\sigma^2/|A|]$)のみである(7)とは異なり，2変数 (α,σ) の関数として与えられねばならない．そのため，上に示した Soft-Core ポテンシャルに対する MCMC シミュレーションによる ψ 値の $\alpha_i = 1/12, 1/8, 1/6, 1/4, 1/3, 1/2$(それぞれ $n = 24, 16, 12, 8, 6, 4$ に対応)および $\tau_j = 0.05, 0.10, \cdots, 0.75$ におけるデータを用いて

$$\psi(\alpha_i,\tau_j)/\tau_j = h(\alpha_i, \tau_j \mid C) + \varepsilon_{ij} \qquad (17)$$

の形の回帰曲面を当てはめる．ここで，$\varepsilon_{ij} \sim N(0, \sigma^2 s_{ij}^2)$ を仮定し，s_{ij}^2 は対応するデータの標本分散で σ^2 は最小化されるパラメータである．ψ/τ の

データとして，われわれはさらに $\alpha_0 \equiv 0 (n \to \infty)$ に対応する $\psi(0,\tau)/\tau$ の値が Hard-Core ポテンシャルに対する Padé 近似から利用でき，また $\tau_0 \equiv 0$ に対応するそれが第 2 ビリアル係数 B_2 の Soft-Core ポテンシャルに対する値 $B_2 = (\pi/2)\Gamma(1-2/n)$ によって追加できる．したがって，(α,τ) 平面上に $(\alpha_i,\tau_j)(i=0,\cdots,I;j=0,\cdots,J)$ のデータ点が存在することになる ($I=6$, $J=15$)．

ここで，関数 $h(x,y \mid C)$ の定義を与えるために，まずパラメータ空間 (α,σ) において上記のデータ点を内部に含む領域 $[0,1] \times [0,1]$ を $P \times Q$ 個の合同な長方形区画 $[x_p, x_{p+1}] \times [y_q, y_{q+1}]$(ただし $p=0,1,\cdots,P-1$; $q=0,1,\cdots,Q-1$)に分割する．そのとき $h(x,y \mid C)$ はそれぞれの長方形区画 $[x_p, x_{p+1}] \times [y_q, y_{q+1}]$ の中の (x,y) において

$$h(x,y \mid C) = \sum_{i=0}^{3} \sum_{j=0}^{3} c_{p+i+1,q+j+1} B_{4-i}(r_x) B_{4-j}(r_y) \qquad (18)$$

で定義される関数で，$\{B_i(r); i=1,2,3,4\}$ は

$$B_1(r) = r^3/6,$$
$$B_2(r) = (-3r^3 + 3r^2 + 3r + 1)/6,$$
$$B_3(r) = (3r^3 - 6r^2 + 4)/6,$$
$$B_4(r) = (-r^3 + 3r^2 - 3r + 1)/6$$

で与えられる $[0,1]$ 上の 3 次 B スプライン(B-spline)基底である．$C = \{c_{ij}\}$ は係数行列，そして $r_x = (x-x_p)/d_x$, $r_y = (y-y_q)/d_y$ および $d_x = (x_P - x_0)/P$, $d_y = (y_Q - y_0)/Q$ である．

係数 C は回帰式(17)に関するペナルティ付き最小二乗対数尤度を最大化することによって定められる(詳細は Ogata and Tanemura(1989)参照)．われわれの Soft-Core ポテンシャル族に関する $\psi(\alpha,\tau)/\tau$ については，$P=3, Q=4$ と設定した．そのとき，$(x_0,x_1,x_2,x_3)=(0,1/3,2/3,1), (y_0,y_1,y_2,y_3,y_4)=(0,1/4,2/4,3/4,1)$, および $d_x=1/3$, $d_y=1/4$ となる．そして，(18)に現れる係数 $C = \{c_{ij}\}$ の個数は $(P+3) \cdot (Q+3) = 6 \cdot 7 = 42$ である．得られた係数の推定値 $\hat{C}$ を実用に供するため表 4 に与える．

表 4 の係数を用いた(18)式がどの程度 MCMC シミュレーションの結果

表 4 Soft-Core ポテンシャル族の近似尤度に現れる係数 $C = \{c_{ij}\}$ (Ogata and Tanemura, 1989)

ji	1	2	3	4	5	6
1	−6.2628	3.1550	0.41372	3.4324	8.5895	11.245
2	3.3230	0.93849	2.1801	3.0206	9.5866	10.733
3	1.0112	2.2701	2.6552	4.7195	9.1765	13.105
4	2.7570	3.1222	4.4722	5.1175	9.8713	10.652
5	−3.2697	8.1699	5.7940	6.2979	8.7423	11.957
6	−7.8934	21.519	6.1032	7.8280	8.8784	12.984
7	69.293	4.8399	19.569	4.1605	13.848	1.1280

を再現するかを見るために,図 5 に Soft-Core ポテンシャル $(n=8)$ の場合における ψ 値の MCMC シミュレーションの平均値 $\hat{\psi}(\tau)$(黒丸)と(17)から求めた $\alpha = 1/4(n=8)$ に対する $\psi(\tau)$ 値(実線)を示す.この図から,両者の一致が極めて良好であることがわかる(表 3 に与えた Soft-Core ポテ

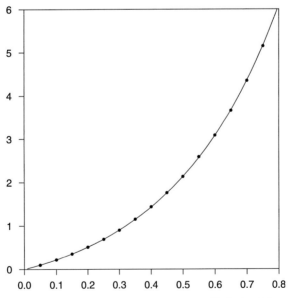

図 5 Soft-Core ポテンシャル $(n=8)$ に対する $\psi(\tau)$ の MCMC シミュレーション結果(黒丸)と B スプライン関数による回帰式(18)による値(実線)との比較.

ンシャル ($n=8$) に対する多項式の係数を用いてもほぼ同様である). 他のすべての Soft-Core ポテンシャルに関しても同様の結果であり, (18)は $0 \leq \alpha < 1/2,\ 0 \leq \tau < 0.8$ の区域において $\psi(\alpha,\tau)/\tau$ に対する有効な近似を与えると見なせる.

以上の結果,われわれの Soft-Core ポテンシャル族に対する対数尤度関数は(7)を2変数 (α,τ) に拡張した式と(9)式より

$$\Lambda(\alpha,\tau;X) = -\sum_{i<j}^{N}\left(\frac{\sigma}{r_{ij}}\right)^{2/\alpha} + N\int_{0}^{\tau} h(\alpha,t\mid\hat{C})dt, \quad (19)$$

と表される.ここで $\tau = N\sigma^2/|A|$ である.(19)式に含まれる積分は(18)式を利用して容易に行える.これを用いて,われわれは観測された配置図データに対して Soft-Core ポテンシャル族を当てはめることによって粒子間の反発力の強さを測ることが可能になる.

5 | MCMC シミュレーションの収束判定法

ここで,Gibbs 点過程に対する MCMC シミュレーションの収束の問題について触れる.MCMC シミュレーションによって,目標とする任意の統計分布からの標本を分布の規格化因子を求めずにサンプリングでき,原理的に任意の精度で標本分布のモーメントを求めることができるのであるが,それは無限に長い連鎖を実現した場合の話であり,そのためには無限の時間を要する.実際にはシミュレーションは有限の時間で停止しなければならない.その場合,実用的にどの程度の停止時間 T が望ましいのかを定める必要がある.その前に,ある初期条件から出発したとき MCMC シミュレーションの 'burn-in 時間' がどの程度になるかを見積もらなければならない.特に Gibbs 点過程の場合,目標とする統計分布は Gibbs 分布(2)であり,統計学に通常用いられる単峰分布やそれらの混合分布などと異なり,極めて複雑で多峰な多変量分布と考えられるので,'burn-in 時間' の理論的な導出はほぼ不可能であろう.そこで,MCMC シミュレーションの 'burn-in 時間'

と停止時間を見積もるために，いくつかの収束判定のための統計量が提案されてきている(たとえば Gelman and Rubin, 1992; Brooks and Roberts, 1998)．これらの統計量は MCMC シミュレーションが平衡な Gibbs 分布に達したことを，それぞれ対応する限界値に達したことで判定される．

そのとき，MCMC シミュレーションのやり方に次の 2 つの立場が考えられる：

- 停止時間 T の長い 1 回のシミュレーション(Geyer(1992)など)；
- T の短い複数回のシミュレーション(Gelman and Rubin(1992)など)．

前者の立場は，1 回の長いシミュレーションの系列から生成される標本分布は短いシミュレーションを何回か繰り返してそれぞれ最後に達成される分布よりも目的とする統計分布に近いはずであるという根拠に基づく．また，複数回のシミュレーションを実行する際，各回ごとに 'burn-in 時間' が現れ，その時間の標本は捨てなければならないので無駄が多いという主張である．

一方，複数回のシミュレーションの提唱者は，1 回の長いシミュレーションは最終的には目的の分布に近づくはずだが，標本空間の中の特定の状態に大部分の時間とどまることが避けられないと主張する．そこで，異なったいくつかの初期状態から出発する複数の系列を取ることによって，標本空間全体を巡るような偏りのない経路をたどることができるはずであるという点が複数回シミュレーションの提唱者の根拠である．

上に述べた 2 つの立場は同一の計算コストに対して，それぞれ長所・短所の両面を備えているため，代替の方法として，1 つの長いシミュレーションの途中に適切な '再生時刻' を設定して系列を再出発させることを繰り返すという '再生的方法' などが提案されている．

5.1 Gelman-Rubin の方法

ここでは元の Gelman-Rubin の提案した量を簡易化したものを計算する．

いま，m 個のシミュレーション系列をそれぞれ異なる初期条件(互いに独立)から出発して，それぞれ長さ k のデータ $\psi_{ij}, (i=1,\cdots,k; j=1,\cdots,m)$

が生成されたとする．ただし，確率変数 ψ の分散を σ^2 と仮定し，第 j 系列における ψ の平均を μ_j と仮定する．このとき，系列内分散 W および系列間分散 B を

$$\frac{B}{k} = \frac{1}{m-1}\sum_{j=1}^{m}(\overline{\psi}_{\cdot j} - \overline{\psi}_{\cdot\cdot})^2,$$

および

$$W = \frac{1}{m}\sum_{j=1}^{m}s_j^2$$

で定義する．ただし，

$$\overline{\psi}_{\cdot j} = \frac{1}{k}\sum_{i=1}^{k}\psi_{ij}, \qquad \overline{\psi}_{\cdot\cdot} = \frac{1}{m}\sum_{j=1}^{m}\overline{\psi}_{\cdot j},$$

および

$$s_j^2 = \frac{1}{k-1}\sum_{i=1}^{k}(\psi_{ij} - \overline{\psi}_{\cdot j})^2$$

である．
そこで，Gelman and Rubin(1992)は次の量

$$\hat{R} = \left(\frac{k-1}{k}W + \frac{B}{k}\right) \Big/ W = \frac{k-1}{k} + \frac{1}{k}\frac{B}{W} \qquad (20)$$

を，MCMC シミュレーションの収束判定量として提案した（元の定義は，上式の平方根で与えられているが，ここでは便宜上，上式を用いる）．この量は大まかには次のように説明できる．すなわち，観測データ $\{\psi_{ij}\}$ の全分散は系列内分散と系列間分散との和として分解でき，その期待値はわれわれの ψ に関する仮定から，$\sigma^2 + \sigma_\mu^2$ となる．ここで，σ_μ^2 は系列間分散であり，すべての系列が等しければそれは σ^2/m となる．そこで，この全分散を確率変数 ψ の分散 σ^2 で割ったものの不偏推定量が(20)の $\hat{R}$ に対応する．したがって，系列間分散が大きければ $\hat{R}$ は大きくなり，系列間分散が小さくなれば $\hat{R}$ は 1 に近づくことが予想される．Gelman and Rubin は実用的には $\hat{R}$ が 1.1〜1.05 程度になれば，MCMC シミュレーションが収束したものと判定できるとした．
図 6 は Soft-Core ポテンシャルモデルに対するシミュレーション（第 4

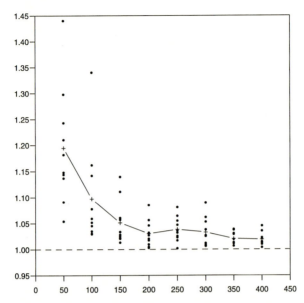

図6 Gelman-Rubin の収束判定量の計算例.横軸は停止時刻が T/N で与えられている.

節)の検証のために求めた Gelman-Rubin の収束判定量を連鎖の長さ T に対して示したグラフである.ここでは,$n=8$ の Soft-Core ポテンシャルをもつ $N=500$ 個の粒子集団を $\tau=0.5$ に対して,系列数 $m=5$ の MCMC シミュレーションを種々の停止時刻 $50N \leq T(=k) \leq 400N$ を用いて行った.図6の散布点(黒丸)はそれぞれの停止時刻 T ごとに独立に行った10回のシミュレーションに対する $\hat{R}$ の結果であり,それらの平均値(+印)が線分で結ばれている.この図から,$\hat{R}$ が T/N の増大に伴って急速に減少し,$T/N \sim 200$ 辺りから収束の傾向が見られる.それぞれの T/N に対する10回の試行の $\hat{R}$ の平均値が表5に与えてある.

一方,Geyer(1992)は計算所要時間が同一であるとするとき,短い連鎖

表5 Gelman-Rubin の収束判定量の平均値(並列連鎖の場合)

T/N	50	100	150	200	250	300	350	400
$\hat{R}$ の平均値	1.1947	1.0973	1.0513	1.0303	1.0384	1.0330	1.0205	1.0191

を並列に実現するよりも 1 本の長い連鎖を実現することで良い推定量が得られると主張して，1 本の連鎖からサンプリングした時系列データによる収束判定量を提案している．ここでは，Gelman-Rubin の判定量を用いて，1 本の長い連鎖の収束の程度を調べてみよう．上と同一のポテンシャル関数と粒子数を用いて，停止時刻が $500N \leq T \leq 2000N$ の範囲で 4 種類の長い Markov 連鎖を実現した．それぞれの T に対して，1 つの連鎖を等間隔で $m=5$ 個の区間に分割して，(20)式の $\hat{R}$ を計算した．それぞれの T について各々10 回の実験を行って求めた $\hat{R}$ の平均値が表 6 に与えてある．

表 6 Gelman-Rubin の収束判定量の平均値（単連鎖の場合）

T/N	500	1000	1500	2000
$\hat{R}$ の平均値	1.1038	1.0615	1.0192	1.0216

この表は $T/N \geq 1000$ に対して，$\hat{R}$ の平均が 1 より十分小さくなることを示しており，第 4 章で与えたわれわれのシミュレーション（すべて $2000 \leq T/N \leq 5000$ の単連鎖）が MCMC シミュレーションの収束性に問題がないことを示唆している．

6 配置図データ解析の実際

ここで，第 4 章で与えた近似尤度を用いて，実データを解析した結果を与えよう．図 2(a)に与えたシロガシラハイイロカモメ（Gray gull, *Larus modestus*）のデータは予備的解析により規則型配置に分類されることが知られている．そこで，カモメの巣の間に反発型の相互作用を想定することができ，それを Soft-Core 相互作用によって推定することは興味がある．図 7(a)はボールペンに使われる直径 0.5 ミリメートルの多数の金属球をプラスチックの箱に入れて，激しく手で振ることによって帯電させ，安定に達した配置である（粒子数 $N = 271$，面積 $|A| = 2.81 \times 2.79 \text{ cm}^2$）．これも予備的解析の結果，規則型配置であることが示され，金属球の間にどのよう

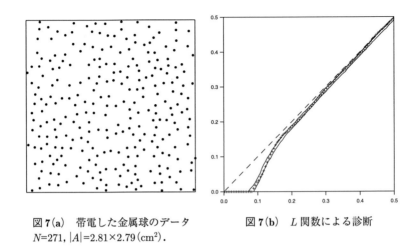

図7(a) 帯電した金属球のデータ
$N=271$, $|A|=2.81 \times 2.79\,(\mathrm{cm}^2)$.

図7(b) L関数による診断

な反発型相互作用が働いているのかを見極めることは興味深いことである．

6.1 反発型相互作用ポテンシャル族による解析例

まず，上の2つの配置図データを第4章の前半で求めた種々の反発型相互作用ポテンシャル族に対する近似尤度を用いて解析した結果を示そう．表7はシロガシラハイイロカモメ(図2(a))の巣配置データに対するポテンシャルモデルの当てはめの結果を与える．

この解析において，われわれは観測領域 A の調節を以下の理由から行っ

表7 シロガシラハイイロカモメの巣配置(図2(a))に対するポテンシャルモデルの当てはめ

モデル	$|A^*|$	$\hat{\Lambda}$	$\hat{\sigma}\mathrm{m}$	$\hat{\tau}$	AIC
V-S-C	98.5×98.5	7.21	2.941	0.0981	-12.41
S-C (04)	98.0×98.0	8.65	2.221	0.0565	-15.30
S-C (06)	98.0×98.0	9.04	2.239	0.0574	-16.08
S-C (08)	98.0×98.0	9.16	2.229	0.0569	-16.32
S-C (12)	98.0×98.0	9.19	2.205	0.0557	-16.37
S-C (16)	97.5×97.5	9.18	2.177	0.0548	-16.36
S-C (24)	97.5×97.5	9.28	2.172	0.0546	-16.55
H-C	97.5×97.5	10.30	2.229	0.0575	-16.60

た．まず，われわれはすべての MCMC シミュレーションと同様，ポテンシャル関数の尤度推定を周期境界条件を用いて実行している．そのため，ある粒子対 i と j が A の境界を横切って，両者間の距離 r_{ij} が異常に短くなることが生じて，粒子の平衡配置に対するポテンシャル推定に影響を及ぼす．これは A のサイズをわずかに調節することで避けられる．また，所与の観測領域はもっと広い領域の一部(窓：Window)と考えることができ，それを粒子の平衡配置を実現するよう適切に調節された窓を選択することには意味がある．その選択の規準となるのは対数尤度または AIC の値である．われわれはカモメの巣配置に対して，正方形領域 $|A| = 100 \times 100$ (m^2) の各辺をそれぞれ 0.5 m ずつ同時に増減することによって最小 AIC を与えるサイズ $|A^*|$ を選んだ(もちろん，それぞれのサイズに対してポテンシャル関数の最尤推定値が求まる)．その結果をすべての反発型ポテンシャルに対して示したのが表 7 である．

表 7 から，カモメのデータに対しては Soft-Core ポテンシャル(指数 n の Soft-Core モデルを S-C(n) と略記)と Hard-Core モデル(H-C)の間では AIC はほとんど差異はないが，Very-Soft-Core モデル(V-S-C)との違いが大きいことがわかる．また Poisson モデルとの違いは一層大きい．AIC による判定では，わずかの差で Hard-Core モデルが選ばれる(太字で示される)．

次に図 7(a) の金属球データに対して反発型ポテンシャルモデル族を当てはめた結果が表 8 である．ここで，カモメのデータ解析と同様，領域のサイズ

表 8 金属球データ(図 7(a))に対する反発型ポテンシャルモデル族の当てはめ

モデル	$|A^*|$	$\hat{\Lambda}$	$\hat{\sigma}$ cm	$\hat{\tau}$	AIC
V-S-C	2.81×2.79	112.02	0.1609	0.895	-222.03
S-C (04)	2.82×2.80	128.98	0.1001	0.344	-255.95
S-C (06)	2.82×2.80	140.86	0.1005	0.346	-279.72
S-C (08)	$\mathbf{2.83 \times 2.81}$	**145.35**	**0.1003**	**0.343**	$\mathbf{-288.70}$
S-C (12)	2.83×2.81	145.05	0.0983	0.329	-288.09
S-C (16)	2.83×2.81	141.65	0.0964	0.317	-281.31
S-C (24)	2.82×2.80	135.64	0.0933	0.299	-269.28
H-C	2.82×2.80	131.11	0.0867	0.258	-258.21

の調節が行われている(この場合,長方形領域 $|A| = 2.81 \times 2.79$ (cm^2) の各辺をそれぞれ 0.01 cm ずつ増減させて最適のサイズ $|A^*|$ を選んだ).このデータの場合,最小 AIC 値を与えるモデルは太字で示した通り S-C(08)(Soft-Core モデル:$n = 8$)となり,S-C(12) 以外の他のモデルとの差異は明確である.

6.2 Soft-Core ポテンシャル族による解析例

次に,(16)で与えた Soft-Core ポテンシャル族に対する対数尤度関数(19)を適用して,上述の 2 つのデータに対して粒子間の反発力の強さを推定してみよう.

表 9 にそれぞれの配置図データに対する 2 パラメータ Soft-Core ポテンシャル族の当てはめの結果が与えてある.ここで,それぞれのデータにおいて,領域のいくつかのサイズに対して結果が示され,最適のパラメータ値は太字で与えられている.

表 9 2 パラメータ Soft-Core モデル族の当てはめ

データ	$|A^*|$	$\hat{\alpha}$	$\hat{\tau}$	$\hat{n}$	$\hat{\sigma}$	$\hat{\Lambda}$
カモメ [図 2(a)]	100.0×100.0	0.2919	0.05574	6.852	2.251 (m)	8.970
	99.0×99.0	0.3000	0.05742	6.666	2.262 (m)	9.226
	98.5×98.5	0.2957	0.05801	6.765	2.262 (m)	9.334
	98.25×98.25	0.2891	0.05813	6.919	2.259 (m)	9.370
	98.0 × 98.0	**0.2770**	**0.05803**	**7.220**	**2.251 (m)**	**9.381**
	97.75×97.75	0.2527	0.05746	7.914	2.234 (m)	9.345
金属球 [図 7(a)]	2.80×2.78	0.4110	0.4259	4.866	0.1106 (cm)	171.5
	2.81×2.79	0.3584	0.4159	5.581	0.1097 (cm)	176.7
	2.82 × 2.80	**0.3349**	**0.4113**	**5.971**	**0.1095 (cm)**	**178.8**
	2.83×2.81	0.3264	0.4080	6.128	0.1094 (cm)	178.7
	2.84×2.83	0.3223	0.4039	6.205	0.1093 (cm)	177.4

この結果と表 7 および表 8 とを比べると,まず,カモメのデータについて表 7 と表 9 では対数尤度(AIC)値とパラメータ値に大きな違いはない.一方,金属球データについては表 9 は表 8 に比べて対数尤度値がかなり大きくなっている.これは,金属球データに対して Soft-Core モデルを 2 パ

ラメータ族に拡張したことで,当てはまりが極めて改善されたことを示している.

表9の結果を統計的に診断するために,推定されたパラメータ値のポテンシャル関数を用いて,2つの実データに対応して,それぞれ200個の配置サンプルをMCMCによって生成した.それらのうち99個ずつを用いて作成したL関数の包絡線をデータのL関数とともに示したのが,それぞれ図2(b)および図7(b)である.いずれもデータのL関数は包絡線に含まれており,当てはまりが十分であることを示している.実は,表7および表8の最適モデルから作成した配置サンプルについても,それぞれ図2(b)および図7(b)とほとんど同じL関数の包絡線が得られる.このことは,われわれの統計的診断法をモデルの選択に用いるのは適切でないことも同時に示している.

7 方向データの解析

空間に散布された粒子のそれぞれに,方向が付随しているとしよう.そして,ある粒子のもつ方向が他の粒子の方向と無関係でなく,相互に作用し合っていると仮定する.すると,前章までに考察したGibbs点過程が連想され,位置に関する粒子間相互作用ポテンシャルに対応して方向に関する相互作用ポテンシャルを考えることができる.

7.1 方向相互作用ポテンシャルモデルと尤度関数

いま,領域Aの中のN個の粒子の位置座標をこれまでと同様に$X=(x_1, x_2, \cdots, x_N)$として,各粒子に方向ベクトル$S=(s_1, s_2, \cdots, s_N)$が付随しているとする.ここで,$s_i \in \Omega, |s_i|=1, i=1, \cdots, N$とし,$\Omega$は角度空間である.このとき,2つの粒子$i$と$j$の方向ベクトル$s_i, s_j$の間に$\Phi_\xi(s_i, s_j; x_i, x_j)$という形の相互作用ポテンシャルが働くと考える.ここで,ξはポテンシャ

ルの形状を特徴づけるパラメータである．

 Gibbs 点過程に対する統計的方法と同じように，相互作用ポテンシャル $\Phi_\xi(s_i, s_j; x_i, x_j)$ を推定するための尤度法が一般的な形式で定式化できるのであるが，ここでは，

$$\Phi_\xi(s_i, s_j; x_i, x_j) \equiv \phi_\xi(s_i, s_j)$$

という形式のポテンシャルモデルに限定して議論を進める．ここで，相互作用は方向ベクトルの対 s_i, s_j のみに依存して，それらの位置 x_i, x_j には依存しない形になっていることに注意する．実際には，このモデルでは後で具体的に示すように位置座標 X の情報は，格子モデルのような形で陰に含まれていることを指摘しておく．このような相互作用モデルを**方向相互作用モデル**(directional interaction potential model)と呼ぶ．

 以上の仮定から，方向ベクトル S の Gibbs 分布は第 2 章で与えた Gibbs 分布(2)と同様に確率密度

$$f(S \mid f_\xi) = \frac{1}{Z(f_\xi; N)} \exp\left\{-\sum_{i=1}^{N-1} \sum_{j=i+1}^{N} f_\xi(s_i, s_j)\right\} \quad (21)$$

で与えられる．したがって，われわれの方向相互作用モデルに対する対数尤度の具体的な形は

$$\log L(\xi; S) = -\sum_{i=1}^{N-1} \sum_{j=i+1}^{N} \phi_\xi(s_i, s_j) - \log Z(\phi_\xi; N)$$

となる．そこで，与えられた方向ベクトルデータ S に対して，われわれは上の対数尤度を最大にするパラメータ値 $\xi = \hat{\xi}$ を推定することが形式的にできることになる．しかし，上の式の第 2 項は規格化定数であって，(3)に対応して一般に高次の多重積分の形

$$Z(\phi_\xi; N) = \frac{1}{|\Omega|^N} \int_\Omega \cdots \int_\Omega ds_1 \cdots ds_N \exp\left\{-\sum_{i=1}^{N-1} \sum_{j=i+1}^{N} \phi_\xi(s_i, s_j)\right\} \quad (22)$$

をとるため，パラメータ ξ に関する対数尤度の最大化を実現することに困難がある．この点は，空間配置データに関して現れた問題と同じである．

 そこで，われわれは方向相互作用モデルをもっと単純化したモデルを考える．第一にモデルを

$$\phi_\xi(s_i, s_j) \equiv \phi_\xi(s_i \cdot s_j)$$

に限定する.すなわち,ϕ_ξ は s_i と s_j の内積のみの関数とする.第二に,相互作用は**隣接対** s_i, s_j の間にのみ働くと仮定する.具体的には,すべての方向ベクトルは規則格子点上に存在すると仮定して,相互作用は最近接格子点の間でのみ働くと考えるのである.

7.2 厳密に尤度関数が計算できるモデル

上述の仮定の下では,対数尤度関数が正確に計算できる方向相互作用モデルがいくつか存在する.

■イジングモデル

いわゆるイジングモデル(Ising model)は統計物理学でよく知られている.このモデルでは,対象は「上向き」または「下向き」をとる'スピン'であって,それぞれ 1 または -1 の値をもつものとする.したがって,イジング・モデルの角度空間は $\Omega = \{\pm 1\}$ となる.相互作用は

$$\phi_\xi(s_i \cdot s_j) \equiv -\xi s_i \cdot s_j$$

となる.ここで,相互作用対 (i,j) は最近接格子点対に限られる.

1 次元イジングモデル

N 個のスピンの 1 次元格子系列

$$s_i = \pm 1; \quad i = 1, 2, \cdots, N,$$

に対して,対数尤度は

$$\log L = \xi \sum_{i=1}^{N-1} s_i s_{i+1} - (N-1)\log(2\cosh\xi)$$

と与えられる.

2 次元正方格子イジングモデル

2 次元正方格子イジングモデル

$$s_{i,j} = \pm 1; \quad (i,j) \in \mathbb{Z}^2 \quad (\text{正方格子}: \mathbb{Z} \text{ は整数全体の集合})$$

に対しては,分配関数(規格化定数)が Onsager(1944)によって解析的に与

えられている．Onsager の解を用いると，われわれの対数尤度は

$$\log L = \frac{\xi}{2} \sum_i \sum_j s_{i,j} (s_{i-1,j} + s_{i+1,j} + s_{i,j-1} + s_{i,j+1})$$
$$- \frac{N}{2\pi^2} \int_0^\pi \int_0^\pi \log\left\{(\cosh 2\xi)^2 - (\cos\omega + \cos\omega')\sinh 2\xi\right\} d\omega\, d\omega' \tag{23}$$

となる．

■単位ベクトルの 1 次元鎖

次に，上下の 2 方向しかとらないイジングモデルとは異なって，任意の角度をとる単位ベクトルの 1 次元鎖(1 次元格子)を考えると，このモデル族に対しても対数尤度が正確に計算できる．

2 次元単位ベクトル

個々の単位ベクトルが 2 次元であるとき

$$s_i = (\cos\varphi_i, \sin\varphi_i), \qquad |\Omega| = 2\pi$$

とおける．そのとき，N 個の 2 次元単位ベクトルの 1 次元鎖に対する規格化定数は

$$Z(\phi_\xi; N) = \frac{1}{(2\pi)^N} \int_0^{2\pi} d\varphi_1 \prod_{i=1}^{N-1} \int_0^{2\pi} \exp\left\{-\phi_\xi(\cos\varphi_{i+1})\right\} d\varphi_{i+1}$$
$$= \left[\frac{1}{2\pi} \int_0^{2\pi} \exp\left\{-\phi_\xi(\cos\varphi)\right\} d\varphi\right]^{N-1}$$

となる．したがって，対数尤度は

$$\log L$$
$$= -\sum_{i=1}^{N-1} f_\xi\left(\cos(\varphi_i - \varphi_{i+1})\right) - (N-1)\log\left[\frac{1}{2\pi}\int_0^{2\pi}\exp\left\{-f_\xi(\cos\varphi)\right\}d\varphi\right] \tag{24}$$

で与えられる．ここで，積分は 1 重であることに注意すると，必要なら数値積分を用いて容易に対数尤度関数が評価できる．

3次元単位ベクトル

次に単位ベクトルが3次元であるとき
$$s_i = (\sin\theta_i \cos\varphi_i,\ \sin\theta_i \sin\varphi_i,\ \cos\theta_i)$$
と書くことができ，角度空間は
$$\Omega = \{(\theta,\varphi);\ 0 \leq \theta < \pi,\ 0 \leq \varphi < 2\pi\}, \qquad |\Omega| = 4\pi$$
となる．このとき，規格化定数は

$$\begin{aligned}
&Z(\phi_\xi; N) \\
&= \frac{1}{(4\pi)^N} \int d\Omega_1 \prod_{i=1}^{N-1} \int_0^\pi \exp\{-\phi_\xi(\cos\theta_{i+1})\} \sin\theta_{i+1} d\theta_{i+1} \int_0^{2\pi} d\varphi_{i+1} \\
&= \left[\frac{1}{2}\int_0^\pi \exp\{-\phi_\xi(\cos\theta)\} \sin\theta d\theta\right]^{N-1} \\
&= \left[\frac{1}{2}\int_{-1}^1 \exp\{-\phi_\xi(t)\} dt\right]^{N-1}
\end{aligned}$$

となる．ここで，$\int d\Omega_1$ は $i=1$ の単位ベクトルの角度空間に関する積分を意味する．これによって，このモデルの対数尤度は

$$\log L = -\sum_{i=1}^{N-1} f_\xi(s_i \cdot s_{i+1}) - (N-1)\log\left[\frac{1}{2}\int_{-1}^1 \exp\{-f_\xi(t)\} dt\right] \quad (25)$$

となって，再び積分は数値計算の実行が容易に行えるように単純化されている．

これまでのすべての場合において，Poisson モデルすなわち $\phi_\xi = 0$ が成り立つとき，
$$\log L = 0, \qquad \text{AIC} = 0$$
となることは興味深い．

7.3 シミュレーション・データに対する尤度法の確認

これまで述べてきた方位相互作用モデルにおいて，われわれの尤度推定の手順が実際に運用可能であることを示すために，2次元および3次元単位ベクトルの1次元鎖に対するコンピュータ・シミュレーションをMCMC

法を用いて実行した．それぞれの場合に対して，相互作用モデルとして

$$\phi_\xi(s_i \cdot s_{i+1}) = -\xi s_i \cdot s_{i+1} \tag{26}$$

を採用した．統計物理学においては，この相互作用モデルは s_i が XY 平面内に制約されているときは 'XY モデル' と呼ばれ，s_i が単位球面上に分布するときは 'Heisenberg(ハイゼンベルグ)モデル' と呼ばれる．

ここで，上の相互作用モデルに対するパラメータ ξ の意味を述べておこう．単位ベクトルの1次元系列データがほぼ同じ方向に揃う傾向があるとき，隣接対のベクトルの内積は大きくなり，ξ が正であれば方位相互作用のポテンシャルエネルギーは小さくなる．このとき，単位ベクトル間に誘因作用が働くと考えられる．逆に，隣接する単位ベクトルが互いに反対の向きに並ぶ傾向にあれば，ポテンシャルエネルギーが小さくなるためには ξ は負になり，それは単位ベクトル間の反発作用を表す．このように ξ の値の正負が相互作用の誘因・反発に対応し，その絶対値は相互作用の強弱に対応することがわかる．また，$\xi=0$ が隣接単位ベクトル間に相互作用が働かない Poisson モデルに対応することもわかる．

われわれは上の相互作用モデルに対して，$N=200$ として ξ の9つの真値 $\xi_0 = -2.0, -1.5, -1.0, -0.5, 0.0, 0.5, 1.0, 1.5$ および 2.0 のおのおのに対する標本数 $n=50$ のシミュレーション・データを MCMC 法を用いて準備した．表10は2次元単位ベクトルの1次元鎖のシミュレーション・データに対するモデルの当てはめの結果をまとめたものである．この表において，第1列は真値 ξ_0 を，第2列は推定値 $\hat{\xi}$ の50標本に対する平均を，そして第3列は $\hat{\sigma}$ の標本標準偏差を表す．また，最後の列は Fisher 情報量の平方根の逆数であり，それは第4列の $\sqrt{N} \times \hat{\sigma}$ に対する理論推定値を表す．表10の数値を比べると，ξ_0 と $\hat{\xi}$ の平均の間，および $\sqrt{N}\hat{\sigma}$ とその理論推定値との間の一致がそれぞれ極めて良いことがわかる．ξ の絶対値の増大に伴って $\sqrt{N}\hat{\sigma}$ が増大する傾向にあることは次のように説明できる：'XY モデル' に対して，Fisher 情報量は

表 10　2 次元単位ベクトルの 1 次元鎖に対するシミュレーション・データの解析結果.

ξ_0	$\hat{\xi}$	$\hat{\sigma}$	$\sqrt{N}\hat{\sigma}$	$1/\sqrt{-\dfrac{1}{N}\mathrm{E}\left[\partial^2 \log L/\partial\xi^2\right]}$
-2.0	-2.0122	0.1840	2.6027	2.4676
-1.5	-1.4888	0.1495	2.1136	2.0113
-1.0	-0.9925	0.1157	1.6363	1.6799
-0.5	-0.5193	0.1085	1.5340	1.4806
0.0	-0.0068	0.0897	1.2683	1.4142
0.5	0.5275	0.0975	1.3795	1.4806
1.0	1.0147	0.1170	1.6545	1.6799
1.5	1.5137	0.1421	2.0094	2.0113
2.0	2.0155	0.1592	2.2514	2.4676

$$-\frac{1}{N}\mathrm{E}\left[\partial^2 \log L/\partial\xi^2\right]$$
$$=\frac{\int_0^{2\pi}\cos^2\varphi\cdot\exp(\xi\cos\varphi)d\varphi}{\int_0^{2\pi}\exp(\xi\cos\varphi)d\varphi}-\left\{\frac{\int_0^{2\pi}\cos\varphi\cdot\exp(\xi\cos\varphi)d\varphi}{\int_0^{2\pi}\exp(\xi\cos\varphi)d\varphi}\right\}^2$$
$$\equiv\int_0^{2\pi}\cos^2\varphi\,g_\xi(\varphi)\,d\varphi-\left\{\int_0^{2\pi}\cos\varphi\,g_\xi(\varphi)\,d\varphi\right\}^2$$

となり，この右辺は確率密度 $g_\xi(\varphi)=\exp(\xi\cos\varphi)\big/\int_0^{2\pi}\exp(\xi\cos\varphi)d\varphi$ の下での $\cos\varphi$ の分散を表している．われわれは上で $|\xi|$ が大きくなるとき，誘因・反発の区別なく隣接ベクトル間の相互作用が大きくなることを直感的に述べた．したがって，相互作用が大きくなると隣接ベクトル同士が揃うか逆向きに並ぶ傾向が強くなるため，それらの間の角度の分散は小さくなる．その結果，$|\xi|$ が大きくなるに伴って，$\hat{\xi}$ の標準偏差 $\hat{\sigma}_\xi$ または $\sqrt{N}\hat{\sigma}_\xi$ が大きくなることが理解できる．

さらに，AIC の値

$$\mathrm{AIC}(k)=(-2)\text{最大対数尤度}+2k$$

を用いたモデル選択の方法によって，われわれのシミュレーション・データから真のモデルが選ばれるかどうかを調べることができる．k は調節パラメータの個数である．いまの場合，真のモデルに対する AIC 値は AIC(0)

であり，当てはめたモデルに対する AIC 値は調節パラメータの個数が 1 であるため AIC(1) となる．AIC 最小の手続きにより，AIC(0) − AIC(1) が負であれば真のモデルが選ばれることになる．表 10 のデータにこの手続きを適用したところ，すべてのパラメータ値に対して $n=50$ 個の標本のうち 42-44 個が真のモデルが採択された．

7.4 実データの解析例——アミノ酸配列データから相互作用を測る

われわれの手法の適用可能性を調べるために，アミノ酸配列の分析を試みた(Tanemura, 1994)．いくつかのアミノ酸配列が与えられたとき，それらの類似性を見出すことはタンパクの進化や他の分子生物学的研究において重要である．われわれは，ここまで論じた方向相互作用の尤度推定法を適用することによって，アミノ酸配列を特徴づけるための新しい方法を述べる．

そのために，アミノ酸要素間の類似度を表す数値表(表 11)を用いる．

アミノ酸要素は 20 種あることが知られていて，それらは DNA や RNA におけるコドン(codon)と一意的に対応づけられる．表 11 は対応する 2 つのアミノ酸の物理化学的性質を比較することによって導き出された類似度である．この表において，数値 1000 は最大の同質性を表し，数値 0 は最大の異質性を意味する．

そこで，与えられたアミノ酸配列を角度の情報がアミノ酸間の類似度によって定まるように単位ベクトルの 1 次元系列に翻訳することは興味深いことである．そのため，われわれは 2 つのアミノ酸 i と j との間の角度 φ_{ij} を

$$\varphi_{ij} = \pi\left(1 - \frac{d_{ij}}{1000}\right) \qquad (27)$$

の関係によって割り当てることにする．ここで，d_{ij} は要素 i と j との間の表 11 に与えられた数値を表す．これによって，同質なアミノ酸対に対しては小さい角度が割り当てられ，異質なアミノ酸対には大きな角度が割り当

表 11 アミノ酸要素間の類似度(宮田他, 1986).

		G	A	S	T	P	L	I	M	V
Gly	G	1000	740	757	514	722	0	0	45	211
Ala	A		1000	854	742	982	211	231	308	472
Ser	S			1000	745	840	131	157	237	385
Thr	T				1000	751	357	388	468	594
Pro	P					1000	228	251	325	488
Leu	L						1000	960	882	740
Ile	I							1000	917	757
Met	M								1000	822
Val	V									1000

		D	N	E	Q	F	Y	W	K	R	H	C
Gly	G	322	439	207	291	0	0	0	0	0	205	365
Ala	A	322	491	297	451	77	91	0	154	165	379	602
Ser	S	465	625	411	528	14	48	0	225	217	445	474
Thr	T	414	600	477	680	257	300	0	399	420	622	585
Pro	P	314	485	291	451	94	108	0	160	171	385	620
Leu	L	0	2	0	228	820	731	505	148	251	259	528
Ile	I	0	37	31	265	825	754	508	188	288	300	534
Met	M	0	120	105	342	765	734	459	248	345	374	582
Val	V	28	211	151	391	591	565	282	228	305	397	754
Asp	D	1000	814	742	579	0	0	0	414	331	508	5
Asn	N		1000	757	717	0	22	0	474	417	631	191
Glu	E			1000	760	0	79	0	674	585	725	68
Gln	Q				1000	197	291	22	697	677	908	291
Phe	F					1000	862	682	185	294	248	360
Tyr	Y						1000	697	308	422	351	319
Trp	W							1000	111	222	97	45
Lys	K								1000	885	774	65
Arg	R									1000	765	125
His	H										1000	268
Cys	C											1000

てられることになる．

　角度の割り当てを，1つのアミノ酸配列における隣接対に対して行う場合と，2つのアミノ酸配列の同一サイトの対に対して行う場合とを考えることができる．

■個別のアミノ酸配列の解析
　最初に1つのアミノ酸配列に対して，隣接対に角度を上述の方法で割り当てる．それによって，アミノ酸の隣接対に角度の系列がサイト順にできる．それらの角度を系列の一方の側からサイトごとに加え合わせていくと，元のアミノ酸配列から方向ベクトルの系列が構成されることになる．そこで，われわれの尤度法で方向相互作用のパラメータを推定することによって，このベクトル系列を特徴づけられるのである．

　われわれは，長さ $N=90$ をもつアミノ酸配列の12種を解析した（表12）．
　これらのデータは宮田他(1986)から採用した．これらはレトロウィルスの仲間(M-MuLV, IAP, RSV, HTLV-I, HTLV-II, BLV, HTLV-III)の逆転写酵素，ポリメラーゼ類の仲間(CaMV, HBV, WHV, DHBV)，そしてトランスポゾン"17.6"のDNAまたはRNA配列からアミノ酸配列に翻訳されたものの一部である．表12のデータにおいて，"—"はギャップのサイトを表し，そのサイトではある長さのヌクレオチドの欠失または挿入が起こっていることを意味する．われわれは，ギャップとアミノ酸の間の類似度として角度 π を割り当てた．一方，隣接するギャップの対に対しては両者の類似性が高いとして，角度0を割り当てた．表13に，われわれの解析結果を示す．

　この結果は，すべての配列に対して方向相互作用が反発型であることを示している．このことは，類似性の低いアミノ酸が隣接しやすいことを意味しており，特定のアミノ酸配列が進化的に安定であるためには，隣接するアミノ酸が互いに類似度が低くて置換が起こりにくいのが望ましいことに対応している．

表 12　アミノ酸配列の標本.
12 本の配列はそれぞれ長さ $N = 90$.

```
17.6    : PIWVVPKKQDASGKQKFRIVIDYRKLNEITVG---DRHP-IPNMDEILGKLGRC-NYFTT
          IDLAKGFHQIEMDPESVSKTAFS-------

CaMV    : PAFLVN-NEAEKRRGKKRMVVNYKAMNKATIG---DAYN-LPNKDELLTLIRGK-KIFSS
          FDCKSGFWQVLLDQESRPLTAFT-------

M-MuLV  : PLLPV-KKP-GT--NDYRPVQDLREVNKRVE----DIHPTVPNPYNLLSGLPPSHQWYTV
          LDLKDAFFCLRLHPTSQPLFAFEW-RDPEM

IAP     : PIFVI-KKKSGK----WRLLHDLRAINNQMH----L-FGPVQRGLPLLSALPQDWKLI-I
          IDIKDCFFSIPLYPRDRPRFAFTIPSLNHM

RSV     : PVFVI-RKASGS----YRLLHDLRAVNAKLV----P-FGAVQQGAPVLSALPRGWPLM-V
          LDLKDCFFSIPLAEQDREAFAFTLPSVNNQ

HTLV-I  : PVFPV-KKANGT----WRFIHDLRATNSLTI----DLSSSSPGPPDL-SSLPTTLAHLQT
          IDLRDAFFQIPLPKQFQPYFAFTVPQQCNY

HTLV-II : PVFPV-KKPNGK----WRFIHDLRATNAITT----TLTSPSPGPPDL-TSLPTALPHLQT
          IDLTDAFFQIPLPKQYQPYFAFTIPQPCNY

BLV     : PVFPV-RKPNGA----WRFVHDLRATNALTK----PIPALSPGPPDL-TAIPTHPPHIIC
          LDLKDAFFQIPVEDRFRSYLSFTLPSPGGL

HTLV-III: PVFAI-KKKDST---KWRKLVDFRELNKRTQ----D-FWEVQLGIPHPAGLKKKKSVT-V
          LDVGDAYFSVPLDEDFRKYTAFTIPSINNE

WHV     : GVFLVDKNPNNS--SESRLVVDFSQFSRGHTRVHWPKF-AVPNLQTLANLLSTDLQWL-S
          LDVSAAFYHIPISPAAVPHLLVG-------

HBV     : GVFLVDKNPHNT--TESRLVVDFSQFSRGSTHVSWPKF-AVPNLQSLTNLLSSNLSWL-S
          LDVSAAFYHIPLHPAAMPHLLVG-------

DBHV    : KLFLVDKNSRNT--EEARLVVDFSQFSKGKNAMRFPRY-WSPNLSTLRRILPVGMPRI-S
          LDLSQAFYHLPLNPASSRLAVS-------
```

表 13　個別アミノ酸配列に対するモデルの当てはめ.

データ	$\hat{\xi}$	$\log \hat{L}$
17.6	−0.552	6.42
CaMV	−0.388	3.25
M-MuLV	−0.596	7.41
IAP	−0.654	8.80
RSV	−0.454	4.43
HTLV-I	−0.446	4.27
HTLV-II	−0.467	4.66
BLV	−0.374	3.03
HTLV-III	−0.469	4.70
WHV	−0.441	4.17
HBV	−0.432	4.00
DHBV	−0.540	6.14

■アミノ酸配列対の解析

次に，表12のデータを配列対で比較した．角度の割り当ては再びアミノ酸間の類似度から導かれた関係式(27)を用いて行う．ただし，この場合，角度 φ_{ij} は配列対の対応する同一のサイトにおける2つのアミノ酸 i および j に対して与えられる．これによってアミノ酸配列対から角度の系列が1つ作られる．そこで，上に述べたやり方で方向ベクトルの系列が構成される．われわれは，表12の12個のアミノ酸配列データから $12 \times 11/2 = 66$ 個の対からそれぞれ方向ベクトル系列を構成して，方向相互作用のパラメータ ξ を推定した．結果が表14にまとめられている．

この表から，いくつかのアミノ酸配列対に対して ξ の推定値が大きくなることがわかる．これは，それらのアミノ酸配列対の間に強い類似性が存在することを示唆している．われわれの解析結果が別の方法から導かれた Toh et al.(1983) および宮田他(1986)の結果と矛盾がないことを指摘しておこう．たとえば，宮田他(1986)では HBV(B 型肝炎ウィルス)と WHV(ウッドチャック型肝炎ウィルス)との対，そして HTLV-I(ヒト T 細胞白血病ウィルス I 型)と HTLV-II(ヒト T 細胞白血病ウィルス II 型)との対は，最大の類似度を示すことを結論づけている．これに対応して，われわれの HBV と WHV との対，および HTLV-I と HTLV-II との対における ξ の推定値(そ

表 14 アミノ酸配列対に対するパラメータ ξ の推定.

	CaMV	M-MuLV	IAP	RSV	HTLV-I	HTLV-II	BLV
17.6	0.820	0.447	0.111	0.106	0.251	0.205	0.132
CaMV		0.148	0.049	−0.030	0.047	−0.009	−0.035
M-MuLV			0.771	0.710	0.931	0.853	0.758
IAP				2.027	0.818	0.859	0.800
RSV					1.180	1.167	1.051
HTLV-I						4.830	2.294
HTLV-II							2.293

	HTLV-III	WHV	HBV	DHBV
17.6	0.110	0.506	0.491	0.504
CaMV	0.016	0.395	0.392	0.246
M-MuLV	0.494	0.161	0.193	0.144
IAP	0.916	0.081	0.053	−0.051
RSV	0.952	0.092	0.072	0.041
HTLV-I	0.569	0.020	0.023	0.075
HTLV-II	0.544	0.078	0.083	0.169
BLV	0.601	−0.070	−0.031	0.083
HTLV-III		−0.085	−0.072	−0.148
WHV			5.175	1.924
HBV				1.902

れぞれ $\hat{\xi}=5.175$ および 4.830)は他の対と比べてとりわけ大きな正の値を与えていて，それらの対において大きな類似度の存在を示唆している．また，"17.6"(ショウジョウバエのトランスポゾン)と CaMV(カリフラワーモザイクウィルス)との対に関して，宮田他(1986)は中程度の類似度をもつ同一のグループとして分類している．これに呼応して，われわれの表 14 は "17.6"は他のデータよりも CaMV により類似していることを示している．宮田他(1986)の結果の他の特徴もほぼわれわれの結果と矛盾はない．したがって，本章で与えられた方向相互作用に基づく尤度法はアミノ酸配列の分析に適用可能と考えられる．

8 まとめと今後の展望

本稿では，MCMC の空間統計への応用を相互作用ポテンシャル関数の尤度推定の現状を中心にして述べ，その拡張として方向相互作用の尤度推定についても述べた．そして，相互作用ポテンシャルの尤度関数として Gibbs 分布が自然な確率分布として採用できることを示し，それを目標の分布とするシミュレーション法が Metropolis らが開発した MCMC であることを述べてきた．尤度推定の立場で考えるとき，MCMC の空間統計における役割は主として次の 2 点にあることが強調された：

1. 尤度関数に含まれる規格化因子（本稿では分配関数 Z）の MCMC による推定．
2. 推定されたパラメータに対応するモデル（本稿では相互作用ポテンシャルモデル ϕ_θ）に対する粒子集団の空間配置の MCMC による標本の生成．

われわれは，与えられた空間データに対して MCMC が柔軟なモデルの当てはめに極めて有用であることを示し，具体的に与えた尤度関数は主として規則型配置データに有効であることを例示した．われわれの尤度関数は，現実にさまざまな研究分野で観測される広範囲の規則型配置データを解析するのに実用に耐える尤度関数の一例と考えられる．

しかし，他方でしばしば現実に観察される配置データには集中型に分類されるものが多いのも事実である．集中型配置は図 1(c) で例示されたように，場所による疎密な粒子配置がその特徴である．そのようなデータに対しては，本稿の (1) 式に与えたポテンシャルエネルギー $U_N(X)$ を

$$U_N(X) = \sum_{i<j}^{N} \phi(|x_i - x_j|) + \sum_{i=1}^{N} \omega(x_i)$$

というような形に拡張することで，尤度法による統計的解析ができるものと考えられる．ここで，第2項の $\omega(x)$ は粒子配置の空間的不均質性を表現するために導入される関数で，外場(external field)とも呼ぶべき量である．実際，統計物理学で外場は重要な役割を果たしている．われわれはこの外場を組み込んだ Gibbs 分布(2)を用いて，希薄気体近似(粒子配置が不均質 Poisson 配置からあまり外れておらず，不均質性の空間的変動が相互作用ポテンシャルの到達距離に比べて緩やかであると仮定できるときに成立する近似)の下で尤度関数を求めて，ある生態学的データに適用することに成功している(Ogata and Tanemura, 1986)．この考え方をもっと広範囲の集中型配置データに適用可能とするには，本稿で述べたような MCMC を多用する方法を推進することが有効であると考えられる．

　最後に，MCMC の空間統計への応用に関する最近の 1 つの興味深い動向について述べておきたい(たとえば，Møller and Waagepetersen, 2004)．本稿の第 5 章で述べたように，通常の MCMC シミュレーション法は無限に長い停止時間に対して目標とする確率分布 $u(X)$ への収束が保証されているものの，有限停止時間に対する Markov 連鎖の出力がどの程度 $u(X)$ に収束したかを確認する明確な手段が存在しないという欠点がある．そこで，実用的には第 5 章で述べたようないくつかの収束判定のための統計量を用いて，試行錯誤的に MCMC シミュレーションの停止時間を定めるという方法がとられているのが実情である．これに対して，最近 Propp and Wilson(1996)は"厳密 MCMC シミュレーション法"と呼ばれる新しい考え方を提出した．それは Markov 連鎖の厳密な定常分布(目標分布) $u(X)$ からの標本生成を目指すもので，おおよそ次の考えに基づいている．簡単のため，われわれの状態空間(標本空間)は m 個の状態からなると仮定し，初期時刻 $t=-1$ においてそれぞれの状態にある m 個のマルコフ連鎖を並列に遷移確率 $p_{i,j}$(状態 i から j に遷移する確率)によって1つの一様乱数 U_0 を用いて1ステップ走らせる．その結果，時刻 $t=0$ ですべての連鎖が同一の状態に達すれば，"融合(coalescence)"が起こったとして停止する．さもなければ，時刻を過去に進めて $t=-2$ から出発して乱数 U_{-1}, U_0 を用いて，同様の手続きを経て $t=0$ で融合が起こったかを調べる．融合が起こら

なければ次々に過去にさかのぼる．そのとき，重要なのは過去から時刻を進めるとき，以前に用いたのと同一の乱数列を用いて連動させることである．融合の結果，得られた状態の値は定常分布からの標本となることが保証され，その後の Markov 連鎖の出力はすべて厳密に定常分布の標本である．Propp-Wilson はこのアルゴリズムを"過去からの連動(coupling from the past: CFTP)"と称している．

　上の CFTP アルゴリズムは極めて魅力的な方法であるが，空間統計に適用するには多くの難問が存在する．現在，いくつかの興味ある応用が提出されているが，尤度推定の立場からの CFTP の適用にはまだ解決すべき課題が山積していて，今後の発展が期待される．

謝辞　本稿の内容の一部(特に第 4 章)は尾形良彦氏(統計数理研究所)との共同研究によるものである．ここに謝意を表したい．

参考文献

Brooks, S.P. and Roberts, G.O.(1998): Convergence assessment techniques for Markov Chain Monte Carlo. *Statist. Comp.*, **8**, 319-335.

Diggle, P.J, Fiksel, T., Grabarnik, P., Ogata, Y., Stoyan, D. and Tanemura, M. (1994): On parameter estimation for pairwise interaction point processes. *Int. Statist. Rev.*, **62**, 99-117.

Gelman, A. and Rubin, D.B.(1992): Inference from iterative simulation using multiple sequences. *Statist. Sci.*, **7**, 457-472.

Geyer, C.J.(1992): Practical Markov Chain Monte Carlo. *Statist. Sci.*, **7**, 473-483.

Metropolis, N., Rosenbluth, A.W., Rosenbluth, M.N., Teller, A.H. and Teller, E. (1953): Equations of state calculations by fast computing machines. *J. Chem. Phys.*, **21**, 1087-1092.

Møller, J. and Waagepetersen, R.P.(2004): *Statistical Inference and Simulation for Spatial Point Processes*, Chapman & Hall/CRC, Boca Raton, Florida.

Ogata, Y. and Tanemura, M.(1981a): Estimation of interaction potentials of spatial point patterns through the maximum likelihood procedure. *Ann. Inst. Statist. Math.*, **33B**, 315-338.

Ogata, Y. and Tanemura, M.(1981b): Approximation of likelihood function in estimating the interaction potentials from spatial point patterns. *Research Memo., Inst. Statist. Math.*, No.216.

Ogata, Y. and Tanemura, M.(1984): Likelihood analysis of spatial point patterns. *J. Royal Statist. Soc.*, Series B, **46**, 496-518.

Ogata, Y. and Tanemura, M.(1985): Estimation of interaction potentials of marked spatial point patterns through maximum likelihood method. *Biometrics*, **41**, 421-433.

Ogata, Y. and Tanemura, M.(1986): Likelihood estimation of interaction potentials and external fields of inhomogeneous spatial point patterns. *in* I.S. Francis, B.F.J. Manly and F.C. Lecam (eds.) *Proceedings of the Pacific Statistical Congress*, Elsevier, Amsterdam, 150-154.

Ogata, Y. and Tanemura, M.(1989): Likelihood estimation of soft-core interaction potentials for Gibbsian point patterns. *Ann. Inst. Statist. Math.*, **41**, 583-600.

Onsager, L.(1944): Crystal statistics. I. A two-dimensional model with an order-disorder transition. *Phys. Rev.*, **65**, 117-149.

Propp, J.G. and Wilson, D.B.(1996): Exact sampling with coupled Markov chains and applications to statistical mechanics. *Random Structure and Algorithms*, **9**, 223-252.

Ree, F.H. and Hoover, W.G.(1967): Seventh virial coefficients for hard spheres and hard disks. *J. Chemical Physics*, **46**, 4181-4197.

Stoyan, D., Kendall, W.S. and Mecke, J.(1995): *Stochastic Geometry and Its Application*, Second Edition, John Wiley, Chichester.

Tanemura, M.(1979): On random complete packing by discs. *Ann. Inst. Stat. Math.*, **31B**, 351-365.

Tanemura, M.(1988): Random packing and random tessellation in relation to the dimension of space, *J. Microscopy*, **151**, 247-255.

Tanemura, M.(1994): Likelihood estimation of directional interaction. *in* H. Bozdogan (ed.) *Proceedings of the First US/Japan Conference on Frontiers of Statistical Modeling: An Informational Approach*, Kluwer, Amsterdam, 293-313.

Tanemura, M.(1998): A short overview of the methods for spatial data analysis. *in* C. Hayashi et al. (eds.) *Data Science, Classification, and Related Methods*, Springer, Tokyo, 276-283.

長谷川政美・種村正美(1986): なわばりの生態学——生態のモデルと空間パターンの統計—, 東海大学出版会.

宮田隆, 藤博幸, 林田秀宜(1986): コンピュータによる逆転写酵素遺伝子の探査. 日経サイエンス, **1986**年2月号, 86-97.

III

マルコフ連鎖モンテカルロ法の基礎と統計科学への応用

大森裕浩

目　次

1　はじめに　155
2　ベイズ推論とは　157
　　2.1　ベイズ推論の例　157
　　2.2　ベイズの定理　160
　　2.3　ベイズ推論　164
　　2.4　無情報事前分布　165
3　マルコフ連鎖モンテカルロ法　166
　　3.1　ギブス・サンプラー　167
　　3.2　メトロポリス-ヘイスティングスアルゴリズム　175
　　3.3　事後分布に基づく推論　189
4　事後分布への収束の診断　190
　　4.1　標本の時系列プロット　191
　　4.2　母平均の差の検定（Gewekeの方法）　192
　　4.3　標本自己相関関数のプロット（コレログラム）　193
　　4.4　非効率性因子　194
　　4.5　多重連鎖に基づく診断　196
5　回帰分析へのマルコフ連鎖モンテカルロ法の応用　197
　　5.1　回帰モデル　197
　　5.2　打ち切り回帰モデル（トービットモデル）　200
　　5.3　プロビットモデル　203
　　5.4　見かけ上無関係な回帰モデル　206
参考文献　210

1 はじめに

マルコフ連鎖モンテカルロ法(Markov chain Monte Carlo method, MCMC method)は，多変量の確率変数を発生させるモンテカルロ法のひとつであり，最近になって多くの分野で複雑化しているモデルの推定方法として注目を集めている．景気循環の計量経済分析ではマルコフスイッチングモデル，ファイナンスでは株式収益率のボラティリティが変動する**確率的ボラティリティモデル**(stochastic volatility model)[*1]，その他にもニューラルネットワークモデル，ノンパラメトリック回帰モデル，階層ベイズモデルなど応用されている範囲は非常に広い．この章では，マルコフ連鎖モンテカルロ法を用いて推定するモデルの基礎となっているベイズ統計学の考え方と，その推定方法であるマルコフ連鎖モンテカルロ法とは何か，またどのように応用するのかについて説明していく．

モンテカルロ法は，関心の対象となる確率分布からの乱数を発生させる方法である．以下では関心の対象となる確率分布のことを目標分布(target distribution)と呼び，また乱数を発生させることを，**確率標本**(random sample)を得る，またはサンプリングするということとしよう．通常のモンテカルロ法は，多くの場合目標分布に一変量の確率分布を想定して独立な確率標本をサンプリングする方法である．それに対してマルコフ連鎖モンテカルロ法は，目標分布に多変量の確率分布を想定して，マルコフ連鎖を用いて確率標本をサンプリングするという点に特徴がある．マルコフ連鎖には，正則条件が満たされたとき，連鎖を反復していくと確率標本の分布が**不変分布**(invariance distribution)あるいは**定常分布**(stationary distribution)に収束するという性質があるので目標分布が不変分布になるようなマルコフ連鎖を構成することにより，マルコフ連鎖を用いて目標分布からの確率標

[*1] たとえば Kim and Nelson(1999)，渡部(2000)を参照．

本を得ることができる．

では，どのようにしたら目標分布が不変分布になるようなマルコフ連鎖を構成することができるのだろうか？　その方法を与えるのが，メトロポリス–ヘイスティングスアルゴリズム(Metropolis-Hastings algorithm, MH アルゴリズム)と呼ばれるアルゴリズムである．メトロポリス–ヘイスティングスアルゴリズムは Metropolis, Rosenbluth, Rosenbluth, Teller and Teller (1953)が統計物理学の分野で，互いに作用しあう分子からなる物質の性質を計算するために提案したメトロポリスアルゴリズム(Metropolis algorithm)がもとになっている．その後，Hastings(1970)によって一般化されて，メトロポリス–ヘイスティングスアルゴリズムとして知られている．メトロポリス–ヘイスティングスアルゴリズムは現在におけるマルコフ連鎖モンテカルロ法の中心的なアルゴリズムである．

マルコフ連鎖を用いる計算アルゴリズムは，統計学の分野では Besag(1974)をはじめとしてまず空間統計や画像解析において応用されてきた．Geman and Geman(1984)が離散分布の場合のギブス分布から確率標本を得るアルゴリズムとしてギブス・サンプラー(Gibbs sampler)と呼んだためギブス・サンプラーという名前がよく知られているが，ギブス・サンプラーもまたメトロポリス–ヘイスティングスアルゴリズムの特別な場合であるにすぎない．また Tanner and Wong(1987)は欠損値があるデータに基づいて統計的推測をする際に，欠損値部分をシミュレートするデータ拡大法(data augmentation)のアルゴリズムにギブス・サンプラーを応用したが，Gelfand and Smith(1990)がギブス・サンプラーをベイズ的統計推測に関連して連続分布に応用したことで，急速に統計学の分野で広く使われるようになった．

以下では，まず第2章でベイズ統計学の基礎的な考え方を紹介し，なぜモンテカルロ法による計算が必要になるのかを説明する．次に第3章でマルコフ連鎖モンテカルロ法のアルゴリズムの理論的な説明と，得られた確率標本をベイズ的統計推測でどのように用いるのかを説明し，第4章で，マルコフ連鎖の収束判定などの実際の計算で直面するいくつかの問題点について議論する．最後に第5章では，回帰モデルを中心としたいくつかの応用例を紹介する．

2 ベイズ推論とは

この章では，ベイズ統計学において関心の対象となる母集団についてどのように確率的な構造を仮定し，統計的推測を行うかについて基本的な考え方を紹介する．まず例から始めよう．

2.1 ベイズ推論の例

例1 確率変数 $X_1, X_2, \cdots, X_n$ が互いに独立に平均が μ，分散が 1 であるような正規分布にしたがうとする（以下では，これを $X_1, X_2, \cdots, X_n | \mu \sim$ i.i.d.[*2]$N(\mu, 1)$ と表記する）．μ の値が与えられたとき，X_i の条件付確率密度関数 $f(x_i|\mu)$ は，

$$f(x_i|\mu) = \frac{1}{\sqrt{2\pi}} \exp\left\{-\frac{1}{2}(x_i - \mu)^2\right\}, \quad -\infty < x_i < \infty$$

ただし $i = 1, 2, \cdots, n$ である．いま，$X_1, X_2, \cdots, X_n$ は互いに独立であるから，その同時確率密度関数 $f(\boldsymbol{x}|\mu), \boldsymbol{x} = (x_1, x_2, \cdots, x_n)$ は

$$f(\boldsymbol{x}|\mu) = f(x_1|\mu) \times f(x_2|\mu) \times \cdots \times f(x_n|\mu)$$
$$= \prod_{i=1}^{n} \frac{1}{\sqrt{2\pi}} \exp\left\{-\frac{1}{2}(x_i - \mu)^2\right\}$$

となる．

この例1では X_i の母集団は正規分布であるという仮定をおき，その平均は μ，分散は 1 であるとしている．未知である μ を知ることが母集団について知ることになる，このような μ を母数あるいはパラメータといい，ベイズ統計学では，この μ に関する情報を μ の確率分布として表現する．

[*2] i.i.d. は independently identically distributed（互いに独立に同一の分布にしたがう）の略．

母集団から観測値 x が得られる前の段階で持っている μ に関する情報を**事前情報**(prior information),その情報を確率分布で表現したものを**事前分布**(prior distribution),また事前分布の確率密度関数を,**事前確率密度関数**(prior probability density)という.一方,観測値 x が得られたときに $f(x|\mu)$ を μ の関数と考えて**尤度関数**(likelihood function)という.

例1(続き) μ の事前分布を正規分布とし,$\mu \sim N(\mu_0, \sigma_0^2)$ とする(μ_0, σ_0^2 は既知の定数).このとき,μ の事前確率密度関数 $\pi(\mu)$ は

$$\pi(\mu) = \frac{1}{\sqrt{2\pi}\sigma_0} \exp\left\{-\frac{1}{2\sigma_0^2}(\mu - \mu_0)^2\right\}, \quad -\infty < \mu < \infty$$

である.そして x と μ の同時確率密度関数は

$$f(x, \mu) = f(x|\mu)\pi(\mu)$$
$$= \prod_{i=1}^{n} \frac{1}{\sqrt{2\pi}} \exp\left\{-\frac{1}{2}(x_i - \mu)^2\right\} \times \frac{1}{\sqrt{2\pi}\sigma_0} \exp\left\{-\frac{1}{2\sigma_0^2}(\mu - \mu_0)^2\right\}$$

である.したがって,x が与えられたときの μ の条件付確率密度関数 $\pi(\mu|x)$ は

$$\pi(\mu|x) \propto \prod_{i=1}^{n} \frac{1}{\sqrt{2\pi}} \exp\left\{-\frac{1}{2}(x_i - \mu)^2\right\} \times \frac{1}{\sqrt{2\pi}\sigma_0} \exp\left\{-\frac{1}{2\sigma_0^2}(\mu - \mu_0)^2\right\}$$
$$\propto \exp\left\{-\frac{1}{2}\sum_{i=1}^{n}(x_i - \mu)^2 - \frac{1}{2\sigma_0^2}(\mu - \mu_0)^2\right\}$$
$$\propto \exp\left\{-\frac{1}{2}(n + \sigma_0^{-2})\mu^2 + (n\overline{x} + \sigma_0^{-2}\mu_0)\mu\right\}$$
$$\propto \exp\left\{-\frac{1}{2\sigma_1^2}(\mu - \mu_1)^2\right\}$$

ただし,

$$\overline{x} = \frac{1}{n}\sum_{i=1}^{n} x_i, \quad \sigma_1^{-2} = n + \sigma_0^{-2}, \quad \mu_1 = \sigma_1^2(n\overline{x} + \sigma_0^{-2}\mu_0)$$

となる.ここで $\propto$ は比例関係を表す.つまり,$\mu|x \sim N(\mu_1, \sigma_1^2)$ である.

例1では μ の事前分布は平均 μ_0,分散 σ_0^2 の正規分布である.この事前分布の μ_0, σ_0^2 は既知の値とされ,過去の経験や観測値などの事前情報から導

かれる値である*3. 観測値 x が得られたとき μ の分布は更新されて平均 μ_1, 分散 σ_1^2 の正規分布であることが示された. この, 観測値が得られた後のパラメータ μ の分布を μ の**事後分布**(posterior distribution)といい, また $\pi(\mu|x)$ を**事後確率密度関数**(posterior probability density)という*4.

実際に表1のデータ x について*5

表 1 正規乱数

x	4.348	5.461	4.609	4.351	4.347
	5.754	6.088	5.998	5.572	4.792

例1のように分析してみよう. 事前分布を $\mu \sim N(0, 10)$ とおくと, $\bar{x} = 5.132$ であるから, 事後分布は $\mu|x \sim N(5.08, 0.099)$ である. 図1では μ に関する事前分布がデータのもつ情報によって更新されていることがわかる.

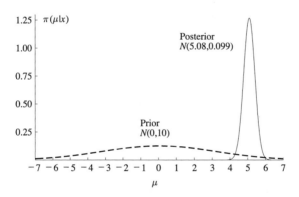

図 1　事前分布(点線)と事後分布(実線)

---

*3 そのような事前情報が具体的にない場合には, たとえば $\mu_0 = 0$, $\sigma_0^2 = 1000$ などのように分散を大きくとって不確実性を表現したり, 後述するように $\sigma_0^2 \to \infty$ に相当する非正則な事前分布を用いたりする.

*4 この例では μ の事前分布も事後分布も正規分布になっている(同じく正規分布の族(family)であるという). このように事前分布と事後分布が同じ分布族であるような事前分布族を自然共役(natural conjugate)事前分布族という. 事前分布はいつも自然共役であるとは限らない.

*5 $N(5, 1)$ から 10 個の乱数を発生して作成した.

2.2 ベイズの定理

一般に，パラメータ $\boldsymbol{\theta}$ に関する事前確率密度関数を $\pi(\boldsymbol{\theta}), \boldsymbol{\theta}$ が与えられたときのデータ $\boldsymbol{x}$ の確率密度関数（尤度関数）を $f(\boldsymbol{x}|\boldsymbol{\theta})$ とすると，$\boldsymbol{\theta}$ の事後確率密度関数 $\pi(\boldsymbol{\theta}|\boldsymbol{x})$ は

$$\pi(\boldsymbol{\theta}|\boldsymbol{x}) = \frac{\pi(\boldsymbol{x},\boldsymbol{\theta})}{\int \pi(\boldsymbol{x},\boldsymbol{\theta})d\boldsymbol{\theta}} = \frac{f(\boldsymbol{x}|\boldsymbol{\theta})\pi(\boldsymbol{\theta})}{m(\boldsymbol{x})} \propto f(\boldsymbol{x}|\boldsymbol{\theta})\pi(\boldsymbol{\theta}) \quad (1)$$

となり，これをベイズの定理 (Bayes' Theorem) という．ここで，$\boldsymbol{x}$ の周辺確率密度関数 $m(\boldsymbol{x}) = \int \pi(\boldsymbol{x},\boldsymbol{\theta})d\boldsymbol{\theta}$ は，正規化定数あるいは基準化定数 (normalizing constant) と呼ばれているが，解析的な表現として求まらないことも多いので，比例定数のなかに含めて省略することが多い．

ここでもう少し例を示そう．

例2 確率変数 $X_1, X_2, \cdots, X_n$ が互いに独立に平均が 0，分散が σ^2 であるような正規分布にしたがうとする $(X_1, X_2, \cdots, X_n|\sigma^2 \sim \text{i.i.d. } N(0,\sigma^2))$．$\sigma^2$ の値が与えられたとき，X_i の条件付確率密度関数 $f(x_i|\sigma^2)$ は，

$$f(x_i|\sigma^2) = \frac{1}{\sqrt{2\pi\sigma^2}} \exp\left\{-\frac{1}{2\sigma^2}x_i^2\right\}, \quad -\infty < x_i < \infty$$

$i = 1, 2, \cdots, n$ であり，同時確率密度関数 $f(\boldsymbol{x}|\sigma^2)$ は

$$f(\boldsymbol{x}|\sigma^2) = \prod_{i=1}^{n} \frac{1}{\sqrt{2\pi\sigma^2}} \exp\left\{-\frac{1}{2\sigma^2}x_i^2\right\}$$

となる．σ^2 の事前分布を (α_0, β_0) を母数とする逆ガンマ分布とすると（(α_0, β_0) は既知の定数で $\sigma^2 \sim IG(\alpha_0, \beta_0)$ と表記する），σ^2 の事前確率密度関数 $\pi(\sigma^2)$ は

$$\pi(\sigma^2) = \frac{\beta_0^{\alpha_0}}{\Gamma(\alpha_0)}(\sigma^2)^{-(\alpha_0+1)}\exp\left(-\frac{\beta_0}{\sigma^2}\right), \quad \sigma^2 > 0$$

である[*6]. したがって σ^2 の事後確率密度関数 $\pi(\sigma^2|\boldsymbol{x})$ は

$$\pi(\sigma^2|\boldsymbol{x}) \propto f(\boldsymbol{x}|\sigma^2)\pi(\sigma^2)$$
$$\propto (\sigma^2)^{-\frac{n}{2}} \exp\left\{-\frac{\sum_{i=1}^n x_i^2}{2\sigma^2}\right\} \times (\sigma^2)^{-(\alpha_0+1)} \exp\left(-\frac{\beta_0}{\sigma^2}\right)$$
$$\propto (\sigma^2)^{-\left(\alpha_0+\frac{n}{2}+1\right)} \exp\left\{-\frac{\beta_0+\frac{1}{2}\sum_{i=1}^n x_i^2}{\sigma^2}\right\}$$
$$\propto (\sigma^2)^{-(\alpha_1+1)} \exp\left(-\frac{\beta_1}{\sigma^2}\right)$$

ただし,

$$\alpha_1 = \alpha_0 + \frac{n}{2}, \quad \beta_1 = \beta_0 + \frac{1}{2}\sum_{i=1}^n x_i^2$$

となる. つまり, $\sigma^2|\boldsymbol{x} \sim IG(\alpha_1,\beta_1)$ である.

例 2 では, 平均が既知であるとして分散 σ^2 に関する事後分布を求めた. 事前分布を逆ガンマ分布とすると事後分布も逆ガンマ分布なので, 事前分布は自然共役である. また, この例で σ^2 の代わりに $\tau = \sigma^{-2}$ として, τ の事前分布に α_0, β_0 をパラメータとするガンマ分布を仮定すると($\tau \sim G(\alpha_0,\beta_0)$ と表記する), 事前密度関数は

$$\pi(\tau) = \frac{\beta_0^{\alpha_0}}{\Gamma(\alpha)_0} \tau^{\alpha_0-1} \exp(-\beta_0\tau), \quad \tau > 0$$

となり[*7], その結果として事後分布が $\tau|\boldsymbol{x} \sim G(\alpha_1,\beta_1)$ となることを示すことができる.

[*6] $\Gamma(\alpha)$ はガンマ関数を表し, $\Gamma(\alpha) = \int_0^\infty t^{\alpha-1}\exp(-t)dt$ である. また $y \sim IG(\alpha,\beta)$ のとき, y の平均は $\beta/(\alpha-1)$ (ただし $\alpha > 1$ のとき), 分散は $\beta^2/\{(\alpha-1)^2(\alpha-2)\}$ (ただし $\alpha > 2$ のとき)である. 事前情報がないときには, たとえば $\alpha = \beta$ とおき, α を小さくとればよい. $\alpha \to 0, \beta \to 0$ のときの事前分布はしばしば非正則な事前分布として用いられる.

[*7] $y \sim G(\alpha,\beta)$ のとき, $y^{-1} \sim IG(\alpha,\beta)$ である. また y の平均は α/β, 分散は α/β^2 である.

例3 確率変数 $X_1, X_2, \cdots, X_n$ が互いに独立に平均が μ, 分散が σ^2 であるような正規分布にしたがうとする $(X_1, X_2, \cdots, X_n | \mu, \sigma^2 \sim \text{i.i.d. } N(\mu, \sigma^2))$. μ, σ^2 の値が与えられたとき, X_i の条件付確率密度関数 $f(x_i | \mu, \sigma^2)$ は,

$$f(x_i | \mu, \sigma^2) = \frac{1}{\sqrt{2\pi\sigma^2}} \exp\left\{-\frac{1}{2\sigma^2}(x_i - \mu)^2\right\}, \quad -\infty < x_i < \infty$$

$i = 1, 2, \cdots, n$ であり, 同時確率密度関数 $f(\boldsymbol{x} | \mu, \sigma^2)$ は

$$f(\boldsymbol{x} | \mu, \sigma^2) = \prod_{i=1}^{n} \frac{1}{\sqrt{2\pi\sigma^2}} \exp\left\{-\frac{1}{2\sigma^2}(x_i - \mu)^2\right\}$$

となる. 例1と例2におけるように μ の事前分布を $\mu \sim N(\mu_0, \sigma_0^2)$ (μ_0, σ_0^2 は既知の定数)とし, σ^2 の事前分布を $\sigma^2 \sim IG(\alpha_0, \beta_0)$ ((α_0, β_0) は既知の定数)とすると, (μ, σ^2) の同時事後確率密度関数 $\pi(\mu, \sigma^2 | \boldsymbol{x})$ は

$$\pi(\mu, \sigma^2 | \boldsymbol{x}) \propto f(\boldsymbol{x} | \mu, \sigma^2) \pi(\mu) \pi(\sigma^2)$$

$$\propto (\sigma^2)^{-\frac{n}{2}} \exp\left\{-\frac{\sum_{i=1}^{n}(x_i - \mu)^2}{2\sigma^2}\right\} \times \exp\left\{-\frac{(\mu - \mu_0)^2}{2\sigma_0^2}\right\}$$

$$\times (\sigma^2)^{-(\alpha_0 + 1)} \exp\left(-\frac{\beta_0}{\sigma^2}\right)$$

$$\propto (\sigma^2)^{-(\alpha_0 + \frac{n}{2} + 1)} \exp\left\{-\frac{\beta_0 + \frac{1}{2}\sum_{i=1}^{n}(x_i - \mu)^2}{\sigma^2} - \frac{(\mu - \mu_0)^2}{2\sigma_0^2}\right\}$$

となる.

例3で, μ の条件付事後確率密度関数を求めてみると,

$$\pi(\mu | \boldsymbol{x}, \sigma^2) \propto \exp\left\{-\frac{\frac{1}{2}\sum_{i=1}^{n}(x_i - \mu)^2}{\sigma^2} - \frac{(\mu - \mu_0)^2}{2\sigma_0^2}\right\}$$

$$\propto \exp\left\{-\frac{(\mu - \mu_1)^2}{2\sigma_1^2}\right\}$$

ただし,

$$\sigma_1^{-2} = \sigma_0^{-2} + n\sigma^{-2}, \quad \mu_1 = \frac{\sigma_0^{-2}\mu_0 + n\sigma^{-2}\overline{x}}{\sigma_0^{-2} + n\sigma^{-2}}$$

となるので, $\mu | \boldsymbol{x}, \sigma^2 \sim N(\mu_1, \sigma_1^2)$ である. これより $\sigma^2 = 1$ とおくと例1の

結果が得られる.一方,σ^2 の条件付事後確率密度関数は,

$$\pi(\sigma^2|\boldsymbol{x},\mu) \propto (\sigma^2)^{-(\alpha_0+\frac{n}{2}+1)} \exp\left\{-\frac{\beta_0+\frac{1}{2}\sum_{i=1}^{n}(x_i-\mu)^2}{\sigma^2}\right\}$$

となるので,

$$\alpha_1 = \alpha_0 + \frac{n}{2}, \quad \beta_1 = \beta_0 + \frac{1}{2}\sum_{i=1}^{n}(x_i-\mu)^2$$

とおくと $\sigma^2|\boldsymbol{x},\mu \sim IG(\alpha_1,\beta_1)$ である.したがって $\mu=0$ とおくと,例2の結果が得られる.

いままでは正規分布を扱ってきたが,今度は他の分布についての例を考えよう.

例4(ポアソン分布)

確率変数 $X_1,X_2,\cdots,X_n$ が互いに独立に平均が $\lambda>0$ であるようなポアソン分布にしたがうとする($X_1,X_2,\cdots,X_n|\lambda \sim$ i.i.d. $POI(\lambda)$ と表記する).λ の値が与えられたとき,X_i の条件付確率密度関数 $f(x_i|\lambda)$ は,

$$f(x_i|\lambda) = \frac{\exp(-\lambda)\lambda^{x_i}}{x_i!}, \quad x_i = 0,1,2,\cdots$$

$i=1,2,\cdots,n$ であり,同時確率密度関数 $f(\boldsymbol{x}|\lambda)$ は

$$f(\boldsymbol{x}|\lambda) = \frac{\exp(-n\lambda)\lambda^{\sum_{i=1}^{n}x_i}}{\prod_{i=1}^{n}x_i!}$$

となる.λ の事前分布を $\lambda \sim G(\alpha_0,\beta_0)$($(\alpha_0,\beta_0)$ は既知の定数)とすると,事後確率密度関数 $\pi(\lambda|\boldsymbol{x})$ は

$$\pi(\lambda|\boldsymbol{x}) \propto f(\boldsymbol{x}|\lambda)\pi(\lambda)$$
$$\propto \lambda^{\alpha_0+(\sum_{i=1}^{n}x_i)-1}\exp\{-(\beta_0+n)\lambda\}$$

となるので,$\lambda|\boldsymbol{x} \sim G(\alpha_0+\sum_{i=1}^{n}x_i,\beta_0+n)$ である.

2.3 ベイズ推論

データ x が得られたとき,パラメータ θ の事後分布の情報をまとめ,そしてその事後分布に基づいて統計的推論を行う.

まず,データに基づく事後情報は事後確率密度関数として得られるので,θ がスカラー θ の場合には $\pi(\theta|x)$ を描く.θ がベクトルの場合には,関心のあるパラメータ θ_i について,周辺確率密度関数[*8]

$$\pi(\theta_i|x) = \int \pi(\theta|x) d\theta_{-i} \qquad (2)$$

(ただし θ_{-i} は θ から θ_i を除いたパラメータのベクトル)を求めて,その確率密度関数を描く.

次に事後分布の位置とばらつきに関する情報を要約しておく.事後分布の中心を表す尺度としては,事後分布のモード,中央値,平均などであるが,最もよく用いられるのは,事後分布の平均である**事後平均**(posterior mean)$E(\theta|x) = \int \theta \pi(\theta|x) d\theta$ である.また,ばらつきの尺度としては事後分散 $Var(\theta|x)$ やその正の平方根である事後標準偏差などを用いる.

区間推定を事後分布に基づいて行うには,たとえば θ が1次元で θ であるときには

$$\Pr(a < \theta < b|x) = \int_a^b \pi(\theta|x) d\theta = 1-\alpha, \quad 0 < \alpha < 1 \qquad (3)$$

を満たすような区間 (a,b) を求める.この区間 (a,b) はその区間の中に θ が入る確率が $1-\alpha$ であるので $100(1-\alpha)\%$ **信用区間**(credible interval)とよ

[*8] たとえば3次元のときには,$\theta = (\theta_1, \theta_2, \theta_3)'$,$\theta_{-1} = (\theta_2, \theta_3)'$ であり,
$$\pi(\theta_1|x) = \int\int \pi(\theta_1, \theta_2, \theta_3|x) d\theta_2 d\theta_3$$
である.

ばれ，$1-\alpha$ を信用係数という*9.

仮説の検定を，$\boldsymbol{\theta}$ が特定の領域 Θ_0 に入るかどうかの仮説 $H_0 : \boldsymbol{\theta} \in \Theta_0$ について行いたい場合には，この仮説 H_0 が正しい事後確率

$$\Pr(\boldsymbol{\theta} \in \Theta_0|\boldsymbol{x}) = \int_{\Theta_0} \pi(\boldsymbol{\theta}|\boldsymbol{x})d\boldsymbol{\theta}$$

を計算すればよい．仮説が複数ある場合にも同様に考えることができる．

また予測を新しい観測値 y について行うには，予測確率密度関数を

$$\pi(y|\boldsymbol{x}) = \int f(y|\boldsymbol{\theta})\pi(\boldsymbol{\theta}|\boldsymbol{x})d\boldsymbol{\theta}$$

として求め，この $\pi(y|\boldsymbol{x})$ に基づいて予測に関する推論を行えばよい*10.

2.4　無情報事前分布

ベイズ推論では $\boldsymbol{\theta}$ の事前情報を事前分布として表現し，得られた観測値の情報とあわせた事後情報を事後分布として表現するが，事前情報がないということはどう表現すればよいであろうか．事前の情報が不確実であるのだから，たとえば事前確率密度関数がフラットになるように事前確率密度関数のパラメータをとることが考えられる．もし事前分布が正規分布であればその分散を非常に大きくとり，ガンマ分布であれば尺度パラメータの値 (β) を小さくとれば，事前密度はフラットになるであろう．また $\boldsymbol{\theta}$ の定義域が有界な区間であれば，その区間における一様分布を事前分布として考えることもできる．

その一方で，$\boldsymbol{\theta}$ の事前情報がないということをはっきりとした形で与える

---

*9　たとえば，95% 信用区間 ($\alpha = 0.05$) を求めるには a を 2.5 パーセンタイル，b を 97.5 パーセンタイルにとればよい．つまり，

$$\int_{-\infty}^{a} \pi(\theta|\boldsymbol{x})d\theta = 0.025, \quad \int_{-\infty}^{b} \pi(\theta|\boldsymbol{x})d\theta = 0.975$$

となるように a, b を求めればよい．

また，$100(1-\alpha)$% 信用区間のなかでもっとも短い区間は，その区間に含まれる点の確率密度が，その区間に含まれない点の確率密度よりも高い区間であり，最高事後密度(highest posterior density)区間とよばれる．

*10　この他，モデル選択の問題もあるが紙数の制約のためここでは扱わない．

方法もある．それは**無情報事前分布**(noninformative prior distribution)または**非報知事前分布**を用いる方法である．よく用いられているのはジェフリーズ(Jeffreys)型の事前分布の1つで，

$$\pi(\theta_1) \propto 定数, \quad -\infty < \theta_1 < \infty \text{ のとき}$$

$$\pi(\theta_2) \propto \theta_2^{-1}, \quad \theta_2 > 0 \text{ のとき}$$

である[*11]．ただし，この事前分布は，その事前密度を積分しても1にならず確率密度関数とならないので**非正則**(improper)な事前分布と呼ばれる．θ に非正則な事前分布を用いた場合には，(x, θ) の同時分布も非正則となり，また事後分布も非正則になる場合もあるので，その使用には注意が必要である[*12]．

3 マルコフ連鎖モンテカルロ法

ベイズ統計学においては事後分布 π^* が多次元であることが多く，1000次元以上ということもある．そのような場合に，一部のパラメータ θ_i に関する周辺事後密度 $\pi(\theta_i|x)$ を数値積分により求めたり，それに基づく推論を行うことは難しい．このため，以下に述べるように事後分布 π^* からの確率標本 $\theta^{(t)}$ (添え字 t は反復ステップ数を表す) をマルコフ連鎖モンテカルロ法によりサンプリングし，得られた確率標本を用いることにより，事後分布 π^* に関する要約や，事後分布に基づく推論を行う．

マルコフ連鎖には，適当な初期値からはじめて十分な回数を繰り返していくと，確率標本の分布が正則条件の下で不変分布に収束していくという

[*11] $\theta_2 > 0$ の場合は，対数をとり $\theta_1 = \log \theta_2$ のジェフリーズ型事前分布を考えることにより導くことができる．

[*12] 事後分布が正則であっても，事後確率密度関数の基準化定数は (x, θ) の同時分布の周辺確率密度関数とはならないことに注意．

性質がある*13．この不変分布が事後分布 π^* になるようにマルコフ連鎖を構成することにより，マルコフ連鎖の確率標本 $\theta^{(t)}$ を事後分布 π^* からの確率標本としていく．

マルコフ連鎖モンテカルロ法のアルゴリズムは，メトロポリス-ヘイスティングスアルゴリズム（Metropolis-Hastings algorithm）である．まずその特別な場合であるギブス・サンプラー（Gibbs sampler）について説明しよう．

3.1 ギブス・サンプラー

この節では目標分布が事後分布 π^* でその確率密度関数を $\pi(\theta|x)$ とし，θ は $\theta=(\theta_1,\cdots,\theta_p)$ といくつかのブロックに分割できるとする．また，$\theta_{-i}=(\theta_1,\cdots,\theta_{i-1},\theta_{i+1},\cdots,\theta_p)$ と x が与えられたときの条件付事後分布 π_i^* の確率密度関数を $\pi(\theta_i|\theta_{-i},x)$ とし，この条件付分布からのサンプリングが容易であると仮定する．このとき，ギブス・サンプラーとは以下のようなアルゴリズムである．

ギブス・サンプラー
(1) 初期値 $\theta^{(0)}=(\theta_1^{(0)},\theta_2^{(0)},\cdots,\theta_p^{(0)})$ を決め，$t=1$ とおく．
(2) $i=1,\cdots,p$ について

$$\theta_i^{(t)} \sim \pi\left(\theta_i \left| \theta_{-i}^{(t)},x\right.\right),$$
$$\theta_{-i}^{(t)} = \left(\theta_1^{(t)},\cdots,\theta_{i-1}^{(t)},\theta_{i+1}^{(t-1)},\cdots,\theta_p^{(t-1)}\right),$$

を発生させる．
(3) t を $t+1$ として(2)に戻る．
の(2),(3)を繰り返し，十分大きな数 N について $t \geq N$ のとき $\theta^{(t)}=(\theta_1^{(t)},$

---

*13 マルコフ連鎖の定義や収束の条件については大森(2001), Robert and Casella(2004), Meyn and Tweedie(1993)を参照のこと．収束のための正則条件は，マルコフ連鎖が状態空間をまんべんなくサンプリングするための条件であり，通常の統計モデルから導かれる事後分布では満たされていることが多い．

$\boldsymbol{\theta}_2^{(t)}, \cdots, \boldsymbol{\theta}_p^{(t)})$ を事後分布 π^* の確率標本とする.

このとき $\boldsymbol{\theta}^{(t)}$, $t=1,2,\cdots$ は推移核が

$$K\left(\boldsymbol{\theta}^{(t-1)}, \boldsymbol{\theta}^{(t)} \Big| \boldsymbol{x}\right) = \prod_{i=1}^{p} \pi\left(\boldsymbol{\theta}_i^{(t)} \Big| \boldsymbol{\theta}_{-i}^{(t)}, \boldsymbol{x}\right)$$

であるマルコフ連鎖であり,正則条件の下で $t \to \infty$ のときに $\boldsymbol{\theta}^{(t)}$ の分布が事後分布 π^* に収束する.

ギブス・サンプラーでは(2)のステップで条件付事後分布 π_i^* からのサンプリングが簡単にできること,つまりコンピュータソフトウェアに用意されている一様乱数や正規乱数などの乱数を用いて簡単にできることが前提となっている.したがって,条件付事後分布 π_i^* からのサンプリングが容易ではない場合には,ギブス・サンプラーを適用できず,後述するメトロポリス–ヘイスティングスアルゴリズムを用いる必要がある.

例3(続き) 確率変数 $X_1, X_2, \cdots, X_n$ が互いに独立に平均が μ,分散が σ^2 であるような正規分布にしたがうとする.事前分布を $\mu \sim N(\mu_0, \sigma_0^2), \sigma^2 \sim IG(n_0/2, S_0/2)$ とすると ($\alpha_0 = n_0/2, \beta_0 = S_0/2$ とおいた) 条件付事後分布は

$$\mu | \sigma^2, \boldsymbol{x} \sim N(\mu_1, \sigma_1^2),$$
$$\sigma_1^{-2} = \sigma_0^{-2} + n\sigma^{-2}, \quad \mu_1 = \frac{\sigma_0^{-2}\mu_0 + n\sigma^{-2}\overline{x}}{\sigma_0^{-2} + n\sigma^{-2}}$$

および

$$\sigma^2 | \mu, \boldsymbol{x} \sim IG(n_1/2, S_1/2),$$
$$n_1 = n_0 + n, \quad S_1 = S_0 + \sum_{i=1}^{n}(x_i - \mu)^2$$

である.これより,事後分布からの確率標本を得るためのギブス・サンプラーは
(1) 初期値 $(\mu^{(0)}, \sigma^{2(0)})$ を決め,$t=1$ とおく.
(2) まず

$$\mu^{(t)}|\sigma^{2(t-1)}, \boldsymbol{x} \sim N(\mu_1^{(t)}, \sigma_1^{2(t)}),$$

$$\sigma_1^{-2(t)} = \sigma_0^{-2} + n\sigma^{-2(t-1)}, \quad \mu_1^{(t)} = \frac{\sigma_0^{-2}\mu_0 + n\sigma^{-2(t-1)}\overline{x}}{\sigma_0^{-2} + n\sigma^{-2(t-1)}}$$

を発生し,次に

$$\sigma^{2(t)}|\mu^{(t)}, \boldsymbol{x} \sim IG\left(\frac{n_1}{2}, \frac{S_1^{(t)}}{2}\right),$$

$$n_1 = n_0 + n, \quad S_1^{(t)} = S_0 + \sum_{i=1}^{n}(x_i - \mu^{(t)})^2$$

を発生する.
(3) t を $t+1$ として(2)に戻る.
となる.

例3の実際の分析例をみるために,$n = 100$ 個の乱数を $N(5, 1)$ から発生させて,事前分布を $\mu \sim N(0, 1000), \sigma^2 \sim IG(0.0005, 0.0005)$ とおいてギブス・サンプリングを行った.図2は,(μ, σ^2) のギブス・サンプラーで得ら

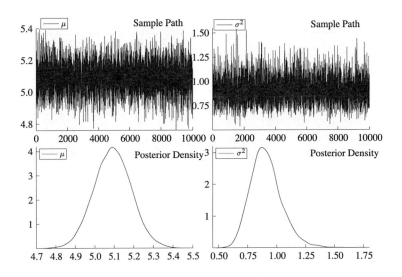

図 2 ギブス・サンプラー.標本径路(上段)と周辺事後確率密度関数(下段)

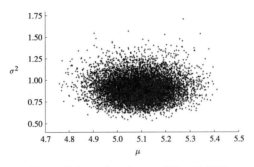

図 3 ギブス・サンプラー．標本の散布図

れた確率標本の時系列プロット（標本径路）と，推定された周辺事後確率密度関数である．ギブス・サンプラーの最初の 1000 回は初期値に依存する期間（稼動検査期間，**burn-in period**）であるとして捨てて，それ以降の 10000 回を用いている．標本径路を見ると状態空間をまんべんなく安定的にサンプリングして不変分布である事後分布に収束しており，またこのことは，図 3 の確率標本の散布図からも確認することができる．さらに表 2 は，事後分布の平均，標準偏差およびパラメータの 95% 信用区間の推定結果であり，95% 信用区間が真の値を含んでいることがわかる．

表 2 事後分布の平均，標準偏差，95% 信用区間

パラメータ	事後平均	事後標準偏差	95% 信用区間
μ	5.091	0.095	(4.907, 5.280)
σ^2	0.908	0.133	(0.680, 1.206)

ここで，さまざまなモデルに対してギブス・サンプラーを用いた推論の例を示そう．

例 5（階層ベイズモデル）

Y_{ij} を第 i グループの第 j 観測値として

$$Y_{ij} = \mu_i + \epsilon_{ij}, \quad i = 1, \cdots, K, \quad j = 1, \cdots, n_i,$$
$$\epsilon_{ij} \sim \text{i.i.d. } N(0, \sigma^2)$$

とする．ただし K はグループ数，n_i は第 i グループからの標本の大きさである．事前分布として平均 μ_i は $\mu_1, \mu_2, \cdots, \mu_K \sim$ i.i.d. $N(\mu, \tau^2)$ であり，さらに $\mu \sim N(\mu_0, \sigma_0^2)$, $\sigma^2 \sim IG\left(\dfrac{n_0}{2}, \dfrac{S_0}{2}\right)$, $\tau^2 \sim IG\left(\dfrac{k_0}{2}, \dfrac{R_0}{2}\right)$ とする[*14]．このとき，$\boldsymbol{y} = (y_{11}, y_{12}, \cdots, y_{Kn_K})'$, $\tilde{\mu} = (\mu_1, \cdots, \mu_K)$ として尤度関数は

$$f(\boldsymbol{y}|\tilde{\mu}, \sigma^2) = \prod_{i=1}^{K} \prod_{j=1}^{n_i} \dfrac{1}{\sqrt{2\pi\sigma^2}} \exp\left\{-\dfrac{(y_{ij} - \mu_i)^2}{2\sigma^2}\right\}$$

であり，事前確率密度関数は

$$\begin{aligned}
&\pi(\tilde{\mu}, \mu, \sigma^2, \tau^2) \\
&= \pi(\tilde{\mu}|\mu)\pi(\mu)\pi(\sigma^2)\pi(\tau^2) \\
&= \prod_{i=1}^{K} \pi(\mu_i|\mu) \times \pi(\mu)\pi(\sigma^2)\pi(\tau^2) \\
&\propto \prod_{i=1}^{K} (\tau^2)^{-\frac{1}{2}} \exp\left\{-\dfrac{(\mu_i - \mu)^2}{2\tau^2}\right\} \times \exp\left\{-\dfrac{(\mu - \mu_0)^2}{2\sigma_0^2}\right\} \\
&\quad \times (\sigma^2)^{-\left(\frac{n_0}{2}+1\right)} \exp\left\{-\dfrac{S_0}{2\sigma^2}\right\} \times (\tau^2)^{-\left(\frac{k_0}{2}+1\right)} \exp\left\{-\dfrac{R_0}{2\tau^2}\right\}
\end{aligned}$$

である．したがって同時事後確率密度関数は

$$\begin{aligned}
&\pi(\tilde{\mu}, \mu, \sigma^2, \tau^2|\boldsymbol{y}) \\
&\propto f(\boldsymbol{y}|\tilde{\mu}, \sigma^2)\pi(\tilde{\mu}, \mu, \sigma^2, \tau^2) \\
&\propto (\sigma^2)^{-\left(\frac{n_0+n}{2}+1\right)} (\tau^2)^{-\left(\frac{k_0+K}{2}+1\right)} \\
&\quad \times \exp\left\{-\dfrac{\sum_{i=1}^{K}\sum_{j=1}^{n_i}(y_{ij} - \mu_i)^2 + S_0}{2\sigma^2} - \dfrac{\sum_{i=1}^{K}(\mu_i - \mu)^2 + R_0}{2\tau^2}\right\} \\
&\quad \times \exp\left\{-\dfrac{(\mu - \mu_0)^2}{2\sigma_0^2}\right\}, \quad n = \sum_{i=1}^{K} n_i
\end{aligned}$$

となる．このことから，まず μ_i $(i = 1, \cdots, K)$ の条件付事後確率密度関数は

$$\pi(\mu_i|\tilde{\mu}_{-i}, \mu, \sigma^2, \tau^2, \boldsymbol{y}) \propto \exp\left\{-\dfrac{(\mu_i - m_i)^2}{2s_i^2}\right\}$$

[*14] この例のように第 1 段階として μ_i に事前分布を設定し，さらに第 2 段階としてその事前分布のパラメータ μ に事前分布を階層的に設定するようなモデルを，階層ベイズモデル (hierarchical Bayes model) という．

ただし $\tilde{\mu}_{-i} = (\mu_1, \cdots, \mu_{i-1}, \mu_{i+1}, \cdots, \mu_K)$,
$$s_i^{-2} = \tau^{-2} + n_i \sigma^{-2}, \quad m_i = s_i^2 \left(\tau^{-2} \mu + \sigma^{-2} n_i \overline{y}_i \right),$$
$$\overline{y}_i = \frac{1}{n_i} \sum_{j=1}^{n_i} y_{ij}$$
である．次に μ, σ^2, τ^2 の条件付事後確率密度関数は
$$\pi(\mu|\tilde{\mu}, \sigma^2, \tau^2, \boldsymbol{y}) \propto \exp\left\{ -\frac{(\mu - m)^2}{2s^2} \right\}$$
$$\pi(\sigma^2|\tilde{\mu}, \mu, \tau^2, \boldsymbol{y}) \propto (\sigma^2)^{-\left(\frac{n_1}{2}+1\right)} \exp\left\{ -\frac{S_1}{2\sigma^2} \right\}$$
$$\pi(\tau^2|\tilde{\mu}, \mu, \sigma^2, \boldsymbol{y}) \propto (\tau^2)^{-\left(\frac{k_1}{2}+1\right)} \exp\left\{ -\frac{R_1}{2\tau^2} \right\}$$
ただし
$$s^{-2} = \sigma_0^{-2} + K\tau^{-2}, \quad m = s^2 \left(\sigma_0^{-2} \mu_0 + \tau^{-2} K \overline{\mu} \right), \quad \overline{\mu} = \frac{1}{K} \sum_{i=1}^K \mu_i$$
$$n_1 = n_0 + n, \quad S_1 = S_0 + \sum_{i=1}^K \sum_{j=1}^{n_i} (y_{ij} - \mu_i)^2$$
$$k_1 = k_0 + K, \quad R_1 = R_0 + \sum_{i=1}^K (\mu_i - \mu)^2$$
である．以上をまとめると
$$\mu_i | \tilde{\mu}_{-i}, \mu, \sigma^2, \tau^2, \boldsymbol{y} \sim N(m_i, s_i^2), \quad i = 1, \cdots, K,$$
$$\mu | \tilde{\mu}, \sigma^2, \tau^2, \boldsymbol{y} \sim N(m, s^2),$$
$$\sigma^2 | \tilde{\mu}, \mu, \tau^2, \boldsymbol{y} \sim IG\left(\frac{n_1}{2}, \frac{S_1}{2}\right)$$
$$\tau^2 | \tilde{\mu}, \mu, \sigma^2, \boldsymbol{y} \sim IG\left(\frac{k_1}{2}, \frac{R_1}{2}\right)$$
となるので，これをもとにギブス・サンプラーを行えばよい．

例 6（単純回帰モデル）

次のような単純回帰モデルを考える．y_i は第 i 個体の被説明変数で確率変数，x_i は説明変数で定数，ϵ_i は誤差項で確率変数，$\beta_0, \beta_1, \sigma^2$ はパラメータとする．つまり

$$y_i = \beta_0 + \beta_1 x_i + \epsilon_i, \quad \epsilon_i \sim \text{i.i.d. } N(0, \sigma^2), \quad i = 1, 2, \cdots, n$$

とおく.このとき尤度関数は

$$f(\boldsymbol{y}|\beta_0, \beta_1, \sigma^2) = \prod_{i=1}^{n} \frac{1}{\sqrt{2\pi\sigma^2}} \exp\left\{-\frac{(y_i - \beta_0 - \beta_1 x_i)^2}{2\sigma^2}\right\}$$

$$\propto \left(\sigma^2\right)^{-\frac{n}{2}} \exp\left\{-\frac{\sum_{i=1}^{n}(y_i - \beta_0 - \beta_1 x_i)^2}{2\sigma^2}\right\}$$

である.ここで $(\beta_0, \beta_1, \sigma^2)$ の事前分布を,それぞれ $\beta_0 \sim N(b_0, B_0), \beta_1 \sim N(c_0, C_0), \sigma^2 \sim IG(n_0/2, S_0/2)$ とおくと

$\pi(\beta_0, \beta_1, \sigma^2)$
$= \pi(\beta_0)\pi(\beta_1)\pi(\sigma^2)$
$\propto \exp\left\{-\frac{(\beta_0 - b_0)^2}{2B_0}\right\} \times \exp\left\{-\frac{(\beta_1 - c_0)^2}{2C_0}\right\} \times \left(\sigma^2\right)^{-\left(\frac{n_0}{2}+1\right)} \exp\left\{-\frac{S_0}{2\sigma^2}\right\}$

となり,同時事後確率密度関数は

$$\pi(\beta_0, \beta_1, \sigma^2|\boldsymbol{y}) \propto \left(\sigma^2\right)^{-\left(\frac{n_0+n}{2}+1\right)} \exp\left\{-\frac{S_0 + \sum_{i=1}^{n}(y_i - \beta_0 - \beta_1 x_i)^2}{2\sigma^2}\right\}$$

$$\times \exp\left\{-\frac{(\beta_0 - b_0)^2}{2B_0} - \frac{(\beta_1 - c_0)^2}{2C_0}\right\}$$

となる.これより条件付確率密度関数は

$$\pi(\beta_0|\beta_1, \sigma^2, \boldsymbol{y}) \propto \exp\left\{-\frac{(\beta_0 - b_1)^2}{2B_1}\right\},$$

$$\pi(\beta_1|\beta_0, \sigma^2, \boldsymbol{y}) \propto \exp\left\{-\frac{(\beta_1 - c_1)^2}{2C_1}\right\},$$

$$\pi(\sigma^2|\beta_0, \beta_1, \boldsymbol{y}) \propto \left(\sigma^2\right)^{-\left(\frac{n_1}{2}+1\right)} \exp\left\{-\frac{S_1}{2\sigma^2}\right\}$$

ただし

$$b_1 = B_1\left\{B_0^{-1}b_0 + \sigma^{-2}\sum_{i=1}^n (y_i - \beta_1 x_i)\right\}, \quad B_1^{-1} = B_0^{-1} + n\sigma^{-2},$$

$$c_1 = C_1\left\{C_0^{-1}c_0 + \sigma^{-2}\sum_{i=1}^n (y_i - \beta_0) x_i\right\}, \quad C_1^{-1} = C_0^{-1} + \sigma^{-2}\sum_{i=1}^n x_i^2,$$

$$n_1 = n_0 + n, \quad S_1 = S_0 + \sum_{i=1}^n (y_i - \beta_0 - \beta_1 x_i)^2$$

である.したがって事後分布は

$$\beta_0|\beta_1, \sigma^2, \boldsymbol{y} \sim N(b_1, B_1),$$

$$\beta_1|\beta_0, \sigma^2, \boldsymbol{y} \sim N(c_1, C_1),$$

$$\sigma^2|\beta_0, \beta_1, \boldsymbol{y} \sim IG\left(\frac{n_1}{2}, \frac{S_1}{2}\right)$$

であるので,これをもとにギブス・サンプラーを行えばよい.

例6では,回帰係数 β_0, β_1 を別々にサンプリングしているが,これを以下のように同時にサンプリングしてもよい.

例6(単純回帰モデル.続き)

$$y_i = \beta_0 + \beta_1 x_i + \epsilon_i, \quad \epsilon_i \sim \text{i.i.d. } N(0, \sigma^2), \quad i = 1, 2, \cdots, n$$

は

$$\boldsymbol{y} = X\boldsymbol{\beta} + \boldsymbol{\epsilon}, \quad \boldsymbol{\epsilon} \sim N(0, \sigma^2 I_n)$$

と書くことができる.ただし $\boldsymbol{y} = (y_1, \cdots, y_n)'$, $\boldsymbol{\beta} = (\beta_0, \beta_1)'$, $\boldsymbol{\epsilon} = (\epsilon_1, \cdots, \epsilon_n)'$, I_n は n 次元単位行列で

$$X = \begin{pmatrix} 1 & x_1 \\ 1 & x_2 \\ \vdots & \vdots \\ 1 & x_n \end{pmatrix}$$

である.このとき尤度関数は

$$f(\boldsymbol{y}|\boldsymbol{\beta}, \sigma^2) = (2\pi\sigma^2)^{-\frac{n}{2}} \exp\left\{-\frac{1}{2\sigma^2}(\boldsymbol{y} - X\boldsymbol{\beta})'(\boldsymbol{y} - X\boldsymbol{\beta})\right\}$$

となる.$\boldsymbol{\beta}, \sigma^2$ の事前分布を,それぞれ $\boldsymbol{\beta} \sim N(\boldsymbol{b}_0, B_0), \sigma^2 \sim IG(n_0/2, S_0/2)$

とおくと（b は 2×1 ベクトル，B_0 は 2×2 行列），事前確率密度関数は

$$\pi(\boldsymbol{\beta},\sigma^2)$$
$$=\pi(\boldsymbol{\beta})\pi(\sigma^2)$$
$$\propto \exp\left\{-\frac{1}{2}(\boldsymbol{\beta}-\boldsymbol{b}_0)'B_0^{-1}(\boldsymbol{\beta}-\boldsymbol{b}_0)\right\}\times (\sigma^2)^{-(\frac{n_0}{2}+1)}\exp\left\{-\frac{S_0}{2\sigma^2}\right\}$$

である．したがって

$$\pi(\boldsymbol{\beta},\sigma^2|\boldsymbol{y})\propto (\sigma^2)^{-(\frac{n_1}{2}+1)}$$
$$\times \exp\left\{-\frac{S_0+(\boldsymbol{y}-X\boldsymbol{\beta})'(\boldsymbol{y}-X\boldsymbol{\beta})}{2\sigma^2}\right\}$$
$$\times \exp\left\{-\frac{1}{2}(\boldsymbol{\beta}-\boldsymbol{b}_0)'B_0^{-1}(\boldsymbol{\beta}-\boldsymbol{b}_0)\right\}$$

であり，条件付確率密度関数は

$$\pi(\boldsymbol{\beta}|\sigma^2,\boldsymbol{y})\propto \exp\left\{-\frac{1}{2}(\boldsymbol{\beta}-\boldsymbol{b}_1)'B_1^{-1}(\boldsymbol{\beta}-\boldsymbol{b}_1)\right\},$$
$$\pi(\sigma^2|\boldsymbol{\beta},\boldsymbol{y})\propto (\sigma^2)^{-(\frac{n_1}{2}+1)}\exp\left\{-\frac{S_1}{2\sigma^2}\right\}$$

ただし，

$$\boldsymbol{b}_1 = B_1\left(B_0^{-1}\boldsymbol{b}_0+\sigma^{-2}X'\boldsymbol{y}\right),\quad B_1^{-1}=B_0^{-1}+\sigma^{-2}X'X,$$
$$n_1 = n_0+n,\quad S_1 = S_0+(\boldsymbol{y}-X\boldsymbol{\beta})'(\boldsymbol{y}-X\boldsymbol{\beta})$$

である．事後分布は

$$\boldsymbol{\beta}|\sigma^2,\boldsymbol{y}\sim N(\boldsymbol{b}_1,B_1),\quad \sigma^2|\boldsymbol{\beta},\boldsymbol{y}\sim IG\left(\frac{n_1}{2},\frac{S_1}{2}\right)$$

となるので，これを用いてギブス・サンプラーを行う．

3.2 メトロポリス–ヘイスティングスアルゴリズム

ギブス・サンプラーのように条件付事後分布 π_i^* からのサンプリングが簡単にできない場合には，メトロポリス–ヘイスティングスアルゴリズムを用いる．メトロポリス–ヘイスティングスアルゴリズムの特徴は，マル

コフ連鎖を構成する際に，**提案分布**(proposal distribution)あるいは**候補分布**(candidate distribution)を用いることである．提案分布とは事後分布 π^* または条件付事後分布 π_i^* をよく近似しつつサンプリングも簡単な確率分布のことをいう．実際のサンプリングでは提案分布 q を用いてサンプリングし，その後で近似による事後分布 π^* からのずれを調整していく．以下では，まず $\boldsymbol{\theta}$ を一度にサンプリングするアルゴリズムを紹介し，次にギブス・サンプラーにおけるように $\boldsymbol{\theta} = (\boldsymbol{\theta}_1, \cdots, \boldsymbol{\theta}_p)$ といくつかのブロックに分割してサンプリングするアルゴリズムを説明する．

メトロポリス-ヘイスティングスアルゴリズム

(1) 初期値 $\boldsymbol{\theta}^{(0)}$ を決め，$t=1$ とおく．
(2) 現在 $\boldsymbol{\theta}^{(t-1)}$ であるとき，次の点 $\boldsymbol{\theta}^{(t)}$ の候補 $\boldsymbol{\theta}'$ を提案分布 q により発生させ(確率密度関数は $q(\boldsymbol{\theta}^{(t-1)}, \boldsymbol{\theta}' | \boldsymbol{x})$ とする)

$$\alpha(\boldsymbol{\theta}^{(t-1)}, \boldsymbol{\theta}' | \boldsymbol{x})$$
$$= \begin{cases} \min\left\{ \dfrac{\pi(\boldsymbol{\theta}'|\boldsymbol{x}) q(\boldsymbol{\theta}', \boldsymbol{\theta}^{(t-1)}|\boldsymbol{x})}{\pi(\boldsymbol{\theta}^{(t-1)}|\boldsymbol{x}) q(\boldsymbol{\theta}^{(t-1)}, \boldsymbol{\theta}'|\boldsymbol{x})}, 1 \right\}, & \\ \qquad\qquad\qquad \pi(\boldsymbol{\theta}^{(t-1)}|\boldsymbol{x}) q(\boldsymbol{\theta}^{(t-1)}, \boldsymbol{\theta}'|\boldsymbol{x}) > 0 \text{ のとき} \\ 1, & \pi(\boldsymbol{\theta}^{(t-1)}|\boldsymbol{x}) q(\boldsymbol{\theta}^{(t-1)}, \boldsymbol{\theta}'|\boldsymbol{x}) = 0 \text{ のとき} \end{cases}$$

と定義する．
(3) $(0,1)$ 上の一様乱数 u を発生させて，

$$\boldsymbol{\theta}^{(t)} = \begin{cases} \boldsymbol{\theta}', & u \leq \alpha(\boldsymbol{\theta}^{(t-1)}, \boldsymbol{\theta}' | \boldsymbol{x}) \text{ のとき} \\ \boldsymbol{\theta}^{(t-1)}, & u > \alpha(\boldsymbol{\theta}^{(t-1)}, \boldsymbol{\theta}' | \boldsymbol{x}) \text{ のとき} \end{cases}$$

とする．
(4) t を $t+1$ として(2)に戻る．
の(2), (3), (4)を繰り返し，十分大きな数 N について $t \geq N$ のとき $\boldsymbol{\theta}^{(t)}$ を事後分布 π^* の確率標本とする．このとき $\boldsymbol{\theta}^{(t)}$, $t=1, 2, \cdots$ は，推移核 $K(\boldsymbol{\theta}^{(t-1)}, \boldsymbol{\theta}^{(t)})$ が

$$K(\boldsymbol{\theta}^{(t-1)}, \boldsymbol{\theta}^{(t)}|\boldsymbol{x}) = q(\boldsymbol{\theta}^{(t-1)}, \boldsymbol{\theta}^{(t)}|\boldsymbol{x})\alpha(\boldsymbol{\theta}^{(t-1)}, \boldsymbol{\theta}^{(t)}|\boldsymbol{x})$$
$$+ r(\boldsymbol{\theta}^{(t-1)})\delta_{\boldsymbol{\theta}^{(t-1)}}(\boldsymbol{\theta}^{(t)})$$
$$r(\boldsymbol{\theta}^{(t-1)}) = 1 - \int q(\boldsymbol{\theta}^{(t-1)}, \boldsymbol{\theta}^{(t)}|\boldsymbol{x})\alpha(\boldsymbol{\theta}^{(t-1)}, \boldsymbol{\theta}^{(t)}|\boldsymbol{x})d\boldsymbol{\theta}^{(t)}$$
$$\delta_{\boldsymbol{\theta}^{(t-1)}}(\boldsymbol{\theta}^{(t)}) = \begin{cases} 1, & \boldsymbol{\theta}^{(t-1)} = \boldsymbol{\theta}^{(t)} \text{ のとき} \\ 0, & \boldsymbol{\theta}^{(t-1)} \neq \boldsymbol{\theta}^{(t)} \text{ のとき} \end{cases}$$

であるようなマルコフ連鎖である．また，この推移核は詳細釣合条件（detailed balance equation）

$$\pi(\boldsymbol{\theta}^{(t-1)}|\boldsymbol{x})q(\boldsymbol{\theta}^{(t-1)}, \boldsymbol{\theta}^{(t)}|\boldsymbol{x})\alpha(\boldsymbol{\theta}^{(t-1)}, \boldsymbol{\theta}^{(t)}|\boldsymbol{x})$$
$$= \pi(\boldsymbol{\theta}^{(t)}|\boldsymbol{x})q(\boldsymbol{\theta}^{(t)}, \boldsymbol{\theta}^{(t-1)}|\boldsymbol{x})\alpha(\boldsymbol{\theta}^{(t)}, \boldsymbol{\theta}^{(t-1)}|\boldsymbol{x})$$

を満たしており，事後分布 π^* が不変分布となっている．$\boldsymbol{\theta}^{(t)}$ の分布は正則条件の下で $t \to \infty$ のときに事後分布 π^* に収束する．提案密度 $q(\boldsymbol{\theta}^{(t-1)}, \boldsymbol{\theta}'|\boldsymbol{x})$ の $\pi(\boldsymbol{\theta}'|\boldsymbol{x})$ に対する近似が悪ければ，$\boldsymbol{\theta}^{(t)}$ の候補 $\boldsymbol{\theta}'$ の採択確率である $\alpha(\boldsymbol{\theta}^{(t-1)}, \boldsymbol{\theta}'|\boldsymbol{x})$ が小さくなり，マルコフ連鎖を非常に多く反復しなければ事後分布 π^* に収束しなくなる．したがってメトロポリス-ヘイスティングスアルゴリズムでは，いかによく事後分布 π^* を近似する提案分布を見つけるかが重要な鍵となる．

次に事前分布に t 分布を仮定した場合の例を考えよう．

例7 例1では $X_1, \cdots, X_n|\mu \sim$ i.i.d. $N(\mu, 1)$ であるときに，μ の事前分布として正規分布 $N(\mu_0, \sigma_0^2)$ を用いたため事後分布も正規分布になった．しかし，μ の事前分布に t 分布など正規分布以外の分布を仮定すると，事後分布は正規分布でなくなる．このような場合，事後分布からの確率標本を得るためにはメトロポリス-ヘイスティングスアルゴリズムを用いるとよい．μ の事前確率密度関数を一般に $\pi(\mu)$ とおくと，μ の事後確率密度関数は

$$\pi(\mu|\boldsymbol{x}) \propto \pi(\mu) \exp\left\{-\frac{1}{2}\sum_{i=1}^{n}(x_i - \mu)^2\right\}$$

$$\propto \pi(\mu) \exp\left\{-\frac{n}{2}(\mu - \overline{x})^2\right\}$$

となる．このとき，提案分布として $N(\overline{x}, 1/n)$ をとると提案密度は

$$q(\mu^{(t-1)}, \mu'|\boldsymbol{x}) = \frac{1}{\sqrt{2\pi/n}} \exp\left\{-\frac{n}{2}(\mu' - \overline{x})^2\right\}$$

となり，候補 μ' の採択確率 α は

$$\alpha(\mu^{(t-1)}, \mu'|\boldsymbol{x}) = \min\left\{1, \frac{\pi(\mu'|\boldsymbol{x})q(\mu', \mu^{(t-1)}|\boldsymbol{x})}{\pi(\mu^{(t-1)}|\boldsymbol{x})q(\mu^{(t-1)}, \mu'|\boldsymbol{x})}\right\}$$

$$= \min\left\{1, \frac{\pi(\mu')}{\pi(\mu^{(t-1)})}\right\}$$

となる．したがってメトロポリス-ヘイスティングスアルゴリズムは

(1) 初期値 $\mu^{(0)}$ を決め，$t=1$ とおく．

(2) 現在 $\mu^{(t-1)}$ であるとき，次の点 $\mu^{(t)}$ の候補 μ' を $\mu' \sim N(\overline{x}, 1/n)$ により発生させて，

$$\alpha(\mu^{(t-1)}, \mu'|\boldsymbol{x}) = \min\left\{1, \frac{\pi(\mu')}{\pi(\mu^{(t-1)})}\right\}$$

とおく．

(3) $(0,1)$ 上の一様乱数 u を発生させて，

$$\mu^{(t)} = \begin{cases} \mu', & u \leq \alpha(\mu^{(t-1)}, \mu'|\boldsymbol{x}) \text{ のとき} \\ \mu^{(t-1)}, & u > \alpha(\mu^{(t-1)}, \mu'|\boldsymbol{x}) \text{ のとき} \end{cases}$$

とする．

(4) t を $t+1$ として(2)に戻る．

この例では提案密度が現在の点 $\mu^{(t-1)}$ に依存しないので，過去の標本径路に引きずられずに候補を提案できる．このようなマルコフ連鎖を独立連鎖と呼んでいる．独立連鎖の場合，提案分布による事後分布への近似がよければ，不変分布への収束がはやくなるが，近似のよい提案分布を見つけ

ることは必ずしも容易ではない.

図4は,例1で用いたデータ($N(5,1)$からの10個の乱数)を使って,事前分布に自由度5のt分布を仮定し,独立連鎖のメトロポリス–ヘイスティングスアルゴリズムを行った結果である.まず初期値に依存する期間として最初の1000個を捨てて,それ以降の10000個の確率標本について標本径路と推定された事後確率密度関数を求めている.標本径路を見ると十分に状態空間をサンプリングしており,候補点が採択された割合も96.2%と非常に高くなっている.

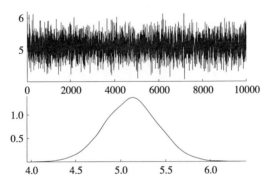

図4 独立連鎖のメトロポリス–ヘイスティングスアルゴリズム.μの標本径路(上段)と事後確率密度関数(下段)

例7(続き) 事後分布への近似がよい提案分布を見つけることが難しい場合に考えられる簡単な方法は,次の候補を提案するのに**酔歩過程**(random walk process)

$$\mu' = \mu^{(t-1)} + \epsilon_t, \quad \epsilon_t \sim N(0, \tau^2)$$

を用いる**酔歩連鎖**(random walk chain)と呼ばれる方法である.ここでは誤差項 ϵ_t の分布を正規分布としたが,t分布など他のすその厚い分布を使ってもよい.この場合,分散τ^2を大きくとると状態空間を広くサンプリングするので不変分布への収束が早くなると考えられるが,同時にあまり適当でない候補を選ぶ可能性も高いため,候補の採択確率αが小さくなりやす

い．一方，分散 τ^2 を小さくとると，現在の点に近い値の候補になるため候補の採択確率 α は高まるが，同時に現在の点からは大きく離れることができず不変分布への収束が遅くなると考えられる．したがって，採択確率は大きすぎず，また小さすぎないように例えば 40% 程度になるように試行錯誤により適当な τ^2 を見つけることが必要であろう．

このとき提案密度は

$$q(\mu^{(t-1)}, \mu'|\boldsymbol{x}) = \frac{1}{\sqrt{2\pi}\tau} \exp\left\{-\frac{1}{2\tau^2}(\mu' - \mu^{(t-1)})^2\right\}$$

となる．ここで提案密度が $q(\mu^{(t-1)}, \mu'|\boldsymbol{x}) = q(\mu', \mu^{(t-1)}|\boldsymbol{x})$ と対称であることに注意すると候補 μ' の採択確率 α は

$$\alpha(\mu^{(t-1)}, \mu'|\boldsymbol{x}) = \min\left\{1, \frac{\pi(\mu'|\boldsymbol{x})q(\mu', \mu^{(t-1)}|\boldsymbol{x})}{\pi(\mu^{(t-1)}|\boldsymbol{x})q(\mu^{(t-1)}, \mu'|\boldsymbol{x})}\right\}$$
$$= \min\left\{1, \frac{\pi(\mu'|\boldsymbol{x})}{\pi(\mu^{(t-1)}|\boldsymbol{x})}\right\}$$

となる．したがって，メトロポリス-ヘイスティングスアルゴリズムは

(1) 初期値 $\mu^{(0)}$ を決め，$t=1$ とおく．
(2) 現在 $\mu^{(t-1)}$ であるとき，次の点 $\mu^{(t)}$ の候補 μ' を $\mu' \sim N(\mu^{(t-1)}, \tau^2)$ により発生させて，

$$\alpha(\mu^{(t-1)}, \mu'|\boldsymbol{x}) = \min\left\{1, \frac{\pi(\mu'|\boldsymbol{x})}{\pi(\mu^{(t-1)}|\boldsymbol{x})}\right\}$$

とおく．

(3) $(0,1)$ 上の一様乱数 u を発生させて，

$$\mu^{(t)} = \begin{cases} \mu', & u \leq \alpha(\mu^{(t-1)}, \mu'|\boldsymbol{x}) \text{ のとき} \\ \mu^{(t-1)}, & u > \alpha(\mu^{(t-1)}, \mu'|\boldsymbol{x}) \text{ のとき} \end{cases}$$

とする．

(4) t を $t+1$ として (2) に戻る．

となる．

図5は，再び例1で用いたデータを使って，事前分布に自由度5の t 分布

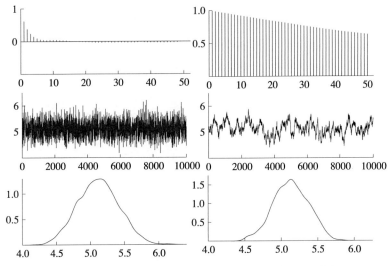

図 5 酔歩連鎖のメトロポリス–ヘイスティングスアルゴリズム．標本自己相関関数（上段），標本径路（中段）と事後確率密度関数（下段）．$\tau^2 = 0.5$（左側）と $\tau^2 = 0.001$（右側）

を仮定し，酔歩連鎖のメトロポリス–ヘイスティングスアルゴリズムを行った結果である．まず初期値に依存する期間として最初の 1000 個を捨てて，それ以降の 10000 個の確率標本について自己相関関数，標本径路，推定された事後確率密度関数を求めている．図の左側は $\tau^2 = 0.5$ のときの結果であり，標本の自己相関も低くまた標本径路を見ると十分に状態空間をサンプリングしている．推定された周辺事後確率密度関数も独立連鎖の結果に近い．しかし，候補点が採択された割合は 46.1% と低く，非効率的なサンプリングであることがわかる．一方，図の右側は $\tau^2 = 0.001$ のときの結果であり，標本の自己相関が非常に高い．標本径路を見ても状態空間を移動するのに時間がかかり，局所的なサンプリングになっている．周辺事後確率密度関数も独立連鎖の結果に比べてややゆがんでおり，不変分布への収束が遅いことがわかる．候補点が採択された割合は 97.2% と高いのだが，これはさらに非効率的なサンプリングである．

例 8（ポアソン回帰モデル）

単純回帰モデルでは，被説明変数 y_i が連続な値をとる変数と仮定されていたが，個数や件数のように**計数データ**（count data）の場合には例 4 でみたようなポアソン分布などの離散的な値をとる分布が適切である．単純なポアソン回帰モデルでは平均 λ と一定だが，これに説明変数 x を取り入れて $\lambda = \exp(\beta_0 + \beta_1 x)$ とし，

$$f(y|\beta_0, \beta_1, x) = \frac{\exp\{(\beta_0 + \beta_1 x)y - \exp(\beta_0 + \beta_1 x)\}}{y!}, \quad y = 0, 1, 2, \cdots$$

と考える．すなわち $Y_i|\beta_0, \beta_1, x_i$ が互いに独立に平均 $\exp(\beta_0 + \beta_1 x_i)$ のポアソン分布にしたがうとして，尤度関数は

$$f(\boldsymbol{y}|\boldsymbol{\beta}, X) = \prod_{i=1}^{n} \frac{\exp\{(\beta_0 + \beta_1 x_i)y_i - \exp(\beta_0 + \beta_1 x_i)\}}{y_i!}$$

$$\propto \exp\left\{\sum_{i=1}^{n} \left(\boldsymbol{x}_i' \boldsymbol{\beta}\right) y_i - \exp(\boldsymbol{x}_i' \boldsymbol{\beta})\right\}$$

となる．ただし $\boldsymbol{y}' = (y_1, \cdots, y_n), \boldsymbol{\beta}' = (\beta_0, \beta_1), X' = (\boldsymbol{x_1}, \cdots, \boldsymbol{x_n}), \boldsymbol{x}_i' = (1, x_i), i = 1, \cdots, n$ である．$\boldsymbol{\beta}$ の事前分布を二変量正規分布 $N(\boldsymbol{b}_0, B_0)$ とすると，事前確率密度関数は

$$\pi(\boldsymbol{\beta}) \propto \exp\left\{-\frac{1}{2}(\boldsymbol{\beta} - \boldsymbol{b}_0)' B_0^{-1}(\boldsymbol{\beta} - \boldsymbol{b}_0)\right\}$$

となるので，事後確率密度関数は

$$\pi(\boldsymbol{\beta}|\boldsymbol{y}, X) \propto \exp\left\{-\frac{1}{2}(\boldsymbol{\beta} - \boldsymbol{b}_0)' B_0^{-1}(\boldsymbol{\beta} - \boldsymbol{b}_0) + \sum_{i=1}^{n} \left(\boldsymbol{x}_i' \boldsymbol{\beta}\right) y_i - \exp(\boldsymbol{x}_i' \boldsymbol{\beta})\right\}$$

となる．この事後分布は既知の分布ではないため，この分布にしたがう確率変数を直接サンプリングすることは難しい．したがって，提案分布を以下のように構成する．事後確率密度関数のモード（またはその近似値）を $\hat{\boldsymbol{\beta}}$ として，事後確率密度関数の対数（ただし定数項部分を除く）$g(\boldsymbol{\beta}|\boldsymbol{y}, X)$ を $\hat{\boldsymbol{\beta}}$ のまわりでテーラー展開すると，

$$g(\boldsymbol{\beta}|\boldsymbol{y},X) = -\frac{1}{2}(\boldsymbol{\beta}-\boldsymbol{b}_0)'B_0^{-1}(\boldsymbol{\beta}-\boldsymbol{b}_0) + \sum_{i=1}^n \left(\boldsymbol{x}_i'\boldsymbol{\beta}\right) y_i - \exp(\boldsymbol{x}_i'\boldsymbol{\beta})$$

$$\approx g(\hat{\boldsymbol{\beta}}|\boldsymbol{y},X) + g_{\hat{\boldsymbol{\beta}}}'(\boldsymbol{\beta}-\hat{\boldsymbol{\beta}}) + \frac{1}{2}(\boldsymbol{\beta}-\hat{\boldsymbol{\beta}})'g_{\hat{\boldsymbol{\beta}}\hat{\boldsymbol{\beta}}'}(\boldsymbol{\beta}-\hat{\boldsymbol{\beta}})$$

$$\equiv h(\boldsymbol{\beta}|\boldsymbol{y},X),$$

ただし $\equiv$ は定義するということを意味し,

$$g_{\hat{\boldsymbol{\beta}}} = g_{\boldsymbol{\beta}}|_{\boldsymbol{\beta}=\hat{\boldsymbol{\beta}}'} \quad g_{\hat{\boldsymbol{\beta}}\hat{\boldsymbol{\beta}}'} = g_{\boldsymbol{\beta}\boldsymbol{\beta}'}|_{\boldsymbol{\beta}=\hat{\boldsymbol{\beta}}'}$$

$$g_{\boldsymbol{\beta}} = \frac{\partial g(\boldsymbol{\beta}|\boldsymbol{y},X)}{\partial \boldsymbol{\beta}} = \begin{pmatrix} \frac{\partial g(\boldsymbol{\beta}|\boldsymbol{y},X)}{\partial \beta_0} \\ \frac{\partial g(\boldsymbol{\beta}|\boldsymbol{y},X)}{\partial \beta_1} \end{pmatrix},$$

$$g_{\boldsymbol{\beta}\boldsymbol{\beta}'} = \frac{\partial^2 g(\boldsymbol{\beta}|\boldsymbol{y},X)}{\partial \boldsymbol{\beta}\partial \boldsymbol{\beta}'} = \begin{pmatrix} \frac{\partial^2 g(\boldsymbol{\beta}|\boldsymbol{y},X)}{\partial \beta_0^2} & \frac{\partial^2 g(\boldsymbol{\beta}|\boldsymbol{y},X)}{\partial \beta_0 \partial \beta_1} \\ \frac{\partial^2 g(\boldsymbol{\beta}|\boldsymbol{y},X)}{\partial \beta_1 \partial \beta_0} & \frac{\partial^2 g(\boldsymbol{\beta}|\boldsymbol{y},X)}{\partial \beta_1^2} \end{pmatrix}$$

となる[*15]. ここで

$$h(\boldsymbol{\beta}|\boldsymbol{y},X) = 定数 - \frac{1}{2}(\boldsymbol{\beta}-\boldsymbol{b}_1)'B_1^{-1}(\boldsymbol{\beta}-\boldsymbol{b}_1),$$

$$B_1^{-1} = -g_{\hat{\boldsymbol{\beta}}\hat{\boldsymbol{\beta}}'}, \quad \boldsymbol{b}_1 = \hat{\boldsymbol{\beta}} + B_1 g_{\hat{\boldsymbol{\beta}}}$$

であることから, 提案分布を $N(\boldsymbol{b}_1, B_1)$ とする[*16]. このとき次の点の候補 $\boldsymbol{\beta}^\dagger$ の提案密度は

$$q(\boldsymbol{\beta}^{(t-1)}, \boldsymbol{\beta}^\dagger|\boldsymbol{y},X) = \frac{1}{2\pi|B_1|^{1/2}} \exp\left\{-\frac{1}{2}(\boldsymbol{\beta}^\dagger - \boldsymbol{b}_1)'B_1^{-1}(\boldsymbol{\beta}^\dagger - \boldsymbol{b}_1)\right\}$$

$$\propto \exp h(\boldsymbol{\beta}|\boldsymbol{y},X)$$

となり, 候補点 $\boldsymbol{\beta}^\dagger$ の採択確率は

[*15] この例では $g_{\hat{\boldsymbol{\beta}}}, g_{\hat{\boldsymbol{\beta}}\hat{\boldsymbol{\beta}}'}$ は解析的に求めることができるが, 一般には必ずしも解析的に計算できるとは限らない. そのような場合には数値的に近似解を計算して用いてもかまわない. また, $\hat{\boldsymbol{\beta}}$ がモードであるときには $g_{\hat{\boldsymbol{\beta}}} = \boldsymbol{0}$ となり, $\boldsymbol{b}_1 = \hat{\boldsymbol{\beta}}$ である.

[*16] B_1 が正値定符号にならない場合には, 適当に大きな値 τ^2 をとり, $B_1 = \tau^2 I_2$ とすればよい.

$$\alpha(\boldsymbol{\beta}^{(t-1)}, \boldsymbol{\beta}^{\dagger}|\boldsymbol{y}, X)$$
$$= \min\left\{1, \frac{\pi(\boldsymbol{\beta}^{\dagger}|\boldsymbol{y},X)q(\boldsymbol{\beta}^{\dagger},\boldsymbol{\beta}^{(t-1)}|\boldsymbol{y},X)}{\pi(\boldsymbol{\beta}^{(t-1)}|\boldsymbol{y},X)q(\boldsymbol{\beta}^{(t-1)},\boldsymbol{\beta}^{\dagger}|\boldsymbol{y},X)}\right\}$$
$$= \min\left[1, \exp\{g(\boldsymbol{\beta}^{\dagger}|\boldsymbol{y},X) - h(\boldsymbol{\beta}^{\dagger}|\boldsymbol{y},X) - g(\boldsymbol{\beta}^{(t-1)}|\boldsymbol{y},X) + h(\boldsymbol{\beta}^{(t-1)}|\boldsymbol{y},X)\}\right]$$

である.これよりメトロポリス-ヘイスティングスアルゴリズムは

(1) 初期値 $\boldsymbol{\beta}^{(0)}$ を決め,$t=1$ とおく.
(2) 現在 $\boldsymbol{\beta}^{(t-1)}$ であるとき,次の点 $\boldsymbol{\beta}^{(t)}$ の候補 $\boldsymbol{\beta}^{\dagger}$ を $\boldsymbol{\beta}^{\dagger} \sim N(\boldsymbol{b}_1, B_1)$ により発生させて,

$$\alpha(\boldsymbol{\beta}^{(t-1)}, \boldsymbol{\beta}^{\dagger}|\boldsymbol{y}, X)$$
$$= \min\left[1, \exp\{g(\boldsymbol{\beta}^{\dagger}|\boldsymbol{y},X) - h(\boldsymbol{\beta}^{\dagger}|\boldsymbol{y},X) - g(\boldsymbol{\beta}^{(t-1)}|\boldsymbol{y},X) + h(\boldsymbol{\beta}^{(t-1)}|\boldsymbol{y},X)\}\right]$$

とおく.
(3) $(0,1)$ 上の一様乱数 u を発生させて,

$$\boldsymbol{\beta}^{(t)} = \begin{cases} \boldsymbol{\beta}^{\dagger}, & u \leq \alpha(\boldsymbol{\beta}^{(t-1)}, \boldsymbol{\beta}^{\dagger}|\boldsymbol{y}, X) \text{ のとき} \\ \boldsymbol{\beta}^{(t-1)}, & u > \alpha(\boldsymbol{\beta}^{(t-1)}, \boldsymbol{\beta}^{\dagger}|\boldsymbol{y}, X) \text{ のとき} \end{cases}$$

とする.
(4) t を $t+1$ として(2)に戻る.

となる.

例8を表3のデータ y_i を用いて行ってみよう[*17].事前分布は $\beta \sim N(0, 1000 I_2)$ とし,初期値に依存する期間の1000回を捨てて,それ以降の10000回の標本を記録した.

表3 ポアソン回帰モデルのデータ

x	0.1	0.2	0.3	0.4	0.5	0.6	0.7	0.8	0.9	1.0
y	0	4	5	8	3	10	7	8	23	14

[*17] データ作成のために真の値は $\beta_0 = 1, \beta_1 = 2$ とおき,平均 $\lambda_i = 1 + 2x_i$ のポアソン分布にしたがう乱数を発生させた $(i=1,\cdots,10)$.

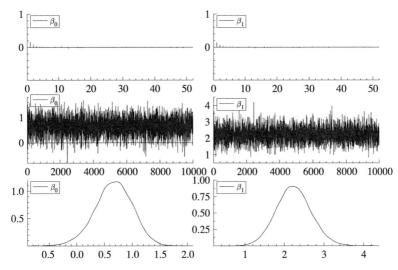

図6 ポアソン回帰モデルのメトロポリス–ヘイスティングスアルゴリズム．標本自己相関関数(上段)，標本径路(中段)と事後確率密度関数(下段)(β_0(左側)とβ_1(右側))．

図6はβ_0, β_1の標本自己相関関数，標本径路と事後確率密度関数である．標本の自己相関は低いことから，独立な標本発生に近い効率的なサンプリングであり，標本径路を見ると不変分布へ収束している様子がわかる．メトロポリス–ヘイスティングスアルゴリズムにおける候補点の採択割合も93.6%と高く，提案分布が事後分布をよく近似している．

さらに表4は，事後分布の平均，標準偏差およびパラメータの95%信用区間の推定結果であり，95%信用区間が真の値($\beta_0 = 1, \beta_1 = 2$)を含んでいることがわかる．

表 4 事後分布の平均，標準偏差，95% 信用区間

パラメータ	事後平均	事後標準偏差	95% 信用区間
β_0	0.661	0.337	$(-0.046, 1.288)$
β_1	2.237	0.440	$(1.402, 3.131)$

多次元分布である事後分布 π^* においては,近似精度のよい提案分布 q を見つけることが比較的難しいので,ギブス・サンプラーにおけるように,より次元数の低い条件付事後分布 π_i^* について提案分布 q_i を想定する後述の多重ブロックのメトロポリス–ヘイスティングスアルゴリズムを行うとよい.

多重ブロックのメトロポリス–ヘイスティングスアルゴリズム
(1) 初期値 $\boldsymbol{\theta}^{(0)}$ を決め,$t=1$ とおく.
(2) $i=1,\cdots,p$ について以下を繰り返す(ただし i はブロックの添え字である).

　(a) 現在 $\boldsymbol{\theta}_i^{(t-1)}$ であるとき,次の点 $\boldsymbol{\theta}_i^{(t)}$ の候補 $\boldsymbol{\theta}_i'$ を提案分布 $q_i(\boldsymbol{\theta}_i^{(t-1)},\boldsymbol{\theta}_i'|\boldsymbol{\theta}_{-i}^{(t)},\boldsymbol{x})$ により発生させ,

$$\alpha_i(\boldsymbol{\theta}_i^{(t-1)},\boldsymbol{\theta}_i'|\boldsymbol{\theta}_{-i}^{(t)},\boldsymbol{x}) = $$
$$\min\left\{\frac{\pi(\boldsymbol{\theta}_i'|\boldsymbol{\theta}_{-i}^{(t)},\boldsymbol{x})q_i(\boldsymbol{\theta}_i',\boldsymbol{\theta}_i^{(t-1)}|\boldsymbol{\theta}_{-i}^{(t)},\boldsymbol{x})}{\pi(\boldsymbol{\theta}_i^{(t-1)}|\boldsymbol{\theta}_{-i}^{(t)},\boldsymbol{x})q_i(\boldsymbol{\theta}_i^{(t-1)},\boldsymbol{\theta}_i'|\boldsymbol{\theta}_{-i}^{(t)},\boldsymbol{x})},1\right\}$$
$$\boldsymbol{\theta}_{-i}^{(t)} = \left(\boldsymbol{\theta}_1^{(t)},\cdots,\boldsymbol{\theta}_{i-1}^{(t)},\boldsymbol{\theta}_{i+1}^{(t-1)},\cdots,\boldsymbol{\theta}_p^{(t-1)}\right)$$

とする(ただし,$\pi(\boldsymbol{\theta}_i^{(t-1)}|\boldsymbol{\theta}_{-i}^{(t)},\boldsymbol{x})q_i(\boldsymbol{\theta}_i^{(t-1)},\boldsymbol{\theta}_i'|\boldsymbol{\theta}_{-i}^{(t)},\boldsymbol{x})=0$ のときには $\alpha_i(\boldsymbol{\theta}_i^{(t-1)},\boldsymbol{\theta}_i'|\boldsymbol{\theta}_{-i}^{(t)},\boldsymbol{x})=1$).

　(b) $(0,1)$ 上の一様乱数 u を発生させて,

$$\boldsymbol{\theta}_i^{(t)} = \begin{cases} \boldsymbol{\theta}_i', & u \leq \alpha_i(\boldsymbol{\theta}_i^{(t-1)},\boldsymbol{\theta}_i'|\boldsymbol{\theta}_{-i}^{(t)},\boldsymbol{x}) \text{ のとき} \\ \boldsymbol{\theta}_i^{(t-1)}, & u > \alpha_i(\boldsymbol{\theta}_i^{(t-1)},\boldsymbol{\theta}_i'|\boldsymbol{\theta}_{-i}^{(t)},\boldsymbol{x}) \text{ のとき} \end{cases}$$

　　とする.
　(c) (a)に戻る.
(3) t を $t+1$ として(2)に戻る.

このアルゴリズムにおいて,提案密度と目標密度が一致し $q_i(\boldsymbol{\theta}_i^{(t-1)},\boldsymbol{\theta}_i'|\boldsymbol{\theta}_{-i}^{(t)},\boldsymbol{x})=\pi(\boldsymbol{\theta}_i'|\boldsymbol{\theta}_{-i}^{(t)},\boldsymbol{x})$ である場合には,採択確率 $\alpha_i(\boldsymbol{\theta}_i^{(t-1)},\boldsymbol{\theta}_i'|\boldsymbol{\theta}_{-i}^{(t)},\boldsymbol{x})$ が 1 になり,ギブス・サンプラーとなる.

例 9 例 3 では確率変数 $X_1, X_2, \cdots, X_n$ が互いに独立に平均が μ, 分散が σ^2 であるような正規分布にしたがうとして，事前分布を $\mu \sim N(\mu_0, \sigma_0^2), \sigma^2 \sim IG(n_0/2, S_0/2)$ としたが，μ の事前分布が正規分布ではなく，その確率密度関数を $\pi(\mu)$ とおく．すると事後確率密度関数は

$$\pi(\mu, \sigma^2|\boldsymbol{x}) \propto f(\boldsymbol{x}|\mu, \sigma^2)\pi(\mu)\pi(\sigma^2)$$
$$\propto \pi(\mu)\left(\sigma^2\right)^{-\left(\frac{n_0+n}{2}+1\right)}\exp\left\{-\frac{S_0+\sum_{i=1}^n(x_i-\mu)^2}{2\sigma^2}\right\}$$

となる．したがって，σ^2 の条件付事後分布は

$$\sigma^2|\mu, \boldsymbol{x} \sim IG(n_1/2, S_1/2),$$
$$n_1 = n_0 + n, \quad S_1 = S_0 + \sum_{i=1}^n(x_i-\mu)^2$$

であるが，μ の条件付事後分布は正規分布には必ずしもならない．μ の条件付事後確率密度関数は

$$\pi(\mu|\sigma^2, \boldsymbol{x}) \propto \pi(\mu)\exp\left\{-\frac{n(\mu-\overline{x})^2}{2\sigma^2}\right\}$$

であるから，提案分布として $N(\overline{x}, \sigma^2/n)$ をとると，提案密度は

$$q(\mu^{(t-1)}, \mu'|\sigma^2, \boldsymbol{x}) = \frac{1}{\sqrt{2\pi\sigma^2/n}}\exp\left\{-\frac{n}{2\sigma^2}(\mu'-\overline{x})^2\right\}$$

となり，候補 μ' の採択確率 α は

$$\alpha(\mu^{(t-1)}, \mu'|\sigma^2, \boldsymbol{x}) = \min\left\{1, \frac{\pi(\mu'|\sigma^2, \boldsymbol{x})q(\mu', \mu^{(t-1)}|\sigma^2, \boldsymbol{x})}{\pi(\mu^{(t-1)}|\sigma^2, \boldsymbol{x})q(\mu^{(t-1)}, \mu'|\sigma^2, \boldsymbol{x})}\right\}$$
$$= \min\left\{1, \frac{\pi(\mu')}{\pi(\mu^{(t-1)})}\right\}$$

となる．したがって，メトロポリス-ヘイスティングスアルゴリズムは

(1) 初期値 $(\mu^{(0)}, \sigma^{2(0)})$ を決め，$t=1$ とおく．
(2) 現在 $\mu^{(t-1)}$ であるとき，次の点 $\mu^{(t)}$ の候補 μ' を $\mu' \sim N(\overline{x}, \sigma^{2(t-1)}/n)$ により発生させて，

$$\alpha(\mu^{(t-1)}, \mu'|\sigma^{2(t-1)}, \boldsymbol{x}) = \min\left\{1, \frac{\pi(\mu')}{\pi(\mu^{(t-1)})}\right\}$$

とおく．

(3) $(0,1)$ 上の一様乱数 u を発生させて，

$$\mu^{(t)} = \begin{cases} \mu', & u \leq \alpha(\mu^{(t-1)}, \mu' | \sigma^{2(t-1)}, \boldsymbol{x}) \text{ のとき} \\ \mu^{(t-1)}, & u > \alpha(\mu^{(t-1)}, \mu' | \sigma^{2(t-1)}, \boldsymbol{x}) \text{ のとき} \end{cases}$$

とする．

(4) $\sigma^{2(t)} | \mu^{(t)}, \boldsymbol{x} \sim IG(n_1/2, S_1^{(t)}/2)$ を発生させる．ただし $n_1 = n_0 + n, S_1^{(t)} = S_0 + \sum_{i=1}^{n}(x_i - \mu^{(t)})^2$ である．

(5) t を $t+1$ として(2)に戻る．

例8（続き） 例8のポアソン回帰モデルでは (β_0, β_1) を同時にサンプリングしたが，1つずつサンプリングしてもよい．尤度関数は

$$f(\boldsymbol{y}|\beta_0, \beta_1, X) \propto \exp\left\{\sum_{i=1}^{n}(\beta_0 + \beta_1 x_i)y_i - \exp(\beta_0 + \beta_1 x_i)\right\}$$

であり，事前分布を $\beta_0 \sim N(b_0, B_0) \beta_1 \sim N(c_0, C_0)$ $(b_0, B_0, c_0, C_0$ はスカラー) とおくとすると，事前確率密度関数は

$$\pi(\beta_0, \beta_1) \propto \exp\left\{-\frac{(\beta_0 - b_0)^2}{2B_0} - \frac{(\beta_1 - c_0)^2}{2C_0}\right\}$$

となるので，事後確率密度関数は

$$\pi(\beta_0, \beta_1 | \boldsymbol{y}, X)$$
$$\propto \exp\left[-\frac{(\beta_0 - b_0)^2}{2B_0} - \frac{(\beta_1 - c_0)^2}{2C_0} + \sum_{i=1}^{n}\{(\beta_0 + \beta_1 x_i)y_i - \exp(\beta_0 + \beta_1 x_i)\}\right]$$

であり，条件付事後確率密度関数は

$$\pi(\beta_0 | \beta_1, \boldsymbol{y}, X) \propto \exp\left[-\frac{(\beta_0 - b_0)^2}{2B_0} + \sum_{i=1}^{n}\{\beta_0 y_i - \exp(\beta_0 + \beta_1 x_i)\}\right],$$

$$\pi(\beta_1 | \beta_0, \boldsymbol{y}, X) \propto \exp\left[-\frac{(\beta_1 - c_0)^2}{2C_0} + \sum_{i=1}^{n}\{\beta_1 x_i y_i - \exp(\beta_0 + \beta_1 x_i)\}\right]$$

となる．β_0 の条件付事後分布からのサンプリングはすでに説明した方法と同様に行うことができる．つまり，条件付事後確率密度関数のモード（またはその近似値）を $\hat{\beta}_0$ として，事後確率密度関数の対数（定数項部分を除く）$g(\beta_0 | \beta_1, \boldsymbol{y}, X)$ を $\hat{\beta}_0$ のまわりでテーラー展開すると，

$$g(\beta_0|\beta_1,\boldsymbol{y},X) = -\frac{(\beta_0-b_0)^2}{2B_0} + \sum_{i=1}^{n}\beta_0 y_i - \exp(\beta_0+\beta_1 x_i)$$
$$\approx g(\hat{\beta}_0|\beta_1,\boldsymbol{y},X) + g_1(\beta_0-\hat{\beta}_0) + \frac{1}{2}g_2(\beta_0-\hat{\beta}_0)^2$$
$$\equiv h(\beta_0|\beta_1,\boldsymbol{y},X),$$
$$g_1 = \left.\frac{\partial g(\beta_0|\beta_1,\boldsymbol{y},X)}{\partial \beta_0}\right|_{\beta_0=\hat{\beta}_0},\quad g_2 = \left.\frac{\partial^2 g(\beta_0|\beta_1,\boldsymbol{y},X)}{\partial \beta_0^2}\right|_{\beta_0=\hat{\beta}_0}$$

となる.ここで

$$h(\beta_0|\beta_1,\boldsymbol{y},X) = 定数 - \frac{(\beta_0-b_1)^2}{2B_1}$$
$$B_1^{-1} = -g_2,\quad b_1 = \hat{\beta}_0 + B_1 g_1$$

であることから,提案分布を $N(b_1,B_1)$ とする.このとき次の点の候補 β_0' の提案密度は

$$q(\beta_0^{(t-1)},\beta_0'|\beta_1^{(t-1)},\boldsymbol{y},X) = \frac{1}{\sqrt{2\pi B_1}}\exp\left\{-\frac{(\beta_0'-b_1)^2}{2B_1}\right\}$$
$$\propto \exp h(\beta_0|\beta_1^{(t-1)},\boldsymbol{y},X)$$

となり,候補点 β_0' の採択確率は

$$\alpha(\beta_0^{(t-1)},\beta_0'|\beta_1^{(t-1)},\boldsymbol{y},X)$$
$$= \min\left\{1,\frac{\pi(\beta_0'|\beta_1^{(t-1)},\boldsymbol{y},X)q(\beta_0',\beta_0^{(t-1)}|\beta_1^{(t-1)},\boldsymbol{y},X)}{\pi(\beta_0^{(t-1)}|\beta_1^{(t-1)},\boldsymbol{y},X)q(\beta_0^{(t-1)},\beta_0'|\beta_1^{(t-1)},\boldsymbol{y},X)}\right\}$$
$$= \min\Big[1,\exp\{g(\beta_0'|\beta_1^{(t-1)},\boldsymbol{y},X) - h(\beta_0'|\beta_1^{(t-1)},\boldsymbol{y},X)$$
$$\quad -g(\beta_0^{(t-1)}|\beta_1^{(t-1)},\boldsymbol{y},X) + h(\beta_0^{(t-1)}|\beta_1^{(t-1)},\boldsymbol{y},X)\}\Big]$$

である.β_1 のサンプリングについても同様である.

3.3 事後分布に基づく推論

マルコフ連鎖モンテカルロ法によって(稼動検査期間(4.1節参照)を除いて)得られた標本 $\boldsymbol{\theta}^{(t)}$ ($t=1,2,\cdots,n$) を用いてベイズ推論を行うことができる.

$\boldsymbol{\theta}$ の実数値関数 $g(\boldsymbol{\theta})$ の周辺事後確率密度関数を求めるには $g(\boldsymbol{\theta}^{(t)})$ ($t=1,2,$

$\cdots, n)$ を用いた密度関数の推定を行えばよい. 現在, R 言語をはじめとして多くのソフトウェアが標本から密度関数を推定して描く機能を搭載しているので, これを用いればよい. $g(\boldsymbol{\theta})$ の事後分布の平均や標準偏差は, 得られた標本時系列の平均 $\bar{g} = \sum_{t=1}^{n} g(\boldsymbol{\theta}^{(t)})/n$ や標準偏差として求めればよく, 信用区間は標本の順序統計量を用いて 95% 信用区間ならば 2.5% 点を区間の下限に, 97.5% 点を上限にとればよい.

また事後平均 $\bar{g}$ の数値的標準誤差(numerical standard error)あるいはモンテカルロ標準誤差 $\sqrt{\widehat{Var(\bar{g})}}$ を求めるには, $g(\boldsymbol{\theta}^{(t)})(t=1,2,\cdots,n)$ が時系列データであることに注意して $\widehat{Var(\bar{g})}$ をスペクトル密度関数の推定値を用いる方法やバッチ平均による方法で求めればよい. 標本平均 $\bar{g}$ の分散 $Var(\bar{g})$ の推定量の求め方はいろいろあるが, たとえば $g(\boldsymbol{\theta})$ のスペクトル密度関数の推定量 $\hat{f}_g(0)$ を使って $\widehat{Var(\bar{g})} = 2\pi \hat{f}_g(0)/n$ とすればよい. あるいは標本を k 個のグループに分割して(各グループ内の標本数は $m=n/k$ とする), グループごとの標本平均を $\bar{g}_1, \bar{g}_2, \cdots, \bar{g}_k$ として求め,

$$\widetilde{Var}(\bar{g}) = \frac{1}{k} \frac{\sum_{i=1}^{k} (\bar{g}_i - \bar{\bar{g}})^2}{k-1}, \quad \bar{\bar{g}} = \frac{1}{k} \sum_{i=1}^{k} \bar{g}_i$$

としてもよい(バッチ平均による方法という). スペクトル密度関数については, たとえば Fuller(1995)を参照されたい.

4 事後分布への収束の診断

マルコフ連鎖モンテカルロ法を行う際には初期値を適当に設定することが多く[*18], 不変分布である事後分布に収束するまでは初期値に依存する期

[*18] 事後分布に収束するまでに必要な反復回数を理論的に導く試みはモデルごとになされており, また初期値を不変分布から発生させるためのアルゴリズムである完全シミュレーション(perfect simulation)に関する研究も進んでいる. しかし, 実用上からは必ずしもまだ十分であるとはいえない場合も多く, 初期値を適当に設定することになる.

間であるとして棄て，それ以降の標本を用いて推論を行う．では反復を何回以上行えば事後分布に収束するといえるのだろうか．以下では現在よく用いられている，得られた標本系列を用いた診断方法について説明していく[*19]．収束の判定手法の包括的なサーベイは Robert and Casella(2004)や Mengersen, Robert and Guihenneuc-Jouyaux(1999)を，実験に基づく比較については Cowles and Carlin(1996)や Brooks and Roberts(1999)を参照されたい．

4.1　標本の時系列プロット

マルコフ連鎖モンテカルロ法で得られた標本の分布が事後分布に収束しているかどうかを判定する最も簡単な方法は，標本の時系列プロットを見ることである．描いた標本径路が初期値に依存せず安定的な動きになっているかどうかを見ればよい．たとえば，図7では最初の100〜200個は初期値に依存しているが，300個を過ぎたあたりから事後分布へ収束を始めたと考えられる．多くの場合には初期値からすべての標本を保存して時系列プロットを描くのではなく，適当な個数，たとえば最初の1000個を初期値に依存する期間としてまず捨てておく．そして，その後の標本を用いて

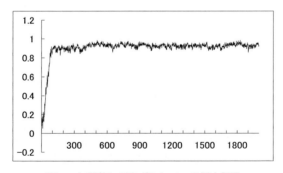

図7　初期値に引きずられている標本径路

[*19] 収束判定のためにさまざまな方法が提案されているが，Cowles, Roberts and Rosenthal (1999)の指摘するように，どの方法も完全ではない．現実にはいくつかの方法を併用して収束の判定をすることになる．

時系列プロットを描いていく.もちろん,1000 個がいつも妥当であるとは限らない.もし 1000 個捨てても依然として安定的な動きを示していなければ,さらに多くの標本を稼動検査期間に属していると考えて捨てることになる.また,1000 個捨てた段階で安定的な動きを示していれば,捨てる個数を 1000 個よりも減らすということを考えてもよい.

ところで事後分布が 2 峰型であるようなときに,事後分布の山の 1 つの周辺だけしか標本が得られないことがある.このときの時系列プロットは安定的に見えるので,まるで標本の分布が事後分布に収束しているかのように誤解する可能性がある.したがって,事後分布の形状が多峰型であると考えられるときには,より多くの反復を行って標本をとるか,あるいは事後分布のすべての山の周辺からまんべんなく標本をとることができるようにサンプリングの方法を工夫する必要がある[20].

4.2 母平均の差の検定(Geweke の方法)

初期値に依存していると思われる標本を捨てて,標本の時系列プロットが安定的に見えたとしても視覚による判断には曖昧さが残る.そこで Geweke(1992)は,非ベイズ的な仮説検定を用いて収束の判定を行うことを提案した.具体的には,標本系列の前半と後半で平均が同じであるかどうかを検定するものである.前半と後半における真の平均をそれぞれ μ_1, μ_2 とすると,不変分布である事後分布に収束していれば $\mu_1 = \mu_2$ であると期待されるから,帰無仮説 $H_0 : \mu_1 = \mu_2$ を対立仮説 $H_1 : \mu_1 \neq \mu_2$ に対して仮説検定を行い,H_0 が棄却されるならば事後分布にまだ収束していないと考えるのである.

いま(稼動検査期間を棄てて)得られた $\boldsymbol{\theta}$ の標本の時系列を $\boldsymbol{\theta}^{(1)}, \boldsymbol{\theta}^{(2)}, \cdots, \boldsymbol{\theta}^{(n)}$ とする.このとき,$\boldsymbol{\theta}$ の実数値関数 $g(\boldsymbol{\theta})$ を考えて[21],

---

[20] パラレル・テンパリング法,ハイブリッド・モンテカルロ法など候補となる方法はさまざまであるが,たとえば Liu(2001)参照.

[21] g は通常 $\boldsymbol{\theta}$ の要素の 1 つ θ_i をとりだす関数を用いることが多い($g(\boldsymbol{\theta}) = \theta_i$).

$$\overline{g}_1 = \frac{1}{n_1}\sum_{t=1}^{n_1} g(\boldsymbol{\theta}^{(t)}), \quad \overline{g}_2 = \frac{1}{n_2}\sum_{t=n-n_2+1}^{n} g(\boldsymbol{\theta}^{(t)})$$

とする．$\overline{g}_1, \overline{g}_2$ はそれぞれ，標本の前半 n_1 個 $(t=1,\cdots,n_1)$ と後半 n_2 個 $(t=n-n_2+1,\cdots,n)$ を用いた g の標本平均である．仮説検定のための統計量を

$$Z = \frac{\overline{g}_1 - \overline{g}_2}{\sqrt{\widehat{Var}(\overline{g}_1) + \widehat{Var}(\overline{g}_2)}}$$

とする．ただし $\widehat{Var}(\overline{g}_i)$ は標本平均 $\overline{g}_i$ の分散の推定量である（3.3 節参照）．n, n_1, n_2 が十分大きいとき，Z は帰無仮説 $H_0 : \mu_1 = \mu_2$ のもとで近似的に標準正規分布にしたがうので z_α を標準正規分布の上側 $100\alpha\%$ 点として $|Z| > z_{\alpha/2}$ のとき，帰無仮説 H_0 を棄却し収束が達成されていないと考える．このとき，前半と後半の標本で相関が 0 になるように n_1, n_2 をとる必要があるが，Geweke（1992）では $n_1 = 0.1n, n_2 = 0.5n$ を推奨している．

4.3 標本自己相関関数のプロット（コレログラム）

標本 $\boldsymbol{\theta}^{(t)}$ の実数値関数 $g(\boldsymbol{\theta}^{(t)})$ のコレログラムとは，$g(\boldsymbol{\theta}^{(t)})$ の標本自己相関関数をプロットしたものである．具体的には横軸に $k=1,2,\cdots$ ととり，縦軸に k 期のラグの自己相関 $g(\boldsymbol{\theta}^{(t)})$ と $g(\boldsymbol{\theta}^{(t+k)})$ の標本相関係数をプロットする．標本自己相関関数が急速に減衰していることは不変分布への収束が早いということを示し，逆に標本自己相関関数がなかなか減衰しないということは不変分布への収束が遅いということを意味する．

図 8 は例 7 の図 5 から，酔歩連鎖のメトロポリス–ヘイスティングスアルゴリズムによって得られた μ の標本径路と標本自己相関関数を抜粋したものである．上段左側のコレログラムを見ると標本自己相関関数が急速に減衰しており，ラグ 15〜20 を超えるとほぼ 0 になっている．したがって，20 時点以上離れた標本の相関はほぼ 0 になり，過去の値への依存はあまりないと考えることができる．実際，これに対応する右側の標本径路では標本が自由に動き回っている様子が見てとれる．一方，下段のコレログラムはラグ 50 を超えてもなかなか標本自己相関が減衰せず，過去の値に長く依

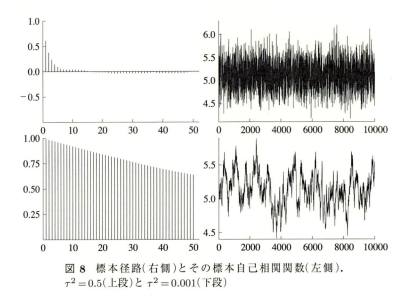

図 8 標本径路(右側)とその標本自己相関関数(左側).
$\tau^2 = 0.5$(上段)と $\tau^2 = 0.001$(下段).

存している．対応する標本径路も過去の値に引きずられて動きがゆるやかで，なかなか状態空間をまんべんなく動き回ることができていない．したがって，得られた標本から不変分布である事後分布に関する推論を行うためには，上段に比べて下段の場合には何倍もの標本数が必要となり，効率的ではないということができる．

4.4 非効率性因子

コレログラムを見て標本自己相関関数が高いときに，不変分布である事後分布に関する推論を行うにはどれくらいの標本を発生させればよいであろうか．その1つの目安となるのが**非効率性因子**(inefficiency factor)と呼ばれる尺度で，無相関な標本から計算される平均と同じ精度を達成するのに何倍の標本数が必要かを示す尺度である．

いま $g(\boldsymbol{\theta}^{(t)}), t = 1, 2, \cdots, n$ が平均 μ_g，分散 σ_g^2 の母集団からの標本とすると，その標本平均 $\bar{g}$ の分散は $(\sigma_g^2/n)\{1 + 2\sum_{k=1}^{n} \dfrac{n-k}{n} \rho_g(k)\}$ である（ただし $\rho_g(k)$ はラグ k の自己相関関数）．もし $g(\boldsymbol{\theta}^{(t)})$ が互いに無相関

であるときには，自己相関は $\rho_g(k) = 0, k \neq 0$ となり，$\bar{g}$ の分散は σ_g^2/n である．このとき 2 つの標本平均の分散比 $\{\sigma_g^2/n\}/Var(\bar{g})$ を，仮想的な独立標本に対するマルコフ連鎖モンテカルロ法による標本の**相対数値的効率性**(relative numerical efficiency, Geweke(1992)を参照)といい，その逆数

$$\frac{Var(\bar{g})}{\sigma_g^2/n} = 1 + 2\sum_{k=1}^{n} \frac{n-k}{n} \rho_g(k) \tag{4}$$

を非効率性因子または**自己相関時間**(autocorrelation time)という．非効率性因子の値が 10 であるならば，独立な標本を 100 個サンプリングした場合と同じ標本平均の分散を得るには，$100 \times 10 = 1000$ 個の標本をマルコフ連鎖モンテカルロ法により発生させる必要があるということになる．非効率性因子を計算するには，まず(4)式の分母を標本分散の推定値 $s_g^2 = \sum_{t=1}^{n} \{g(\boldsymbol{\theta}^{(t)}) - \bar{g}\}^2/(n-1)$ を使って s_g^2/n とし，次に分子の標本平均の分散 $Var(\bar{g})$ の推定値を求めればよい(3.3 節参照)．

図 8 の標本について非効率性因子の値を見てみよう[*22]．例 7(続き)では酔歩過程を用いたメトロポリス–ヘイスティングスアルゴリズムを紹介し，酔歩過程の分散 τ^2 が小さいとき ($\tau^2 = 0.001$) に収束が遅くなり，大きいとき ($\tau^2 = 0.5$) に早くなることを説明した．このときの非効率性因子の値は前者で 144.56, 後者で 3.94 である．10000 個のサンプルを求めているが，前者では独立標本と比べると実質的には 100 個分もないのに対して，後者ではその 2500 個分はあると考えることができる．したがって，前者の方法ではさらに多くの標本が必要である．実際，前者では Geweke の仮説検定

表 5 事後分布の平均，標準偏差，95% 信用区間

パラメータ	事後平均	事後標準偏差	95% 信用区間	Geweke	Inef
$\mu(\tau^2 = 0.001)$	5.133	0.240	(4.650, 5.587)	0.023	144.56
$\mu(\tau^2 = 0.5)$	5.116	0.301	(4.544, 5.709)	0.512	3.94

※ Geweke は母平均の差の仮説検定の p 値.
※ Inef は非効率性因子.

[*22] Parzen のウィンドウを用いてスペクトル密度関数を推定し，計算した．その際用いたバンド幅は標本自己相関が減衰するまでとり，$\tau^2 = 0.001$ のとき 400, $\tau^2 = 0.5$ のときに 20 とした．

の p 値は 0.023 と 0.05 より小さく，まだ事後分布へ収束していないということが示唆されているのに対して，後者では 0.512 と 0.05 を超えており，収束していると示唆されている．

4.5 多重連鎖に基づく診断

複数のマルコフ連鎖を構成して，各連鎖から 1 つずつ標本を発生させる方法を**多重連鎖**(multiple chain)に基づく方法というが，すべての連鎖が不変分布に収束しているかどうかを，不変分布の分散の推定値が各連鎖で同じかどうかによって診断することができる．

いま M 個のマルコフ連鎖を平行して走らせて，それぞれ n 個の標本 $\boldsymbol{\theta}^{(i,t)}$ を発生させたとする $(i=1,2,\cdots,M, t=1,2,\cdots,n)$．このとき $g(\boldsymbol{\theta}^{(i,t)})$ の分散 σ_g^2 は

$$\tilde{\sigma}_B^2 = n\frac{\sum_{i=1}^{M}(\overline{g}_i - \overline{\overline{g}})^2}{M-1}, \quad \overline{g}_i = \frac{1}{n}\sum_{t=1}^{n}g(\boldsymbol{\theta}^{(i,t)}), \quad \overline{\overline{g}} = \frac{1}{M}\sum_{i=1}^{M}\overline{g}_i,$$

$$\tilde{\sigma}_W^2 = \frac{1}{M}\sum_{i=1}^{M}s_{g_i}^2, \quad s_{g_i}^2 = \frac{\sum_{t=1}^{n}(g(\boldsymbol{\theta}^{(i,t)}) - \overline{g}_i)^2}{n-1}$$

$$\tilde{\sigma}_{BW}^2 = \frac{(n-1)\tilde{\sigma}_W^2 + \tilde{\sigma}_B^2}{n}$$

の $(\tilde{\sigma}_B^2, \tilde{\sigma}_W^2, \tilde{\sigma}_{BW}^2)$ いずれによっても推定することができる．もし，各連鎖の標本の自己相関が高くて過去の値に依存していれば不変分布への収束が遅くなるが，このとき $s_{g_i}^2$ は真の分散 σ_g^2 より小さくなり，したがってその平均である $\tilde{\sigma}_W^2$ も σ_g^2 より小さくなると考えられる．特に事後分布が多峰型(multimodal)で，連鎖がそのうちに 1 つのモードの周辺ばかりをサンプリングしている場合には，その傾向が強くなる[*23]．一方，各連鎖の動き

[*23] もしすべての連鎖の初期値が 1 つのモードの周辺でとられると，すべての連鎖がそのモードの周辺ばかりで標本の発生が行われて収束したと誤認し，もう一方のモードを検出できないことが起こりうる．これを防ぐためには不変分布の形状に関する情報をできるだけ得て，初期値も不変分布の台に広く散らばるように発生させることが必要である．

が緩慢で状態空間の一部でしかサンプリングできていないような場合には，各連鎖の標本平均のばらつき $\tilde{\sigma}_B^2/n$ が大きくなり，したがって $\tilde{\sigma}_B^2$ も大きくなる傾向にある．そこで

$$\sqrt{\hat{R}} = \sqrt{\frac{\tilde{\sigma}_{BW}^2}{\tilde{\sigma}_W^2}} = \sqrt{1 + \frac{\tilde{\sigma}_B^2/\tilde{\sigma}_W^2 - 1}{n}}$$

が 1 より大きいとき($\tilde{\sigma}_B^2 > \tilde{\sigma}_W^2$ のとき)には，不変分布に収束していないと考え，1 に近いとき($\tilde{\sigma}_B^2 \approx \tilde{\sigma}_W^2$ のとき)収束していると考える．Gelman (1996)は $\hat{R}$ が 1.1～1.2 以下になれば収束したと実用上考えてよいとしている．

5 回帰分析へのマルコフ連鎖モンテカルロ法の応用

5.1 回帰モデル

例 10 標準的な回帰モデルでは，被説明変数を y_i, 定数項を含む K 個の説明変数を $\bm{x}_i' = (1, x_{i1}, \cdots, x_{i,K-1})$, ϵ_i を誤差項とし，パラメータは $\bm{\beta} = (\beta_0, \beta_1, \cdots, \beta_{K-1})'$ を回帰係数ベクトル，σ^2 を誤差項の分散として

$$y_i = \bm{x}_i'\bm{\beta} + \epsilon_i, \quad \epsilon_i \sim \text{i.i.d.} \ N(0, \sigma^2), \quad i = 1, 2, \cdots, n$$

と表現される．このとき尤度関数は

$$f(\bm{y}|\bm{\beta}, \sigma^2) = \prod_{i=1}^n \frac{1}{\sqrt{2\pi\sigma^2}} \exp\left\{-\frac{(y_i - \bm{x}_i'\bm{\beta})^2}{2\sigma^2}\right\}$$

$$= (2\pi\sigma^2)^{-\frac{n}{2}} \exp\left\{-\frac{(\bm{y} - X\bm{\beta})'(\bm{y} - X\bm{\beta})}{2\sigma^2}\right\}$$

である．ただし，$X' = (\bm{x}_1, \cdots, \bm{x}_n)$ である．$(\bm{\beta}, \sigma^2)$ の事前分布を

$$\bm{\beta} \sim N(\bm{b}_0, B_0), \quad \sigma^2 \sim IG(n_0/2, S_0/2)$$

とおくと，すでに例 6（続き）で見たように事後分布は

$$\bm{\beta}|\sigma^2, \bm{y} \sim N(\bm{b}_1, B_1), \quad \sigma^2|\bm{\beta}, \bm{y} \sim IG\left(\frac{n_1}{2}, \frac{S_1}{2}\right)$$

となる. ただし,

$$\boldsymbol{b}_1 = B_1\left(B_0^{-1}\boldsymbol{b}_0 + \sigma^{-2}X'\boldsymbol{y}\right), \quad B_1^{-1} = B_0^{-1} + \sigma^{-2}X'X,$$
$$n_1 = n_0 + n, \quad S_1 = S_0 + (\boldsymbol{y}-X\boldsymbol{\beta})'(\boldsymbol{y}-X\boldsymbol{\beta})$$

である.

以下では実際のデータ分析結果を見てみよう. 事後分布が真の値を捉えているかを知るためにまず, $K=2$ として真の値を $\beta = (1,2)', \sigma^2 = 16$ とし, 説明変数 X を与えて[24], 人工的に $y_i, i=1,2,\cdots,100$ を発生させた.

事前分布は $\beta \sim N(0, 1000I_2), \sigma^2 \sim IG(0.001, 0.001)$ とし, 事後分布からのサンプリングでは最初の 1000 個を捨てて 10000 個の標本を発生させた. 以下が分析の結果である. Geweke の値は収束診断のために行う母平均の差の仮説検定の p 値であり, いずれも有意水準 5% を超えている. したがって, 標本の前半と後半で平均に有意な差は見られず, 不変分布である事後分布に収束していると考えられる. 非効率性因子もほぼ 1 であり, 独立な標本に近い標本が得られている. 事後平均は $(0.931, 2.219, 15.5)$ と真の値 $(1,2,16)$ に近く, 95% 信用区間も真の値を含んでいる. $(\beta_0, \beta_1, \sigma^2)$ の事後平均のモンテカルロ標準誤差は, それぞれ $(0.004, 0.004, 0.02)$ であった[25].

表 6 事後分布の平均, 標準偏差, 95% 信用区間

パラメータ	事後平均	事後標準偏差	95% 信用区間	Geweke	Inef
β_0	0.931	0.390	(0.177, 1.700)	0.38	1.07
β_1	2.219	0.420	(1.387, 3.038)	0.50	0.92
σ^2	15.58	2.323	(11.72, 20.77)	0.54	1.03

※ Geweke は母平均の差の仮説検定の p 値.
※ Inef は非効率性因子(inefficiency factor).

図 9, 図 10, 図 11 はマルコフ連鎖モンテカルロ法により得られた $(\beta_0, \beta_1, \sigma^2)$ の標本のコレログラム, 標本径路, 周辺事後確率密度関数である. 非効率性因子の値ですでに見たように標本間に相関はほとんどなく, 標本径路からも状態空間からまんべんなくサンプリングしている様子をうかがう

---

[24] 説明変数は $X_i \sim$ i.i.d. $N(0,1)$ として作成した.
[25] Parzen のウィンドウを用いてスペクトル密度関数を推定し, 計算した(バンド幅は 20). 20 個ずつのグループに分けてバッチ平均により計算しても同じ結果を得た.

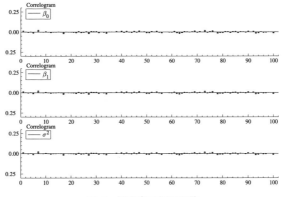

図 9　標本自己相関関数

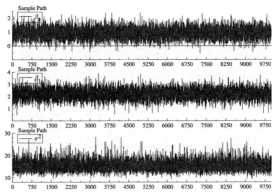

図 10　標本径路

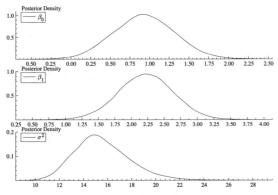

図 11　周辺事後確率密度関数

ことができる，効率的なサンプリングである．

5.2 打ち切り回帰モデル（トービットモデル）

例11 打ち切り回帰モデル（censored regression model）はトービットモデル（Tobit model）とも呼ばれる，観測値に打ち切りが存在する場合の回帰モデルである．たとえば第 i 番目の個人について，自動車の新車の購買価格 y_i を所得や駅から住居までの距離などの説明変数 x_i で説明したいとしよう．このとき，自動車を購入した個人については y_i は観測できるが，購入しない個人については観測されない．購入したいと考えても，その購入希望価格が新車の最低購入価格よりも低い場合には購入できないからである．このようなとき最低購入価格は閾値とよばれる．

閾値が 0 であるとき，打ち切り回帰モデルは標準的な回帰モデルでは，被説明変数を y_i，定数項を含む K 個の説明変数を $x'_i = (1, x_{i1}, \cdots, x_{i,K-1})$，$\epsilon_i$ を誤差項とし，パラメータは $\boldsymbol{\beta} = (\beta_0, \beta_1, \cdots, \beta_{K-1})'$ を回帰係数ベクトル，σ^2 を誤差項の分散として

$$y_i^* = x'_i \boldsymbol{\beta} + \epsilon_i, \quad \epsilon_i \sim \text{i.i.d. } N(0, \sigma^2), \quad i = 1, 2, \cdots, n$$

$$y_i = \begin{cases} y_i^*, & y_i^* > 0 \text{ のとき} \\ 0, & y_i^* \leq 0 \text{ のとき} \end{cases}$$

と表される．このモデルでは y_i^* が 0 以下であるときに観測されずに欠損しているのでその y_i^* を事後的に潜在変数としてサンプリングして

$$y_i^* | \boldsymbol{\beta}, \sigma^2 \sim TN_{(-\infty, 0]}(x'_i \boldsymbol{\beta}, \sigma^2)$$

とする．ただし，$TN_{(a,b]}(\mu, \sigma^2)$ は区間 (a, b) 上で切断された正規分布 $N(\mu, \sigma^2)$ である[*26]．得られた y_i^* を観測されたかのように扱うことにより，例10 と同じ回帰モデルと考えてサンプリングを行うことができる．このような方法をデータ拡大（data augmentation）法という．

[*26] 切断正規分布 $TN_{(a,b]}(\mu, \sigma^2)$ から乱数を発生させるもっとも簡単な方法は，$N(\mu, \sigma^2)$ からの乱数が区間 (a, b) に入るまで乱数を発生し続けることである．その他の方法については Geweke(1991)を参照されたい．

したがって，$(\boldsymbol{\beta}, \sigma^2)$ の事前分布を例 10 と同じにとると，事後分布からのサンプリングは

$$y_i^*|\boldsymbol{\beta}, \sigma^2, \boldsymbol{y} \sim TN_{(-\infty, 0]}(\boldsymbol{x}_i'\boldsymbol{\beta}, \sigma^2), \quad (y_i = 0 \text{ のとき}),$$

$$\boldsymbol{\beta}|\sigma^2, \boldsymbol{y}^* \sim N(\boldsymbol{b}_1, B_1),$$

$$\sigma^2|\boldsymbol{\beta}, \boldsymbol{y}^* \sim IG\left(\frac{n_1}{2}, \frac{S_1}{2}\right)$$

となる．ただし，

$$\boldsymbol{b}_1 = B_1\left(B_0^{-1}\boldsymbol{b}_0 + \sigma^{-2}X'\boldsymbol{y}^*\right), \quad B_1^{-1} = B_0^{-1} + \sigma^{-2}X'X,$$
$$n_1 = n_0 + n, \quad S_1 = S_0 + (\boldsymbol{y}^* - X\boldsymbol{\beta})'(\boldsymbol{y}^* - X\boldsymbol{\beta})$$

である．

例 10 のデータを y_i が 0 以下であるものは打ち切って 0 とおいたデータを使いギブス・サンプリングを行ってみた．事前分布は同じものを用い，事後分布からのサンプリングでは最初の 1000 個を捨てて 10000 個の標本を発生させた．以下が分析の結果である．Geweke の値はいずれも有意水準 5% で有意ではなく，事後分布に収束していると考えられる．非効率性因子も 2〜3 であり，独立な標本と同等の精度を得るには 2〜3 倍の個数の標本が必要であることを示唆している．事後平均は $(0.869, 2.254, 15.63)$ と真の値に近く，95% 信用区間も真の値を含んでいる．ただ，打ち切りによって情報が欠損しているため，打ち切りのないデータの場合に比べて 95% 信用区間は広くなっている．

図 12，図 13，図 14 はマルコフ連鎖モンテカルロ法により得られた $(\beta_0, \beta_1, \sigma^2)$ の標本のコレログラム，標本径路，周辺事後確率密度関数である．標本間の相関はごくわずかであり，標本径路からも事後分布の状態空間を動

表 7 事後分布の平均，標準偏差，95% 信用区間

パラメータ	事後平均	事後標準偏差	95% 信用区間	Geweke	Inef
β_0	0.869	0.463	$(-0.084, 1.743)$	0.69	2.15
β_1	2.254	0.474	$(1.350, 3.231)$	0.71	1.74
σ^2	15.63	3.294	$(10.36, 23.15)$	0.24	3.30

※ Geweke は母平均の差の仮説検定の p 値．
※ Inef は非効率性因子．

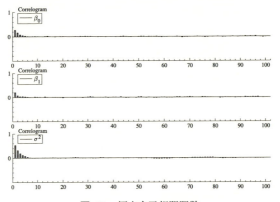

図 12　標本自己相関関数

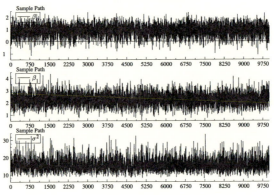

図 13　標本径路

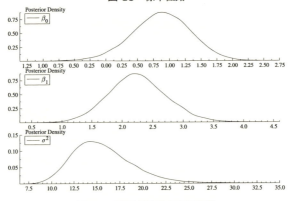

図 14　周辺事後確率密度関数

き回っていることがわかる．

5.3 プロビットモデル

例 12 プロビットモデル(probit model)は選択行動を説明するモデルであり，第 i 個人がある行動を選択するか ($y_i = 1$)，選択しないか ($y_i = 0$) をその属性 x_i によって説明しようとするものである．

具体的には被説明変数を y_i，定数項を含む K 個の説明変数を $x_i' = (1, x_{i1}, \cdots, x_{i,K-1})$，$\epsilon_i$ を誤差項とし，パラメータは $\boldsymbol{\beta} = (\beta_0, \beta_1, \cdots, \beta_{K-1})'$ を回帰係数ベクトルとして

$$y_i^* = x_i'\boldsymbol{\beta} + \epsilon_i, \quad \epsilon_i \sim \text{i.i.d. } N(0,1), \quad i = 1, 2, \cdots, n$$

$$y_i = \begin{cases} 1, & y_i^* > 0 \text{ のとき} \\ 0, & y_i^* \leq 0 \text{ のとき} \end{cases}$$

と表される．潜在変数 y_i^* は観測されないが，ある行動を選択した場合の効用と，選択しなかった場合の効用の差と解釈される．もし $y_i^* > 0$ であるときにはある行動を選択したほうが効用が高くなり，$y_i = 1$ となる．一方，$y_i^* \leq 0$ であるときにはある行動を選択しないほうが効用が高くなり，$y_i = 0$ となる．トービットモデルと異なり，$y_i^* > 0$ のときにもその値は観測されず，0より大きいかどうかしかわからない．このため潜在変数の分散 (σ^2) を識別することができず，分散は 1 とおかれている．

潜在変数については，トービットモデルの場合と同様に

$$y_i^*|\boldsymbol{\beta} \sim \begin{cases} TN_{(-\infty,0]}(x_i'\boldsymbol{\beta}, 1), & y_i = 0 \text{ のとき} \\ TN_{(0,\infty)}(x_i'\boldsymbol{\beta}, 1), & y_i = 1 \text{ のとき} \end{cases}$$

と発生させればよい．$\boldsymbol{\beta}$ の事前分布を例 10 と同じにとると，事後分布からのサンプリングは

$$y_i^* | \boldsymbol{\beta} \sim \begin{cases} TN_{(-\infty, 0]}(\boldsymbol{x}_i'\boldsymbol{\beta}, 1), & y_i = 0 \text{ のとき} \\ TN_{(0, \infty)}(\boldsymbol{x}_i'\boldsymbol{\beta}, 1), & y_i = 1 \text{ のとき} \end{cases}$$

$$\boldsymbol{\beta} | \boldsymbol{y}^* \sim N(\boldsymbol{b}_1, B_1)$$

となる.ただし

$$\boldsymbol{b}_1 = B_1 \left(B_0^{-1} \boldsymbol{b}_0 + X' \boldsymbol{y}^* \right), \quad B_1^{-1} = B_0^{-1} + X'X$$

である.

例 10 のデータを $y_i > 0$ については 1, $y_i \leq 0$ については 0 とおきなおしたデータについてギブス・サンプリングを行った.β の事前分布は同じものを用い,事後分布からのサンプリングでは最初の 1000 個を捨てて 10000 個の標本を発生させた.

表 8 事後分布の平均,標準偏差,95% 信用区間

パラメータ	事後平均	事後標準偏差	95% 信用区間	Geweke	Inef
β_0	0.909	0.227	(0.480, 1.378)	0.47	13.23
β_1	1.981	0.369	(1.306, 2.756)	0.30	18.16

※ Geweke は母平均の差の仮説検定の p 値.
※ Inef は非効率性因子(inefficiency factor).

Geweke の値はいずれも有意水準 5% を超えており,事後分布に収束していると考えられる.非効率性因子は 13〜18 であり,独立な標本と同等の精度を得るには 20 倍程度の個数の標本が必要である[*27].標準的な回帰モデルに比べて y_i^* に関する情報が少ないため,やや高い値となっているが 10000 個の標本を発生しているので,独立標本 500 個に相当する精度を達成することが期待される.事後平均は $(0.909, 1.981)$ と真の値に近く,95% 信用区間も真の値を含んでいる.

図 15,図 16,図 17 は (β_0, β_1) の標本のコレログラム,標本径路,周辺事後確率密度関数である.標本間の相関はやや高いが依然としてわずかであり,標本径路もやや過去の値に引きずられるが事後分布の状態空間をよく移動していることがわかる.

[*27] 標本自己相関がやや高い.スペクトル密度関数の推定におけるバンド幅は 50 として計算した.

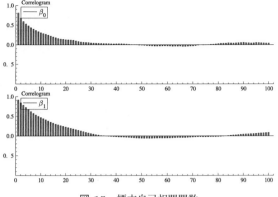

図 15　標本自己相関関数

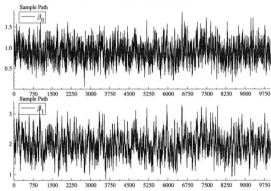

図 16　標本径路

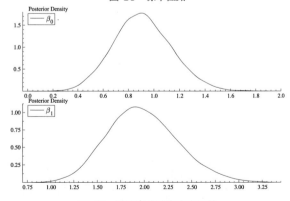

図 17　周辺事後確率密度関数

5.4 見かけ上無関係な回帰モデル

例 13 見かけ上無関係な回帰モデル(SUR model, Seemingly Unrelated Regressions Model)とは,被説明変数が多変量であるときの回帰モデルで,被説明変数が一変量である回帰モデルが複数あり,それらの誤差項に相関を考慮するモデルである.SUR モデルでは,被説明変数を $\bm{y}_i = (y_{1i}, \cdots, y_{mi})'$,定数項を含む $m \times K$ 行列の説明変数を X_i, $\bm{\epsilon}_i$ を誤差項とし,パラメータは $\bm{\beta} = (\beta_0, \beta_1, \cdots, \beta_{K-1})'$ を回帰係数ベクトル,Σ を誤差項の $m \times m$ 共分散行列として

$$\bm{y}_i = X_i' \bm{\beta} + \bm{\epsilon}_i, \quad \bm{\epsilon}_i \sim \text{i.i.d. } N(0, \Sigma), \quad i = 1, 2, \cdots, n$$

と表現される.このとき尤度関数は

$$f(\bm{y}|\bm{\beta}, \Sigma) \propto \prod_{i=1}^{n} |\Sigma|^{-\frac{1}{2}} \exp\left\{ -\frac{(\bm{y}_i - X_i \bm{\beta})' \Sigma^{-1} (\bm{y}_i - X_i \bm{\beta})}{2} \right\}$$

である.$(\bm{\beta}, \Sigma)$ の事前分布を

$$\bm{\beta} \sim N(\bm{b}_0, B_0), \quad \Sigma \sim IW(n_0, R_0)$$

とおくと[*28],事後分布は

$$\bm{\beta}|\Sigma, \bm{y} \sim N(\bm{b}_1, B_1), \quad \Sigma|\bm{\beta}, \bm{y} \sim IW(n_1, R_1)$$

となる.ただし,

$$\bm{b}_1 = B_1 \left(B_0^{-1} \bm{b}_0 + \sum_{i=1}^{n} X_i' \Sigma^{-1} \bm{y}_i \right), \quad B_1^{-1} = B_0^{-1} + \sum_{i=1}^{n} X_i' \Sigma^{-1} X_i,$$

$$n_1 = n_0 + n, \quad R_1^{-1} = R_0^{-1} + \sum_{i=1}^{n} (\bm{y}_i - X_i \bm{\beta})(\bm{y}_i - X_i \bm{\beta})'$$

である.

以下では $m = 2, K = 4$ として真の値を

[*28] $IW(n_0, R_0)$ は (n_0, R_0) をパラメータとする逆ウィッシャート分布を表し,その密度関数は

$$\pi(\Sigma | n_0, R_0) \propto |\Sigma|^{-\frac{n_0 + m + 1}{2}} \exp\left\{ -\frac{1}{2} \text{tr}\left(R_0^{-1} \Sigma^{-1} \right) \right\}$$

である.

$$\beta = \begin{pmatrix} 1 \\ 2 \\ 3 \\ 4 \end{pmatrix}, \quad \Sigma = \begin{pmatrix} 1 & 1.8 \\ 1.8 & 4 \end{pmatrix}$$

とし説明変数 X_i を与えて[*29]，人工的に $y_i, i=1,2,\cdots,100$ を発生させた．

事前分布は $\beta \sim N(0, 1000I_4), \Sigma \sim IW(1, I_2)$ とし，事後分布からのサンプリングでは最初の 1000 個を捨てて 10000 個の標本を発生させた．

表 9　事後分布の平均，標準偏差，95% 信用区間

パラメータ	事後平均	事後標準偏差	95% 信用区間	Geweke	Inef
β_0	0.943	0.068	(0.808, 1.076)	0.06	0.99
β_1	2.013	0.032	(1.951, 2.076)	0.85	1.06
β_2	3.039	0.035	(2.969, 3.108)	0.40	0.99
β_3	4.001	0.036	(3.938, 4.080)	1.00	0.97
σ_{11}	0.989	0.146	(0.744, 1.316)	0.83	1.09
σ_{12}	1.888	0.289	(1.403, 2.544)	0.86	1.09
σ_{22}	4.262	0.620	(3.214, 5.666)	0.66	1.06

※ Geweke は母平均の差の仮説検定の p 値．
※ Inef は非効率性因子．

Geweke の値は β_0 の値がやや小さいもののいずれも 5% より大きく，事後分布に収束していると考えられ，非効率性因子は 1 程度と非常に効率的なサンプリングとなっている．事後平均はどれとも真の値に近く，95% 信用区間も真の値を含んでいる．

図 18，図 19，図 20 は (β, Σ) の標本のコレログラム，標本径路，周辺事後確率密度関数である．どれも標本間の相関はほとんどなく，標本径路も事後分布への収束が十分であることを示している．

[*29] 定数項以外についてはすべて $N(0,1)$ から乱数を発生して作成した．

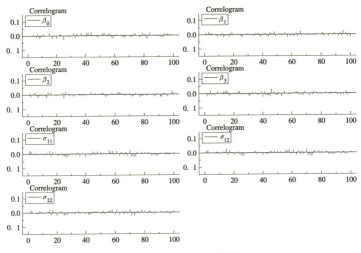

図 18　標本自己相関関数

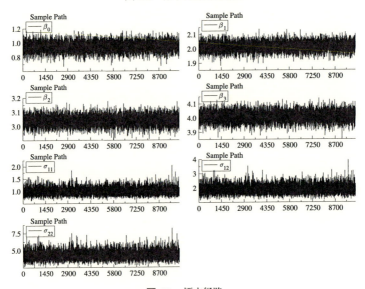

図 19　標本径路

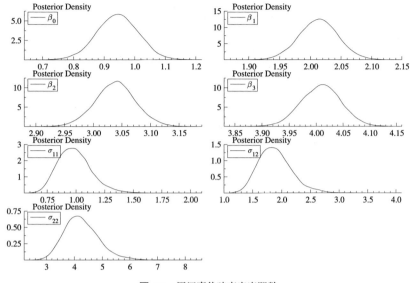

図 20　周辺事後確率密度関数

参考文献

Besag, J.E.(1974): Spatial interaction and the statistical analysis of lattice systems (with Discussion), *Journal of the Royal Statistical Society*, 36, 192-236.

Brooks, S.P. and Roberts, G.O.(1999): On quantile estimation and Markov chain Monte Carlo convergence, *Biometrika*, 86, 710-717.

Chen, M.-H., Shao, Q.-M. and Ibrahim, J.G.(2000): *Monte Carlo Methods in Bayesian Computation*, Springer: New York.

Cowles, M.K. and Carlin, B.P.(1996): Markov chain Monte Carlo convergence diagnostics: A comparative review, *Journal of the American Statistical Association*, 91, 883-904.

Cowles, M.K., Roberts, G.O. and Rosenthal. J.S.(1999): Possible bias induced by MCMC convergence diagnostics, *Journal of Statistical Computation and Simulation*, 64, 87-104.

Fuller, W.A.(1995): *Introduction to statistical time series*, Wiley.

Gamerman, D.(1997): *Markov Chain Monte Carlo: Stochastic Simulation for Bayesian Inference*, Chapman and Hall: London.

Gelfand, A.E. and Smith, A.F.M.(1990): Sampling-based approaches to calculating marginal densities, *Journal of the American Statistical Association*, 85, 398-409.

Gelman, A.(1996): Inference and monitoring convergence, in *Markov Chain Monte Carlo in Practice*, Ed. W.R. Gilks, S. Richardson and D.J. Spiegelhalter, 131-143, Chapman & Hall: London.

Geman, S. and Geman, D.(1984): Stochastic relaxation, Gibbs distributions and the Bayesian restoration of images, *Institute of Electrical and Electronics Engineers, Transactions on Pattern Analysis and Machine Intelligance*, 6, 721-741.

Geweke, J.(1991): Efficient simulation from the multivariate normal and student-t distributions subject to linear constraints in *Computing Science and Statistics: Proceedings of the Twenty-Third Symposium on the Interface* (Ed. E.M. Keramidas), 571-578, Fairfax: Interface Foundation of North America, Inc.

Geweke, J.(1992): Evaluating the accuracy of sampling-based approaches to the calculation of posterior moments, in *Bayesian Statistics 4* (Ed. J.M. Bernardo, J.O. Berger, A.P. Dawid and A.F.M. Smith), 169-193, Oxford: Oxford University Press.

Gilks, W.R., Richardson, S. and Spiegelhalter, D.J.(1996): *Markov Chain Monte Carlo in Practice*, Chapman & Hall: London.

Hastings, W.K.(1970): Monte Calro sampling methods using Markov chains and their applications, *Biometrika*, 57, 97-109.

Johnson, V.E. and Albert, J.H.(1999): *Ordinal Data Modeling*, Springer: New York.

Kim, C.-J. and Nelson, C.R.(1999): *State-Space Models with Regime Switching: Classical and Gibbs-Sampling Approaches with Applications*, The MIT Press.

Liu, J.S.(2001): *Monte Carlo Strategies in Scientific Computing, Springer*.

Mengersen, K.L., Robert, C.P. and Guihenneuc-Jouyaux, C.(1999): MCMC convergence diagnostics: a review, in *Bayesian Statistics 6* (Ed. J.M. Bernardo, J.O. Berger, A.P. Dawid and A.F.M. Smith), 415-440, Oxford: Oxford University Press.

Metropolis, N., Rosenbluth, A.W., Rosenbluth, M.N., Teller, A.H. and Teller, E.(1953): Equations of state calculations by fast computing machines, *Journal of Chemical Physics*, 21, 1087-1091.

Meyn, S.P. and Tweedie, R.L.(1993): *Markov Chains and Stochastic Stability*, Springer-Verlag: New York.

Robert, C.P. and Casella, G.(2004): *Monte Carlo Statistical Methods*, 2nd edition, New York: Springer.

Tanner, M.A. and Wong, W.H.(1987): The Calculation of posterior distributions by data augmentation (with discussion), *Journal of American Statistical Association*, 82, 528-550.

大森裕浩(2001): マルコフ連鎖モンテカルロ法の最近の展開．日本統計学会誌，31, 305-344.

大森裕浩，和合肇(2005): マルコフ連鎖モンテカルロ法とその応用．『ベイズ計量経済分析——マルコフ連鎖モンテカルロ法とその応用』第2章, 39-99, 東洋経済新報社.

繁桝算男(1985): ベイズ統計学入門．東京大学出版会.

鈴木雪夫(1987): 統計学．朝倉書店.

中妻照雄(2004): ファナンスのためのマルコフ連鎖モンテカルロ法．三菱経済研究所.

和合肇(1998): ベイズ計量経済分析における最近の発展．日本統計学会誌，28, 253-305.

和合肇，大森裕浩(2005): 計量経済分析へのベイズ統計学の応用．『ベイズ計量経済分析——マルコフ連鎖モンテカルロ法とその応用』第1章, 1-37, 東洋経済新報社.

渡部敏明(2000): ボラティリティ変動モデル．朝倉書店.

IV

マルコフ連鎖モンテカルロ法の経済時系列モデルへの応用

和合肇・大森裕浩

目　次

1　時系列モデルのベイズ分析　215
　　1.1　はじめに　215
　　1.2　時系列モデルの定式化　217
2　状態空間モデル　222
　　2.1　カルマン・フィルタ　225
　　2.2　シミュレーション・スムーザ　226
　　2.3　ベイズ推論の例　227
3　単位根と共和分のベイズ分析　233
　　3.1　ベイズの観点からの単位根モデル　234
　　3.2　ARMA-GARCH 回帰モデルにおける定常性の検定　239
　　3.3　パラメータと ξ の事後密度を得るための MCMC　240
　　3.4　共和分のベイズ分析　243
　　3.5　事前分布の定式化と事後分布の導出　247
　　3.6　HPDI 法を用いた共和分ランクの検定　251
4　ベイジアン因子分析モデル　256
　　4.1　因子モデル構造の定式化　257
　　4.2　k 因子モデルでの MCMC 法　259
　　4.3　因子数についての完全ベイズ推定　260
　　4.4　モデル不確実性を表すその他の方法　262
　　4.5　尤度と情報量規準　264
5　ストカスティック・ボラティリティ変動モデル　270
　　5.1　基本的 SV モデル　271
6　円滑推移自己回帰モデル　275
　　6.1　STAR モデルのベイズ分析　278
　　6.2　単変量 SV モデル + LSTAR 構造　283
7　おわりに　284
参考文献　287

1 時系列モデルのベイズ分析

1.1 はじめに

　経済・経営・金融などの多くの科学分野では，時間順で生成された観測値系列からその特性を分析したり，その将来値を予測するために適切なモデルを選択するという問題に出会う．しばしば実際の系列は連続的に変動しているが，離散時点 $t=1,\cdots,T$ で観測される．多くの観測された系列は，実際にはその離散時点での平均か，特定の1点を測ったものである．したがって，多くの分析で用いられている経済時系列は月次，あるいは四半期であり，株価や為替などの系列は日次，週次，あるいは一定時間ごとに観測されている．

　時系列データをモデル化する主な目的は，不規則な系列を平滑化したり，中期的あるいは長期的な将来への予測を行ったり，ある時間で同じように動く変数間の因果関係をモデル化することなどである．時系列分析では，モデルの確定的な部分(回帰)と確率的な部分(誤差)の両方で時間的な依存性を調べることである．

　時系列の分野でベイズ的な考え方に基づく分析は最近は広範囲に適用されており，特に金融時系列を扱った分析では誤差修正モデル(ECM)，VAR，GARCH モデル，それにストカスティック・ボラティリティ変動(SV)モデルなどの分析手法が最近重要な役割を占めるようになった．この方法は，現実的には非標準的な分布や非線型回帰が妥当であるような状況で，モデル推定が簡単になることに利点がある．たとえば，状態空間モデリングでは標準的なカルマン・フィルタ法は線型状態遷移と正規誤差に依存している．他方，ベイズ法では連続的と離散的の両方の結果を含む単純な方法になる．ARMA モデルでは，ベイズ的な考え方は定常性にとらわれないので，定常性と非定常性はデータ系列に対する対立モデルとして評価される．ベイズ

法は，最尤法では複雑で適用できないような時系列の構造シフトの分析でも役に立つ．

第Ⅳ部では，マルコフ連鎖モンテカルロ法（MCMC）を利用することによって可能になった経済時系列の応用分析を中心に紹介する．本稿は次のように構成されている．まずベイズの観点から一般的な時系列モデルの定式化について述べた後，第2章で，時系列データを分析するのに基本的な考え方である状態空間モデリングについて簡単に説明する[*1]．基本的な手法としてカルマン・フィルタとシミュレーション・スムーザを説明し，いくつかのベイズ推論の例を示す．経済時系列データの分析では，最近ベイズの考え方を利用したモデルの分析例が増えていることから，以下ではいくつかの興味ある実証分析例を中心に紹介する．第3章では，マクロ経済実証分析で多く使われている単位根と共和分のベイズ分析を簡単にレビューした後，共和分ランクの特異値に基づいてMCMCを行った最近の例を紹介し，為替レートを用いた例を示す．第4章では最近急速に発展しているMCMCを用いたダイナミック因子分析を紹介する．例として，外国為替レート間の動きをベイジアン・ダイナミック因子分析を用いて分析し，特に因子数が未知の場合の因子分析におけるリバーシブル・ジャンプの方法を示す．第5章では時系列の分散が一定ではない現象をモデル化したストカスティック・ボラティリティ変動モデルの分析をMCMCを用いて行う方法を説明する．最後に第6章では自己回帰係数や因子ストカスティック・ボラティリティの係数がレジーム（局面）によって変動する円滑推移モデル（smooth transition model）にMCMCを用いる方法を示す．第5章以降では，因子の数や自己回帰の次数もパラメータと考えてリバーシブル・ジャンプを行うモデルを組み込む例も考える．これらのいくつかの興味ある経済時系列分析から，最近の実証分析の方法の傾向を見ることができる．

[*1] この部分は大森裕浩氏による．

1.2 時系列モデルの定式化

ダイナミック回帰モデルを考える場合，まず系列のダイナミックな構造を考える必要がある．自己回帰プロセスモデルは，連続する時間点で観測されたデータから生じる依存性を記述したものであり，時間 $t=1,\cdots,T$ で観測された連続データ y_t に対しては，最も単純な自己回帰モデルは次数が1の場合である．時間 t での y の値 (y_t) がその直近の値 (y_{t-1}) に依存する AR(1) モデルは

$$y_t = \mu + \rho y_{t-1} + u_t, \quad t = 2,\cdots,T \qquad (1)$$

と表される．ここで μ は系列の水準を表し，ρ は連続する観測値間の自己相関をモデル化している．そのような観測値の系列依存性を考慮した後で，誤差は交換可能なホワイト・ノイズとしてとられる．すなわち，すべての時点で分散一定(精度は $\tau=1/\sigma^2$)で，$\mathrm{cov}(u_s,u_t)=0$ の正規分布 $u_t \sim \mathcal{N}(0,\sigma^2)$ に従う．データが中心化されていればもっと簡単に次のように表わされる．

$$y_t = \rho y_{t-1} + u_t \qquad (2)$$

ラグ付の観測値 $y_{t-2},y_{t-3},\cdots,y_{t-p}$ にさらに依存する場合は，AR(2), AR(3), $\cdots$, AR(p) プロセスになる．$t=1$ の場合には，(1)は観測されない，すなわち潜在観測値 y_0 を参照することになる．そこで y_0 に対する事前分布をモデルに含め，これを完全尤度モデルと呼ぶ．時点 $t=1,\cdots,p$ を含めた AR(p) モデルに対しては，完全尤度モデルは p 個の観測されない潜在値 $y_0, y_{-1},\cdots,y_{1-p}$ が存在する．

p 次の自己回帰 AR(p) モデルの古典的な推定と予測は，通常，定常性を仮定して行われる．これは基本的には系列を生成するプロセスは，観測値がどの時点から出発しても同じになることを意味している．したがって，ベクトル $(y_1,\cdots,y_k)$ と $(y_t,\cdots,y_{t+k})$ は，すべての t と k に対して同じ分布をもつ．そして，観測データ系列に AR(p) モデルを適用するためには，トレンドを除くために階差をとって，定常な系列に変換する．また，$Y_t = \log(y_t)$ のような尺度変換も行うことがある．

定常性と反転可能性に関する事前分布

定常性(非定常性)や反転可能性(非反転可能性)に関する事前分布の仮定は，時系列モデルの定式化に関するその他の側面と密接に関連している．すべての観測値を含む完全尤度に対する事前分布を与えることは，定常なモデルに対しては簡単である．次の AR(1) モデルを考える．

$$y_t = \mu_t + \rho y_{t-1} + u_t$$

$\rho \in [-1, 1]$ の定常なプロセスに対して，平均 0 で分散 σ^2 の交換可能な誤差 u_t のときは，初期観測値 y_1 は平均 μ で，条件付分散は σ^2 でなく

$$\sigma^2/(1-\rho^2) \tag{3}$$

である．この解析的な形はそのプロセスに対する無限の過去を仮定することに対応する．$p > 2$ に対しては，(3)を一般化し行列表示する．事前分布に定常性の制約を考慮すると，ラグ・パラメータが観測される前の値についての事前密度と結合した受容可能区間に入ることが保証される．そこで，$p=1$ の AR(1) モデルに対する事前分布では，$\pi(\rho, \tau)$ ではなく初期観測値を含めた $\pi(y_0, \rho, \tau)$ を採用する．他方 $p > 1$ に対しては，$y_0, y_{-1}, \cdots, y_{1-p}$ に対する事前分布を定式化する必要がある．定常性の仮定の下で観測前の値に事前分布を与える際には，後ろ向き予測によって行う．時間を進めて捉えた定常時系列に対するモデルは，時間を逆にしても適用されるという事実に特徴がある(Box and Jenkins, 1976)．MCMC でのサンプリング中での発散を防ぐため，Chib and Greenberg(1994)は，実用的な方法として状態空間モデルで ARMA(p, q) 回帰誤差を得るために，ARMA 係数 ρ あるいは θ が定常あるいは反転可能という受容可能な領域に入れば，そのサンプルを受容するという単純な受容/棄却サンプリングを提案している．定常性を満たす AR 係数 $\rho = \{\rho_1, \cdots, \rho_p\}$ に関する事前分布の別の選択としては，ρ_j を AR(p) プロセスの偏相関 r_j で定式化し直す方法(Marriott and Smith, 1992; Mariott et al., 1996)が提案されている．この方法は，各偏相関に対する 1 対 1 抽出が得られるが，アルゴリズムが複雑である．

回帰係数に対する事前分布

定常性の制約をおかなければ，フラットな事前分布が $\rho = \{\rho_1, \cdots, \rho_p\}$ に対

して選ばれる．しかし，$\rho_j \sim \mathcal{N}(0,1),\ j=1,\cdots,p$ のような正則(proper)な事前分布は，比較的曖昧(vague)であるが正則な事前分布になる．ρ_j に対して分散が大きな事前分布を選ぶと，短期で発散するような系列を除けば1を超えることは滅多にないという，内生変数に対する自己回帰係数の典型的パターンを無視することになる．ラグ付き内生変数，あるいは外生変数の係数に対するもっと特殊な事前分布は，モデルの特別な形で適用される．ベクトル自己回帰(VAR)モデルでは，Litterman(1986)は y_{kt} を $y_{k,t-1}$ に回帰する最初の自己ラグ係数に対して1の事前平均をおくが，その後の自己ラグ係数と全てのクロス変数ラグに対してはゼロの事前平均をおいている(Minnesota prior と呼ばれる)．最初の自己ラグ事前分布の形は，1回あるいは2回階差をとった経済変数のトレンドの動きが，近似的にランダム・ウォークに従う，すなわち

$$y_{kt} = y_{k,t-1} + u_{kt}, \quad k=1,\cdots,K;\ t=2,\cdots,T \quad (4)$$

となる．分布ラグ・モデルでは，Akaike(1986)はスムーズネス(円滑)事前分布，すなわち分布ラグ係数 β_m における次数 d の階差に対して正規事前分布や t 事前分布を提案している．たとえば，1次のスムーズネス事前分布は β_m を $\mathcal{N}(\beta_{m-1}, \sigma_\beta^2)$，すなわち $\Delta_m = \beta_m - \beta_{m-1} \sim \mathcal{N}(0, \sigma_\beta^2)$ とする．これは計量経済学ではシラーラグとして知られている．

AR(1) モデルにおける定常性

相関のない正規誤差 u_t をもつ AR(1) モデルの従属変数 y_t が，トレンド定常か階差定常かという問題については，多くの文献がある．次のようなモデルを考えよう．

$$y_t = \mu + \rho y_{t-1} + u_t \quad (5a)$$

ここで $u_t \sim \mathcal{N}(0, \sigma^2)$．もしこのモデルで $|\rho| < 1$ ならプロセスは定常で，分散が $\sigma^2/(1-\rho^2)$ で，長期の平均は

$$\mu_e = \mu/(1-\rho) \quad (5b)$$

である．これは(5a)式で期待値をとるとわかる．$|\rho| < 1$ ならば，系列はその平均水準に回帰する傾向にある．$\rho=1$ ならば，プロセスは(5a)式のパラメータによっては決まらない平均と分散をもつ非定常なランダム・ウォー

クになる.

非定常性に対する検定は,単純な帰無仮説 $H_0: \rho=1$ を複合対立仮説 $H_1: |\rho|<1$ と比較することによって行う.非定常性に対する古典的検定は,この種の単位根検定に関することを多数解決してきた.仮説 $\rho=1$ が棄却されなければ,階差 $\Delta y_t = y_t - y_{t-1}$ が定常であることを意味する(これはトレンド定常に対して階差定常と呼ばれる).

単純なモデル(5a)を,t のトレンド(線型成長)と Δy_t のラグを加えて,観測された系列に当てはまるように拡張する(Schotman and van Dijk, 1991a,b,c).これらを修正してモデルを改良し,誤差 u_t に相関がないようにする.Hoek et al.(1995, (16)式)は拡張したモデルで Nelson and Plosser (1982)の系列を考えた.

$$y_t = \mu + \rho y_{t-1} + \lambda t + \Phi_1 \Delta y_{t-1} + \Phi_2 \Delta y_{t-2} + u_t \qquad (6)$$

ここで λt は線型トレンドである.Bauwens et al.(1999)は AR モデルの非線型の対立モデルで,λt でトレンドを含めた.AR(1) モデルは,次のように表される.

$$(1-\rho B)(y_t - \mu - \lambda t) = u_t$$

これを次のように書き直す.

$$y_t = \rho y_{t-1} + \rho \lambda + (1-\rho)(\mu + \lambda t) + u_t$$

さらにラグ付きの Δy_t を導入して,非線型モデルを次のように拡張する.

$$y_t = \rho y_{t-1} + \rho \lambda + (1-\rho)(\mu + \lambda t) + \phi_1 \Delta y_{t-1} + \phi_2 \Delta y_{t-2} + u_t \qquad (7)$$

Bauwens et al. は非定常,すなわち単位根があるときの AR モデルの非線型と線型バージョンの動きに違いがあると述べている.

古典的な時系列分析の手法では y_t と x_t 間の固定的な関係と,y_t あるいは y_t の変換系列に定常性を仮定している(上方あるいは下方トレンドがない)ので,定数項や回帰係数は固定されている.実際には変数間の関係は時間と共に変動している.たとえば,毎年の経済状態による消費水準の反応が異なり,毎週の広告費に対する販売高はその水準にかかわらず一定ではない.固定回帰係数の自己回帰移動平均モデルは,そのような関係が生じるプロセスのもとで限定的に使われ,予測目的で倹約的な方法でデータを要約するのに一次近似として用いられる.

回帰パラメータの確率的移行をモデル化する際に，円滑事前分布(smoothness prior)の形で連続するパラメータ値の間での時間的な依存性を表すランダム効果モデルが用いられる．たとえば，単変量 y_t に対する固定係数の時系列回帰は次のように表される．

$$y_t = \alpha + \beta x_t + \rho y_{t-1} + u_t$$

時間で変化するレベルと β 係数をもつモデルは，次のように表される．

$$y_t = \alpha_t + \beta_t x_t + \rho_t y_{t-1} + u_t$$

パラメータは次のように変動する．

$$\alpha_t = \alpha_{t-1} + w_{1t} \tag{8a}$$

$$\beta_t = \beta_{t-1} + w_{2t} \tag{8b}$$

$$\rho_t = \rho_{t-1} + w_{3t} \tag{8c}$$

$\alpha_t, \beta_t, \rho_t$ の状態方程式は $t=2,\cdots,T$ に対して定義される．最も一般的なダイナミック線型回帰モデルは，誤差 u_t と w_{kt} は時間で変化する分散 $\sigma_{v_t}^2$ と $\sigma_{w_t}^2 = (\sigma_{w_{1t}}^2, \sigma_{w_{2t}}^2, \sigma_{w_{3t}}^2)$ をもつとする．実際には，分散 $\sigma_{v_t}^2$ と $\sigma_{w_{kt}}^2$ はすべての時点 $t=1,\cdots,T$ で一定とするので，レベルや回帰係数の変動を記述する1つのボラティリティ水準になる．この例では

$$w_{1t} \sim \mathcal{N}(0, \sigma_{w_1}^2)$$

$$w_{2t} \sim \mathcal{N}(0, \sigma_{w_2}^2)$$

$$w_{3t} \sim \mathcal{N}(0, \sigma_{w_3}^2)$$

ここで，$\sigma_{w_1}^2, \sigma_{w_2}^2, \sigma_{w_3}^2$ は推定するハイパー・パラメータである．w_{kt} が固定分散行列をもつ多変量分布に従うと仮定することもできる．

(8a)式と(8b)式の α_t と β_t は1次のランダム・ウォークの事前分布で，階差 $\alpha_t - \alpha_{t-1}$ と $\beta_t - \beta_{t-1}$ はそれぞれ分散が $\sigma_{w_1}^2$ と $\sigma_{w_2}^2$ のランダム系列になることと同じである．もっと高次の階差を考えてもよい，たとえば，$\Delta^2 \alpha_t = \Delta(\alpha_t - \alpha_{t-1}) = \alpha_t - 2\alpha_{t-1} + \alpha_{t-2}$ が平均ゼロで分散が $\sigma_{w_1}^2$ をもつようにとる．この場合，レベルに対する事前分布は2次のランダム・ウォークで，($t>3$ に対して)次のように書ける．

$$\alpha_t = 2\alpha_{t-1} - \alpha_{t-2} + w_{1t}$$

過剰なパラメータを用いないでボラティリティが変化するようにするために，Ameen and Harrison(1985)は分散に対する割引事前分布(discounting prior)を示唆している．

状態空間モデルは時系列パラメータにおける滑らかなシフトを表すように工夫されている．しかし突然生じる一時的，あるいは恒久的なパラメータ・シフトを扱えるようなもっと適切なモデルは，回帰局面(レジーム)の変化や構造変化を認めるモデルである．代表的なモデルとして，潜在的なマルコフ系列にしたがって異なるレジーム間を繰り返し移動するモデルと，自己回帰系列の平均と分散がシフトするモデルがある．

2 状態空間モデル

状態空間モデル(state space model)は，時系列データについてさまざまな構造を与えるモデル手法の1つである．時系列分析の標準的なモデルとしてよく知られる自己回帰(AR)過程は状態空間モデルの1つであり，また複雑な構造をもつ状態空間モデルのなかにはファイナンスでしばしば用いられるストカスティック・ボラティリティ(SV)変動モデルがある．

例1 図1は，時系列 y_t ($t=1,2,\cdots,100$) の平均が時間を追って緩やかに変化するような過程であり，次のモデルから人工的に作成された[*2]．

$$y_t = \alpha_t + \epsilon_t, \quad \epsilon_t \sim \mathcal{N}(0, \sigma_\epsilon^2), \quad t = 1, \cdots, n \qquad (9)$$

$$\alpha_{t+1} = \alpha_t + \eta_t, \quad \eta_t \sim \mathcal{N}(0, \sigma_\eta^2), \quad t = 1, \cdots, n \qquad (10)$$

$$\alpha_1 \sim \mathcal{N}(\mu_0, \sigma_0^2)$$

ただし，ϵ_t, η_t は互いに独立であるとする．このモデルでは t 時点において α_t を所与とするとき，y_t と α_{t+1} の期待値は共に α_t であり，分散はそれぞ

[*2] $\sigma_\epsilon = 0.4, \sigma_\eta = 0.2, \mu_0 = 0, \sigma_0 = 1$ としている．

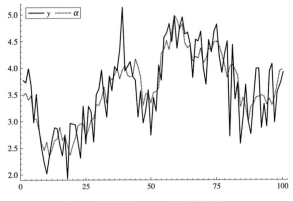

図1 時系列データ y_t と状態変数 α_t

れ $\sigma_\epsilon^2, \sigma_\eta^2$ である. α_t は滑らかに変化し, y_t の平均を表している. 図1では y_t が実線で α_t が点線で共に描かれており, 滑らかに変化していく α_t の周りを y_t が変動している様子を見てとることができる. この α_t を状態変数(state variable)といい, 状態変数を用いて時系列の構造を記述するのが状態空間モデルである.

一般に状態空間モデルは次のような形で表現される[*3].

$$y_t = X_t\beta + Z_t\alpha_t + G_t u_t, \quad t = 1, 2, \cdots, n \tag{11}$$

$$\alpha_{t+1} = W_t\beta + T_t\alpha_t + H_t u_t, \quad t = 0, 1, \cdots, n \tag{12}$$

ただし, $\alpha_0 = 0$, u_t は $m_u \times 1$ ベクトルで $u_t \sim \mathcal{N}(0, \sigma^2 I)$ とする[*4]. また y_t は $m_y \times 1$ ベクトルの観測値, α_t は $m_\alpha \times 1$ ベクトルの状態変数である. $X_t, T_t, Z_t, W_t, G_t, H_t, \beta$ は既知の行列またはベクトルである[*5].

観測値 y_t に関する(11)式を観測方程式(measurement equation)といい,

[*3] (12)式の表現は de Jong(1991)や Durbin and Koopman(2001, 2002)にしたがった. α_{t+1} と α_t ではなく時点をずらして α_t と α_{t-1} を用いる表現もある. ここでは y_t と α_{t+1} が相関をもつようなモデルへの応用も想定して(12)式の表現を用いている.

[*4] ベクトル u_t の要素は互いに独立に $\mathcal{N}(0, \sigma^2)$ に従っている.

[*5] 次元は, それぞれ $(m_y \times k, m_\alpha \times m_\alpha, m_y \times m_\alpha, m_\alpha \times k, m_y \times m_u, m_\alpha \times m_u, k \times 1)$ である.

状態変数 α_{t+1} に関する(12)式を状態方程式(state equation)という．

例1のモデルは

$$X_t = 0, \quad T_t = 1, \quad W_t = 0, \quad Z_t = 1$$
$$G_t = (\sigma_\epsilon, 0), \quad H_t = (0, \sigma_\eta), \quad u_t = (u_{1t}, u_{2t})', \quad t = 1, 2, \cdots, n,$$
$$W_0 = \mu_0, \quad T_0 = 0, \quad H_0 = (0, \sigma_0), \quad u_0 = (u_{10}, u_{20})' \quad \beta = 1, \quad \sigma^2 = 1$$

とすることによって表現することができる．例1では y_t の平均が(10)式のようなランダム・ウォーク(酔歩)と呼ばれる過程にしたがっていたが，これを修正して次のように自己回帰過程にしたがうモデルも考えることができる．

例2 α_t に定常な自己回帰過程を仮定するとき，状態空間モデルは

$$y_t = \alpha_t + \epsilon_t, \quad \epsilon_t \sim \mathcal{N}(0, \sigma_\epsilon^2), \quad t = 1, \cdots, n$$
$$\alpha_{t+1} = \mu + \phi(\alpha_t - \mu) + \eta_t, \quad \eta_t \sim \mathcal{N}(0, \sigma_\eta^2), \quad |\phi| < 1, \quad t = 1, \cdots, n$$
$$\alpha_1 \sim \mathcal{N}(\mu, \sigma_\eta^2/(1-\phi^2))$$

となる．ただし，ϵ_t, η_t は互いに独立であるとする．α_1 には定常過程の初期値の分布を仮定している．図2は $\mu = -1, \phi = 0.95, \sigma_\epsilon = 0.2, \sigma_\eta = 0.1$ としたときに人工的に発生した y_t と α_t ($t = 1, 2, \cdots, 100$) を描いたものである．α_t は平均の周りを安定的に動いており，その周りに y_t がばらついて分布している．このモデルは状態空間モデルの一般的な表現(11)と(12)式において

$$X_t = 0, \quad T_t = \phi, \quad W_t = (1-\phi)\mu, \quad Z_t = 1$$
$$G_t = (\sigma_\epsilon, 0), \quad H_t = (0, \sigma_\eta), \quad u_t = (u_{1t}, u_{2t})', \quad t = 1, 2, \cdots, n,$$
$$W_0 = \mu, \quad T_0 = 0, \quad H_0 = \left(0, \sigma_\eta/\sqrt{1-\phi^2}\right), \quad u_0 = (u_{10}, u_{20})'$$
$$\beta = 1, \quad \sigma^2 = 1$$

とすることによって表現することができる．

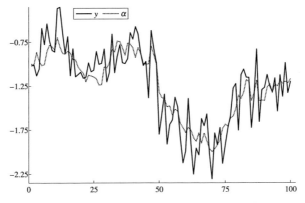

図2 時系列データ y_t と自己回帰過程にしたがう α_t

2.1 カルマン・フィルタ

t 時点までに得られた観測値 $Y_t = \{y_1, y_2, \cdots, y_t\}$ の情報を用いて状態変数 α_{t+1} の条件付分布 $\pi(\alpha_{t+1}|Y_t)$ を逐次的に求める方法としてカルマン・フィルタ(Kalman filter)がある．まず $t-1$ 時点での α_t に関する分布が平均 a_t で，共分散行列 $\sigma^2 P_t$ の正規分布

$$\alpha_t|Y_{t-1} \sim \mathcal{N}(a_t, \sigma^2 P_t) \tag{13}$$

であるとする．状態方程式(12)および観測方程式(11)より α_t が与えられたときの (y_t, α_{t+1}) の条件付分布も正規分布であるから，Y_{t-1} が与えられたときの y_t の周辺分布も正規分布であり

$$y_t|Y_{t-1} \sim \mathcal{N}(X_t\beta + Z_t a_t, \sigma^2(Z_t P_t Z_t' + G_t G_t')) \tag{14}$$

となる．また Y_t が与えられたときの α_{t+1} の分布も正規分布

$$\alpha_{t+1}|Y_t \sim \mathcal{N}(a_{t+1}, \sigma^2 P_{t+1}) \tag{15}$$

となる．このとき a_{t+1} と a_t，P_{t+1} と P_t の間には次のような逐次的な関係があり，これをカルマン・フィルタという(de Jong(1991))．

$t = 1, 2, \cdots, n$ のとき

$$a_{t+1} = W_t\beta + T_t a_t + K_t e_t, \quad P_{t+1} = T_t P_t L_t' + H_t J_t' \tag{16}$$

ただし

$$e_t = y_t - X_t\beta - Z_t a_t, \quad D_t = Z_t P_t Z_t' + G_t G_t',$$
$$K_t = (T_t P_t Z_t' + H_t G_t') D_t^{-1},$$
$$L_t = T_t - K_t Z_t, \quad J_t = H_t - K_t G_t,$$
$$a_1 = W_0 \beta, \quad P_1 = H_0 H_0'$$

である.

2.2 シミュレーション・スムーザ

カルマン・フィルタは逐次的に α_{t+1} の条件付分布を与えるが,MCMCによって状態空間モデルにおいてベイズ推論を行う場合には,Y_n が与えられたときの $\alpha=(\alpha_1, \alpha_2, \cdots, \alpha_n)$ の事後分布からのサンプリングが必要となる.最も簡単な α のサンプリング方法は,α_t を α_s $(s \neq t)$ を所与として1つずつ順にサンプリングする方法(single move samplerという)であるが,サンプリングの効率性の低いことがよく知られている(たとえば de Jong and Shephard(1995),Watanabe and Omori(2004)).最も効率的な方法は α を1度にサンプリングしてしまう方法(multi-move samplerという)で,de Jong and Shephard(1995)や Durbin and Koopman(2002)によるシミュレーション・スムーザ(simulation smoother)である.いずれの方法も直接 α_t をサンプリングするのではなく,まず u_t をその事後分布からサンプリングしてから,状態方程式を用いて α_t を得るという手順になっている.

ここでは de Jong and Shephard(1995)による方法を紹介しよう.de Jong and Shephard(1995)では,誤差項 u_t の線形関数 $\xi_t = F_t u_t$ の事後分布からのサンプリングについて提案している.$F_t = I$ とおくと u_t の事後分布からのサンプリングとなり,$F_t = G_t$ とおくと観測方程式の誤差項 $G_t u_t$ の事後分布からのサンプリングとなる.また $F_t = H_t$ とおくと状態方程式の誤差項 $H_t u_t$ の事後分布からのサンプリングとなり,これに状態方程式(12)を用いることにより α_{t+1} の事後分布からのサンプリングを行うことができる.その手順は次の通りである.

(1) まずカルマン・フィルタを $t=1,2,\cdots,n$ まで実行し, $\{e_t, D_t, J_t, L_t\}_{t=1}^n$ 保存しておく.

(2) 次に $r_n=0$ と $U_n=0$ として, $t=n,n-1,\cdots,1$ の順に

$$C_t = F_t(I - G_t'D_t^{-1}G_t - J_t'U_tJ_t)F_t'$$

$$\kappa_t \sim \mathcal{N}(0, \sigma^2 C_t)$$

$$V_t = F_t(G_t'D_t^{-1}Z_t + J_t'U_tL_t)$$

$$r_{t-1} = Z_t'D_t^{-1}e_t + L_t'r_t - V_t'C_t^{-1}\kappa_t$$

$$U_{t-1} = Z_t'D_t^{-1}Z_t + L_t'U_tL_t + V_t'C_t^{-1}V_t$$

と $\{C_t, \kappa_t, r_t, U_t, V_t\}_{t=0}^n$ を求めていき

$$\xi_t = F_t(G_t'D_t^{-1}e_t + J_t'r_t) + \kappa_t, \quad t=0,1,\cdots,n$$

を保存する(ただし $G_0=0$).

(3) 得られたベクトル $\xi=(\xi_0,\xi_1,\cdots,\xi_n)$ は ξ の事後分布からの確率標本となる.

したがって α の事後分布 $\pi(\alpha|Y_n)$ からサンプリングするためには $F_t=H_t$ とおいて, シミュレーション・スムーザを適用して H_tu_t をサンプリングし, 状態方程式(12)を用いて $\alpha_{t+1}=W_t\beta+T_t\alpha_t+H_tu_t$ $(t=1,2,\cdots,n)$ を逐次的に計算していけばよい. 例2のモデルを用いてベイズ推論の方法を示そう.

2.3 ベイズ推論の例

例3 (例2の続き) モデルのパラメータは (μ,ϕ,σ_η^2), $\sigma_\epsilon^2=0.04$ は既知とする. パラメータの事前分布として

$$\mu \sim \mathcal{N}(\mu_0,\sigma_0^2), \quad \phi \sim U(-1,1),$$

$$\sigma_\eta^2 \sim \mathcal{IG}\left(\frac{m_0}{2},\frac{R_0}{2}\right)$$

と仮定し, その確率密度関数を $\pi(\mu), \pi(\phi), \pi(\sigma_\eta^2)$ とする. 正規モデルの分散パラメータ σ^2 に対する自然共役事前分布は逆ガンマ分布である($\sigma^2 \sim$

$\mathcal{IG}(\alpha,\beta)$). 確率変数 X がガンマ分布に従えば,確率変数 $1/X$ は逆ガンマ分布に従う. 逆ガンマ分布では,平均と分散が存在するためには $\mathrm{E}(\sigma^2) = \dfrac{\beta}{\alpha-1}$, $\alpha > 1$, $\mathrm{VAR}(\sigma^2) = \dfrac{\beta^2}{(\alpha-1)^2(\alpha-2)}$, $\alpha > 2$ のようなパラメータ制約が必要になる. すると $(\alpha,\mu,\phi,\sigma_\eta^2)$ の同時事後分布は次のようになる.

$$\pi(\alpha,\mu,\phi,\sigma_\eta^2|Y_n)$$
$$\propto \exp\left\{-\frac{1}{2\sigma_\epsilon^2}\sum_{t=1}^{n}(y_t-\alpha_t)^2\right\}$$
$$\times (\sigma_\eta^2)^{-\frac{n-1}{2}}\exp\left\{-\frac{1}{2\sigma_\eta^2}\sum_{t=1}^{n-1}\{\alpha_{t+1}-\phi\alpha_t-(1-\phi)\mu\}^2\right\}$$
$$\times \left(\frac{\sigma_\eta^2}{1-\phi^2}\right)^{-\frac{1}{2}}\exp\left\{-\frac{(1-\phi^2)(\alpha_1-\mu)^2}{2\sigma_\eta^2}\right\} \times \pi(\mu)\pi(\phi)\pi(\sigma_\eta^2)$$

したがって事後分布からのサンプリングは以下のように行えばよい.

1. (μ,ϕ,σ_η^2) の初期値を与える.
2. (μ,ϕ,σ_η^2) を所与として,シミュレーション・スムーザを用いて α を発生させる.
3. $\mu|\alpha,\phi,\sigma_\eta^2,Y_n$ を発生させる.
4. $\sigma_\eta^2|\alpha,\mu,\phi,Y_n$ を発生させる.
5. $\phi|\alpha,\mu,\sigma_\eta^2,Y_n$ を発生させる.
6. 2 に戻る.

このときパラメータ (μ,σ_η^2) の条件付事後分布はそれぞれ

$$\mu|\alpha,\phi,\sigma_\eta^2,Y_n \sim \mathcal{N}(\mu_1,\sigma_1^2)$$
$$\sigma_\eta^2|\alpha,\mu,\phi,Y_n \sim \mathcal{IG}\left(\frac{m_1}{2},\frac{R_1}{2}\right)$$

ただし

$$m_1 = m_0 + n,$$

$$\mu_1 = \sigma_1^2 \left\{ \frac{\mu_0}{\sigma_0^2} + \frac{(1-\phi^2)\alpha_1 + (1-\phi)\sum_{t=1}^{n-1}(\alpha_{t+1} - \phi\alpha_t)}{\sigma_\eta^2} \right\}$$

$$\sigma_1^2 = \left[\sigma_0^{-2} + \sigma_\eta^{-2}\{(n-1)(1-\phi)^2 + (1-\phi^2)\} \right]^{-1}$$

$$R_1 = R_0 + \sum_{t=1}^{n-1} \{\alpha_{t+1} - \phi\alpha_t - (1-\phi)\mu\}^2 + (1-\phi^2)(\alpha_1 - \mu)^2$$

であるから,ステップ 2 〜 ステップ 4 は,この条件付分布を用いてギブス・サンプラーを行えばよい.

一方,ϕ の事後確率密度関数は

$$\pi(\phi|\alpha, \mu, \sigma_\eta^2, Y_n) \propto \sqrt{1-\phi^2}\pi(\phi)\exp\left\{-\frac{(\phi-\mu_\phi)^2}{2\sigma_\phi^2}\right\}$$

$$\propto \sqrt{1-\phi^2}\exp\left\{-\frac{(\phi-\mu_\phi)^2}{2\sigma_\phi^2}\right\}$$

ただし

$$\mu_\phi = \frac{\sum_{t=1}^{n-1}(\alpha_{t+1}-\mu)(\alpha_t-\mu)}{\sum_{t=2}^{n-1}(\alpha_t-\mu)^2}, \quad \sigma_\phi^2 = \frac{\sigma_\eta^2}{\sum_{t=2}^{n-1}(\alpha_t-\mu)^2}$$

であるので,この条件付事後分布からのサンプリングは $\mathcal{N}(\mu_\phi, \sigma_\phi^2)$ を提案分布とした MH アルゴリズムを用いる.つまり,現在の値 ϕ に対して $\phi' \sim \mathcal{N}(\mu_\phi, \sigma_\phi^2)$ を発生させて確率

$$\min\left\{1, \frac{\sqrt{1-\phi'^2}}{\sqrt{1-\phi^2}}\right\}$$

で ϕ' を受容し,棄却したら現在の ϕ にとどまる.

例 2 のモデルを用いて 1000 個のデータを発生させて,マルコフ連鎖モンテカルロ法を行った[*6].図 3 は y_t のプロットである.

パラメータの事前分布として

[*6] 計算には Ox version 3.40 を用いた(Doornik(2002)を参照).

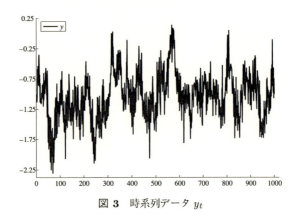

図 3 　時系列データ y_t

$$\mu \sim \mathcal{N}(0,1), \quad \phi \sim U(-1,1),$$
$$\sigma_\eta^2 \sim \mathcal{IG}\left(\frac{0.01}{2}, \frac{0.01}{2}\right)$$

を仮定した．観測値の個数が 1000 と大きいため，これらの数値は事後分布に対してほとんど影響を与えない．

　初期値に依存する期間として最初の 500 個の標本を棄てて，残りの 5000 個を用いて推論を行った．ϕ の MH アルゴリズムおける採択確率は 92.9% と高く，この例では近似密度としての提案密度は適切であったということができる．表 1 は，得られた標本を用いて計算した事後平均，標準偏差，95% 信用区間，Geweke の収束検定の p 値，非効率性因子である．Geweke の p 値は有意水準 5% を超えており，事後分布に収束していると考えられ，**非効率性因子**(inefficiency factor)はいずれも小さい．特に 1000 次元分布 $\alpha = (\alpha_1, \cdots, \alpha_{1000})$ からのサンプリングはシミュレーション・スムーザにより一度に行われているため，その非効率性因子は非常に小さく，効率的なサンプリングであることを示している．σ_η^2 の非効率性因子がやや大きいが，それでも独立な標本と同等の精度を得るには 13 倍程度の個数の標本があ

---

*7　スペクトル密度関数の推定におけるバンド幅は 250 として計算した．

表 1　事後分布の平均，標準偏差，95% 信用区間．

パラメータ	真の値	事後平均	事後標準偏差	95% 信用区間
μ	-1.00	-1.030	0.083	$(-1.194, -0.864)$
ϕ	0.95	0.960	0.010	$(0.939, 0.980)$
σ_η^2	0.01	0.009	0.001	$(0.007, 0.012)$
α_{500}	-1.23	-1.281	0.097	$(-1.471, -1.092)$

パラメータ	Geweke[1]	Inef[2]
μ	0.57	0.8
ϕ	0.55	4.4
σ_η^2	0.73	12.5
α_{500}	0.68	1.4

[1] Geweke は母平均の差の仮説検定の p 値．
[2] Inef は非効率性因子（inefficiency factor）．

れば十分である[7]．事後平均はいずれも真の値に近く，95% 信用区間も真の値を含んでいる．

図 4，図 5，図 6 は $(\mu, \phi, \sigma_\eta^2, \alpha_{500})$ の標本のコレログラム，標本径路，周辺事後確率密度関数である．標本間の相関はわずかであり，標本径路も事後分布の状態空間をよく移動していることがわかる．最後に図 7 は真の α_t とシミュレーション・スムーザによって求められた事後平均の時系列プロッ

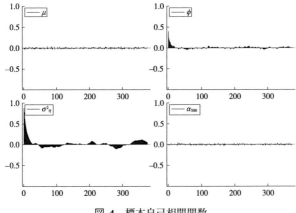

図 4　標本自己相関関数

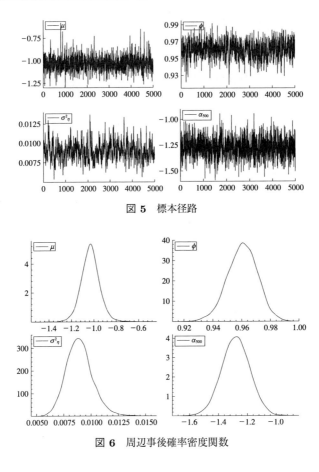

図 5 標本径路

図 6 周辺事後確率密度関数

トであり，真の α_t が平滑化されている様子をうかがうことができる．

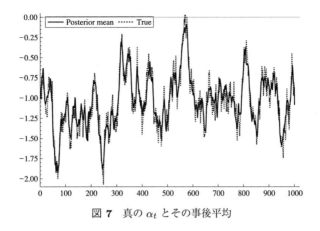

図7 真の α_t とその事後平均

3 単位根と共和分のベイズ分析

　経済時系列を用いた計量分析では,対象となる系列に単位根があるか否かが,その後の分析にとって重要な意味をもつ.単位根仮説は,Nelson and Plosser(1982)の有名な論文以来,マクロ経済学と計量経済学の文献で大きな関心を集めた.系列が平均回帰をしているか否かは,マクロ経済理論において大きな違いがある.主なトピックスとしては,景気循環理論,恒常所得理論などであり,これらの例は King, Plosser and Rebelo(1988),Hall(1978),そして Blanchard and Summers(1986)などに見られる.単位根や発散する根がある場合の自己回帰時系列モデルにおける推定と検定の統計的問題は長い間議論されてきた.単位根についての分析は,従来より古典派の観点からは多く提案されてきたが[*8],ベイズの立場からの分析はそれほど多くはない.

　古典的な枠組みでの共和分検定は,回帰残差(Engle and Granger, 1987)と

[*8] たとえば,Hatanaka(1996),田中(2003)参照.

共和分ランク(Johansen, 1991,1995)の分析を中心に行われてきた．以下では，共和分ランクのベイズ推定を Radochenko(2003)に従って考える．提案されている検定法でのいくつかの欠点を示し，これらの共和分ランクのベイズ検定の欠点を避ける枠組みを考える．最初に，事後確率を用いた新しい共和分ランクの検定を提案し，次に，サンプリングの方法としてメトロポリス–ヘイスティングス(MH)アルゴリズムを用い，事前分布に対する縮小ランク行列の特異値の最高事後密度区間(HPDI)を作成する．共和分検定は，特異値の和の HPDI を導くことによって行う．

ベイズの観点からの単位根問題についてのレビューを行った後[*9]，誤差項が ARMA-GARCH プロセスに従うより一般的な回帰モデルで，MCMC を用いた単位根検定が霍見・ラドチェンコ(2005)で提案されている．共和分ランクのベイズ分析の考えかたとその実証例を為替レートの例を用いて示す．

3.1 ベイズの観点からの単位根モデル

ベイズの枠組みでの単位根の検定は，最近の計量経済学の分野で議論になった分野である．次のようないくつかの理由がある．1) 古典的な検定は，尤度関数に含まれていない情報を用いており，これがベイジアンがこだわる尤度原理を壊す．2) 単位根検定点仮説で，ベイジアンは点仮説を検定するのは好まない．それは正の確率の区間($H_1 : \rho < 1$)を大部分がゼロの点帰無仮説($H_0 : \rho = 1$)と比較するのは自然でないためである．3) 古典派とベイジアン単位根検定は同じ答えにならない．これは情報のない事前分布を用いて古典的結果を再現することはできないという例である．

単位根のベイズ分析は，よく知られた Sims and Uhlig(1991)によるヘリ

[*9] Bauwens et al.(2000)の第 6 章にはベイズの観点からの単位根問題がまとめられている．

コプター・ツアー*10によって明快に説明されている．これはモンテカルロ実験によって古典的な方法とベイズ的な方法を比較したものである．ベイジアンでは，1度標本が観測されるとそれは固定されて非確率的になる．不確実性の唯一の源泉はパラメータである．単純な AR(1) モデル $y_t = \rho y_{t-1} + \epsilon_t$ で，ϵ_t が独立な $\mathcal{N}(0,1)$ で y_0 が与えられているなら $\hat{\rho} = \sum y_t y_{t-1} / \sum y_{t-1}^2$ と定義される ρ の最小二乗推定量 $\hat{\rho}$ は十分統計量であり，尤度関数 $l(\rho; \hat{\rho})$ は平均が $\hat{\rho}$ で，分散が $1/\sum y_{t-1}^2$ の ρ における正規分布の形をとる．$\varphi(\rho)$ が ρ の事前密度を表すと，両者の積

$$\pi(\hat{\rho}, \rho) \propto l(\rho; \hat{\rho}) \varphi(\rho)$$

は OLS 推定量 $\hat{\rho}$ とパラメータ ρ の同時密度になる．事前密度はフラットであるように選ぶことができる．

$$\varphi(\rho) \propto 1$$

関数 $\pi(\hat{\rho}, \rho)$ は，モンテカルロ実験で単位根のベイジアンと古典的方法を比較するのに大変便利な道具になる．ρ の固定した値に対して，$\hat{\rho}$ の小標本分布をシミュレートできる．特定の $\hat{\rho}$ に対して ρ の事後密度を得る．Sims and Uhlig(1991)の論文が，単位根問題についてベイジアンと標本理論間の違いを浮き立たして以来大きな関心を呼んだことはよく知られている．Sims(1988)と Sims and Uhlig(1991)による議論の発端となった論文は，単位根仮説を調べるのに古典的な計量経済学的方法を用いることを批判し，フラットな事前分布を用いることを支持しており，最近の多くの実証分析では，フラットな事前分布を用いたベイズ法を採用していることを示した．しかし，その推測結果は古典的な検定によるものと異なる結果になることが多い．特に，de Jong and Whiteman(1989a,b)によるフラットな事前分布を用いたベイズ分析では，Nelson and Plosser(1982)によって研究されたマクロ時系列に単位根はほとんど見出されていない．同様に，

---

*10 ベイズ単位根分析ではよく知られている Sims and Uhlig(1991)は，ρ に対して 33 点からなるグリッドを [0.85, 1.10] の区間を選び，この区間の各点で $y_t = \rho y_{t-1} + \varepsilon_t$ に従って y_t の 50 個の値を発生し，これを 5 万回繰り返す．ρ の各値に対して $\hat{\rho}$ の密度のヒストグラムを作成して得た 2 変量密度 $\pi(\hat{\rho}, \rho)$ のグラフを近似し，これをヘリコプターで上から俯瞰することによって，次の事実を得た．ρ のベイズ事後密度は $\hat{\rho}$ の周りで対称であるのに対し，$\hat{\rho}$ の古典的小標本分布は左に偏っていることが判明した．詳細は上記論文を参照のこと．

Schotman and van Dijk(1991a,b,c)によるフラットな事前分布を用いたベイズ分析では,古典的な単位根検定の結果によって支持されるよりも弱いことを示した.

線形トレンドをもつ AR(1) モデル

まず退化と非識別性の問題を振り返る.定数項とトレンドがある AR(1) モデルは,次式で与えられる.

$$y_t = \mu + \alpha t + \epsilon_t \tag{17}$$
$$\epsilon_t = \rho \epsilon_{t-1} + u_t, \quad t = 1, \cdots, n$$

ここで u_t は独立な $u_t \sim \mathcal{N}(0, \sigma^2)$ である.階差定常過程(DSP)対トレンド定常過程(TSP)を検定するのに(17)式を用いる.DSP の帰無仮説

$$\text{H}: \rho = 1 \quad \text{vs.} \quad \alpha = 0$$

は,TSP の対立仮説に対して検定される.

$$\text{K}: |\rho| < 1$$

(17)式から,次の誘導型が導かれる.

$$y_t - \rho y_{t-1} = \mu(1-\rho) + \alpha[t - \rho(t-1)] + u_t$$
$$= [\mu(1-\rho) + \alpha\rho] + \alpha(1-\rho)t + u_t \tag{18}$$

(18)式から明らかなように,定数項 μ は $\rho=1$ のとき識別されない.

フラットな事前分布

$$\text{p}_F(\rho, \mu, \alpha, \sigma) \propto \sigma^{-1} \tag{19}$$

を用いると,次の ρ の事後密度

$$\text{p}(\rho|\text{data}) \propto |\tilde{X}'\tilde{X}|^{-\frac{1}{2}} (\nu s^2)^{-\frac{T-2}{2}} \tag{20}$$

を得る.ここで $\tilde{X}$ は $T \times 2$ 行列で,その第 t 行は $\tilde{x}_t = \{1, t - \rho(t-1)\}$ で与えられ,$\nu s^2 = y'(\rho) M_{\tilde{x}} y(\rho)$, $y(\rho) = (y_1(\rho), \cdots, y_n(\rho))'$, $y_t(\rho) = y_t - \rho y_{t-1}$, と $M_{\tilde{x}} = I - \tilde{X}(\tilde{X}'\tilde{X})^{-1}\tilde{X}'$ である.$\rho=1$ のとき,$\tilde{X}$ は要素が 1 の $T \times 2$ 行列になるが,νs^2 はこの線形従属に対して不変であり,したがって,(20)式における ρ の事後密度は $\rho=1$ で無限になる.

Phillips(1991a,b)は,Jeffreys 型事前分布を用いると,(20)式の $|\tilde{X}'\tilde{X}|^{-1/2}$

項が相殺し，ρの周辺事後密度は次のようになることを示した．

$$p_J(\rho|\text{data}) \propto \alpha_0(\rho)^{\frac{1}{2}} (\nu s^2)^{-\frac{T}{2}} \qquad (21)$$

ここで，$\alpha_0(\rho) = (1-\rho^2)^{-1}\{T - (1-\rho^{2T})/(1-\rho^2)\}$である．(21)式は，$y_0 = \mu$とおくか，$\rho$の周辺密度を得るためにラプラス近似を用いることによって得ることができる．

Schotman and van Dijk (1991a,b) は，レベル・パラメータμは$\rho=1$のとき識別されないので，μに対するフラット事前分布は無限に発散する事後オッズ比になる．したがって，事後確率が単位根仮説に対しては1になることを示した．Zivot(1992)は Schotman and van Dijk の事後オッズが発散するという結果は，誘導型(18)を使ったためであり，観測されない要素(Unobserved Component:UC)の形は，初期値の役割に十分注意すれば生じないことを示した．

$$y_t = \begin{cases} \mu + \alpha + \rho\epsilon_0 + u_1, & t = 1 \\ [\mu(1-\rho) + \alpha\rho] + \alpha(1-\rho)t + u_t, & t = 2,\cdots,T \end{cases} \qquad (22)$$

(22)式の観測されない要素(UC)の形では，$\rho=1$のときのレベル・パラメータμが識別されないことを避ける1つの方法であるが，この場合潜在的な初期値ϵ_0を評価する必要がある．誘導型(18)ではϵ_0の代わりにy_0を用いている．この場合y_0は観測可能であるので，ρに対する事後分布を導くのに誘導型を用いることにする．

誘導型(18)は次のように表すことができる．

$$y_t(\rho) = \gamma + \delta t + u_t \qquad (23)$$

ここで，$y_t(\rho) = y_t - \rho y_{t-1}$，$\gamma = \mu(1-\rho) + \alpha\rho$，$\delta = \alpha(1-\rho)$である．$\rho=1$のとき$\delta=0$であり，(23)式は余分(redundant)な変数の場合になる．(18)式ではなく(23)式を用いると，(20)式におけるような$\rho=1$でのρの事後密度の退化と，ρに関してもっと散漫な推定を行った場合の非退化事後密度の間のトレードオフになる．しかし，このトレードオフは正則な事前分布かJeffreys型の事前分布を用いることによって避けることができる．しかし，どの正則事前分布を使用すべきかについて確信が持てない場合は，(23)式でρにフラットな事前分布を用いて行った方がよい．

そこで，(23)式の誘導型を用いて，次のフラット事前分布を用いる．
$$\psi(\rho,\gamma,\delta,\sigma) \propto \sigma^{-1} \qquad (24)$$
次に γ, δ, σ に関して積分した後で，ρ の事後密度を得る．
$$\pi(\rho|\text{data}) \propto (\nu s^2)^{-\frac{\nu}{2}} \qquad (25)$$
ここで $\nu s^2 = y(\rho)'My(\rho)$ $(M = I - X(X'X)^{-1}X'$, $X = (x_1', \cdots, x_n')$, $x_t = (1,t))$, $\nu = T - 2$ である．

ρ のこの事後密度を用いて，単位根仮説を検定する．
$$H_0 : \rho = 1 \quad \text{vs.} \quad H_1 : 0 \leq \rho < 1$$
ρ の符号に確信が持てなければ，対立仮説を $|\rho| < 1$ に変更する．ベイズ分析では仮説を比較する方法として事後オッズ比か，あるいは最高事後密度区間(HPDI)が用いられる．HPDI は古典的な信頼区間のベイズ版であるといわれ(Box and Tiao, 1973)と Berger(1985)を参照)，推測が単に事後分布全体を報告するだけであるのに対し，HPDI は厳密ではないが便利な事後分布の要約であるとして用いられる．他方，事後オッズ比は仮説の事後確率を計算することになり，決定理論に基づいてベイズ推定を行う．H_0 を受容する事後オッズ比は
$$K_{01} = \frac{\pi_0}{1 - \pi_0} \frac{p(\rho = 1|\text{data})}{\int_0^1 p(\rho|\text{data})d\rho} \qquad (26)$$
であり，ここで π_0 は H_0 が真である事前確率である．事後オッズ比が与えられると，単位根仮説が真である事後確率は
$$P(H_0|\cdot) = \frac{K_{01}}{1 + K_{01}} \qquad (27)$$
である．
誘導型(23)を用いると $\rho = 1$ での情報を無視し，t の係数はゼロになる．$\rho = 1$ のとき，(18)式は次のようになる．
$$y_t - y_{t-1} = \alpha + u_t \qquad (28)$$
他方，$\rho \neq 1$ のとき
$$y_t - \rho y_{t-1} = [\mu(1-\rho) + \alpha\rho] + \alpha(1-\rho)t + u_t \qquad (29)$$
である．(28)式と(29)式では，単位根仮説 H_0 と H_1 はモデル選択問題となる．(28)と(29)は入れ子型であるので，パラメータに関する仮説検定は

通常の方法で行える．

最近，霍見・ラドチェンコ(2005)はマルコフ連鎖モンテカルロ法(MCMC)を用いて，GARCH 誤差をもつ ARMA 回帰モデルで AR 多項式の根の逆数の最大値に対する事後密度 (ξ) を導き，それを為替レートの分析に用いている．一般的な ARMA(p,q) モデルに対する ξ の事後分布を MCMC により導き，HPDI が $\xi=1$ を含んでいるか，ξ が 1 以上かという確率を計算している．以下でこの方法を簡単に説明しよう．

3.2 ARMA-GARCH 回帰モデルにおける定常性の検定

ARMA(p,q)-GARCH(r,s) 誤差プロセスをもつ線型回帰モデルは

$$\begin{cases} y_t = x_t\gamma + u_t \\ u_t = \dfrac{\Theta(B)}{\Phi(B)}\epsilon_t \\ \sigma_t^2 = \omega + \sum_{j=1}^{r}\alpha_j\epsilon_{t-j}^2 + \sum_{j=1}^{s}\beta_j\sigma_{t-j}^2 \\ \quad \omega > 0,\ \alpha_j \geq 0\ (j=1,\cdots,r),\ \beta_j \geq 0\ (j=1,\cdots,s) \\ \epsilon_t \sim \mathcal{N}(0,\sigma^2) \end{cases} \tag{30}$$

のように表される．ここで，$x_t = (x_{t1},\cdots,x_{tk})$ と $\gamma = (\gamma_1,\cdots,\gamma_k)'$ であり，x_t は定数項とタイムトレンド項からなる $x_t = \{1,t\}$ とする．バックシフト・オペレータ (B) の多項式 $\Theta(B) = 1 + \theta_1 B + \theta_2 B^2 + \cdots + \theta_q B^q$ と $\Phi(B) = 1 - \phi_1 B - \phi_2 B^2 - \cdots - \phi_p B^p$ は，それぞれ次数が q と p で，$\Phi(B)$ の根がすべて単位円よりも大きければ u_t は定常過程である．したがって，u_t が定常であるという帰無仮説は

$$\text{H}_0: |\xi| < 1 \quad \text{vs.} \quad \text{H}_1: |\xi| \geq 1 \tag{31}$$

で検定され，ここで ξ は $\Phi(B) = 0$ の根の逆数の最大の絶対値である．分散 σ_t^2 は GARCH(r,s) プロセスに従う．

$$\sigma_t^2 = \omega + \alpha_1\epsilon_{t-1}^2 + \cdots + \alpha_s\epsilon_{t-r}^2 + \beta_1\sigma_{t-1}^2 + \cdots + \beta_s\sigma_{t-s}^2 \tag{32}$$

単位根検定は経済的な意味を持つ．(1)ファイナンスでは，ランダム・ウォークの検定は効率的市場の意味で行われる．(2)経済学では，単位根の検定は

データ $\{y_t\}$ が $\Phi(B)$ を $\Phi(B) = (1-\rho B)\Phi_1(B)$ と分解し，ここで $\Phi_1(B)$ の根が全て単位円外にあることによって平均回帰か否かを見て，景気循環の原因を探るために，一般 ARMA(p,q) 表現を用いる．もし $\{y_t\}$ が季節変動のような循環的変動を示すなら $\Phi(B)$ のいくつかの根は複素根になる．この場合，複素数の単位根を検定できない．そこで，仮説 H_0 の代わりに
$$H_0 : 0 < \xi < 1 \quad \text{vs} \quad H_1 : \xi \geq 1$$
としてもよい．

3.3 パラメータと ξ の事後密度を得るための MCMC

GARCH モデルに MCMC を適用する方法については Nakatsuma(2000) の計算方法が知られているが，この方法を修正し，同じ結果を得るもっと簡単な計算方法が霍見・ラドチェンコ(2005)で提案されている．以下で，一般的な ARMA(p,q)-GARCH(r,s) 回帰モデルで，(30)式のパラメータと ξ の事後密度を得るための MCMC アルゴリズムを簡単に説明する．回帰式の被説明変数 y_t が定常か単位根かを検定するには，説明変数 x_t が $x_t = 1$ か $x_t = (1,t)$ かで行う．

(30)式の ARMA(p,q)-GARCH(r,s) 回帰モデルの尤度関数は
$$L = \prod_{t=1}^{n} \frac{1}{\sigma} \phi\left(\frac{y_t - g(Z_t)}{\sigma_t}\right)$$
$$g(Z_t) = x_t \gamma - \sum_{j=1}^{p} \phi_j e_{t-j} - \sum_{j=1}^{q} \theta_j \epsilon_{t-j} \tag{33}$$
$$e_t = y_t - x_t \gamma$$

で表される．パラメータの事前密度は各要素から得られる．まず，$\Phi(B)$ の根と $\Theta(B)$ の根が単位円外にあるという条件を課さずに，非定常性と非反転可能性を認めることにする．

事後分布は事前分布と尤度関数の積として得られる．
$$p(\gamma, \phi, \theta, \alpha, \beta | \text{data}) = \pi(\gamma, \phi, \theta, \alpha, \beta) \prod_{t=1}^{n} \frac{1}{\sigma} \phi\left(\frac{y_t - g(Z_t)}{\sigma_t}\right) \tag{34}$$

MH アルゴリズムの計算を(i)回帰パラメータ γ，(ii)AR 部分の係数 ϕ，

(iii)MA 部分の係数 θ, (iv)GARCH 部分の係数 α と β, のブロックに分割し，計算は次のように行う．各ブロックの提案分布と計算方法の詳細は霍見・ラドチェンコ(2005)を参照のこと．

(1) γ, ϕ, θ, α, β の初期値を選び，$\gamma^{(0)\prime}$, $\phi^{(0)\prime}$, $\theta^{(0)\prime}$, $\alpha^{(0)\prime}$, $\beta^{(0)\prime}$ とする．

(2) 上付添え字 (i) は i 番目の抽出を表し，パラメータを次のブロックごとに抽出する．

　(a) 回帰係数ブロック，(b)**AR** 係数ブロック，(c)**MA** 係数ブロック，(d)**ARCH** ブロック，(e)**ARCH** ブロック

(3) 5つのブロックの各ブロック毎に N 個のパラメータを抽出する．最初の m 個は捨て，残りの $N-m$ 個を利用し，r 番目の抽出ごとに保存する．

今までの方法との違いを列挙すると，次のようにまとめることができる．

1. Chib and Greenberg(1994)の方法と比較して，MH アルゴリズムに定常性と反転可能性の制約を置かない AR ブロックの単位根検定で，$\phi_1^{(i)},\cdots,\phi_p^{(i)}$ の採用された i 番目の抽出を用いて，$\xi = \max\{\Phi(B)$ の根の逆数の絶対値 $\}$ を計算する．
2. MA ブロックに対してランダム・ウォーク・マルコフ連鎖を用いる．
3. Chib and Greenberg(1994)では状態空間表現のカルマン平滑化アルゴリズムを用いて u_t の p 個の初期値と ϵ_t の q 個の値を生成する．Nakatsuma(2000)では ϵ_0 を直接提案した正規分布からとっているが，ここでは初期値をゼロとした．
4. 標準的な収束診断を用いることに加えて，新しい平均と共分散定常の同時検定を提案している．

例4 霍見・ラドチェンコ(2005)では，日本円，タイ バーツ，韓国ウォン，インドネシア ルピアのドル建ての外国為替レートに，単位根が存在するかどうかを，上記の手法を使って検定している．推定は，1998年1月初めから2002年4月初めまでの日次のデータを用いている(標本数 1108)．円，ウォン，バーツ，ルピアの4通貨について，ξ の事後分布を図8に，回帰式のパラメータの事後平均と標準偏差を表2に示してある．図8から，ξ

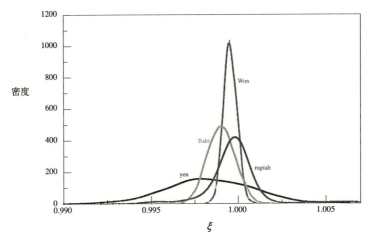

図8 円,ウォン,バーツ,ルピアのζの事後密度

表2 日次外国為替レートの推定されたARMA–GARCHモデル

	円	ウォン	バーツ	ルピア
定数項	123.396 (1.3267)	109.782398 (178.9282)	47.3125 (.7799)	2505.1608 (2961.2288)
ϕ_1	.7281 (.5502)	.103431 (.0314)	.7866 (.2688)	.9906 (.0762)
ϕ_2	.2645 (.5484)	.9346 (.0805)	.2067 (.2625)	
ϕ_3		-0.0429 (.0359)		
ξ	.9939 (.0467)	.9974 .022571	.9948 (.0449)	.9960 (.0762)
θ_1	.2854 (.5310)	.9554 (.0510)	.2947 (.2679)	.1207 (.0586)
ω	.8829 (.5709)	229.09727 (19.0755)	.0237 (.1774)	478.1213 256.7855
α_1	.1293 (.0349)	.0015 (.0117)	.3740 (.0587)	.0256 (.0650)
β_1	.0328 (.0389)	.0101 (.0435)	.6153 (.1017)	.9544 (.0713)

の事後分布がいずれも $\xi=1$ に集中していることがわかる.すなわち,円,ウォン,バーツ,ルピアの 4 通貨とも,すべて単位根をもっていると結論できる.表 2 から

$$
\begin{aligned}
&\text{円}\ :\ \text{ARMA}(2,1)\text{–GARCH}(1,1)\\
&\text{ウォン}:\ \text{ARMA}(3,1)\text{–GARCH}(1,1)\\
&\text{バーツ}:\ \text{ARMA}(2,1)\text{–GARCH}(1,1)\\
&\text{ルピア}:\ \text{ARMA}(1,1)\text{–GARCH}(1,1)
\end{aligned}
$$

となる.ARMA(p,q) と GARCH(r,s) の次数は,修正ベイズ情報量基準 (Modified Bayesian Information Criterion : MBIC) に基づいて決定されている[*11].

3.4 共和分のベイズ分析

共和分のベイズ分析に関する初期の論文の 1 つに Koop(1991) がある.これは多変量システムにおける株価価格と配当の間の 2 変数の共和分を分析したものである.株価価格と配当の間の関係について 3 つの仮説を考えて,事後オッズ比を計算してそれらを検定した.この方法の欠点は,2 変量モデルには適しているが,2 変量以上の変数に拡張する方法が明らかでない点である.

誤差修正モデル

Kleibergen and van Dijk(1994) は,次の形の VAR(p) モデルを考えた.

$$(x_t - \mu - t\delta)\Pi(B) = \epsilon_t \tag{35}$$

ここで $\Pi(B) = I_k - \sum_{i=1}^{p} B^i \Pi_i$ で,x_t, μ, δ は $1 \times k$ の行ベクトルで,$t=1, \cdots, T$ である.多項式の根 $\Pi(z)$ は単位円外にあると仮定される.もし x_t の変数が共和分ランクが 1 で共和分していると,長期乗数行列 $\Pi = -\Pi(1)$ の

[*11] MBIC は MBIC $= -\ln(m(x)) + 2*d$ で定義され,ここで $m(x)$ は周辺尤度 (marginal likelihood) であり,それは $m(x) = |\Sigma|^{2d} \mathrm{p}(\widehat{\theta}|\cdot)$ で計算される.ここで,$\widehat{\theta}$ はモードで評価されたパラメータである.

ランクはもっと小さくなり，2つの $k \times r$ フル・ランク行列 β と α' の積，すなわち $\Pi = \beta\alpha$ として表される．

モデル(35)を，次の誤差修正メカニズム(ECM)表現に変換する．
$$\Delta(x_t - t\delta)\Gamma(B) = (x_{t-p} - \mu - (t-p)\delta)\beta\alpha + \epsilon_t \quad (36)$$
ECM の長所は，行列 Π がモデル(36)から直接推定できる点である．Kleibergen and van Dijk は，ベクトル β と α の推定を論じている．このために，β と α を次のように再定義する．

$$\tilde{\beta} = \begin{pmatrix} I_r & 0 \\ -\beta_2 & I_{k-r} \end{pmatrix} \quad \tilde{\alpha} = \begin{pmatrix} \alpha_{11} & \alpha_{12} \\ 0 & \alpha_{22} \end{pmatrix} \quad (37)$$

ここで $\tilde{\beta}$ と $\tilde{\alpha}$ は $k \times k$ 行列，β_2 は $(k-r) \times r$ 行列，α_{11} は $r \times r$ 行列，α_{22} は $(k-r) \times (k-r)$ 行列である．すべての行列は制約がないと仮定する．Kleibergen and van Dijk は行列 $\tilde{\Pi} = \tilde{\beta}\tilde{\alpha}$ として解析した．共和分ベクトルあるいは単位根の数の検定は，r のいろいろな値に対して $\alpha_{22} = 0$ かどうか検定することによって行う．

Bauwens and Lubrano(1996)と Tsurumi and Wago(1996)は共和分ランクを分析するのに，縮小ランク行列の固有値の事後分布を見ることを提案した．$n \times n$ 行列 B のランクが r ならば，行列 B は r 個の非ゼロ固有値と $(n-r)$ 個のゼロ固有値であることはよく知られているので，その固有値，あるいは特異値の事後分布を見ることによって Π のランクを推定することができる．

対称行列 $\Pi'\Pi$ の固有値の計算は安定的で，ECM 表現での方程式の順序に依存しないので，Tsurumi and Wago(1996)と Bauwens and Lubrano(1996)は Π の特異値の事後分布を見ることを示唆している．

Tsurumi and Wago(1996)は，ECM 表現における共和分検定を考えた．
$$\Delta y_t = \Gamma z_t + \Pi y_{t-1} + B_1 \Delta y_{t-1} + \cdots + B_{p-1} \Delta y_{t-p+1} + v_t \quad (38)$$
ここで，y_t は $G \times 1$ ベクトル，z_t は $\ell \times 1$ の確定的要素のベクトルで，$\Delta y_t = y_t - y_{t-1}$ である．また，$\Delta Y = (\Delta y_1, \cdots, \Delta y_T)'$，$Y_{-1} = (y_0, \cdots, y_{T-1})'$，$y_t' = (y_{t1}, \cdots, y_{tn})$ とする．$G \times 1$ 誤差ベクトル v_t は $\mathcal{N}(0, \Sigma)$ にしたがう．最初の p 個のデータ $y_{1-p}, \cdots, y_0$ は固定されている．Π の周辺事後密度関

数は次のカーネルで与えられる．

$$p(\Pi|\text{data}) \propto |S + (\Pi - \hat{\Pi})'F(\Pi - \hat{\Pi})|^{-\frac{(n-k)}{2}} \quad (39)$$

ここで，$k=n(p-1)$, $\hat{\Pi}=(Y_{-1}'M_zY_{-1})^{-1}Y_{-1}'M_z\Delta Y$, $F=Y_{-1}'M_zY_{-1}'$, $M_z = I - Z(Z'Z)^{-1}Z'$ である．

Tsurumi and Wago(1996)は共和分検定に対する最高事後密度(HPDI)を開発し，これが Π のランクがゼロであることを検定する Johansen の LRT に等しいことを示した．散漫事前分布は共和分ランクの検定では階差定常モデルを好むので，事前分布のパラメータとしてブートストラップ法から得られる報知事前分布を用いることを提言している．

Bauwens and Lubrano(1996)は共和分ベクトルの数が事前に既知である，あるいは標準的な統計的方法によって選ばれるという仮定に基づいて共和分ベクトルを推定した．Bauwens and Lubrano(1996)は，$\Pi'\Pi$ の固有値の事後密度を見ることによって，共和分ランクの検定を行うベイズ統計的方法を示した．この方法の欠点は，Π の事後密度が事後分布から直接に Π をサンプリングできる行列変量 t のような特定の事前分布に限られる点である．このクラスの事前密度は散漫事前分布に限られ，モデルに事前情報を導入しない．Bauwens and Lubrano は，この場合ベイジアンの結果が ML 推定とほとんど同じになることを示した．

以下では，事後分布から直接サンプリングできず，また Gibbs サンプリング・アルゴリズムが適用できないどんな事前分布にも MH アルゴリズムを使えるように考案した HPDI の方法を示す．

縮小ランク回帰モデル

Geweke(1996)は，縮小ランク回帰モデル(reduced rank regression model)を一般的化して多変量回帰モデルを次のように考えた．

$$Y = X\Theta + ZA + E \quad (40)$$

$$\Theta = \Psi\Phi \quad (41)$$

ここで Y は $T \times L$ の従属変数行列，X は $T \times p$, Z は $T \times k$ の説明変数行列，E は攪乱項行列 $E=(\epsilon_1,\cdots,\epsilon_T)$ で，$\epsilon_i \sim$ i.i.d. $\mathcal{N}(0,\Sigma)$ である．また

Θ は $p \times L$, A は $k \times L$, Ψ は $p \times q$ のパラメータ行列, Φ は $q \times L$ 行列であり, Ψ と Φ は制約がなく, q は Θ のランクとする. 縮小ランクモデルでは, rank$(\Theta) = q < \max(p, L)$ を仮定する.

Geweke はパラメータ Ψ と Φ を推定することに関心があった. Ψ と Φ が識別されないという問題を避けるために, Geweke は Ψ のパラメータを $\Psi' = [I_q | \Psi^*]'$ とするか, Φ のパラメータを $\Phi = [I_q | \Phi^*]$ とするかのどちらかに正規化し, モデル(40)-(41)のパラメータに対する正則な参照事前分布を提案した. この Geweke が示した方法は, 共和分ランクの検定に用いることができる.

共和分されたシステムでの推定に適した正規化 $\Psi' = [I_q | \Psi^*]'$ に対する参照事前分布は

$$|\Sigma|^{-\frac{(L+v+1)}{2}} \exp\left(-\frac{1}{2}\operatorname{tr}\underline{S}\Sigma^{-1} - \frac{\tau^2}{2}\operatorname{tr}(\Phi\Phi + \Psi^{*'}\Psi^* + A'A)\right) \quad (42)$$

である. 事前分布は, 自由度が v の逆ウィシャート分布と, パラメータ行列 $\underline{S}$, それに $\Psi^{*'}$ の各要素に対して独立な $\mathcal{N}(0, \tau^{-2})$ の縮小事前分布の積になる.

(42)式の事前分布に対して, 事後分布は解析的には取り扱いにくいので, Geweke は q を既知とする条件付で, Ψ と Φ のパラメータの事後モーメントを推定する Gibbs サンプラー・アルゴリズムを考案した. 実際には q は未知であり, 推定目的でもないので, 分析はさまざまな q の値の条件付で行われる. Geweke は Gibbs アルゴリズムから生成されたアウトプットを用いた予測オッズ比を計算して, 共和分ランク q を計算する方法を議論している.

そこで, Bauwens and Lubrano(1996), Tsurumi and Wago(1996)と Geweke(1996)の考え方を結合する. 事前分布を決め, 共和分ランクについてのさまざまな仮定の下で縮小ランク行列の抽出を行うための MH アルゴリズムを開発する. 次に事後/予測オッズと確率を計算するためにパラメータの生成されたサンプルを用いる. 事後確率を計算するには, Newton and Raftery(1994), Raftery(2000), そして Geweke の事後確率法で提案された方法を用いる.

事後/予測オッズに基づく検定を補完するものとして，共和分検定を行うための特異値にHPDIを作る．これは，Tsurumi and Wago(1996)とBauwens and Lubrano(1996)の方法と似ているが，このMHアルゴリズムはどんな型のパラメータの事前分布に対しても適用することができる．他方，Bauwens and Lubranoが提案した方法は散漫な事前分布に限られる．

3.5 事前分布の定式化と事後分布の導出

次のVARモデルを考える．
$$y_t = C(B)y_t + \epsilon_t \quad (43)$$
ここで$C(B) = \sum_{i=1}^{p} C_i B^i$そして$\epsilon_t \sim \mathcal{N}(0, \Sigma)$である．VARモデル(43)での共和分では，発散や無限の状態を除外し，多項式$|I_n - C(B)| = 0$の根は単位円外にあり，そのいくつかは共和分の場合には厳密に1に等しいとする．またy_tのすべての変数は同じ次数で和分されているとする．

モデル(43)を誤差修正モデル(Vector Error Correction Model: VECM)に書き直すために，よく知られたBeveredge-Nelson分解(ARIMAモデルに基づく分解)を用いる．
$$C(B) = C(1)B + (C_1^* B + C_2^* B^2 + \cdots + C_{p-1}^* B^{p-1})(1-B) \quad (44)$$
ここで$C_i^* = -\sum_{k=i+1}^{p} C_k$である．(44)をモデル(43)に代入すると，次式を得る．
$$\Delta y_t = \Pi y_{t-1} + \sum_{i=1}^{p-1} C_i^* \Delta y_{t-i} + \epsilon_t \quad (45)$$
ここで$\Pi = C(1) - I_n$で，Πは縮小ランクになる場合がある．

モデル(45)は多変量回帰として，次のように書くことができる．
$$\Delta Y = ZC + Y_{-1}\Pi' + E \quad (46)$$
ここで，$\Delta Y = (\Delta y_1, \cdots, \Delta y_T)'$，$Y_{-1} = (y_0, \cdots, y_{T-1})'$，$y_t' = (y_{t1}, \cdots, y_{tn})$．同様に，$\Delta Y_{-s} = (\Delta y_{1-s}, \cdots, \Delta y_{T-s})'$，$Z = (\Delta Y_{-1}, \cdots, \Delta Y_{-p+1})$，$E = (e_1, \cdots, e_T)$，そして$\Delta Y, \Delta Y_{-s}, Y_{-1}, E$は$T \times n$行列，$Z$は$T \times (p-1)n$行列，$\Phi$は$(p-1)n \times n$行列である．また，$C = (C_1^*, \cdots, C_{p-1}^*)'$とする．

事前分布の形

$\phi = \text{vec}([C_1^*, \ldots, C_{p-1}^*])$ と $\nu = (\phi, \Sigma)$ とする．事後オッズを計算するために，モデルのパラメータに適切な事前分布を与える必要がある．パラメータ ϕ に報知事前分布を導入する：$\pi(\phi) \sim \mathcal{N}(\mu_\phi, \Omega_\phi)$，そして分散共分散行列に対する事前分布は，自由度が $\tilde{\delta}$ でパラメータ行列 $\tilde{\Sigma}$ の逆ウィッシャート分布 $\pi(\Sigma) \sim \mathcal{IW}(\tilde{\Sigma}, \tilde{\delta})$ とする．さらに，パラメータ ϕ と Σ は事前に独立であると仮定する．すると

$$\pi(\nu) = \mathcal{N}(\mu_\phi, \Omega_\phi) \times \mathcal{IW}(\tilde{\Sigma}, \tilde{\delta}) \qquad (47)$$

行列 Π のパラメータに対する事前分布の形は，q のいろいろな値に対する共和分ランクについての信頼を表す事前分布が必要なので非常に重要である．行列 Π に対する事前分布を特異値分解を用いて，次のように与える．

$$\Pi = USV' \qquad (48)$$

ここで $U'U = V'V = I_n$，そして S は対角行列でその対角要素は特異値である．

vec 演算子の性質から

$$\text{vec}(\Pi) = (V \otimes U)\text{vec}(S) \qquad (49)$$

$$\begin{bmatrix} \pi_{11} \\ \pi_{21} \\ \vdots \\ \pi_{nn} \end{bmatrix} = \begin{bmatrix} v_{11}U & \cdots & v_{1n}U \\ \vdots & \cdots & \vdots \\ v_{n1}U & \cdots & v_{nn}U \end{bmatrix} \begin{bmatrix} s_{k_1} \\ 0 \\ \vdots \\ 0 \\ s_{k_n} \end{bmatrix}$$

ここで，s_{k_i} は列ベクトル $\text{vec}(S)$ の要素 $(i-1)(n+1)+1, i = 1, \cdots, n$ で，正の数である．列ベクトル $\text{vec}(S)$ のその他のすべての要素はゼロとする．$\text{vec}(\Pi)$ の要素は次のようになる．

$$\begin{bmatrix} \pi_{11} \\ \pi_{21} \\ \vdots \\ \pi_{nn} \end{bmatrix} = \begin{bmatrix} v_{11}u_{11}s_{k_1} + v_{12}u_{12}s_{k_2} + \cdots + v_{1n}u_{1n}s_{k_n} \\ v_{11}u_{21}s_{k_1} + v_{12}u_{22}s_{k_2} + \cdots + v_{1n}u_{2n}s_{k_n} \\ \vdots \\ v_{n1}u_{n1}s_{k_1} + v_{n2}u_{n2}s_{k_2} + \cdots + v_{nn}u_{nn}s_{k_n} \end{bmatrix} \qquad (50)$$

次に，パラメータ $\tilde{u} = \text{vec}(U)$, $\tilde{v} = \text{vec}(V)$ と s_{k_i}, $i=1,\cdots,q$ に対する事前分布を与え，q は仮定された行列 Π のランクとする．パラメータ $\tilde{u}$ と $\tilde{v}$ は，切断正規分布 $\pi(\tilde{u}) \sim \mathcal{N}(\mu_{\tilde{u}}, \Omega_{\tilde{u}}) I_{D_u}$, $\pi(\tilde{v}) \sim \mathcal{N}(\mu_{\tilde{v}}, \Omega_{\tilde{v}}) I_{D_v}$ を仮定し，I_A は集合 A の指標関数で $D_u = \{\tilde{u} : U'U = I\}$, $D_v = \{\tilde{v} : V'V = I\}$ である[*12]．共和分ランクを q とすると，最初の q 個の特異値に対する事前分布として $s_{k_i} \sim \chi_r^2$, $i=1,\cdots,q$ を仮定し，残りの $n-q$ 個の特異値をゼロとする．提案された事前分布をチェックするために，パラメータ $\text{vec}(\Pi)$ に対する事前分布を見つける必要がある．$\text{vec}(\Pi)$ の提案された事前分布は近似的に切断正規分布になり，切断は行列 Π での仮定されたランク q である．

ランクが q のモデルの全パラメータに対する事前分布は，次のように書ける．

$$\pi(\phi, \tilde{u}, \tilde{v}, s, \Sigma) = \mathcal{N}(\mu_{\phi}, \Omega_{\phi}) \mathcal{N}(\mu_{\tilde{v}}, \Omega_{\tilde{v}}) \mathcal{N}(\mu_{\tilde{u}}, \Omega_{\tilde{u}}) \prod_{j=1}^{q} \chi_{jr}^2 \times \mathcal{IW}(\tilde{\Sigma}, \tilde{\delta})$$

パラメータ μ_{ϕ} を決めるために，Litterman の事前分布の考え方を適用する．Litterman の事前分布は，時系列はランダム・ウォーク $\Delta Y = E$ のように振る舞うという考え方を反映している．共和分の仮定を除外できないので，モデルについての事前の確信の中に誤差修正項を含めたほうがよい．すなわち $\Delta Y = Y_{-1}\Pi + E$ と $\Pi = USV'$ とする．これはパラメータ ϕ の事前の平均をゼロとおく，$\mu_{\phi} = 0$．そして μ_{ϕ} の分散 Ω_{ϕ} は事前分布を散漫にするため大きくすることを意味している．

特異値の事前分布における自由度は，共和分の事前の信頼に依存して自由度 r を自由にセットできる．低い自由度 $r=1$ あるいは $r=2$ の場合，特異値がゼロに近いことが選好され，したがって共和分がある．特異値の事前分布で自由度を増やせば，ゼロから遠く離れた特異値はゼロに近い特異値よりもずっと起こりやすいと仮定する．したがって，特異値に対する事前分布は，大きな自由度の χ^2 分布を仮定すれば共和分を好まず，他方小さ

[*12] $\tilde{u}$ と $\tilde{v}$ に対する事前分布は，ARMA(p,q) 誤差をもつ回帰モデルにおける AR と MA パラメータに対して，Chib and Greenberg(1994)で提案された事前分布と似たものである．Chib and Greenberg(1994)は AR プロセスが定常であることを保証するために，AR パラメータに切断正規分布を仮定する．さらに MA プロセスが反転可能であることを保証するために，MA パラメータに切断正規分布を仮定する．

な自由度の χ^2 分布は共和分を好むことになる.

事後分布

モデル(46)に対する尤度関数は

$$l(\nu, \Pi | Y_{-1}, Z) \propto \tag{51}$$

$$|\Sigma|^{-\frac{T}{2}} \exp\left(-\frac{1}{2}\mathrm{tr}\,\Sigma^{-1}(\Delta Y - ZB - Y_{-1}\Pi')'(\Delta Y - ZB - Y_{-1}\Pi')\right)$$

であり,パラメータの事後密度は

$$\begin{aligned}
p(\nu,\Pi|\cdot) \propto\ & |\Sigma|^{-\frac{(T+\delta+n+1)}{2}} \exp\left[-\frac{1}{2}\mathrm{tr}\,\Sigma^{-1}(\Delta Y - ZB - Y_{-1}\Pi')' \right.\\
& \left. \times (\Delta Y - ZB - Y_{-1}\Pi')\right] \exp\left\{-\frac{1}{2}(\phi-\mu_\phi)'\Omega_\phi^{-1}(\phi-\mu_\phi)\right\}\\
& \times \exp\left\{-\frac{1}{2}(v-\mu_{\tilde{v}})'\Omega_{\tilde{v}}^{-1}(v-\mu_{\tilde{v}})\right\}\\
& \times \exp\left\{-\frac{1}{2}(u-\mu_{\tilde{u}})'\Omega_{\tilde{u}}^{-1}(u-\mu_{\tilde{u}})\right\}\\
& \times \exp\left\{-\frac{1}{2}\mathrm{tr}(\tilde{\Sigma}\Sigma^{-1})\right\} \prod_{i=1}^{q} s_{k_i}^{\frac{r}{2}-1} \exp\left\{-\frac{s_{k_i}}{2}\right\} \tag{52}
\end{aligned}$$

になる.Tsurumi and Wago(1996)は $\Pi'\Pi$ に対する HPDI の近似を見ることによって,Π のランクに対するベイジアンでのテストを開発した.Bauwens and Lubrano(1996)は Π の事後密度が行列変量-t で,事後分布からの行列 Π のサンプリングが簡単にできる場合に $\Pi'\Pi$ の固有値の HPDI を作成した.事後密度関数をすべてのパラメータに関して積分するのにモンテカルロ積分を用い,Π の特異値の事後密度を得ることができる.モンテカルロ積分は,MH アルゴリズムを採用する.

共和分ランクを検定する方法はいくつかある.1つの方法は特異値の事後密度を導出し,事後密度の HPDR がゼロを含んでいるか否かを見る.特異値の事後分布に基づいて,行列 Π にあるゼロの特異値の数を見て結論し,結果としてシステムにある共和分ランクの数を見る.

HPDR の概念は実際に広く用いられているが(たとえば,Kleibergen and van Dijk(1994),Bauwens and Lubrano(1996),Tsurumi and Wago(1996)

参照),直接に検定と関連していない.この観点から,散漫あるいは曖昧な事前分布をもつ仮説の検定を行う1つの方法として Lindley の方法を述べている Zellner(1971) を用いる.Lindley の方法は HPDI の概念と同じである.α を有意水準とした $\Pr\{a < \psi < b|\text{data}\} = 1 - \alpha$ のような区間を作成する.H_0 の下での ψ の値がこの区間 (a,b) に入らなければ帰無仮説を棄却し,その他の場合は仮説を棄却しない.2番目の検定は,ベイジアン事後/予測オッズあるいは競争モデルの事後/予測確率を計算することである.事後分布からのサンプルがすでに得られたと仮定して,Newton and Raftery 法,Geweke の方法,候補推定量などの事後確率を計算する方法がある.

3.6 HPDI 法を用いた共和分ランクの検定

事後分布からパラメータのサンプルを発生する方法として,MH アルゴリズムの方法がある.説明上,$\psi = \text{vec}(\nu)$ と表す.事後分布(52)からシミュレートされた $\{\psi_i\}_{i=1}^{M}$ 個のサンプルは,ψ の事後密度やその要素だけの利用だけではない.$\delta(\psi)$ の事後密度も得ることができる.ここで $\delta(\psi)$ は連続性とランクの仮定についての通常の仮定を満たす連続関数である.連鎖 $\{\delta(\psi_i)\}_{i=1}^{M}$ は $\delta(\psi)$ の周辺事後分布に収束する.特異値 $s = \delta(\nu)$ を表すのに,パラメータ ν についてのサンプルがあれば,特異値の事後密度を得ることができる.

そこで,Π の特異値の事後分布を導くのに,事後分布(52)から Π の抽出を MH アルゴリズムを用いて行い,各抽出で特異値を計算する.次に,生成された連鎖を用いて特異値の事後密度を導き,特異値の点推定値を見つけて HPDI を作る.パラメータの点推定値として事後平均を用いるが,これは暗黙的に2次の損失関数を仮定してる.

モデル M_j の下での事後分布からのサンプルを抽出するために,MH アルゴリズムを作成する.ここでパラメータを部分ブロックに分割し,各部分ブロックに個別に MH アルゴリズムを適用する.この方法は,パラメー

タの「ブロッキング」として知られている[*13]．対象となるパラメータの次元が非常に大きいとき（ほとんどの ECM モデルの場合），もしすべてのパラメータを 1 度に単一ブロックとして抽出すると，比較的高い水準で受容確率を保つのが難しい．

部分ブロックの選択は，通常モデル(45)に沿って行う．各ブロック $\Pi, C_1^*,$ $\cdots, C_{p-1}^*$ を単一ブロックとして考え，分散共分散行列 Σ を最後のブロックとする．$C_j^{*(i+1)}$ をブロック C_j^* の $(i+1)$ 回目の抽出とし，ϕ^{i+1} を j のすべての値に対するパラメータ C_j^* の $(i+1)$ 回目の抽出とする．すなわち，$\phi^{i+1} = \{C_1^{*(i+1)}, \cdots, C_{p-1}^{*(i+1)}\}, \phi_j^{i+1} = \{C_1^{*(i+1)}, \cdots, C_j^{*(i+1)}, C_{j+1}^{*i}, \cdots, C_{p-1}^{*i}\}$. 同様に，$\Sigma^{i+1}$ はブロック Σ の $(i+1)$ 回目の抽出で，$\Pi^{i+1} = U^{i+1} S^{i+1} (V^{i+1})'$ は Π の $(i+1)$ 回目の抽出で，$\psi^{i+1} = \{\Pi^{i+1}, \phi^{i+1}, \Sigma^{i+1}\}$ である．

一般的には，MH アルゴリズムでは提案分布 $g_S(\cdot), g_U(\cdot), g_V(\cdot), g_\phi(\cdot), g_\Sigma(\cdot)$ から $\hat{\phi}$ の値を発生し，確率 $\alpha(\psi, \hat{\psi})$ で提案された値を受容する．ここで $\alpha(\psi, \hat{\psi})$ は次のように定義される．

$$\alpha(\psi, \hat{\psi}) = \min\left\{1, \frac{p(\hat{\psi}|y_{-p}, \cdots, y_T) g_S(S) g_\phi(\phi) g_\Sigma(\Sigma) g_U(\cdot) g_V(\cdot)}{p(\psi|y_{-p}, \cdots, y_T) g_S(\hat{S}) g_\phi(\hat{\phi}) g_\Sigma(\Sigma) \hat{g}_U(\cdot) \hat{g}_V(\cdot)}\right\}$$

ここで，次のようにモデル(45)に MH アルゴリズムを適用する．

Π, ϕ, Σ のサンプルを抽出するための MH アルゴリズム

1. 初期値 ϕ^0 と Σ^0, S^0, U^0, V^0 を与える．これらは任意に選ばれるが，たとえば連鎖の出発値として OLS 推定値をとる．

2. (a)特異値 $s_k^{i+1}, k = 1, \cdots, q$ を抽出し，対角行列 $\bar{S}$ を作る．特異値 s_k^{i+1} を次のように発生する．w_k を $\mathcal{N}(\sqrt{s_k^i}, \xi_s^2)$ から抽出し，分散 ξ_s^2 は Π の受容確率が適切になるように選ぶ．次の抽出は $s_k^{i+1} = w_k^2$ である．行列 S では特異値は大きい順にならべてあることに注意：$s_1 \geq s_2 \geq \cdots \geq s_n$. しかし，正規分布から w_k を抽出すると，$w_k < w_{k-m}, m > 0$ となる場合があり，これは $s_k^{i+1} < s_{k-m}^{i+1}$ を意味している．このような状

[*13] Gamerman(1997), pp.170-177 参照．

況を除外したい．そこで，特異値を抽出するとき $s_1 \geq s_2 \geq \cdots \geq s_h$ に対する抽出だけを受容する．

(b) 行列 U と V の抽出は問題がある．これらの行列は直交化され，直交行列を保証する分布はない．U^{i+1} と V^{i+1} の抽出を行うために，パラメータ $\bar{u}$ を $\mathcal{N}(\bar{u}^i, c_1 I)$ から，$\bar{v}$ を $\mathcal{N}(\bar{v}^i, c_1 I)$ から抽出する，ここで $\bar{u}^i = \text{vec}(U^i)$ と $\bar{v}^i = \text{vec}(V^i)$. 行列 $\bar{U}$ と $\bar{V}$ を作り，行列 $\Pi^{i+1} = \bar{U}\bar{S}\bar{V}'$ を作成する．行列 Π^{i+1} は Π の新しい抽出で，それを再び正規化する：$\Pi^{i+1} = \bar{U}\bar{S}\bar{V}' = U^{i+1}S^{i+1}(V^{i+1})'$. ここで，パラメータ U, S, V の $(i+1)$ 番目の抽出を得るために $(U^{i+1})'U^{i+1} = (V^{i+1})'V^{i+1} = I$ とする．行列 Π の生成関数は正規分布で近似されるので，受容確率は次のようになる．

$$\alpha(\Pi^i, \Pi^{i+1}) = \min\left\{1, \frac{p(\Pi^{i+1}, \phi^i, \Sigma^i | y_{-k}, \cdots, y_T)}{p(\Pi^i, \phi^i, \Sigma^i | y_{-k}, \cdots, y_T)}\right\}$$

3. (a) ブロック $B_j^{*(i+1)}$ を，提案密度関数 $g_B(B_j^{*i}, B_j^{*(i+1)}) \sim \mathcal{N}(B_j^{*i}, c\Sigma^i \otimes (X_j'X_j)^{-1})$ から発生する．ここで，c はパラメータ $B_j^{*(i+1)}$ の受容率を制御するチューニング定数，B_j^{*i} はパラメータ B_j^* で $X_j = Y_{-j}$ の以前の抽出である．

(b) 確率 $\alpha(\phi^i, \phi_j^{i+1})$ で新しいパラメータ値 $B_j^{*(i+1)}$ を受容する．その他の場合はパラメータ B_j^* に対する連鎖を以前の値 B_j^{*i} のままにしておく．この段階では Σ の抽出を行わず，$B_j^{*(i+1)}$ に対する生成関数は対称であるから，$g_B(B_j^{*i}, B_j^{*(i+1)}) = g_B(B_j^{(i+1)}, B_j^i)$ で，受容確率は次の形になる．

$$\alpha(\phi^i, \phi_j^{i+1}) = \min\left\{1, \frac{p(\phi_j^{i+1}, \Pi^{i+1}, \Sigma^i | y_{-k}, \cdots, y_T)}{p(\phi^i, \Pi^i, \Sigma^i | y_{-k}, \cdots, y_T)}\right\}$$

ここで，同時事後密度は (52) で定義される．各部分ブロック $B_j^{*(i+1)}, j = 1, \cdots, p-1$ に対して，ステップ 2(a) と 2(b) を繰り返す．この型の MH はランダム・ウォークとして知られている[*14].

4. 生成密度関数 $g_\Sigma(\Sigma^{i+1}) \sim \mathcal{IW}_n(T, \hat{\Sigma})$ から抽出 Σ^{i+1} を生成する．ここ

[*14] Gamerman(1977) と Robert and Casella(1999) はモンテカルロ統計的方法と MH アルゴリズムについて特に優れた概観を与えている．

で $\mathcal{IW}_n$ は逆ウィッシャート分布を表し，$\hat{\Sigma} = (Y - Y_{-1}\hat{\Pi} - Z\hat{\beta}')'(Y - Y_{-1}\hat{\Pi} - Z\hat{\beta}')$ は分散の OLS 推定値，そして T は逆ウィッシャート分布の自由度である．

確率 $\alpha(\Sigma^i, \Sigma^{i+1}_j)$ でパラメータの新しい値 $\Sigma^{(i+1)}$ を受容し，その他の場合は連鎖を以前の値 Σ^i のままにしておく．受容確率 $\alpha(\Sigma^i, \Sigma^{i+1})$ は次のように定義される．

$$\alpha(\Sigma^i, \Sigma^{i+1}) = \min\left\{1, \frac{p(\Pi^{i+1}, \phi^{i+1}, \Sigma^{i+1}|y_{-k},\cdots,y_T)g_\Sigma(\Sigma^i)}{p(\Pi^{i+1}, \phi^{i+1}, \Sigma^i|y_{-k},\cdots,y_T)g_\Sigma(\Sigma^{i+1})}\right\}$$

Π の $n-h$ 個の特異値がゼロとおかれる制約されたモデル M_h に対して Σ を抽出するとき，Σ に対する受容率が小さくなることがある．この場合，Σ に対する生成関数を $g_\Sigma(\Sigma^{i+1}) \sim \mathcal{IW}_n(T, \hat{\tilde{\Sigma}})$ と修正する．ここで，$\hat{\tilde{\Sigma}} = \frac{1}{2}\hat{\Sigma} + \frac{1}{2}\bar{\Sigma}, \bar{\Sigma} = (Y - Y_{-1}\tilde{\Pi} - Z\hat{\beta}')'(Y - Y_{-1}\tilde{\Pi} - Z\hat{\beta}')$ そして $\tilde{\Pi}$ は $n-h$ 個の特異値をゼロとおいた行列 $\hat{\Pi}$ である．

5. ステップ 2 と 3 を連鎖が収束するまで繰り返す．

例 5　外国為替レートにおける共和分

前述のように標本理論では，残差分析(Engle and Granger, 1987)と共和分検定(Johansen, 1995)がよく使われている．ベイズ理論では，Tsurumi and Wago(1996)が特異値分解(Singular Value Decomposition)の事後分布を導出して共和分の検定をすることを提唱した．この論文では，事後分布を求積法(Quadrature Formulae)を使って近似計算で求めているが，霍見・ラドチェンコ(2005)では MCMC 法を用いて特異値を求めている．$G \times 1$ のベクトルの共和分の仮説は，特異値を $\lambda_1, \lambda_2, \cdots, \lambda_{G-1}$ とすると，次のように表すことができる．

$$H_0: \xi = \lambda_1 + \lambda_2 + \cdots + \lambda_{G-1} = 0 \quad \text{vs.} \quad H_1: \xi > 0 \quad (53)$$

(53)式の仮説検定は同時仮説検定で，帰無仮説 H_0 は共和分の関係がないという帰無仮説を棄却できなければ共和分の検定は終わる．しかし，もし仮説が棄却されれば今度は共和分関係がいくつあるかを知りたい．そのためには，個々の特異値の事後分布を計算して，ゼロでない特異値がいくつあるかを見ればよい．ふたたび，前の 4 通貨間に共和分の関係があるかど

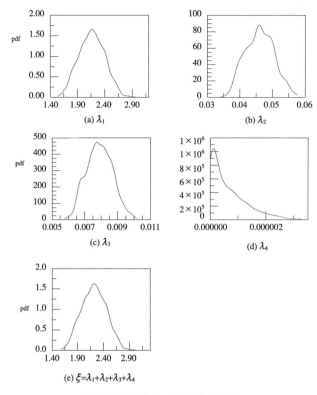

図 9 特異値 λ_i と ξ の事後密度

うかを,霍見・ラドチェンコ(2005)の例により,MCMC の手法を用いて計算した事後分布を図 9 に示す.図 9 は,特異値 λ_i の事後分布である.図 9 の(a)-(d)はそれぞれ,$\lambda_1, \lambda_2, \lambda_3, \lambda_4$ の各特異値の事後分布であり,これから,λ_4 は 0 であるが,これ以外はゼロでない $\lambda_i > 0, i = 1, 2, 3$ であることがわかる.ただし,λ_3 はその HPDI の範囲から実質的に 0 とみなすことができる.結果として 4 通貨間に 2 個の共和分の関係があると判断できる.図 9(e)は,$\xi = \lambda_1 + \lambda_2 + \lambda_3$ の事後分布で,(53)式の同時仮説,すなわち 4 通貨間に共和分の関係があるか否かを検定する.(e)の事後分布は,(a)の事後分布とほとんど同一である.

標本理論では Johansen の共和分検定がよく使われている.表 3 は,各特

表3 4つの日次外国為替レート間の共和分：
事後平均と95% HPDI 対 Johansen の検定

事後平均と 95% HPDI		Johansen のテスト	
特異値	平均/(95% HPDI)	固有値	トレース検定
λ_1	2.0426 (1.7275, 22.3609)	.0592	102.949**
λ_2	.04218 (.0357, .0481)	.0251	35.648*
λ_3	.0070 (.0058, .0081)	.0046	7.646
λ_4	0 (0, 0)	.0023	2.585
ξ	2.0917 (1.7711, 2.4141)		

注　*(**)は5%(1%)水準で仮説が棄却されることを表す．
　　$\xi = \lambda_1 + \lambda_2 + \lambda_3 + \lambda_4$

異値の事後平均とその 95% HPDI，そして Johansen 検定での固有値とトレース検定の結果である．この表から，ベイズの手法による共和分検定（左側）と標本理論による Johansen のテスト（右側）とはほぼ一致していることがわかる．

グランジャー因果検定には誘導型の VAR が使われる．これを行う MCMC アルゴリズムは，共和分検定に対するものと同じである．VAR モデルは

$$y_t = C_1 y_{t-1} + \cdots + C_p y_{t-p} + v_t \tag{54}$$

であり，ここで y_t は $G \times 1$ ベクトルである．正規事前分布を用いるとギブス・サンプラーを用いることができ，Minnesota 型事前分布を用いるとMH アルゴリズムを使う必要がある．

4　ベイジアン因子分析モデル

因子分析におけるベイズ推定は，最近新たな関心を浴びている．それは1つは計算上の進歩のためもあるが，それだけでなくたとえば金融時系列

のモデリングにおける最近の研究に代表されるように，ダイナミックな因子構造が実証分析での応用可能性を広げたためである．因子分析，一般的には潜在構造モデル，の方法論的な進歩と実際上の応用が最近急速に発展している．特に，MCMCシミュレーション法が因子分析モデルをベイズ的に取り扱う道を開いた．この方法は，たとえばGeweke and Zhou(1996)，Polasek(1997)，Arminger and Muthén(1998)で開発と応用がなされ，金融時系列モデルや景気循環でのダイナミック因子モデルへと発展している(Arguilar and West(2000)，Pitt and Shephard(1998))．これらの研究は，因子数をモデル化する潜在因子モデルでの完全ベイズ推測に関するものである．実証分析では，因子数が変化したときに，どの程度予測や解釈が変化するかが問題になる．因子数自体の推定はベイジアンの文献では比較的無視されてきたが，Polasek(1997)は因子数だけが異なる分離(separate)モデルに，MCMC法を用いて因子数の近似事後確率を計算する方法を議論している．このような方法は，これらの分離モデルのもとで周辺データ密度(事前予測密度)の計算が必要になる．Lopes and West(2004)は因子数を未知とした因子モデルにMCMC法を適用した．因子数を与えたときのMCMC法についての分析に，異なる因子数のモデル間を移動するリバーシブル・ジャンプMCMC(RJMCMC)を用いることができる．RJMCMCは因子数をパラメータとして扱うことにより，周辺データ密度を計算する必要がない．しかし計算上効率的で，理論的有効な方法にするためには，適切なジャンプ法則を作る必要がある等実際への応用にはいくつかの問題があることが知られている．

4.1 因子モデル構造の定式化

基本モデル

m個の関連した変数に関するデータが，平均ゼロで$m \times m$の非特異分散行列Ωをもつ多変量正規分布$\mathcal{N}(0, \Omega)$から確率サンプリングによって生じると仮定する．サイズがTの確率標本は，$\{y_t\}, t=1,\cdots,T$で表される．任意に決めた正の整数$k \leq m$に対して，標準的なk個の要素からなる

因子モデルは，各 y_t と基本的な共通要素である k 個のベクトルの確率変数 f_t との関係を，次のように表す．

$$y_t = \beta f_t + \epsilon_t \tag{55}$$

ここで，(i) 因子 f_t は，$f_t \sim \mathcal{N}(0, I_k)$ で独立である．(ii) ϵ_t は独立で正規な $\epsilon_t \sim \mathcal{N}(0, \Sigma)$ の m 要素ベクトルで，そして $\Sigma = \mathrm{diag}\,(\sigma_1^2, \cdots, \sigma_m^2)$ である．(iii) ϵ_t と f_s はすべての t と s に対して独立である．(iv) β は $m \times k$ の因子負荷行列である．

このモデルの下で，データ分布の分散・共分散構造に次の制約が課される．すなわち，$\Omega = \beta\beta' + \Sigma$ から $\Omega = \mathrm{var}\,(y_t|\Omega) = \mathrm{var}\,(y_t|\beta, \Sigma)$ となる．このモデルは共通因子の条件付で，観測可能な変数は相関がないことを意味している．したがって，共通因子は m 個の変数間のすべての従属構造を説明している．y_t の任意の要素 y_{it} と y_{jt} に対してと，β と Σ の条件付で，モーメントの特性値を次のように表す：(i) $\mathrm{var}\,(y_{it}|f) = \sigma_i^2$，(ii) $\mathrm{cov}\,(y_{it}, y_{jt}|f) = 0$，(iii) $\mathrm{var}\,(y_{it}) = \sum_{l=1}^k \beta_{il}^2 + \sigma_i^2$，(iv) $\mathrm{cov}\,(y_{it}, y_{jt}|f) = \sum_{l=1}^k \beta_{il}\beta_{jl}$ である．

実証分析上の問題では，特に m が大きな値のとき，因子数 k はしばしば m と比べて小さい．その結果，ほとんどの分散・共分散構造は共通因子で説明されてしまう．固有の分散 σ_i^2 は，因子で説明される各データ変数の残差の変動を表している．モデル(55)は次のように書ける．

$$y = F\beta' + \epsilon \tag{56}$$

ここで，$y = (y_1, \cdots, y_T)'$，$F = (f_1, \cdots, f_T)'$，$\epsilon = (\epsilon_1, \cdots, \epsilon_T)'$ はそれぞれ $(T \times m), (T \times k), (T \times m)$ 次元の行列である．要素 ϵ と F は互いに独立な行列正規確率変数で，たとえば Dawid(1981)，Press(1982)や West and Harrison(1997)の第 16 章(p.600)で説明されている．Dawid(1981)と同様に，簡単に $\epsilon \sim \mathcal{N}(0, I_T, \Sigma)$ と表すと，次の密度をもつ．

$$p(y|F, \beta, \Sigma) \propto |\Sigma|^{-T/2} \mathrm{etr}\,(-\frac{1}{2}\Sigma^{-1}\epsilon\epsilon') \tag{57}$$

F について周辺化すると

$$p(y|\beta, \Sigma) \propto |\Omega|^{-T/2} \mathrm{etr}\,(-\frac{1}{2}\Omega^{-1}y'y) \tag{58}$$

である．ここで，任意の行列 A に対して $\mathrm{etr}\,(A) = \exp(\mathrm{trace}(A))$ である．尤

度関数(57)は，k が固定されている因子モデルのパラメータに対して Gibbs サンプリングで用いられる．他方，(58)式の尤度は k について不確実な場合の RJMCMC で広く用いられる．

事前分布の要素の定式化

モデルを表すには，モデルのパラメータ β と Σ の事前分布のクラスを設定する．通常，分析は散漫であるが正則な事前分布に基づいて行われる．因子負荷行列に対しては，$i \neq j$ のとき $\beta_{ij} \sim \mathcal{N}(0, C_0)$ で，正の負荷行列の上対角要素 $i = 1, \cdots, k$ に対して $\beta_{ii} \sim \mathcal{N}(0, C_0)\mathbf{1}(\beta_{ii} > 0)$ のような独立な事前分布をとる．後者は，基本的な正規事前分布を対角要素が正の値をとるようにするために単純に切断する．分析を行う場合には，分散パラメータ C_0 をいくらか大きい値にとる必要がある．

各固有の分散 σ_i^2 に対して共通の逆ガンマ事前分布を仮定し，分散は独立に設定する．すなわち，σ_i^2 はハイパー・パラメータ ν と s^2 で，独立に $\sigma_i^2 \sim \mathcal{IG}(\nu/2, \nu s^2/2)$ とモデル化する．ここで，s^2 は各 σ_i^2 の事前モード，ν はハイパー・パラメータの事前の自由度である．

4.2　k 因子モデルでの MCMC 法

特定の k 因子モデルでは，MCMC 法を用いたベイズ分析は簡単に行える．特定の因子数で計算された主要な結果を単に要約すればよい．詳細は Geweke and Zhou(1996)，Polasek(1997)，Aguilar and West(2000)を参照のこと．MCMC 分析は，一群の条件付事後分布から繰り返しサンプリングを行う．基本的な方法は，与えたモデルの完全条件付事後分布からのサンプリングを用いて，F, β, Σ のそれぞれに対して順に条件付事後分布からシミュレートする．以下の方法は Lopes and West(2004)による．

最初に，(56)式の因子モデルは，β, Σ, k が固定されている場合に，パラメータを F とした標準的な多変量回帰モデルとして見ることができる (Press(1982)，Box and Tiao(1973)，Broemeling(1985)，Zellner(1971))．そこで，F に対する完全条件付事後分布を f_t に対する独立な正規分布に

分解することができる. すなわち, $t=1,\cdots,T$ に対して独立に
$$f_t \sim \mathcal{N}((I_k + \beta'\Sigma^{-1}\beta)^{-1}\beta'\Sigma^{-1}y_t, (I_k + \beta'\Sigma^{-1}\beta)^{-1})$$
となる. 次に, β に対する完全条件付事後分布を, β の行の非ゼロ要素に対する独立な周辺分布に分解する.

最後に, Σ の要素に対する完全条件付事後分布が m 個の独立な逆ガンマ分布になる, すなわち $\sigma_i^2 \sim \mathcal{IG}((\nu+T)/2, (\nu s^2 + d_i)/2)$. ここで $d_i = (y_i - F\beta_i')'(y_i - F\beta_i')$ である.

すると, 完全条件付分布は

- $i=1,\cdots,k$ では, $m_i = C_i(C_0^{-1}\mu_0 \mathbf{1}_i + \sigma_i^{-2}F_i'y_i)$ と $C_i^{-1} = C_0^{-1}I_i + \sigma_i^{-2}F_i'F_i$ としたとき, $\beta_i \sim \mathcal{N}(m_i, C_i)\mathbf{1}(\beta_{ii} > 0)$.
- $i=k+1,\cdots,m$ では, $m_i = C_i(C_0^{-1}\mu_0 \mathbf{1}_k + \sigma_i^{-2}F'y_i)$ と $C_i^{-1} = C_0^{-1}I_k + \sigma_i^{-2}F'F$ としたとき, $\beta_i \sim \mathcal{N}(m_i, C_i)$.

となり, これらの分布は簡単にシミュレートできる.

4.3 因子数についての完全ベイズ推定

予備的 MCMC 分析

リバーシブル・ジャンプ MCMC(RJMCMC)法は, k について不確実である場合, k をパラメータとして含めたモデルパラメータに対する事後分布を調べるのに役立つ. 因子数が異なるモデル間を移動するにつれて, モデル・パラメータの次元と意味が変化するので, RJMCMC はそのような問題のために考案された方法である.

以後, 因子負荷行列が k に依存することを明らかにするために, β を β_k, F を F_k に置き換える. さらに, k 因子モデルのパラメータ (β_k, Σ) を θ_k と表す. すると, k はすべてのモデル密度関数の条件付変数として表われる. この RJMCMC 法は, 異なる次元の大きさ k と k' をもつ (k, θ_k) から $(k', \theta_{k'})$ のモデル間をシミュレーション分析が移動する MH 型のアルゴリズムを含んでいる. マルコフ連鎖シミュレーションは, このような異なるモデル間をジャンプし, アルゴリズムは連鎖の詳細平衡を維持するためにリバーシブルになるように考案されている. 一般的な方法と考え方の詳細

は，Green(1995)を参照するとよい．

まず前もって決めた因子数 $k \in K$ の値の集合の間を移動する，パラレル MCMC 分析の初期セットを与える．これらの連鎖によって，事後分布 $p(\theta_k, F_k | k, y)$ を近似する (θ_k, F_k) に対する K 個のセットのモデル内事後標本を生成する．これらの標本から事後平均やその他の要約統計量を計算し，これらを用いて RJMCMC アルゴリズムにおける候補パラメータの値を生成し，解析的に与えた分布を選択するための候補として用いる．この部分の分析は，パラメータ θ_k に対するサンプルにだけ作用する．実際の因子 F_k のシミュレート値は妥当であるが，異なる k の値をもつモデル間を移動するにつれて変わる．MCMC 分析から得られた β_k の近似事後平均と分散行列を，b_k と B_k と表す．そして各 $i=1, \cdots, m$ に対して，σ_i^2 の近似事後モードを v_{ki}^2 と表す．この場合は，次の解析型を提案分布の要素として導入する．$k \in K$ の各モデルに対しては $q_k(\beta_k) = \mathcal{N}(b_k, bB_k)$ であり，各 $i=1, \cdots, m$ に対しては $q_k(\sigma_i^2) = \mathcal{IG}(a, av_{ki}^2)$ である，ここで a と b は与える尺度パラメータである．これらの密度関数を結合すると，次の分布が得られる．

$$q_k(\theta_k) \equiv q_k(\beta_k, \Sigma) = q_k(\beta_k) \prod_{i=1}^{m} q_k(\sigma_i^2), \qquad k \in K \quad (59)$$

リバーシブル・ジャンプ・アルゴリズム(**A reversible jump algorithm**)

パラレルなモデルでの予備的な MCMC 分析に続いて，RJMCMC を用いて k 種類のモデル空間を次のように探索する．k 因子モデルと上で与えられたモデル内事前分布に加えて，さらに周辺事前確率 $p(k)$ を $k \in K$ に関して決める必要がある．RJMCMC 分析は次のように行う．

[0] k の初期値を選ぶ．事後分布 $p(\theta_k | y)$ から MCMC アルゴリズムのステップを用いて抽出し，この k 因子モデルからサンプルされた値に基づいて，θ_k の現在の値をセットする．このステップから θ_k の新しいサンプル値と因子 F_k の両方が得られる．しかし前者だけを他の k の値のモデルに移るのを調べるのに用いる．

[1] モデル間移動ステップ

1.a 与えられた遷移確率 $\Pr(k'|k) = J(k \to k')$ で，提案分布から因子数 k' の候補値を抽出する．

1.b 与えられた k' で，(59)の分布 $q_{k'}(\boldsymbol{\theta}_{k'})$ からパラメータ $\boldsymbol{\theta}_{k'}$ を抽出する．

1.c 受容/棄却比を計算する．

$$\alpha = \min\left\{1, \frac{p(\boldsymbol{y}|k', \boldsymbol{\theta}_{k'})p(\boldsymbol{\theta}_{k'}|k')p(k')}{p(\boldsymbol{y}|k, \boldsymbol{\theta}_k)p(\boldsymbol{\theta}_k|k)p(k)} \frac{q_k(\boldsymbol{\theta}_k)J(k' \to k)}{q_{k'}(\boldsymbol{\theta}_{k'})J(k \to k')}\right\} \quad (60)$$

ここで，各 $j \in (k, k')$ の値に対して，$p(\boldsymbol{y}|j, \boldsymbol{\theta}_j) = p(\boldsymbol{y}|j, \boldsymbol{\beta}_j, \boldsymbol{\Sigma})$ は(58)式の尤度関数である．$p(\boldsymbol{\theta}_j|j)$ は j 因子モデル内のパラメータの事前密度であり，$p(j)$ は k 因子の事前確率である．確率 α で k' 因子モデルへジャンプし，候補としてサンプルされた新しいパラメータ値 $p(\boldsymbol{\theta}_{k'})$ を受容する．

[2] モデル内移動ステップ

モデル k' へのジャンプが受容されると，この k' 因子モデルでの MCMC 分析の 1 ステップを進め，フルセットの数値 $(\boldsymbol{\theta}_{k'}, \boldsymbol{F}_{k'})$ の新しいサンプル値になる．その他の場合はモデル k に留まり，$(\boldsymbol{\theta}_k, \boldsymbol{F}_k)$ の新しい値を得る．

[3] [1]と[2]を実際の収束が達成されたと判断されるまで繰り返す．

選択された提案分布 $q_k(\boldsymbol{\theta}_k)$ は，条件付事後分布 $p(\boldsymbol{\theta}_k|k, \boldsymbol{y})$ に全般的に正確に近似していることは一般には期待できない．しかし，その場合は，得られた受容/棄却確率は直接パラメータ k だけに関するメトロポリス型確率になる．このアルゴリズムは，メトロポリス化 Carlin and Chib 法と呼ばれる方法の特別な場合になる．新しいモデル次元と新しいパラメータの両方を生成する提案分布が，k を通じてだけ連鎖の現在の状態に依存する．

4.4 モデル不確実性を表すその他の方法

RJMCMC の手法は，パラメータ数が異なる競争モデルでのベイジアン分析では有力な方法である．「スーパー・モデル」の中での入れ子型モデルに基づく伝統的な方法と比べると，RJMCMC はマルコフ連鎖への収束ま

での実際の計算時間に関しては，しばしば計算的により効率的であり，非常に一般的な枠組みの中で連鎖に収束することを保証する．そこで，因子モデルでは自然で直接的な定式化に加えて，モデル内のパラメータと因子に対して同じようにモデル間の完全事後分布からサンプリングする連鎖に収束することが保証されている．しかし，因子数の推測には現在の近似方法の限界があり，これらの方法を比較する必要がある．

正規化定数の計算

ベイジアンの枠組みでは，モデル内分析から，理論的には各 $k \in K$ に対して周辺データ密度関数を得る．

$$p(\boldsymbol{y}|k) = \int p(\boldsymbol{y}|k,\boldsymbol{\theta}_k)p(\boldsymbol{\theta}_k|k)d\boldsymbol{\theta}_k \tag{61}$$

もしこれらが計算できれば，k の推定は $p(k|\boldsymbol{y}) \propto p(k)p(\boldsymbol{y}|k)$ を通じてベイズの定理から行う．問題は計算である．周辺データ密度は一般には簡単に計算ができない．そこで数値的に近似計算を行うことになる．これには，次のような標準的な方法がある．

正規化定数(周辺尤度)の計算法

- 候補推定量($\hat{p}_C$)〈Chib(1995)〉

$$\hat{p}_C = \frac{p(\boldsymbol{y}|\boldsymbol{\theta})p(\boldsymbol{\theta})}{p(\boldsymbol{\theta}|\boldsymbol{y})}$$

- 調和平均推定量($\hat{p}_H$)〈Newton and Raftery(1994)〉

$$\hat{p}_H^{-1} = M^{-1} \sum_{m=1}^{M} p(\boldsymbol{y}|\boldsymbol{\theta}^{(m)})^{-1}$$

$\boldsymbol{\theta}^{(m)}$ は MCMC からの事後標本
- Newton and Raftery 推定量($\hat{p}_{NR}$)〈Newton and Raftery(1994)〉

$$\hat{p}_{NR} = \delta p(\boldsymbol{\theta}) + (1-\delta)p(\boldsymbol{\theta}|\boldsymbol{y})$$

ここで δ はある小さな混合確率．
- Gelfand and Dey 推定量($\hat{p}_{GD}$)〈Gelfand and Dey(1994)〉

$$\hat{p}_{GD}^{-1} = M^{-1} \sum_{m=1}^{M} g(\boldsymbol{\theta}^{(m)})\{p(\boldsymbol{y}|\boldsymbol{\theta}^{(m)})p(\boldsymbol{\theta}^{(m)})\}^{-1}$$

$\boldsymbol{\theta}^{(m)}$ は事後標本.

- Laplace-Metropolis 推定量($\hat{p}_{LM}$)〈Tierney and Kadane(1986)〉

$$\hat{p}_{LM} = (2\pi)^{d/2}|\tilde{\boldsymbol{\Psi}}|^{1/2} p(\boldsymbol{y}|\tilde{\boldsymbol{\theta}})p(\tilde{\boldsymbol{\theta}})$$

$\tilde{\boldsymbol{\theta}}$ は $p(\boldsymbol{y}|\tilde{\boldsymbol{\theta}})p(\tilde{\boldsymbol{\theta}})$ の最大値.$\tilde{\boldsymbol{\Psi}}$ は $\boldsymbol{\theta}$ の事後分散に対する MCMC 近似.d は $\boldsymbol{\theta}$ の次元.

- 幾何推定量($\hat{p}_G$)〈Meng and Wong(1996)〉

$$\hat{p}_G = \frac{L^{-1}\sum_{l=1}^{L}\{p(\boldsymbol{\theta}^{*(l)})p(\boldsymbol{y},\boldsymbol{\theta}^{*(l)})/g(\boldsymbol{\theta}^{*(l)})\}^{1/2}}{M^{-1}\sum_{l=1}^{M}\{g(\boldsymbol{\theta}^{(m)})/(p(\boldsymbol{\theta}^{(m)})p(\boldsymbol{y},\boldsymbol{\theta}^{*(l)})\}^{1/2}}$$

ブリッジ・サンプリングで任意の関数 α を $(p(\boldsymbol{\theta})p(\boldsymbol{y}|\boldsymbol{\theta})g(\boldsymbol{\theta}))^{-1/2}$ とする.

- Meng and Wong の最適推定量($\hat{p}_{opt}$)〈Meng and Wong(1996)〉

$$\hat{p}_{opt} = \frac{\sum_{l=1}^{L} W_{2l}/(s_1 W_{2l} + s_2 r)}{\sum_{m=1}^{M} 1/(s_1 W_{1m} + s_2 r)}$$

$W_{2l} = p(\boldsymbol{y}|\boldsymbol{\theta}^{*(l)}p(\boldsymbol{\theta}^{*(l)}))/g(\boldsymbol{\theta}^{*(l)})$, $W_{1m} = p(\boldsymbol{y}|\boldsymbol{\theta}^{(m)}p(\boldsymbol{\theta}^{(m)}))/g(\boldsymbol{\theta}^{(m)})$
$\boldsymbol{\theta}^{(m)}$ は事後分布からの MCMC 標本で,$\boldsymbol{\theta}^{*(l)}$ は $g(\cdot)$(インポータンス関数)からの抽出.

4.5 尤度と情報量規準

尤度に基づく伝統的なモデル選択規準には,Akaike(1987)による情報量規準(AIC),Schwarz のベイジアン情報量規準(BIC),そして Bozdogan and Ramirez(1987)や Bozdogan and Shigemasu(1998)の ICOMP 法等の関連する情報量規準が含まれる.これらの規準のいくつかは,次のように計算される.各 k 因子モデルに対して,$l_k = -2\log(p(\boldsymbol{y}|k,\hat{\boldsymbol{\theta}}_k))$ と書き,ここで $\hat{\boldsymbol{\theta}}_k$ は $\boldsymbol{\theta}_k = (\boldsymbol{\beta}_k, \boldsymbol{\Sigma})$ の MLE で,尤度関数は(58)の標準型である.$\boldsymbol{\Omega}_k$ の対応する MLE を $\hat{\boldsymbol{\Omega}}_k = \hat{\boldsymbol{\beta}}_k \hat{\boldsymbol{\beta}}_k' + \hat{\boldsymbol{\Sigma}}$ と書くと,次式になる.

$$l_k = T\left\{m\log(2\pi) + \log|\hat{\boldsymbol{\Omega}}_k| + \operatorname{tr}(\hat{\boldsymbol{\Omega}}_k^{-1}\boldsymbol{S})\right\}$$

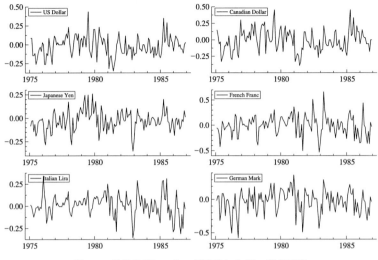

図 10 月次為替レートの標準化した第 1 階差系列

ここで $S = y'y/T$ である．モデル選択規準は次のように計算される：（i）$\mathrm{AIC} = l_k + 2p_k$，（ii）$\mathrm{BIC} = l_k + \log(T)p_k$，（iii）$\mathrm{BIC}^* = l_k + \log(\tilde{T})p_k$，（iv）$\mathrm{ICOMP} = l_k + C_1(\hat{\Sigma}_k)$，ここで $p_k = m(k+1) - k(k-1)/2$, $\tilde{T} = T - (2m + 11)/6 - 2k/3$，そして $C_1(\hat{\Sigma}_k) = 2(k+1)((m/2)\log(\mathrm{trace}\,\Sigma_k/m - 0.5\log|\Sigma_k|))$．詳細は Bozdogan and Shigemasu(1998)参照．

例 6　為替レートの因子構造

West and Harrison(1997, pp.610-618)で用いられたデータを用いて，月次の為替レートに含まれる因子構造を探る．これらの時系列は，6 種類の通貨の英国ポンドに対する次の為替レートである ($m = 6$)：US ドル(US)，カナダ ドル(CAN)，日本円(JPN)，フランス フラン(FRA)，イタリア リラ(ITA)，それにドイツ マルク(GER)．データは 1975 年 1 月から 1986 年 12 月の期間で，図 10 には為替レートの月次変化が示されている．各系列は比較のためにその標本平均と標準偏差に関して標準化されている(これによって，モデル化プロセスや因子構造の分析には影響を与えない)．West and Harrison(1997)による研究では，3 つの有意な潜在要素を表す主成分

分析を用いており，これは 3 つの要素が関係していることを示している．

以下の為替変動の例では因子の数が不確定であるので，選択した次数での分析から得た結論に依存する．この点は採用した特定の因子モデルの構造，因子負荷行列におけるゼロ要素の上三角部分，から明確に次数に依存していることがわかる．

事前分布を同じように与える．すなわち，$\mu_0 = 0$, $C_0 = 1$, $\nu_{0i} = 2.2$ と $\nu_{0i} s_{0i}^2 = 0.1$ とした．Gibbs サンプリングと RJMCMC 分析に対しては，burn-in として 10,000 回をとり，100,000 回の長いランから 5,000 個を抽出し等間隔のサンプルとした．Newton and Raftery(1994) は δ を小さくとることを示唆しているので，$\delta = 0.05$ としている．RJMCMC 分析での提案分布は，パラメータ $a = 18, b = 2$ に基づく．遷移行列 J は $i = 1, 2, 3$ に対して $J_{ii} = 0$, $i \neq j$ に対して $J_{ij} = 0.5$ である．

分析は国順を US, CAN, JPN, FRA, ITA, GER とした通貨データで行った[*15]．表 4 は，因子数を評価するためのさまざまな近似ベイジアン（上の

表 4　モデル不確実性の評価の比較

方　法	$\log p(\boldsymbol{y}\|k)$			$p(\boldsymbol{y}\|k)$		
	$k=1$	$k=2$	$k=3$	$k=1$	$k=2$	$k=3$
RJMCMC	—	—	—	0.00	**0.88**	0.12
$\hat{p}_C$	-1013.5	-935.3	$\boldsymbol{-925.5}$	0.00	0.00	**1.00**
$\hat{p}_H$	-988.5	$\boldsymbol{-871.0}$	-871.7	0.00	**0.71**	0.29
$\hat{p}_{NR}$	-991.9	$\boldsymbol{-880.1}$	-881.4	0.00	**0.78**	0.22
$\hat{p}_{GD}$	-1017.7	-907.1	$\boldsymbol{-906.4}$	0.00	0.34	**0.66**
$\hat{p}_{LM}$	-1014.8	-904.5	$\boldsymbol{-897.3}$	0.00	0.00	**1.00**
$\hat{p}_G$	-1014.5	-903.7	$-\mathrm{Inf}$	0.00	**1.00**	0.00
$\hat{p}_{opt}$	-1014.5	-903.7	$-\mathrm{Inf}$	0.00	**1.00**	0.00
情報量規準	$k=1$	$k=2$	$k=3$			
AIC	1978.4	**1745.0**	1751.0			
BIC	2013.9	**1795.4**	1813.2			
BIC*	2013.6	**1794.8**	1812.3			
ICOMP	1957.9	1776.1	**1724.0**			

[*15] 以下の分析例での結果の表 4-5 と図 11-13 は Lopes and West(2004) による．

部分)と情報量規準(下の部分)の要約表である. $\hat{p}_C, \hat{p}_H, \hat{p}_{NR}, \hat{p}_{GD}, \hat{p}_{LM},$ $\hat{p}_G, \hat{p}_{opt}$ の各規準の計算は正規化定数(周辺分布)の要約表に,また情報量規準 AIC, BIC, BIC*, ICOMP は「正規化定数の計算」の項を参照のこと.これらの数値から因子数は $k=2$ が強く好まれることが示される.

$k=2$ の因子モデルの MCMC 分析から,次の事後分布の要約が得られる. β と Σ パラメータの事後平均は,2桁まで表すと次の通りである. 2番目の結果は2番目の国(CAN)と3番目の国(JPN)を入れ替えた結果である.これを見ると,他のパラメータの事後平均の推定値には大きな変化はないことがわかる.

$$E(\boldsymbol{\beta}|\boldsymbol{y}) = \begin{pmatrix} \text{US} & \mathbf{0.99} & 0.00 \\ \text{CAN} & \mathbf{0.95} & 0.05 \\ \text{JPN} & 0.46 & 0.42 \\ \text{FRA} & 0.39 & \mathbf{0.91} \\ \text{ITA} & 0.41 & \mathbf{0.77} \\ \text{GER} & 0.40 & \mathbf{0.77} \end{pmatrix} \quad \text{と} \quad E(\text{diag}(\boldsymbol{\Sigma})|\boldsymbol{y}) = \begin{pmatrix} 0.05 \\ 0.13 \\ 0.62 \\ 0.04 \\ 0.25 \\ 0.28 \end{pmatrix}$$

$$E(\boldsymbol{\beta}|\boldsymbol{y}) = \begin{pmatrix} \text{US} & \mathbf{0.98} & 0.00 \\ \text{JPN} & 0.45 & 0.42 \\ \text{CAN} & \mathbf{0.95} & 0.03 \\ \text{FRA} & 0.39 & \mathbf{0.91} \\ \text{ITA} & 0.41 & \mathbf{0.77} \\ \text{GER} & 0.41 & \mathbf{0.77} \end{pmatrix} \quad \text{と} \quad E(\text{diag}(\boldsymbol{\Sigma})|\boldsymbol{y}) = \begin{pmatrix} 0.06 \\ 0.62 \\ 0.12 \\ 0.04 \\ 0.25 \\ 0.26 \end{pmatrix}$$

図11には $\boldsymbol{\beta}$ の要素の周辺事後密度,そして図12には σ_k^2 のパラメータの周辺事後密度がそれぞれ示されている.図13には2つの因子時系列の事後平均の時間軌跡が示されている.最初の因子は US と CAN 系列と共にプロットされており,2番目の因子は JPN とヨーロッパの系列と共にプロットされている.各通貨の系列 $i=1,\cdots,6$ に対して,各因子 $j=1,2$ によって説明された条件付分散の割合は $100(1+\beta_{kk'}^2/\sigma_k^2)$ である.表5はこの推定値である.

これらの要約表から,おおむね次のような結論が導かれる.最初の要因

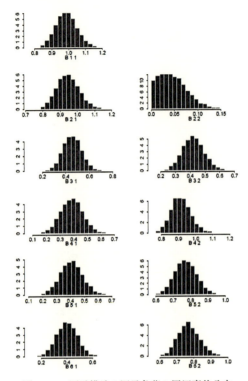

図 11　2 因子構造の因子負荷の周辺事後分布

表 5　モデル不確実性の評価の比較

国名	因子 1	因子 2
US	95.1	0
CAN	87.6	0.2
JPN	20.5	17.6
FRA	14.7	81.8
ITA	16.4	58.6
GER	16.1	58.5

は北米通貨が主要である通貨バスケットと比べたポンドの価値を表している．US と CAN は大体同じウェイトであり，これは CAN レートは国際市場で US レートによってほとんど決定されることを表している．最初の因子は北米因子と名付けることができる．2 番目の因子は同様にヨーロッパ

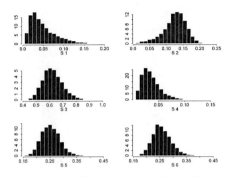

図 12 2因子構造の固有分散の周辺事後分布

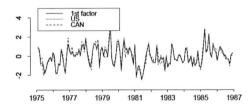

図 13 因子の事後平均と実際の為替レート:第1因子と
US, CAN(上の図)第2因子と FRA, ITA, GER(下の図)

連合(EU)因子と呼ぶ.これは EU 通貨によって支配され,JPN には比較的小さいウェイトをおいた限られた通貨バスケットを表している.US は因子負荷行列の設計によってこの因子から除かれており,CAN も実際上はない.$\beta_{2,2}$ の事後平均は非常に小さい数字を示している.固有の分散についての推定はこれらの結論を強化し,さらに発展させる.US と GER は非常に小さく,これはこれらの2つの通貨がこの部門の因子を決めるのに大きな役割を果たしていることを意味している.CAN, FRA, ITA は大き

な固有分散で，これはその部門の因子から乖離していることを表している．JPN は大きな固有分散で，全体の条件付分散の 3 分の 2 近くを占める．

5 ストカスティック・ボラティリティ変動モデル

ある株式の価格変化率ないし収益率 R_t は，$t-1$ 期に予測可能な変動 $\mathrm{E}_{t-1}(R_t)$ と予測不可能なショック ϵ_t に分割することができる．ボラティリティ変動モデルでは，予測不可能なショック ϵ_t を，必ず正の値をとる変数 σ_t と，平均 0，分散 1 の過去と独立で同一な分布に従う変数 z_t との積として表す．σ_t^2 は t 期の収益率のボラティリティと呼ばれる．ボラティリティ変動モデルは，ボラティリティ σ_t^2 の変動の定式化によって大きく 2 つに分けられる．1 つは Engle(1982)によって提案された ARCH モデルおよびそれを発展させたモデルであり，もう 1 つはストカスティック・ボラティリティ変動(SV)モデルである．

確率的ボラティリティ変動(SV)モデルは，時間で変化するボラティリティをモデル化する有効な方法として，特にファイナンスの分野で重要な応用の可能性を持っていることが認識されている．モデルに関しての説明は，Taylor(1986), Shephard(1996, 2005)，それに Ghysels *et al.*(1996)にある．またボラティリティ変動モデルに関するすぐれた文献として渡部(2000)がある．SV モデルは標準的な時変ボラティリティ・モデル(ARCH)よりも推定が難しい．多くの研究によって，基本的な単変量 SV モデルの推定量についてはかなり調べられているが，このモデルは多くの経済，金融面へ応用するには制約が強すぎる．基本的なモデルを使うと，特に高いボラティリティの点の回りで偏ったボラティリティの予測が得られる傾向がある．これについては，観測方程式と分散方程式の誤差間の相関を通じてレバレッジ効果を加えたり，条件付分布に裾の厚い分布を想定することで基本的なモデルを拡張することができる．

SV モデルは，3 段階階層プロセスとして考えることができる．ここで 3

つの条件付分布は，$p(y|h), p(h|\omega), p(\omega)$ であり，y, h, ω はそれぞれデータ，ボラティリティ，パラメータである．第1段階の分布 $p(y|h)$ は，ボラティリティが与えられたときのデータに関しての確信を反映している．基本的な SV モデルは条件付正規分布を仮定しているが，これはもっと裾の厚い分布にしたり，誤差に相関を認めるように拡張することができる．2段階目の $p(h|\omega)$ モデルは，ボラティリティ系列の確率的発散プロセス，たとえば対数 AR(1) プロセスに関する確信を表している．3段階目の $p(\omega)$ は，ボラティリティ・プロセスのパラメータに関する確信を反映している．この3段階階層モデルに，同時事後密度 $p(h, \omega|y)$ に関する推定を行う MCMC 法を組み込むことができる．$p(h|y)$ や $p(\omega|y)$ のような周辺分布は，適当な条件付分布をシミュレートしたサンプルを単純平均することによって得られる．

5.1 基本的 SV モデル

基本的な SV モデルは，次のように表される．

$$\begin{aligned}
y_t &= \sqrt{h_t}\epsilon_t \\
\log h_{t+1} &= \alpha + \delta \log h_t + \sigma_v v_t \\
(\epsilon_t, v_t) &\sim \mathcal{N}_2(0, I_2) \\
(\alpha, \delta, \sigma_v) &\sim p(\alpha, \delta, \sigma_v)
\end{aligned} \quad (62)$$

パラメータベクトル $\omega = (\alpha, \delta, \sigma_v)$ は，位置 α，ボラティリティ持続性 δ，そしてボラティリティのボラティリティ δ_v から構成される．Jacquier et al.(1994)では階層モデルとして表現されていないが，一般的な枠組みを示す良い例である．第1段階では正規性を仮定している．第2段階では，$p(\log h|\omega)$ が AR(1) プロセスにしたがう定常なボラティリティ系列を表している．第3段階は，$p(\omega)$ に対する散漫な分布がボラティリティ・プロセスを定常性の範囲内に制約することを仮定している．

Jacquier et al.(1994)で開発された $p(h, \omega)$ の同時事後分布を計算する MCMC アルゴリズムは，もとになるマルコフ連鎖に対しては独立な MH ア

ルゴリズムを用いている．(62)のモデルに対しては，Jacquier et al.(1994)は次のような Gibbs ブロックを示している．

$$p(\alpha, \delta, \sigma_v | \boldsymbol{y}, \boldsymbol{h}) \propto \ell(\alpha, \delta, \sigma_v | \boldsymbol{y}, \boldsymbol{h}) \times p(\alpha, \delta, \sigma_v)$$

$t=1, \cdots, T$ に対する T 個の条件付密度 $p(h_t | h_{-t}, y_t, \alpha, \delta, \sigma_v)$ は

$$p(h_t | h_{t-1}, h_{t+1}, y_t, \alpha, \delta, \sigma_v, \boldsymbol{h}) \propto$$

$$\frac{1}{\sqrt{h_t}} \exp \frac{-y_t^2}{2h_t} \times \frac{1}{h_t} \exp \frac{-(\log h_t - \mu_t)^2}{2\sigma^2} \quad (63)$$

であり，ここで $\mu_t = (\alpha(1-\delta) + \delta(\log h_{t+1} + \log h_{t-1}))/(1+\delta^2)$ そして $\sigma^2 = \sigma_v/(1+\delta^2)$ である．

Jacquier et al.(1994)は最初に MCMC 法を採用したが，事後分布 $p(\boldsymbol{h} | \omega, \boldsymbol{y})$ に関する計算効率という点から別の方法が提唱されている．たとえば，Geweke(1994)は(63)式は対数凹性(log-concave)であることから，Wild and Gilks(1993)のアルゴリズムに基づく純粋の受容/棄却ステップを提唱した．Geweke の方法は $p(h|\cdot)$ を修正しないで裾の厚い分布に拡張できる．また，別の Gilks et al.(1995)のアルゴリズムを用いれば，相関がある場合にも拡張することができる．相関がある場合には，h_t の条件付事後密度は対数凹でないので必要である．Kim, Shephard and Chib(1998)は，もっと効率的なアルゴリズムを開発している．そのアルゴリズムは (δ, σ_v) の同時分布を1つのブロックにし，h_t と α の両方に関して周辺化し，続いてモデルの他のパラメータの条件付で1つのブロックにした h_t をサンプリングする．

もう1つの推定法が Carter and Kohn(1994), Mahieu and Schotman(1994)，そして Kim and Shephard(1994)によって示唆されている．この方法は，$\log \epsilon_t^2$ の分布を離散正規混合密度で近似することによってボラティリティ・ベクトルを同時抽出する．

ここまでの主要な仮定は，ϵ_t と v_t に対して相関のない2変量正規分布を仮定したモデルであった．モデルを歪んだ裾の厚い誤差分布と相関のある誤差に拡張することができる．多くの金融時系列にとって，ARCH モデルから生じる条件付分布はきわめて裾の厚い分布になることが知られており，SV モデルでもこのモデルが当てはまることが予想される．Geweke(1994)は，基本的なモデルは，はずれ値がある場合には不適切になることを示してい

る．ここで，対称性を保ったままで $p(\epsilon_t)$ の裾を厚くするために，正規分布のスケール混合モデルとして次のように定式化する．

$$y_t = \sqrt{h_t}\epsilon_t = \sqrt{h_t}\sqrt{\lambda_t}z_t$$
$$\log h_t = \alpha + \delta \log h_{t-1} + \sigma_v v_t$$
$$(z_t, v_t) \sim \mathcal{N}_2(0, I_2) \qquad (64)$$
$$\lambda_t \sim p(\lambda_t|\nu)$$
$$(\alpha, \delta, \sigma_v, \nu) \sim p(\alpha, \delta, \sigma_v)p(\nu)$$

階層モデルの枠組みの中で，誤差 v_t が裾が厚いことをモデル化できる，$p(\lambda_t|\nu)$ や $p(\nu)$ の分布は，$p(\epsilon_t)$ の裾の厚い分布を弾力的にモデル化するように選ばれる．$p(\lambda_t|\nu)$ は $p(\epsilon_t)$ に対して広範囲の裾の厚い動きを認めるように定式化される：たとえば，2重指数分布，指数ベキ乗分布，安定分布，ロジステック分布，t 分布などである．Carlin and Polson(1991)は固定した ν で，また Geweke(1993)は ν を推定するモデルで応用している．事前分布 $p(\nu)$ を与えて，事後分布 $p(\nu|\boldsymbol{y})$ を結果として得る．この事後分布を通じて，データからどのくらい正規性から乖離しているかを推測する．通常は t 分布に基づく裾の厚い分布がよく使われている．すなわち，$p(\lambda_t|\nu)$ は逆ガンマ分布に従う：$\nu/\lambda_t \sim \chi_\nu^2$，このモデルは ν が固定されていても，注目すべき特徴を持っている．すなわち $p(\lambda_t|\nu)$ は，ν が更新されなくても逆ガンマ分布に従う．以下で，このモデルに MCMC アルゴリズムを組み込む方法を要約する．パラメータは潜在変数 (λ, ν) のベクトルを加えて拡張する．アルゴリズムは，条件付事後分布 $p(\boldsymbol{h}|\omega, \lambda, \nu, \boldsymbol{y}), p(\omega|\boldsymbol{h}, \lambda, \nu, \boldsymbol{y}), p(\lambda|\boldsymbol{h}, \omega, \nu, \boldsymbol{y}),$ $p(\nu|\boldsymbol{h}, \omega, \lambda, \boldsymbol{y})$ を順に計算することによって同時事後分布 $\pi(\boldsymbol{h}, \omega, \lambda, \nu|\boldsymbol{y})$ をシミュレートする．各ブロックは次のようにシミュレートされる．

- $p(\boldsymbol{h}|\omega, \lambda, \nu, \boldsymbol{y})$：モデルを書き直す．

$$y_t/\sqrt{\lambda_t} = \sqrt{h_t}z_t, \quad z_t \sim \mathcal{N}(0, 1)$$
$$\log h_t = \alpha + \delta \log h_{t-1} + \sigma_v v_t, \quad t = 1, \cdots, T$$

$y_t/\sqrt{\lambda_t}$ は観測可能であるので，これは正確に(62)の基本モデルである．(63)の条件付分布 $p(h_t|y_t, \omega, h_{t-1}, h_{t+1})$ から順にサンプルをと

る．ここで y_t を $y_t/\sqrt{\lambda_t}$ で置き換える必要がある．

- $p(\omega|\boldsymbol{h},\lambda,\nu,\boldsymbol{y})$：$\boldsymbol{h}$ は (α,δ,σ_v) に対する十分統計量である．したがって，(62) の基本モデルのように，このステップは回帰モデルである．抽出はもとのアルゴリズムと同じである．

- $p(\lambda|\boldsymbol{h},\omega,\nu,\boldsymbol{y})$：$p(\lambda|\boldsymbol{h},\omega,\nu,\boldsymbol{y}) = \prod_{t=1}^{T} p(\lambda_t|y_t,h_t,\nu,\omega)$ である．λ_t は h_t とは違って自己相関がないということは，モデルを識別する基本的特徴である．そこで

$$p(\lambda_t|y_t,h_t,\nu,\omega) \equiv p(\lambda_t|\frac{y_t}{\sqrt{h_t}},\nu)$$
$$\propto p(\frac{y_t}{\sqrt{h_t}}|\lambda_t,\nu)p(\lambda_t|\nu)$$

t_ν 誤差に対しては，λ_t の事前分布と事後分布は

$$p(\lambda_t|\nu) \propto \frac{1}{\lambda_t^{\frac{\nu}{2}+1}} e^{-\frac{\nu}{2\lambda_t}} \sim \mathcal{IG}\left(\frac{\nu}{2},\frac{2}{\nu}\right)$$
$$p(\lambda_t|y_t,h_t,\nu) \propto \frac{1}{\lambda_t^{\frac{\nu+1}{2}+1}} \exp\left(-\frac{(y_t^2/h_t)+\nu}{2\lambda_t}\right)$$
$$\sim \mathcal{IG}\left(\frac{\nu+1}{2},\frac{2}{(y_t^2/h_t)+\nu}\right) \tag{65}$$

- $p(\nu|\boldsymbol{h},\omega,\lambda,\boldsymbol{y})$：事前分布 $p(\nu)$ を考える．λ は ν の十分統計量であるから，$p(\nu|\lambda,\boldsymbol{h},\omega,\boldsymbol{y}) \sim p(\nu|\lambda)$ である．次の ν の事後分布から直接サンプルを抽出できる．

$$p(\nu|\lambda,\boldsymbol{h},\omega,\boldsymbol{y}) \propto p(\nu)\prod_{t=1}^{T}p(\lambda_t|\nu)$$
$$\propto p(\nu) \times \left(\frac{\nu^{\nu/2}}{\Gamma(\nu/2)}\right)' \exp\left(-\frac{\nu}{2}\sum_t(\frac{1}{\lambda_t}+\log\lambda_t)\right)$$

事前分布は基本モデルにおける $p(\alpha,\delta,\sigma_v)$ と同じ定式化，すなわち標準的な回帰モデルにおける正規-ガンマ事前分布を用いる．$\log h_t$ を定常にするために，δ の事前分布を定常域で切断する．シミュレーションでは，切断によって定常性が満たされない事後分布からのサンプルを棄却することによって有効になる．δ の別の事前分布も考えることができ，Kim et al.(1998) は δ に対してベータ事前分布を用いている．

6　円滑推移自己回帰モデル

ダイナミック線型回帰モデルで，内生変数の条件付期待値は先決変数の線型結合である．この種のモデルの形は，ダイナミックで非線型なデータ生成プロセスに対応する．これは内生変数の条件付期待値は，外生変数とラグ付き内生変数の非線型関数であることを意味している．この種のモデルに対する関心は以前から高く，閾値回帰あるいはスウィッチング回帰モデルと呼ばれている．ベイジアンでの文献は Bacon and Watts(1971)を参照するとよい．最近，計量経済学の分野で見直されており，たとえば Granger and Teräsvirta(1993)の本や Hamilton(1989)，Tiao and Tsay(1994)のような景気の拡張期と収縮期の間の景気循環の非対称性を扱う論文に採用されている．

線型回帰モデルでは，回帰係数 β は時間に関して固定されている．非線型性を導入する場合の1つの例は，内生変数の条件付期待値が2つ以上の局面(レジーム)に従うと仮定することで，2つのレジームの場合は

$$\begin{cases} E(y_t|x_t) = x'_t\beta_1 & （第1レジーム） \\ E(y_t|x_t) = x'_t\beta_2 & （第2レジーム） \end{cases} \quad (66)$$

となり，2つのレジーム間の選択は，0と1の間の値をとる遷移関数 $F(\tilde{z}'_t\theta)$ で行う．通常 $F(\cdot)$ は累積分布関数(cdf)のクラスか Dirac 関数[*16]のクラスのどちらかで選ばれ，次のように書くことができる．

$$y_t = [1 - F(\tilde{z}'_t\theta)]x'_t\beta_1 + F(\tilde{z}'_t\theta)x'_t\beta_2 + \epsilon_t \quad (67)$$

このクラスのモデルには広範囲の非線型性が含まれるが，時系列での非線型性を表す全モデルを含むものではない．たとえば，Lindgren(1978)や Hamilton(1989)で開発された混合モデルなどがある．

[*16] Dirac のデルタ関数は，1)ある1点で無限大の値をとり，それ以外の点では0である．2)$[-\infty, +\infty]$ の範囲で積分すると1になる，性質を持つ．

(67)式をモデル化するには,遷移関数 $F(\cdot)$ と $\tilde{z}_t$ に含まれるスイッチング変数を選ぶ必要がある.推定するには異なる 2 つのモデルのタイプを区別して扱う.

- 1 つは閾値のあるモデルに対応するもので,β と θ に共通の要素はないベクトル $\tilde{z}_t$ は次元が 2 である.θ の条件付でモデルは線型になり,θ は数値積分によって得る.
- もう 1 つは Maddala and Nelson(1974)の不均衡モデルの近似であり,スイッチング・ルールは差 $x_t'\beta_2 - x_t'\beta_1$ に基づく.結果的には,β のすべての要素は θ に含まれる.部分的なパラメータに条件付線型性はない.パラメータの事後密度は扱えない密度なので,インポータンス・サンプリングのようなモンテカルロ積分が必要になる.

閾値回帰モデルの特徴は,パラメータ・ベクトルが線型の部分(β と σ^2)と非線型の部分(θ)に分割できる点である.すなわち,モデルは θ の条件付で β に関して線型である.β と σ^2 についての条件付推定は(自然共役の枠組みでは)解析的に行える.θ の事後密度は β と σ^2 の周辺積率と同様に数値的に計算される.すべてのパラメータの完全な密度をモンテカルロ積分で計算するもう 1 つの方法は,計算的な側面からは効率的ではない.特に,θ の事後密度は積分が難しい.

閾値回帰モデルの型はスイッチング関数 $F(\cdot)$ の性質(ステップ型,あるいはスムーズ型),そしてスイッチング変数 $\tilde{z}_t$ の性質(時間指標,あるいは連続変数)によって与えられる.

- ステップ遷移関数は,$\tilde{z}_t$ の線型結合が負の時は 0,その他は 1 である Dirac 関数上に作られる.円滑推移関数は Dirac 関数をロジスティック関数に近い累積分布関数で置き換える(Teräsvirta(1994)).これらの関数は $[0,1]$ の値をとり,その値は $\tilde{z}_t$ の線型結合の符号だけでなく,その値によっても変化しない.
- $\tilde{z}_t$ の考えられる候補は時間指標と定数項である.これらのモデルには未知の日付で構造変化が生じる可能性がある.
- レジーム変化が連続変数に依存する回帰モデルは,必ずしも時間で増加せず,標本期間中の未知のレジーム変化数を認める.これらは主とし

て，線型 ARMA モデルの別物として見ることができる SETAR(self-exciting threshhold autoregressive model)として表される．スイッチング変数は y_t のラグで，レジーム変化は自己励起であるので，これらのモデルは特に予測に適している．

スイッチング関数の引数は $\tilde{z}_t'\theta$ である．最も単純な場合，$\tilde{z}_t$ は変数と定数項，すなわち $\tilde{z}_t = (z_t, 1)$ からなる．この場合，θ は次のような (θ_1, θ_2) に分割される．

$$\tilde{z}_t'\theta = z_t\theta_1 + \theta_2 = \theta_1\left(z_t + \frac{\theta_2}{\theta_1}\right) \quad (68)$$

$$= \gamma(z_t - c)$$

この式から，γ は円滑推移関数で遷移の滑らかさを表す．これは非負であるという制約があるので，$z_t - c$ の大きな正の値は($F(\gamma(z_t - c)$ がゼロに近いので)2 番目のレジームに伴い，$z_t - c$ の大きな負の値は 1 番目のレジームに伴う．スイッチングは $z_t - c$ の値で決まり，c は閾値パラメータと呼ばれる．ステップ推移関数は γ が無限のときの円滑推移の極限である．ステップ推移モデルでは，θ の次元は 1 になる．

モデルが自己励起的(self-exciting)，すなわち $z_t = y_{t-d}$ ならば，局面変化は内生的であり，これは $z_t = t$ の場合ではない．スイッチング・メカニズムの内生性によって変化点が正しく予測できる機会が増すことを除いて，線型 AR モデルと同様に予測に適している．SETAR モデルの単純な形は，次式のようになる．

$$y_t = \beta_1 y_{t-1} + F[\gamma(y_{t-1} - c)]\delta y_{t-1} + \epsilon_t \quad (69)$$

Teräsvirta(1994)は，2 つのレジーム間を円滑に推移する場合，ステップ指標関数を滑らかに単調に増加する関数として，ロジステック関数を用いることを示唆した．このロジステック円滑推移自己回帰(Logistic smooth transition autoregressive : LSTAR)モデルを MCMC によりベイズ推定する．モデルの選択には伝統的には通常 AIC や BIC が用いられ，ベイジアンの観点からはベイズ距離を表す **DIC**(Deviance Information Criterion)が用いられる．自己回帰モデルの次数 p がわからないので，次元超越的なモデリングの方法としてリバーシブル・ジャンプ MCMC の適用を考える．自

己回帰モデル以外の応用としては，Stochastic volatility(SV)モデルに円滑推移モデルを組み合わせた単変量 SV-LSTAR モデルやファクター SV モデル FSV-LSTAR などがある．

6.1 STAR モデルのベイズ分析

次数が未知の円滑推移自己回帰モデルのベイズ分析を考える．ロジスティック円滑推移自己回帰モデル，すなわち STAR モデルとして知られている非線型時系列モデルの特別なクラスで，(金融)時系列の水準と分散の動きをモデル化する．モデルの推定には，MCMC アルゴリズムをレベルとボラティリティの両方に対して用いる．これには，STAR モデルによって単変量 Stochastic volatility をモデル化したり，伝統的な因子 SV モデル(Pitt and Shephard(1999)，Anguilar and West(2000))を拡張して，Teräsvirta(1994)のロジステック円滑推移自己回帰(Logistic smooth transition autoregressions)モデルによって共通因子のボラティリティの対数をモデル化する．

モデルと事前分布

STAR モデルは一般に次のように表される．

$$y_t = \left(\theta_{01} + \sum_{i=1}^{k}\theta_{i1}y_{t-i}\right) + \left(\theta_{02} + \sum_{i=1}^{k}\theta_{i2}y_{t-i}\right)\pi(\gamma,c,s_t) + \varepsilon_t$$

ここで，$\varepsilon_t \sim \mathcal{N}(0,\sigma^2)$ に従う．コンパクトに次のように表す．

$$y_t = x_t'\theta_1 + \pi(\gamma,c,y_{t-d})(x_t'\theta_2) + \varepsilon_t \tag{70}$$

ここで，$x_t' = (1, y_{t-1},\cdots,y_{t-k})$，そして $\theta_i = (\theta_{0i},\theta_{1i},\cdots,\theta_{ki})$，$(i=1,2)$である．また $\pi(\gamma,c,y_{t-d})$ は遷移関数である．

次のようなロジスティク遷移関数を用いる．

$$\pi(\gamma,c,y_{t-d}) = \{1 + \exp(-\gamma(y_{t-d}-c))\}^{-1}$$

ここで，$\gamma > 0$ は g の滑らかさ，c は位置パラメータ(閾値)，d は遅れのパラメータ，y_{t-d} は遷移変数であり，遷移関数は $\gamma = 0$ の場合，標準的な AR(k) モデルになり，$\gamma \to \infty$ なら2レジームモデルを表す．この遷移関

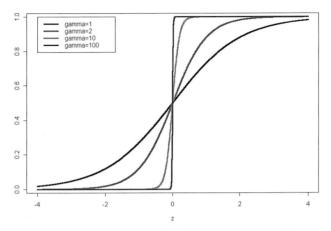

図 14 ロジステック遷移関数：単純化のため $c=0$ と置く．

数を図示すると，図 14 のようになる．γ に異なる値を設定すると，あるレジームから次のレジームへ滑らかに遷移する場合 ($\gamma=1$) から，急激に遷移する場合 ($\gamma=100$) を表すことができる．

2つの両端のレジーム間の移動は，$\delta = \theta_1 + \theta_2$ とし，遷移関数を $\pi_t = \pi(\gamma, c, y_{t-d})$ とすると，次のようになる．

$$y_t = \begin{cases} x_t'\theta_1 + \varepsilon_t & \text{if} \quad \pi_t = 0 \\ (1-\pi_t)x_t'\theta_1 + \pi_t x_t'\delta + \varepsilon_t & \text{if} \quad 0 < \pi_t < 1 \\ x_t'\delta + \varepsilon_t & \text{if} \quad \pi_t = 1 \end{cases}$$

そこで，尤度関数は次のようになる．

$$p(\boldsymbol{y}|\Theta) \propto \sigma^{-n/2} \exp\left\{-\frac{1}{2\sigma^2} \sum_{t=1}^{n}(y_t - z_t'\theta)^2\right\} \tag{71}$$

ここで $\boldsymbol{y}=(y_t, \cdots, y_n)'$，$\theta' = (\theta_1', \theta_2')$，$\Theta = (\theta, \gamma, c, \sigma^2)$ そして $z_t' = (x_t', \pi(\gamma, c, y_{t-d})x_t')$ である．

事前分布は，次の式を採用する (Lubrano(2000))．

$$(\theta_2|\sigma^2, \gamma) \sim \mathcal{N}(0, \sigma^2 e^\gamma I_{k+1})$$
$$\pi(\theta_1, \gamma, \sigma^2, c) \propto (1+\gamma^2)^{-1}\sigma^{-2} I[c_a \leq c \leq c_b]$$

ここで，$\theta_1 \in \Re^{k+1}, \gamma, \sigma^2 > 0$ であり，$I[a, b]$ は a と b の間の範囲をとる指標関数を表す．この場合，$c_a = \hat{F}^{-1}(0.15)$ と $c_b = \hat{F}^{-1}(0.85)$ の範囲で，ここで $\hat{F}$ は y の経験的累積分布関数(cdf)である．したがって，事前密度は次のようになる．

$$\pi(\Theta) \propto \sigma^{-3}(1+\gamma^2)^{-1} \exp\left\{-\frac{1}{2}[\gamma + \sigma^{-2}e^{-\gamma}\theta'_2\theta_2]\right\} \quad (72)$$

事後分布は，尤度(71)と事前分布(72)を結合することによって得る．

$$\pi(\Theta) \propto \frac{\sigma^{-(n+6)/2}}{(1+\gamma^2)} \exp\left\{-\frac{1}{2\sigma^2}\left[\gamma\sigma^2 + e^{-\gamma}\theta'_2\theta_2] + \sum_{t=1}^{n}(y_t - z'_t\theta)^2\right]\right\} \quad (73)$$

事後分布は既知の形ではないので，推定は MCMC 法で行う(Gilks, Richardson, and Spiegelhalter(1996))．θ と σ^2 の完全条件付事後分布は，それぞれ正規分布と逆ガンマ分布であるから，この場合，Gibbs ステップの応用は簡単にできる(Gelfand & Smith(1990))．γ と c の完全条件付事後分布は未知の形である．そこで MH ステップを用いる．

[1] θ と σ^2 は **Gibbs** サンプラーを用いる．
  (a) θ に関しては，$y_t \sim \mathcal{N}(z'_t\theta, \sigma^2)$ を $(\theta_2|\sigma^2, \gamma) \sim \mathcal{N}(0, \sigma^2 e^\gamma I_{k+1})$ と結合する．

$$\theta \sim \mathcal{N}(\tilde{m}^*_\theta, C^*_\theta)$$

  ここで

$$C^*_\theta = \left(\sum z_t z'_t \sigma^{-2} + \Sigma^{-1}\right)$$
$$\tilde{m}^*_\theta = C^*_\theta \left(\sum z_t y_t \sigma^{-2}\right)$$
$$\Sigma^{-1} = \text{diag}\left(0, \sigma^{-2}e^{-\gamma}I_{k+1}\right)$$

  (b) σ^2 に関しては，$\varepsilon_t = y_t - z'_t\theta \sim \mathcal{N}(0, \sigma^2)$ を $\pi(\sigma^2) \propto \sigma^{-2}$ と結合する．

$$\sigma^2 \sim \mathcal{IG}((T+k+1)/2, (e^\gamma\theta'_2\theta_2 + \sum\varepsilon_t^2)/2)$$

[2] パラメータ γ と c は **MH** アルゴリズムを用いる．
γ と c の現在の値 $\gamma^{(i)}$ と $c^{(i)}$ が与えられると $\gamma^* \sim \mathcal{G}[(\gamma^{(i)})^2/\Delta_\gamma, \gamma^{(i)}/\Delta_\gamma]$,

そして $c^* \sim \mathcal{TN}(c^{(i)}, \Delta_c)$, ただし, 区間 $[c_a, c_b]$ で切断された正規分布とし (γ^*, c^*) は確率 $\alpha = \min(1, A)$ で受容される. ここで

$$A = \frac{\prod_{t=1}^{T} f_N(\varepsilon_t^*|0, \sigma^2)}{\prod_{t=1}^{T} f_N(\varepsilon_t^{(i)}|0, \sigma^2)} \frac{f_N(\theta_2|0, \sigma^2 e^{\gamma^*} I_{k+1})}{f_N(\theta_2|0, \sigma^2 e^{\gamma^{(i)}} I_{k+1})} \frac{\pi(\gamma^*)\pi(c^*)}{\pi(\gamma^{(i)})\pi(c^{(i)})}$$

$$\times \frac{\left[\Phi\left(\frac{c_b - c^{(i)}}{\sqrt{\Delta_c}}\right) - \Phi\left(\frac{c_a - c^{(i)}}{\sqrt{\Delta_c}}\right)\right] f_G(\gamma^{(i)}|(\gamma^*)^2/\Delta_\gamma, \gamma^*/\Delta_\gamma)}{\left[\Phi\left(\frac{c_b - c^*}{\sqrt{\Delta_c}}\right) - \Phi\left(\frac{c_a - c^*}{\sqrt{\Delta_c}}\right)\right] f_G(\gamma^*|(\gamma^{(i)})^2/\Delta_\gamma, \gamma^{(i)}/\Delta_\gamma)}$$

ただし, $\varepsilon^* = y_t - z_t'(\gamma^*, c^*, y_{t-d})\theta$, $\varepsilon^{(i)} = y_t - z_t'(\gamma^{(i)}, c^{(i)}, y_{t-d})\theta$, そして $\Phi(\cdot)$ は標準正規分布の累積分布関数である. モデルの次数の選択は, データ y, 次元 $p(= 2k + 5)$ のパラメータ θ, サンプル数 n と最尤推定量 $\hat{\theta}$ に対して, AIC, BIC, DIC 等の情報量規準を用いて行う.

$$\text{AIC} = -2\ln(p(\boldsymbol{y}|\hat{\Theta})) + 2p$$
$$\text{BIC} = -2\ln(p(\boldsymbol{y}|\hat{\Theta})) + p\ln n$$
$$\text{DIC} = -2\ln(p(\boldsymbol{y}|\tilde{\Theta})) + 2p_D$$

ここで, DIC の第 1 項はモデルのあてはまりの良さを表し, 第 2 項はモデルの複雑性を表している. $D(\theta) = -2\ln(p(\boldsymbol{y}|\Theta))$ は Deviance を表し, $\tilde{\Theta} = E(\Theta|\boldsymbol{y})$, $\bar{D} = E(D(\theta)|\boldsymbol{y})$, そして $p_D = \bar{D} - D(\tilde{\theta})$ による有効なパラメータ数で, DIC は MCMC プログラムに簡単に組み込むことができる.

例 7 S&P500 指数

S&P500 指数における分散を考える, データは 1986 年 1 月 7 日から 1997 年 12 月 31 日までの日次データ (3127 個の観測値) で, ストカスティック・ボラティリティに関する 6 つのモデルを考える.

$\mathcal{M}_1$: AR(1)　　　　　$\mathcal{M}_4$: LSTAR(1) で $d = 2$
$\mathcal{M}_2$: AR(2)　　　　　$\mathcal{M}_5$: LSTAR(2) で $d = 1$
$\mathcal{M}_3$: LSTAR(1) で $d = 1$　$\mathcal{M}_6$: LSTAR(2) で $d = 2$

表 6 に 6 つのモデルのパフォーマンスが示されている. 対数ボラティリティのモデルに対して, 最良のモデルを選択するために 3 種類の情報量規準を

表 6　S&P500：情報量規準によるモデル比較

Models	AIC	BIC	DIC
$\mathcal{M}_1$:AR(1)	12795	31697	7223.1
$\mathcal{M}_2$:AR(2)	12624	31532	7149.2
$\mathcal{M}_3$:LSTAR(1, $d=1$)	**12240**	**31165**	**7101.1**
$\mathcal{M}_4$:LSTAR(1, $d=2$)	12244	31170	7150.3
$\mathcal{M}_5$:LSTAR(2, $d=1$)	12569	31507	7102.4
$\mathcal{M}_6$:LSTAR(2, $d=2$)	12732	31670	7159.4

表 7　S&P500：6 つのモデルのパラメータに対する事後平均と事後標準誤差

パラメータ	モデル					
	$\mathcal{M}_1$	$\mathcal{M}_2$	$\mathcal{M}_3$	$\mathcal{M}_4$	$\mathcal{M}_5$	$\mathcal{M}_6$
	事後平均（標準偏差）					
θ_{01}	-0.060 (0.184)	-0.066 (0.241)	0.292 (0.579)	-0.154 (0.126)	-4.842 (0.802)	-6.081 (1.282)
θ_{11}	0.904 (0.185)	0.184 (0.242)	0.306 (0.263)	0.572 (0.135)	-0.713 (0.306)	-0.940 (0.699)
θ_{21}	-	0.715 (0.248)	-	-	-1.018 (0.118)	-1.099 (0.336)
θ_{02}	-	-	-0.685 (0.593)	0.133 (0.092)	4.783 (0.801)	6.036 (1.283)
θ_{12}	-	-	0.794 (0.257)	0.237 (0.086)	0.913 (0.314)	1.091 (0.706)
θ_{22}	-	-	-	-	1.748 (0.114)	1.892 (0.356)
γ	-	-	118.18 (16.924)	163.54 (23.912)	132.60 (10.147)	189.51 (0.000)
c	-	-	-1.589 (0.022)	0.022 (0.280)	-2.060 (0.046)	-2.125 (0.000)
τ^2	0.135 (0.020)	0.234 (0.044)	0.316 (0.066)	0.552 (0.218)	0.214 (0.035)	0.166 (0.026)

計算した[*17].

　これから $\mathcal{M}_3$ のモデル LSTAR(1) で $d=1$ が選ばれた．表 7 には 6 つの

[*17] 次の表 6 と表 7 は Lopes, H.F.(2004), "Time Series Mean Level and Stochastic Volatility Modeling by Smooth Transition Autoregression: A Bayesian Approach" mimeo, による．

モデルのパラメータに対する事後平均と事後標準誤差があり，選ばれたモデル $\mathcal{M}_3$ に関する推定された各パラメータの情報が示されている．

この結果，AR(1) 構造で記述される線型関係は，対数ボラティリティのダイナミックな動きを捉えるには不十分であることがわかる．LSTAR 構造はモデリングに関してもっと弾力的である．

6.2 単変量 SV モデル + LSTAR 構造

最も簡単なストカスティック・ボラティリティモデルの1つは

$$y_t|h_t \sim \mathcal{N}(0, h_t)$$
$$\lambda_t|\lambda_{t-1} \sim \mathcal{N}(\theta_{01} + \theta_{11}(\lambda_{t-1} - \theta_{01}), \sigma^2), \qquad \lambda_t = \log h_t$$

を仮定している．この基本モデルを，AR(1) 構造が $\lambda \sim$LSTAR(k) である LSTAR(k) 構造に拡張することができる．

$$y_t|h_t \sim \mathcal{N}(0, h_t)$$
$$\lambda_t|\boldsymbol{\lambda}_{t-1} \sim \mathcal{N}(g(\theta, \boldsymbol{\lambda}_{t-1}), \sigma^2)$$

ここで，$\boldsymbol{\lambda}_{t-1} = (\lambda_{t-1}, \cdots, \lambda_{t-k}, \lambda_{t-d}), g(\theta, \boldsymbol{\lambda}_{t-1}) = x_t'\theta_1 + F(\gamma, c, \lambda_{t-d})x_t'\theta_2$ と $x_t' = (1, \lambda_{t-1}, \cdots, \lambda_{t-k})$ である．このモデルは非線型/非正規ダイナミック・モデル(West and Harrison 1997)である．金融時系列でストカスティック・ボラティリティをモデル化するために，Jacquier *et al.*(1994)で提案された MCMC アルゴリズムを用いて，$h_1, \cdots, h_T$ を推定する．各 λ_t に対する完全条件付分布は

$$p(\lambda_t|\boldsymbol{\lambda}_{-t}, \theta, y) \propto p(y_t|\lambda) \prod_{i=0}^{k} p(\lambda_{t+i}|\boldsymbol{\theta}_{t+i-1}, \theta) \qquad (74)$$

となり，LSTAR モデルの θ についての推定は，前に説明した方法で行う．

標準的ファクターモデル

n 次元確率ベクトル $\boldsymbol{y}_t$ の p 因子モデルは $f_t \sim \mathcal{N}(0, I_p)$ と $\Sigma = \text{diag}(\sigma_1^2, \cdots, \sigma_m^2)$ に対して

$$(\boldsymbol{y}_t|f_t, \beta, \beta, \Sigma) \sim \mathcal{N}(\beta f_t, \Sigma)$$

と表すことができる．ここで無条件構造 $\boldsymbol{y}_t \sim \mathcal{N}(0, \beta\beta' + \Sigma)$ を仮定すると

$$V(y_{it}) = \beta_{i1}^2 + \beta_{i2}^2 + \cdots + \beta_{ip}^2 + \sigma_i^2$$

であり，このモデルで未知の因子 p と RJMCMC については Lopes and West(2004)を，期待事後分布と事前分布については Lopes(2003)，そして因子分析については Lopes(2003)を参照するとよい．

7 おわりに

　MCMC を用いるようになって以来，経済時系列の分析は大きく変わりつつある．また同様にベイズ統計学を用いた応用計量分析も大きく変わりつつある．ベイズの方法を利用した計量経済分析は，1960 年代初めに始まった．当時の研究は，計量経済的な問題を解決するためにベイズの方法を開発し，適用することが中心であった．これ以前には，ほとんどの計量分析は非ベイズ的な方法を用いて行われていたが，ベイズ的な手法が計量経済分析に応用されてから 40 年近くの歴史があり，ベイズ計量経済分析の観点からの教科書としては 1971 年に出版された Zellner(1971)の有名なベイジアン計量経済学の本を初め，ベイジアンと古典的の両方に基づく方法と統計理論に焦点を置いた Poirier(1995)が知られている．最近では時系列モデルに関する話題を中心として MCMC を用いた分析が扱われている Bauwens, Lubrano and Richard(1999)，そして最近の計量経済分析で扱われているいろいろなモデルにベイズ的な方法を応用する方法を示している Koop(2003)などのテキストがある．

　1976 年に出版された Box and Jenkins による時系列分析の本と関連するプログラムによって，時系列データ用いて実際的な問題への応用が容易に行われるようになった．統計学と計量経済学の観点から書かれた本は，構造時系列モデルの総合的状態空間処理を関連する状態空間モデルを用いていたものや，特に予測を強調したベイジアン的処理を行ったベイズ予測や，

経済分析への状態空間モデルの応用を中心としたものなど，多数見られる．

ベイズ統計学を実証分析へ適用することの有効性についてはすでに広く認められているが，経済学が対象とする問題に関しては，非ベイズ的(non-Bayesian)な，すなわち古典的(classical)な方法を用いた実証研究に比べてまだそれほど利用されていないように見える．古典的な方法を利用して実証分析を行っている研究者にとっては，使いやすい計量分析用のソフトウェアが存在するのに対し，ベイズ分析ではまだこのようなソフトウェアは少ない．標準化された方法を用いて経済問題を分析する場合は従来のパッケージプログラムが利用できるが，対象とする問題や分析に使用するデータによっては既存の手法が利用できない場合があり，特に新しい複雑な構造をもった問題を実証するためには新しい手法を開発する必要がある．

現在でのMCMCを用いたベイジアン時系列分析は，いろいろな分野で弾力性があるモデリングの方法を提供し，いまや新しい時系列分析の発展での主要なテーマになっている．固定係数のARIMAモデルを時変係数モデリングに拡張した新しい時系列分析で中心的な手法である状態空間モデリングの方法は，広範囲の問題を取り扱うための統一的な方法といえる．データが与えられたときに，状態ベクトルとその条件付分散行列を推定するためのカルマン・フィルタと，平滑化推定量を求めるためにシミュレーションを利用する．状態空間モデルの取り扱いを非線型で非ガウス型に拡張することができる．状態空間時系列モデリングの最近のサーベイは，Tanizaki and Mariano(1998)，Tanizaki(2000)にある．これは，ある状態での観測値の条件付分布に対するポアソン分布のような指数分布族モデルを含み，また観測値と状態攪乱項に対するt分布や正規密度の混合分布のような裾の厚い分布も含む．線型性からの乖離は，モデルの基本的な状態空間構造が保存されている場合に対して研究されている．応用的な側面では，金融的モデリングと予測，自然科学や工学モデル：信号処理，それに空間時系列モデル：疫学，環境，エコロジーにおける問題が研究されている．モデルや方法的な側面では，高度に組織化された多変量時系列，空間時系列，それに計算方法などに応用されている．

本稿で採り上げた主要な応用分野として，ベイジアンの方法の利点を示す

とすれば1)自己回帰時系列における定常性の制約は,古典的なARIMAモデルによる分析の場合よりも少ない.2)非線型時系列モデルやダイナミック線型回帰モデルを通じての時変パラメータの表現が優れている.3)ストカスティック・ボラティリティモデルへの応用における因子構造を用いた大規模データセットでの情報の集約が可能,4)レベルや分散のトレンドのような時系列の異なる側面での構造変化をモデル化することが可能である.5)離散データのダイナミック線型モデルやセミ・パラメトリックモデルにおいて発展の可能性がある.

参考文献

Akaike, H.(1974): New look at the statistical model identification, *IEEE Transactions in Automatic Control,* AC-19, 716-723.

Anguilar, O. and West, M.(2000): Bayesian dynamic factor models and variance matrix discounting for portfolio allocation, *Journal of Business and Economic Statistics,* **18**, 338-357.

Bauwens, L. and Lubrano, M.(1996): Identification restrictions and Posterior densities in Cointgrated Gaussian VAR systems, in T. B. Fomby ed. *Advances in Econometrics,* **11-B**, 3-28, JAI Press.

Bauwens, L., Lubrano, M. and Richard, J.-F.(2000): *Bayesian Inference in Dynamic Econometric Models,* Oxford University Press.

Bacon D. and Watts, D.(1971): Estimating the transition between two intersecting straight lines, *Boimetrika,* **58**, 525-534.

Berger, J.O. (1985): *Statistical Decision Theory and Bayesian Analysis,* 2nd ed., New York, Springer-Verlag.

Blanchard, O.J. and Summers, L.H.(1986): Hysteresis and the European unemployment problem., In Disher, S. ed. *NBER Macroecomics Annual 1986,* 15-77, Cambridge M.A., MIT Press.

Box, G.E.P. and Jenkins, G.(1976): *Time Series Analysis: Forecasting and Control (Rev. Ed).* Holden-Day.

Box, G.E.P. and Tiao, G.C.(1973): *Bayesian Inference in Statistical Analysis,* Addison-Wesley, Massachusetts.

Bozdogan, H. and Ramirez, D.E.(1987): An expert model selection approach to determine the 'best' pattern structure in factor analysis models, In H. Bozdogan and A.K. Gupta eds. *Multivariate Statistical Modelling and Data Analysis.*

Bozdogan, H. and Shigemasu, K.(1998): Bayesian factor analysis model and choosing the number of factors using a new informational complexity criterion, Technical report. Department of Statistics, University of Tenessee.

Broemeling, L.D.(1985): *Bayesian Analysis of Linear Models.* Marcel Dekker, New York.

Chib, S.(1995): Marginal Likelihood from the Gibbs Output, *Journal of American Statistical Association,* **90(432)**, 1313-1321.

Chib, S. and Greenberg, E.(1994): Bayes Inference in Regression Models with $ARMA(p,q)$ errors, *Journal of Econometrics,* **64**, 183-206.

Chib, S. and Greenberg, E.(1995): Understanding the Metropolis-Hasting algo-

rithm, *American Statistician,* **49**, 327-335.
Dawid, A.P.(1981): Some matrix-variate distribution theory: Notational considerations and a Bayesian application., *Biometrika,* **68**, 265-274.
De Jong, D.N.(1992): Co-integration and trend-stationarity in macroeconomic time series, *Journal of Econometrics,* **62**, 347-370.
De Jong, P.(1991): The diffuse Kalman filter, *Annals of Statistics,* **19**, 1073-1083.
De Jong, P. and Shephard, N.(1995): The simulation smoother for time series models, *Biometrika,* **82**, 339-350.
De Jong, D.N. and Whiteman, C.H.(1989a): Trends and random walks in macroeconomic time series: A reconsiderration based on the likelihood principle, *Journal of Monetary Economics.*
De Jong, D.N. and Whiteman, C.H.(1989b): Trends and cycles as unobserved components in real GNP: A Bayesian perspective, *Proceedings of the American Statistical Association,* 63-70.
De Jong, D.N. and Whiteman, C.H.(1991a): The temporal stability of dividends and stock prices: evidence from the likelihood function, *American Economic Review,* **81**, 600-617.
De Jong, D.N. and Whiteman, C.H.(1991b): The case for trend-stationarity is stronger than we thought, *Journal of Applied Econometrics,* **6**, 413-421.
Doornik, J.A.(2002): *Object-Oriented Matrix Programming Using Ox,* 3rd ed. London: Timberlake Consultants Press and Oxford: www.nuff.ox.ac.uk/Users/Doornik.
Durbin, J. and Koopman, S. J.(2001): *Time Series Analysis by State Space Methods,* Oxford University Press. (『状態空間モデリングによる時系列分析入門』和合・松田訳, シーエーピー出版, 2004)
Durbin, J. and Koopman, S. J.(2002): A simple and efficient simulation smoother for state space time series analysis, *Biometrika,* **89**, 603-615.
Engle, R.F. and Granger, C.W.J.,(1987): Cointegration and error correction: representation, estimation, and testing, *Econometrica,* **55**, 251-276.
Gamerman, D.(1997): *Markov chain Monte Caro : Stochastic simulation for Bayesian inference,* Chapman & Hall.
Gelfand, A.E. and Dey, D.(1994): Bayesian model choice: Asymptotics and exact calculations., *Journal of the Royal Statistical Society B,* **56**, 501-514.
Gelfand, A. and Smith, A.F.M.(1990): Sampling based approaches to calculating marginal densities, *Journal of American Statistical Associations,* **85**, 398-409.
Geweke, J.F. and Zhou, G.(1996): Measuring the pricing error of the arbitrage pricing theory., *The Review of Financial Studies,* **9**, 557-587.
Ghysels, E., Harvey, A.C. and Renault, E.(1996): Stochastic volatility, in *Sta-*

tistical Methods in Finance, eds. C.R. Rao and G.S. Maddala, 119-191, Amsterdam: North-Holland.

Gilks, W.R., Rchardson, S. and Spiegelhalter, D.J.(1996): Introducing Markov chain Monte Carlo, in Gilks, Richardson, and Spiegelhalter eds. *Markov Chain Monte Carlo in Practice*, Chapman & Hall.

Granger, C. and Teräsvirta, T.(1993): *Modeling nonlinear economic relationships*. Oxford: Oxford University Press.

Green, P.(1995): Reversible jump Markov chain Monte Carlo computation and Bayesian model determination., *Biometrika*, **82**, 711-732.

Hall, R.E.(1978): Stochastic implication of the life cycle-permanent income hypothesis: theory and evidence, *Journal of Political Economics*, **86**, 971-987.

Hamilton, G.D.(1989): A New Approach to the Economic Analysis of Nonstationary Time Series and Business Cycle, *Econometrica*, **57**, 357-84.

Hatanaka, M.(1996): *Time Series Based Econometrics : Unit Roots and Cointegration*, Advanced Text in Econometrics, Oxford University Press.

Jacquier, E., Polson, N. and Rossi, P.(1994): Bayesian analysis of stochastic volatility models (with discussion), *Journal of Business and Economic Statistics*, **12**, 371-417.

Johansen, S.(1991): Estimation and hypothesis testing of coinegration vectors in Gaussian vector autoregressive models, *Econometrica*, **59**, 1551-1580.

Johansen, S.(1995): *Likelihood-based Inference in Cointegrated Vector Autoregressive Models*. Oxford University Press:Oxford.

Kim, S. and Shephard, N.(1994): Comment of Bayesian Analysis of Stocastic Volatility by Jacquier, Polson, and Rossi, *Journal of Business and Economics Statistics*, **12-4**, 371-417.

King, R.G., Plosser, C.I. and Rebelo, S.T.(1988): Production, growth and business cycles: I. The basic neoclassical model., *Journal of Monetary Economics*, **21**, 195-232.

Kleibergen, F. and van Dijk, H.(1994): On the Shape of the likelihood/posterior in cointegrated models, *Econommetric Theory*, **10**, 514-551.

Koop, G.(1991): Coinegration in present value relationships, *Journal of Econometrics*, **49**, 105-139.

Lindgren, G.(1978): Markov Regime Models for Mixed Distributions and Switching Regressions, *Scandinavian Journal of Statistics*, **5**, 81-91.

Litterman, R.(1986): Forecasting with Bayesian vector autoregressions: five years of experience, *Jounal of Bussiness and Economic Statistics*, **4**, 25-38.

Lopes, H. F.(2003): Expected Posterior Priors in Factor Analysis, *Brazilian Journal of Probability and Statistics*, **17**, 91-105.

Lopes, H. F. and Migon, H. S.(2002): Comovements and contagion in emergent markets: Stock indexes volatilities. In (eds C. Gatsonis, R.E. Kass, A.L. Carriquiry, A. Gelman, Verdinelli, D Pauler and D. Higdon) *Case Studies in Bayesian Statistics,* **6**, 287-302.

Lopes, H.F. and Salazar(2003): Bayesian Inference in Smooth Transition Autoregressions, In *Proceedings of the Science of Modelling.* Higuchi, Iba, and Ishiguro Eds.

Lopes, H.F. and Salazar, E.(2005): Bayesian Model Uncertainty in Smooth Transition Autoregressions, *Journal of Time Series Analysis.* (To appear)

Lopes, H.F. and West, M.(2004): Bayesian model assessment in factor analysis., *Statistica Sinica* 14, 41-67.

Lubrano M.(2000): Bayesian Analysis of nonlinear time series models with a threshold, In *Nonlinear Econometric Modeling in Time Series,* Cambridge University Press, 79-118.

Marriott, J., Ravishanker, N., Gelfand, A. and Pai, J.(1996): Bayesian analysis of ARMA processes: complete sampling-based inference under full likelihood., In Berry, D et al.. (eds.) *Bayesian Analysis in Statistics and Econometrics,* New York: 243-256.

Marriott, J. and Smith, J.(1992): Reparameterization aspects of numerical Bayesian methodology for autoregressive moving-average models, *Journal of Time Series Analysis,* **13**, 327-343.

Meng, X.L. and Wong, W.H.(1996): Simulating ratios of normalizing constants via a simple identity: A theoretical exploration., *Statistica Sinica,* **6**, 831-860.

Nakatsuma, T.(2000): Bayesian analysis of $ARMA - GARCH$ models: A Markov chain sampling approach, *Journal of Econometrics,* **95**, 57-69.

Nelson, C.R. and Plosser, C.I.(1982): Trends and random walks in macroeconomic time series: some evidence and implications, *Journal of Monetary Economics,* **10**, 139-162.

Newton, M. A. and Raftery, A.E.(1994): Approximate Bayesian Inference with the weighted likelihood bootstrap, *Journal of the Royal Statistical Society, Series B,* **56**, 3-48.

Pitt, M.K. and Shephard, N.(1998): Time varying covariances: A factor stochastic volatility approach, In J.M. Bernaldo et al.ed. *Bayesian Statistics 6,* London: Oxford University Press.

Pitt, M.K. and Shephard, N.(1999): Time varying covariances: A factor stochastic volatility approach (with discussion), *Bayesian Statistics 6,* Oxford University Press, 547-570.

Phillips, P.C.B.(1991a): To criticize the critics: an objective Bayesian analysis of stochastic trends, *Journal of Applied Econometrics,* **6**, 333-364.

Phillips, P.C.B.(1991b): Bayesian routes and unit roots: De rebus prioribus semper est disputandum, *Journal of Applied Econometrics*, **6**, 413-421.

Polasek, W.(1997): Factor analysis and outliers: A Bayesian approach., Discussion Paper, University of Basel.

Press, S.J.(1982): *Applied Multivariate Analysis: Using Bayesian and Frequentist Methods of Inference (2nd edition)*. Krieger, New York.

Radochenko, S.(2003): Bayesian Tests of Cointegration Rank in the Framework of ECM Models, *mimeo*.

Raftery, A.E.(2000): Statistics in Sociology, 1950-2000: A Vignette, *Journal of the American Statistical Association*, **95**, 654-661.

Robert, C. P. and Casella, G.(1999): *Monte Carlo Statistical Methods*, Springer-Verlag:New York.

Shephard, N.(1996): Statistical aspect of ARCH and stochastic volatility, In *Time Series Models with Econometric, Finance and Other Applications*, D.R. Cox, D.V.Hinkley and O.E.Barndorff-Nielson eds., 1-67, London: Chapman Hall.

Shephard, N.(2005): *Stochastic Volatility: Selected Readings*, ed. Oxford University Press.

Schotman, P. and van Dijk, H.(1991a): A Bayesian analysis of the unit root in real exchange rate, *Journal of Econometrics* **45**, 195-238.

Schotman, P. and van Dijk, H.(1991b): On Bayesian routes to unit roots, *Journal of Applied Econometrics*, **6**, 387-402.

Schotman, P. and van Dijk, H.(1991c): Posterior analysis of possibly integrated time series with an application to real GNP, in E. Parzen *et al.*eds., *New Directions in Time Series Analysis*, IMA Vol. in Mathematics and it Applications, Springer Verlag.

Sims, C.A. and Uhlig, H.(1991): Understanding unit rooters: a helicopter tour, *Econometrica*, **59**, 1591-1599.

Tanizaki, H. and Mariano, R.S.(1998): Nonlinear and Non-Gaussian State-Space Modeling with Monte Carlo Simulations, *Journal of Econometrics*, **83**, 263-290.

Tanizaki, H.(2000): Nonlinear and Non-Gaussian State-Space Modeling with Monte Carlo Techniques: A Survey and Comparative Study In *Handbook of Statistics*, Vol. 21, Stochastic Processes: Modeling and Simulation Chap. 22, 871-929. (C.R.Rao and Shandhug eds.)

Taylor, S.J.(1986): *Modeling Financial Time Series*, John Wiley & Sons.

Teräsvirta, T.(1994): Specification, estimation, and evaluation of smooth transition autoregressive models, *Journal of the American Statistical Association*, **89**, 208-218.

Teräsvirta, T.(2004): Smooth Transition Regression Modeling, in H. Lütkepohl

and M Krätzig eds. *Applied Time Series Econometrics*, 222-242.
Tierney, L. and Kadane, J.B.(1986): Accurate approximations for posterior moments and marginal densities., *Journal of the American Statistical Society*, **81**, 82-86.
Tiao, G.C. and Tsay, R.S.(1994): Some Advances in Nonlinear and Adaptive Modeling in Time Series, *Journal of Forecasting*, **13**, 109-31.
Tsurumi, H. and Wago, H.(1991): Mean squared errors of forecast for selecting nonnested linear models and comparison with other criteria, *Journal of Econometrics*, **48**, 215-240.
Tsurumi, H. and Wago, H.(1996): Bayesian Analysis of Unit Root and Cointegration with an application to a Yen-Dollar Exchange Rate Models, in T. B. Fomby ed. *Advances in Econometrics*, **11-B**, 3-28, JAI Press.
Watanabe, T. and Omori, Y.(2004): A multi-move sampler for estimating non-Gaussian times series models: Comments on Shephard and Pitt (1997), *Biometrika*, **91**, 246-248.
West, M. and Harrison, P.J.(1997): *Bayesian Forecasting and Dynamic Model*. Springer-Verlag, New York.
Zellner, A.(1971): *An Introduction to Bayesian Inference in Econometrics*, John Wiley and Sons, Inc., New York. (『ベイジアン計量経済学入門』福場庸・大澤豊訳, 培風館, 1986年.)
Zivot, E.(1992): Bayesian analysis of the unit root hypothesis within an unobserved component model, *mimeograph*
大森裕浩(1996): マルコフ連鎖モンテカルロ法,『千葉大学経済研究』, **10**, 237-287.
大森裕浩(2001): マルコフ連鎖モンテカルロ法の最近の発展,『日本統計学会誌』, **31**, 305-344.
大森裕浩・和合肇(2005): マルコフ連鎖モンテカルロ法とその応用, 和合肇編著『ベイズ計量経済分析』, 第2章, 39-99, 東洋経済新報社.
田中勝人(2003): 共和分分析, 刈屋・矢島・田中・竹内著『統計科学のフロンティア8: 経済時系列の統計』第Ⅲ部, 203-265, 岩波書店.
霍見浩喜・ラドチェンコ(2005): アジア金融危機後の外国為替間の関係(単位根, 共和分, VAR), 和合肇編著『ベイズ計量経済分析』, 第3章, 101-126.
和合肇(1998): ベイズ計量経済分析における最近の発展,『日本統計学会誌』, **26/3**, 253-305.
和合肇(2005)編著: ベイズ計量経済分析: 計量経済分析へのベイズ統計学の応用, 東洋経済新報社, 382.
和合肇・大森裕浩(2005): 計量経済分析へのベイズ統計学の応用, 和合肇編著『ベイズ計量経済分析』, 第1章, 1-39, 東洋経済新報社.
渡部敏明(2000)『ボラティリティ変動モデル』朝倉書店.

補論 A
逐次モンテカルロ法入門

伊庭幸人

1 はじめに

マルコフ連鎖モンテカルロ法とは少し違うタイプのモンテカルロ法として，逐次モンテカルロ法と呼ばれるものがある．この補論では，時系列のモデルのオンライン推定への応用（パーティクル・フィルタ）を中心として，逐次モンテカルロ法の考え方を説明する．マルコフ連鎖モンテカルロ法や遺伝的アルゴリズムとの関係や違いについても簡単に触れる．

以下では，さまざまな条件付き確率（密度）をすべて同じ記号 P あるいは p であらわし，独立変数によって区別する慣用を随時用いる．そのとき，第I部と同様に，プライム $'$ を付けた変数は，値だけが違う同じものとみなす．たとえば，$p(x_{t+1}|x_t)$ と $p(y_t|x_t)$ の p は異なるが，$p(x_{t+1}|x_t)$ と $p(x_{t+1}|x'_t)$ の p は同じとする．この規約はダミーの積分変数に $'$ を付けて明示することができて便利である．混乱する恐れのあるときは，文字を変えたり，添え字を付けて明示的に区別した．

2 隠れマルコフモデルと一般状態空間モデル

ここで考えるのは，次のような系列事象のモデルである[*1]．

- 状態 x_t から次の状態 x_{t+1} が確率 $P(x_{t+1}|x_t)$ で生成される．
- 状態 x_t から，観測されるサンプル y_t が確率 $P(y_t|x_t)$ で生成される．

添え字 t は「DNA 配列の中の塩基の位置」のようなものでもよいが，典型的には時刻である．すなわち，$\boldsymbol{x} = \{x_t\}$ と $\boldsymbol{y} = \{y_t\}$ は時系列ということになる．この場合，t は実際の時間で，マルコフ連鎖モンテカルロ法の仮想時間とは別物なので注意されたい．x_t, y_t は一般にはそれ自身が多次元のベクトルである．その成分は離散でも連続でも両方が混ざっていてもよいが，この解説ではどちらかというと連続変数の場合が重要なので，これか

[*1] $P(x_{t+1}|x_t)$ 等は t によって異なってもよいが，以下ではこれらが t に依存しない場合を主に考える．システムそれ自体の時間依存性を表現するには，状態 x_t の空間を拡張して考えるのが，むしろ便利である．

ら後は,連続変数の場合の用語・記号を使うことにする.

以上のもとに,$\boldsymbol{x}$ と $\boldsymbol{y}$ の同時密度は,観測データの得られた時刻の番号を $t=1,2,\cdots,n$,時刻 0 の状態の密度を $p(x_0)$ として

$$p(\boldsymbol{x},\boldsymbol{y}) = p(x_0)\prod_{t=1}^{n} p(y_t|x_t)p(x_t|x_{t-1}) \qquad (1)$$

と書ける.(1)の右辺の $\prod_{t=1}^{n} p(y_t|x_t)$ は「尤度関数」,$p(x_0)\prod_{t=1}^{n} p(x_t|x_{t-1})$ は「事前密度」と解釈することができる.

隠れた状態(直接観測されない状態)$\boldsymbol{x}$ が離散変数のとき,このようなモデルを隠れマルコフモデル(Hidden Markov Model, HMM)と呼ぶ.隠れマルコフモデルは音声認識,自然言語処理,ロボティクス,ゲノム解析等で使われている.

$\boldsymbol{x}$ が連続変数の場合は一般状態空間モデル(generalized state-space model)と呼ばれる.連続変数の場合は,η_t と ϵ_t をそれぞれ密度 $q(\cdot)$ と $r(\cdot)$ からの独立同分布の乱数,f,g を任意の関数として,

$$x_t = f(x_{t-1}) + \eta_t \qquad (2)$$
$$y_t = g(x_t) + \epsilon_t \qquad (3)$$

のような形で考えることが多い.η_t をシステム雑音,ϵ_t を観測雑音と呼ぶ.このとき,

$$p(x_t|x_{t-1}) = q(x_t - f(x_{t-1}))$$
$$p(y_t|x_t) = r(y_t - g(x_t))$$

となる.特に,f や g が線形関数,すなわち,ある行列 F,G と状態のベクトルの積を値として返す関数で,$q(\cdot)$ と $r(\cdot)$ が多変量正規分布のとき,線形状態空間モデル(線形ガウス状態空間モデル)と呼ぶ.

ここまでは,x_t がひとつ前の状態 x_{t-1} にしか依存しないとしていた.この制限はいくつかの連続した t についての x_t をまとめて並べたものを新たに状態として定義することで外すことができる.たとえば,x_t が x_{t-1} と x_{t-2} に依存するなら,$\tilde{x}_t = (x_t, x_{t-1})^\top$ と定義すれば,$\tilde{x}_t$ は $\tilde{x}_{t-1}$ だけに依存することになる(⊤ は転置.縦ベクトルにするという意味).

この考え方を使って「2階微分が小さい」というタイプの事前知識をあらわすには $\tilde{x}_t = (x_t, x_{t-1})^\top$ とすればよい. 経済時系列の「季節調整」の問題なら, 1年は12ヶ月あるので, $\tilde{x}_t = (x_t, x_{t-1}, \cdots, x_{t-11})^\top$ である. また, m 次の AR モデルは, 線形・ガウスの状態空間モデルで $\epsilon_t = 0$, $y_t = x_t$ とし, $\tilde{x}_t = (x_t, x_{t-1}, \cdots, x_{t-m+1})^\top$ とおけば表現できる. ARMA モデルをあらわすには, 少し拡張して, システム雑音のベクトル $\tilde{\eta}_t = (\eta_t, \eta_{t-1}, \cdots, \eta_{t-m'+1})^\top$ を考え, 式(2)の η_t を $H\tilde{\eta}_t$(H は行列)で置き換えればよい.

駆け足の説明になったが, 興味ある時系列モデルのかなりの部分がここで述べたクラスに属することがわかる.

3 シミュレーション

データが何もないときに, 同時密度(1)からのサンプル y を得るには, 密度 $p(x_t|x_{t-1})$ に従って $x_0 \Rightarrow x_1 \Rightarrow x_2 \Rightarrow \cdots \Rightarrow x_n$ のように逐次的に確率的なサンプリングを行って x を作り, それから, $p(y_t|x_t)$ に従って y の各時刻 t での状態を $x_t \Rightarrow y_t$ と生成すればよい.

しかし, データ y を与えて逆方向に推論するのはそれほど簡単でない. 時刻 n までのデータ $y_{1:n} = \{y_1, y_2, \cdots, y_n\}$ が得られたとき, その時刻までの状態 $x_{0:n} = \{x_0, x_1, x_2, \cdots, x_n\}$ の分布は, ベイズの公式から,

$$p(x_{0:n}|y_{1:n}) \propto p(x_0) \prod_{t=1}^{n} p(y_t|x_t) p(x_t|x_{t-1}) \qquad (4)$$

となる[*2]. これから, 最後の時刻 n での状態 x_n の周辺分布(以下ではフィルタ分布と呼ぶ)が

$$p(x_n|y_{1:n}) = \int \cdots \int p(x_{0:n}|y_{1:n})\, dx_{n-1} \cdots dx_0 \qquad (5)$$

で求まる. フィルタ分布を求めることをフィルタリングという. x_n を含む任意の統計量 A のフィルタ分布での期待値は

[*2] 以下, 時刻の上限 n を明示したい場合には, 添え字を追加して $x_{0:n}$, $y_{1:n}$ のように表記する. $\propto$ は「比例する」という意味の記号.

$$\mathbb{E}(A(x_n)) = \int A(x_n) p(x_n|\boldsymbol{y}_{1:n}) \, dx_n \qquad (6)$$

となる．そこで，事後密度 (4) から $\boldsymbol{x}_{0:n}$ をサンプルしたいのであるが，$p(y_t|x_t)$ の部分が加わっているので，順方向のシミュレーションのようにはいかない．

式 (4) をみていると，$\boldsymbol{y}_{1:n}$ を与えた場合にも「逆シミュレーション」のようなことが可能なような気がしてくる．単純に考えて，x_{t-1} を与えたときに，$p(x_t|x_{t-1})$ の代わりに，$p(y_t|x_t)p(x_t|x_{t-1})$ に比例する重みで x_t を選んでいったらどうなるであろうか．ここで「重み」と書いたが「確率密度」にするには積分が 1 になるように正規化する必要がある．それを含めて，きちんと書くと次のようになる[*3]．

1. はじめに $p(x_0)$ から x_0 を生成する．
2. 以下 $t=1$ から n まで x_t を，確率密度
$$p(x_t|x_{t-1}, y_t) = \frac{p(y_t|x_t)p(x_t|x_{t-1})}{\int p(y_t|x_t')p(x_t'|x_{t-1}) \, dx_t'} \qquad (7)$$
に従って，順番に生成する．

残念ながら，このやり方は以下の理由で **2 重**にだめである．

I. 分母 $\int p(y_t|x_t')p(x_t'|x_{t-1}) \, dx_t'$ の計算 (あるいは $p(x_t|x_{t-1}, y_t)$ からのサンプリング) が大変．
II. 折角がんばって計算しても，一般には，結果は**間違っている**．

I. の「計算が大変」というのは，容易に理解できるだろう．連続変数の場合に，毎回，積分 $\int \cdots dx_t'$ を格子に切って計算すると，必要な計算量は相当多くなる (特に x_t が 2 次元以上の場合)．

II. は意外なのではなかろうか．しかし，(7) から定義される $\boldsymbol{x}_{0:n}$ の密度 $p(x_0) \prod_{t=1}^{n} p(x_t|x_{t-1}, y_t)$ は

[*3] 「はじめに時間の増える向きに漸化式の方法 (付録 i) で計算を行い，後戻りしながらサンプルをとる」方法とは違うことに注意．

$$\left\{ p(x_0) \prod_{t=1}^{n} p(y_t|x_t) p(x_t|x_{t-1}) \right\} \Big/ \left\{ \prod_{t=1}^{n} \left(\int p(y_t|x_t') p(x_t'|x_{t-1}) \, dx_t' \right) \right\} \tag{8}$$

となり，式(4)と見比べると，分母

$$\prod_{t=1}^{n} \left(\int p(y_t|x_t') p(x_t'|x_{t-1}) \, dx_t' \right) \tag{9}$$

の分だけ明らかに違っている．式(9)の各( )内の積分で，x_t' はダミーの積分変数であるが，x_{t-1} はそうではないことに注意されたい．フィルタ分布からのサンプル x_n に興味がある場合，生成した $\bm{x}_{0:n} = (x_0, x_1, \cdots, x_{n-1}, x_n)$ のうち $x_0, \cdots, x_{n-1}$ を無視して x_n のみを使うことになるが，これは式の上では，式(5)のように，$\bm{x}_{0:n}$ の事後分布を $x_0, \cdots, x_{n-1}$ について積分することに相当する．この場合も，因子(9)の有無は x_n の分布形に影響する．

よく考えてみると，違うのは当然かもしれない．データ y_n が手に入ったとすると，x_{n-1} や x_{n-2} の推定にも影響があり，これがまた x_n についての推論に影響する … という効果があるはずである．しかし，t の大きくなる方向に進んでいくだけのサンプリングでは，y_n が計算に出てきたときには，x_{n-1} や x_{n-2} はもう決まってしまっており，y_n の影響を受けようがない．これはおかしい[*4]．

4 重みを考える

このように，実時間 t についてのシミュレーションによって隠れマルコフモデルや一般状態空間モデルに関する推論を行うのは意外と難しい．そこで，他の解法が主に使われてきた(付録 i)．いずれも有用な方法であるが，不満な点もある．漸化式に基づく方法は，連続変数を含むモデルで線形・ガウスでない場合には，少し複雑になると計算量的に厳しい．マルコ

[*4] 1本のパスを生成するシミュレーションでは，x_{t-1} が確定値をとるものとして，積分が1になるように正規化した確率(7)で x_t を生成するので，この問題が生じる．漸化式による方法(付録 i)では，現在の状態がとりうる値の全部について確率の表を用意しておき，表の更新の際には，重みを掛けて和を取った後で正規化する．逐次的に計算しても正しい結果が得られる代わり，高次元の連続状態の場合には表のサイズが膨大になる．

フ連鎖モンテカルロ法は仮想時間についての「シミュレーション」なので，原理的にはデータが1個増えるごとに多数回の繰り返し計算が必要であり，オンライン的な計算にはあまり向いていない．やはり，どうにかして，実時間のシミュレーションに近い方法で計算が行えると便利である．

その方向への第一歩として
- 多数回のシミュレーションを行い，それらをまとめて考える．
- シミュレーションのそれぞれに重みを与える．

ことを考えよう．

以下，具体的にアルゴリズムを示す[*5]．ここでは，各時刻 t について，時刻 t までのデータを用いた事後平均(時刻 t のフィルタ分布による期待値)をつぎつぎに生成するとしている．最後の時刻 n の値のみが欲しいのであれば，ステップ 2(b) は時刻 n だけで行えばよい．以下では，第 I 部と同様，アルゴリズムの説明の中の矢印 $\leftarrow$ は，代入を示す．

1. 各 $k(1 \leq k \leq K)$ について，初期値 $x_0^{(k)}$ を密度 $p(x_0)$ に従って独立に発生し，重みの初期値を $w_0^{(k)} \leftarrow 1$ とおく．
2. 以下を $t=1$ から $t=n$ まで繰り返す．
   (a) 各 k について，k ごとに独立に，$x_t^{(k)}$ を密度 $p(x_t^{(k)}|x_{t-1}^{(k)})$ に従って生成し，重みを
   $$w_t^{(k)} \leftarrow w_{t-1}^{(k)} \times p(y_t|x_t^{(k)}) \tag{10}$$
   で更新する．ここで × は単なるかけ算の意味である．
   (b) 任意の量 A の時刻 t でのフィルタ分布 $p(x_t|y_{1:t})$ による期待値 $\mathbb{E}(A(x_t))$ を重み付き平均
   $$\sum_{k=1}^{K} \left(w_t^{(k)} \times A(x_t^{(k)}) \right) \Big/ \sum_{k=1}^{K} w_t^{(k)} \tag{11}$$
   で計算する．

「シミュレーション自体は順問題のシミュレーションを行い，データの寄与は重みで表現する」と考えるわけである．シミュレーションで $x_{0:n}$ が実

[*5] 次節以降で解説する「リサンプリング」を含む方法と異なり，本節の方法では k ごとに独立な計算を行うので，k について逐次的に実行することもできる．ここでは，オンラインでデータが得られる場合を念頭において，並列型で説明した．

現される確率とその重み w_n の積は

$$\left\{p(x_0)\prod_{t=1}^{n}p(x_t|x_{t-1})\right\} \times \left\{\prod_{t=1}^{n}p(y_t|x_t)\right\}$$

と事後分布の定義(4)の右辺の形になっている．これから，シミュレーションの中で乱数を使う操作すべてについての平均を考えると，重み付き平均(11)はフィルタ分布(5)での期待値(6)に一致することがわかる．したがって，K が十分大きければ，大数の法則によって，任意の量 A の期待値あるいは周辺分布について正しい答が得られるはずである．

個々のシミュレーションは一方向的に進むが，x_{t-1} などを決めた後で出てきた y_t の影響を「重み」による「事後評価」で取り入れることで，第 3 節の問題点 II が解決されている．また，数値積分の計算も不要になるので，問題点 I も同時に解決される．

実際に計算するときは，重み $w_t^{(k)}$ の値が巨大になって指数部の桁あふれを起こすのを避けるため，式(10)は

$$\log w_t^{(k)} \leftarrow \log w_{t-1}^{(k)} + \log p(y_t|x_t^{(k)})$$

のように対数の形で計算するとよい．以下では，重みの更新の式はいつも対数をとった形で示す．

さて，本当にうまくいくのか．平均値で考える限り，問題はない．問題は，重み $w_n^{(k)}$ の分布で，n が大きくなると，この巻の第 I 部「マルコフ連鎖モンテカルロ法の基礎」の図 15 のような極端に裾を引く分布になり，効率が低下してしまう．「次元の呪い」の再現である．実際，ここでやったことは，サンプルを生成する分布を $Q(\boldsymbol{x}) = p(x_0)\prod_{t=1}^{n}p(x_t|x_{t-1})$，重み $P(\boldsymbol{x})/Q(\boldsymbol{x})$ を $\prod_{t=1}^{n}p(y_t|x_t)$ とした静的なモンテカルロ法(第 I 部 3.2 節)そのものである．n が次元に相当する．

よく考えてみると，ここでやっていることは，データ $\boldsymbol{y} = \{y_t\}$ を無視して $\{x_t\}$ を発生させて，データに合うものをあとから選ぶことに相当する．これでは，ほとんどの試行が無効になって当然である．データの近くを偶然通ったときだけ重みが大きな値をとるので，重み $w_t^{(k)}$ の分布が大きく裾を引くことになる．もうひと工夫が必要である．

---- 他の考え方 ----

ここで説明した方法の代わりに
$x_t^{(k)}$ を密度

$$p(x_t^{(k)}|x_{t-1}^{(k)}, y_t) = \frac{p(y_t|x_t^{(k)})p(x_t^{(k)}|x_{t-1}^{(k)})}{\int p(y_t|x_t')p(x_t'|x_{t-1}^{(k)})\,dx_t'} \quad (12)$$

に従って生成し，重みを

$$\log w_t^{(k)} \leftarrow \log w_{t-1}^{(k)} + \log \int p(y_t|x_t')p(x_t'|x_{t-1}^{(k)})dx_t' \quad (13)$$

で更新する．
としても，正しい期待値が求められる．
この場合，データの影響がシミュレーションそのものに反映されているので，t が大きくなったときに，重み $w_t^{(k)}$ の分布の裾が伸びるのは比較的遅いと思われる．しかし，t が大きい場合の挙動は保証できず，一般には次節で説明するリサンプリングの導入が必要である．また，計算量に関する問題(問題 I)は解決されていない．多くの場合，実用するには，$p(x_t^{(k)}|x_{t-1}^{(k)}, y_t)$ の代わりに，サンプルしやすい形の近似分布を導入し，重みもそれにあわせて変える必要があるだろう．

5 分裂と淘汰——リサンプリング

ここまでで，逐次モンテカルロ法の半分を説明したことになる．この節では，アルゴリズムの「残りの半分」であるリサンプリング(resampling)を導入する．リサンプリングとは，簡単にいうと「適当な間隔で，重み $w_t^{(k)}$ が大きくなったシミュレーションは分裂させ，小さくなったシミュレーションは消すことで，$w_t^{(k)}$ の分散を一定に保つ」ことである[*6]．

[*6] 同じ操作を reconfiguration とか selection(淘汰)，pruning and enrichment などと表現することもある．すぐ後で導入する用語「粒子」にも「walker」「psips」など，業界によっていろいろな名前がある．

「シミュレーション」を「消す」とか「分裂させる」というのは，より正確には，次のような操作である．

- 並列に行っている K 個のシミュレーションの現在の状態の集合を $\mathcal{A} = \{x_*^{(1)}, x_*^{(2)}, \cdots, x_*^{(K)}\}$ とする．各 k について，$x_*^{(k)}$ が選ばれる確率 $Q^{(k)}$ を

$$Q^{(k)} = w_t^{(k)} \Big/ \sum_{k=1}^{K} w_t^{(k)} \qquad (14)$$

で定義し，集合 $\mathcal{A}$ からこの確率に従って独立に抽出した K 個の要素を新しい状態の集合 $\{x_t^{(1)}, x_t^{(2)}, \cdots, x_t^{(K)}\}$ とする．ここで，抽出は**復元抽出**，すなわち同じ状態が複数回選ばれてもよいとする．
- すべての k について，重み $w_t^{(k)}$ の値を $w_t^{(k)} = 1$ にリセットする．

この操作によって，重み $w_t^{(k)}$ の 1 個のシミュレーションは，重み 1 の複数のシミュレーションに後を引き継がれるかもしれない．一方で，子孫をまったく残さず，消えてしまうシミュレーションもある．以下では，これをシミュレーションの途中の状態を保持している「粒子」(particle) が分裂・消滅しているとみなそう(図 1, 図 2)．

粒子の分裂・消滅は，乱数によって確率的に決められるが，相対的重み $Q^{(k)}$ の大きいものは複数に分かれる可能性が高く，小さいものは消えてしまいやすい．$Q^{(k)}$ の決め方 (14) により，粒子 k の(ゼロも含めての)子孫の個数の平均値は重み $w_t^{(k)}$ に比例したものになる．このことから，リサンプリングの操作を含めても，乱数を含む操作のすべてについて平均をとれ

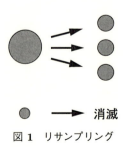

図 1　リサンプリング

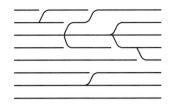

図 2　粒子の家系図．横軸が時間，縦軸が粒子の番号

ば，重み付き平均(11)でフィルタ分布 $p(x_t|\boldsymbol{y}_{1:t})$ による任意の量 $A(x_t)$ の期待値が得られることがわかる．これから，リサンプリング無しのときほど自明ではないが，粒子数 $K \to \infty$ の極限で(11)が $A(x_t)$ の期待値に収束することが予想できる．リサンプリングの操作を組み込んだアルゴリズムは，以下のように書き下せる．

1. 各 $k (1 \leq k \leq K)$ について，初期値 $x_0^{(k)}$ を密度 $p(x_0)$ に従って独立に発生し，重みの初期値を $w_0^{(k)} \leftarrow 1$ とおく．
2. 以下を $t=1$ から $t=n$ まで繰り返す．
   (a) 各 k について，k ごとに独立に $x_t^{(k)}$ を密度 $p(x_t^{(k)}|x_{t-1}^{(k)})$ に従って生成し，重みを
   $$\log w_t^{(k)} \leftarrow \log w_{t-1}^{(k)} + \log p(y_t|x_t^{(k)})$$
   で更新する．
   (b) 任意の量 A の時刻 t でのフィルタ分布 $p(x_t|\boldsymbol{y}_{1:t})$ による期待値 $\mathbb{E}(A(x_t))$ を重み付き平均
   $$\sum_{k=1}^{K}\left(w_t^{(k)} \times A(x_t^{(k)})\right) \bigg/ \sum_{k=1}^{K} w_t^{(k)}$$
   で計算する．
   x_t の期待値だけでなく，中央値や周辺分布の近似を求めることも可能で，しばしばそのほうが有用である(あとの例を参照)．
   (c) 適当なタイミング(t について一定間隔，もしくは，重み $w_t^{(k)}$ の分散がある程度以上大きくなったとき．第 8 節参照)で下記の操作を挿入する(リサンプリング)．

i. 各 k について，$x_*^{(k)} \leftarrow x_t^{(k)}$ とする．
ii. $\mathcal{Z}_t \leftarrow \sum_{k=1}^{K} w_t^{(k)}$ とする．
各 k について，$Q^{(k)} \leftarrow w_t^{(k)}/\mathcal{Z}_t$ とする．
iii. 各 k について，$Q^{(k')}$ に比例する確率で
番号 $k' (1 \leq k' \leq K)$ を選び，$x_t^{(k)} \leftarrow x_*^{(k')}$ とする．
iv. 各 k について，$w_t^{(k)} \leftarrow 1$ とする．

これが逐次モンテカルロ法(sequential Monte Carlo, SMC)[*7]による一般状態空間モデルの取り扱いの基本形である．ここで考えたような，フィルタリングの問題への応用では，パーティクル・フィルタ(粒子フィルタ，モンテカルロ・フィルタ，ブートストラップ・フィルタ)という用語がよく使われる．ロボティクスの分野では同様の方法を condensation と呼ぶ．

類似のアルゴリズムは物理学でも使われており，歴史的にはむしろそれらのほうが古い．代表的なものとしては「拡散モンテカルロ法」「PERM」などがある．興味のある読者は付録 ii と参考文献を参照されたい．

マルコフ連鎖モンテカルロ法は仮想時間(繰り返しのステップ数)が無限大の極限で収束したが，逐次モンテカルロ法は粒子数 $K \to \infty$ で収束することに注意されたい．K が一定のときに，実時間 $t \to \infty$ で収束するというわけではない．リサンプリングを挿入する位置には自由度があり，(b)の前に(c)を行なうこともできる．

気付かれた読者もいるかもしれないが，ここまでの説明で「粒子」の定義についてごまかしているところがある．粒子が「記憶」していて，分裂する際に引き継がれるのは，現在の状態 x_t だろうか，それまでの履歴全体 $\boldsymbol{x}_{0:t} = \{x_0, x_1, \cdots, x_t\}$ だろうか．一応の答えは「理念上は $\boldsymbol{x}_{0:t}$ 全体であるが，フィルタリングの場合は x_t を記憶しておけば十分である」ということになるが，よく考えると難しい点がある(第 8 節の最後の部分を参照)．

パーティクル・フィルタのアルゴリズムは，データ y_t が「餌」，粒子 $x_t^{(k)}$

[*7] 広義には重みを付けるだけでリサンプリングを伴わない場合にも使われるようであるが，その場合はむしろ sequential importance sampling(SIS)と呼ぶことが多い．

が「動物」だとすると理解しやすいかもしれない．t が増すごとに「動物」は遷移密度 $p(x_t^{(k)}|x_{t-1}^{(k)})$ に従ってランダムに移動し，餌 y_t の近くにたまたま行けたものが，尤度 $p(y_t|x_t^{(k)})$ に比例して太ったり痩せたりする（動物たち全部の体重の和は一定とする）．太ったものは分裂して増え，痩せると死んでしまうというのが，リサンプリングである．

―――― 遺伝的アルゴリズムとの関係 ――――

上記のように説明すると，遺伝的アルゴリズム（GA）とどう違うのかという疑問が出てくる．答は簡単で，目的が違うのである．GA は最適化手法なのに対して，パーティクル・フィルタ，一般に逐次モンテカルロ法の目的は，確率モデルを与えて期待値や周辺分布を求めることである．したがって，GA で基本とされる交叉（crossover）のような操作は「重み付き平均から正しい期待値が得られる」という性質を壊してしまうので，逐次モンテカルロ法では普通は行なわれない[*8]．これは瑣末な違いに思われるかもしれないが，背後に「確率分布による不確実性の明示的なモデリング」を想定しているかどうかの差でもあって，そこまで考えればかなり本質的である．

6 非ガウスモデルによる時系列解析の例

簡単な例で実験してみよう．時刻 t でのシステムの状態が 1 次元の実数 x_t で表現されるとする．x_t はひとつ前の時刻の状態 x_{t-1} にシステム雑音 η_t を加えたものだと仮定する．

$$x_t = x_{t-1} + \eta_t \qquad (15)$$

x_t 自体は観測できないが，それに観測雑音 ϵ_t を加えた y_t が観測されるとする．

$$y_t = x_t + \epsilon_t \qquad (16)$$

以下では，η_t, ϵ_t は独立同分布で，それぞれ，密度 $q(\cdot), r(\cdot)$ に従うとする．

[*8] メトロポリス法の accept/reject のようなことを考えれば，形式的には入れられるが，一般には効率が悪くなる．

このモデルのもとで，いままで論じてきたフィルタリングの問題「時刻 n までのデータ $y_{1:n} = \{y_1, y_2, \cdots, y_n\}$ を知って時刻 n での状態 x_n を推定する」を考える．観測雑音のために，同時刻の観測値 y_n は x_n を不正確にしかあらわしていないが，x_t が以前の位置 x_{t-1} とあまり変わらないという事前知識(15)があるので，それを利用して，過去のデータ $\{y_1, y_2, \cdots, y_{n-1}\}$ が持つ情報を取り込んで，x_n を推定しようというわけである．

古典的には，分布 $q(\cdot)$, $r(\cdot)$ がともに正規分布であるようなケースがもっぱら扱われ，カルマン・フィルタによって計算が行われる．しかし，それ以外の分布形の場合を数値的に扱うことができれば，モデルの表現力は飛躍的に高まる(北川(2005)，Kitagawa(1987))．たとえば，システム雑音の分布を $q(\cdot)$ として，コーシー分布

$$q(x) = \frac{1}{\pi} \frac{\tau}{x^2 + \tau^2}$$

を考えよう．真ん中の部分の幅が同じくらいの正規分布とくらべるとコーシー分布は裾が重い．すなわち，平均から大きく離れた値が出やすいので「ほとんどの場合はゼロのまわりの値をとるが稀に非常に大きな絶対値をとることがある」という性質を表現するのに適している．データがない場合の式(15)に基づくシミュレーションの結果(事前分布からのサンプル)を図3 に示したが，システム雑音 $q(\cdot)$ が正規分布の場合とコーシー分布の場合の違いは明らかである．

このようなモデルはジャンプの位置の推定とそれ以外でのレベルの変動

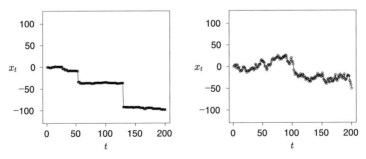

図 3　時系列のシミュレーション(データなし)．左がコーシー分布 $\tau = 0.1$, 右が正規分布 $\sigma = 2$ に相当．

の推定の両方を同時に行う能力がある. x_t がなにかの観測値であれば「少ない確率で質的な変化がおきて, 短時間で以前とは違う水準に x_t が遷移する」ことを想定しているわけである*9.

図4は, システム雑音の分布にコーシー分布を用いたモデルでのパーティクル・フィルタを使った解析の様子を模擬データについて示したものである. 観測雑音の分布 $r(\cdot)$ としては分散 σ^2 の正規分布を考えている. σ^2 は

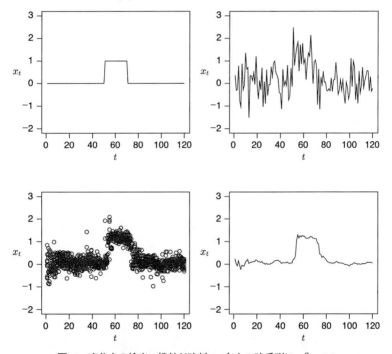

図4 変化点の検出. 横軸が時刻 t. 左上の時系列に $\sigma^2 = 1.0$ のガウス雑音を加えて, 右上の模擬データとした. 下の2つはパーティクル・フィルタの結果である. 左下にフィルタリング/リサンプリング後の粒子の分布 (10000 粒子のうち 20 個分を表示), 右下に粒子の分布の各時刻での中央値を示す. 推定の結果がかなりガタついていて, 「真の値」から遅れる方向にずれているのは, 平滑化でなくフィルタリングである (各時点とそれ以前のデータだけで推定している) ためと考えられる.

---

*9 このモデルでは, x_t の期待値より中央値や周辺分布を求めたほうがよい. 以下ではリサンプリング (c) を毎回行うので, その直後の粒子を x_t の値でソートして中央値を求めた.

「真の値」と同じ $\sigma^2 = 1.0$ とし,コーシー分布のパラメータ τ は何回か試行錯誤して $\tau = 0.005$ を選んだ.リサンプリングは毎回行った.変化点がうまく描出されているのがわかる.この結果は,漸化式を数値積分する方法(非ガウス型フィルタ,グリッド・フィルタ)による計算とよく一致する.実際には,σ^2 や τ もデータから適応的に選びたい.これは,理屈の上では最尤法によって可能であり,グリッド・フィルタではうまくいくようであるが,パーティクル・フィルタでの実装は必ずしも自明ではない(第8節参照).

以上で述べたのはひとつの例であって,ガウス性・線形性の制限を外すことで,さまざまな展開が考えられる.詳細は参考文献に譲るが,たとえば,システム雑音 $q(\cdot)$ の分布として一般の t 分布,ピアソン分布族や混合正規分布を用いることが考えられる.また,観測雑音 $r(\cdot)$ の分布の方を裾の重い分布で置き換えれば,外れ値(異常値)に対してロバストなモデル化が可能になる.雑音は正規分布に従うが(2)の f, g が非線形であるような例もいろいろ考えられる.

すでに述べたように,本節の例のように x_t が1次元の場合は,漸化式の方法(グリッド・フィルタ)でも扱える(北川(2005),Kitagawa(1987)).し

データ同化

方程式(15)は,システムの状態 x_t のダイナミクスを与える方程式とみなすことができる.そう考えると,既成の「時系列解析」のイメージをはるかに越えたことも原理的には考えられる.たとえば,大規模なシミュレーションに対応する確率偏微分方程式(確率偏差分方程式)を(15)の部分に持ち込むこともできる.こうした形式によるデータ解析とシミュレーション科学の融合はデータ同化(assimilation)と呼ばれて,地球科学・環境科学における先端的手法として注目されている.典型的には,x_t は数万から数百万次元のベクトルとなる.

逐次モンテカルロ法とそのバリエーションは,データ同化のための有力な手段である(中村ほか(2005)).シミュレーション科学の側からみれば,多数のシミュレーションを並列に行ないながらデータに合致した経路を自動的に作りだす手段が逐次モンテカルロ法であるといえる.

かし，数次元以上の場合，あるいは季節調整のような時間遅れを含んだ問題では，パーティクル・フィルタが有用である．

7 ロボットのナビゲーションと情報統合

補論 B では一般状態空間モデルとパーティクル・フィルタの金融工学への応用が論じられている．ここでは，別の分野への応用としてロボットのナビゲーションを取り上げよう．

ここで紹介する研究(Dellaert *et al.*(1999)，Thrun *et al.*(2001)，Doucet *et al.*(2001)の 19 章)では，ロボットが視覚情報と移動距離・方向のセンサーの情報を統合して現在位置を知る問題が取り上げられている．ロボットは博物館のような建物の中をぐるぐる移動する．ロボットには天井を向いてカメラが固定されているので，頭上の明るさはわかるが，得られるのは真上の小部分の明るさの平均値だけである．各場所での天井の明るさは測定されて地図になっているが，同じ明るさの部分はたくさんあるから，一箇所だけで測定しても，その情報だけでは，現在地としてはいろいろな可能性がある．一方，部屋の中で動いた量は別に計測されるが，絨毯の影響など，いろいろな要因で誤差が大きいため，それだけからは正確な位置はわからない．

この 2 つの不完全な情報を統合して正しい位置を知るというのが課題である．ポイントは，少し動いてみると，明るさが変化するので，その変化のパターンから，位置が決まってくるということである．そのための推論を，一般状態空間モデルによる表現とパーティクル・フィルタによる計算でシステマティックに行うというのが研究の眼目である．いままでの記法でいうと，y_t が時刻 t での天井の明るさ，x_t がロボットの位置である．$p(y_t|x_t)$ は天井の明るさの地図とカメラの特性などから決まる．$p(x_t|x_{t-1})$ は時刻 $t-1$ から t の移動距離のセンサーからの情報をあらわしている．

結果の例は図 5 に示されている．図 5 に描かれている十字架のような図形は建物の床(むしろ天井というべきか)である．黒くなっている部分がパーティクルの集まっている場所で，事後密度の高い部分と考えてよい．事

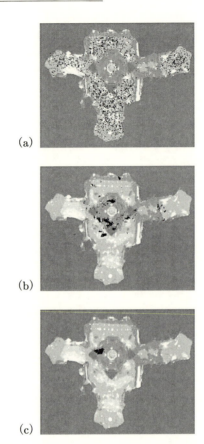

図5 ロボットの心の中の様子．自分の居場所についての事後分布の変化を示す．(a)初期の頃の状態．(b)少し動くと確率の高い場所の見当がついてくる．(c)さらに動くうちに位置が確定できた．リサンプル直後の重み1の粒子を表示．
Sebastian Thrun, Dieter Fox, Wolfram Burgard and Frank Dellaert: Robust Monte Carlo localization for mobile robots, Artificial Intelligence, Volume 128, Issues 1–2, 115, Copyright 2001, reprinted with permission from Elsevier.

後密度なので，粒子で表現されているのは，「事実」ではなく，ロボットがその場所にいる「可能性」である．実際にロボットが沢山いるわけではない．初期の頃の状態(a)ではパーティクルは全体に散らばっているが，これ

は自分がどこにいるのかわからないということを示している．少しそのへんを動くと(b)のようにパーティクルが何箇所かに集まってくる．可能性が絞られてきたわけである．最終的には(c)のように黒い部分が1点に集まり，現在位置が判明した．

途中で(b)のように黒い部分が数箇所に分かれるということが重要である．これは，近傍の天井の明るさのパターンが似ている複数の場所が離れた場所にあるためと思われる．多変量正規分布はモードと母平均が一致する「ひとつ山」の分布なので，このような事態を表現することはできない．したがって，この種の問題には線形モデル/カルマン・フィルタは適切でないことがわかる[*10]．

8　いくつかの注意

ここまでで，逐次モンテカルロ法の基本的な考え方を説明したが，実際に使ってみようとすると，すぐに疑問になることがいくつかあるだろう．詳細は参考文献に譲るとして，要点のみを述べる．

復元抽出の実装法

リサンプリングのためには確率 $Q^{(k)}$ に従って K 個の粒子を「復元抽出」する必要がある．計算量が K に比例する方法もあるが，以下では $K \log K$ に比例する方法を示す（ソートの部分はクイックソートを使う）．

1. $S_0 \leftarrow 0$． $k=1,2,\cdots,K$ について，$S_k \leftarrow S_{k-1} + Q^{(k)}$ とする．
   こうして作った数の集合を $\{S_k\}$ とする．$S_K=1$ である．
2. $r_i \in [0,1)$ の一様乱数を K 個独立に生成する．
   この集合を $\{r_i\}$ とする．
3. $2K$ 個の要素からなる集合 $\{S_k\} \cup \{r_i\}$ を大きさの順に並べ替える（ソートする）．
4. ソートされた列の中で $S_{k-1} \leq r_i < S_k$ となる r_i の個数だけ，番号 k

[*10] 「2階のある部屋か，または，1階のある部屋にいる可能性が高い」ということは「1階と2階の間の平均の位置に宙吊りになっている可能性が高い」ということではない．

の粒子をコピーして抽出する．このような r_i がない k については番号 k の粒子は子孫を残さないことになる．

単なる復元抽出ではないリサンプリング法も提案されている（北川(2005)，Robert and Casella(2004)，Liu(2001)）．各 k について KQ_k の整数部分 $\lfloor KQ_k \rfloor$ 個の粒子を決定論的に生成し，残りの粒子は $KQ_k - \lfloor KQ_k \rfloor$ に比例した確率で復元抽出する方法は乱数の節約に有用である．

リサンプリングのタイミング

リサンプリングはやればやるほどよいわけではなく，必要がないのにやると，かえって悪影響がある．そこで，粒子の重み $\{w_t^{(k)}\}$ の変動係数（標準偏差を平均値で割ったもの）などをモニターして，それが一定の値を超えたらリサンプリングを行うという方法がよく行われている．

ただし，この方法は現在の状況についての情報を「違法に」使っており，厳密にいえばモンテカルロアルゴリズムを設計する際の原則を破っている．高い精度を要求される計算の場合には，そのための偏りが現れる可能性があるが，通常のデータ解析や工学への応用では，あまり気にせずに使われているようである．

重みの対数から重みへの変換

すでに述べたように，重みや重みに掛ける因子はなるべく対数の形で扱うとよいが，もとに戻すときは数値的な注意が必要である．たとえば，$\{l^{(k)}\} = \{\log w^{(k)}\}$ から確率 $Q^{(k)}$ を計算する場合は，$\{l^{(k)}\}$ の最大値 $l_{\max}$ をまず求めてから，

$$Q^{(k)} = \frac{\exp(l^{(k)})}{\sum_{k=1}^{K} \exp(l^{(k)})} = \frac{\exp(l^{(k)} - l_{\max})}{\sum_{k=1}^{K} \exp(l^{(k)} - l_{\max})}$$

の最右辺を計算する方法がある[*11]．

[*11] アンダーフローへの配慮なども処理系によっては必要である．"logsumexp" で検索してみるとよい．符号の解読などでも同様の問題が知られている（対数領域での decoding）．

パラメータ(ハイパーパラメータ)の推定

実際にデータ解析を行うためには,第 6 節の σ^2 や τ のようなモデルのパラメータ(状態 x をパラメータと考えればハイパーパラメータ)の推定を行う必要があることが多い.これは最尤法(周辺尤度最大化法)によって行うことができる.最尤法の使い方は,十分データ数が多くなったところで,それまでのデータを利用してパラメータを推定する,以前に別に取っておいたデータからオフラインで推定する,などいろいろ考えられるが,ともかく n 個のサンプルが利用できるとしよう.データ $\{y_1, y_2, \cdots, y_n\}$ を知ったときの尤度(周辺尤度)$\mathcal{L}_n$ は

$$\mathcal{L}_n = \iint \cdots \int \left\{ p(x_0) \prod_{t=1}^{n} p(y_t|x_t) p(x_t|x_{t-1}) \right\} dx_0 dx_1 \cdots dx_n \quad (17)$$

と書けるが,これは $\mathcal{L}_n$ が量 $\prod_{t=1}^{n} p(y_t|x_t)$ の密度 $p(x_0) \prod_{t=1}^{n} p(x_t|x_{t-1})$ のもとでの期待値とみなせることを意味する.そこで,リサンプリングを行わない場合,$\mathcal{L}_n$ は $w_n^{(k)}$ の期待値に等しく,$\mathcal{L}_n = \left(\sum_{k=1}^{K} w_n^{(k)} \right) / K$ で推定できる.リサンプリングを行った場合は,復元抽出を行うごとに,重みから共通因子 $\mathcal{Z}_t = \sum_{k=1}^{K} w_t^{(k)}$ をくくり出して,同時に重みの和を K にリセットしているので,その分を戻す必要があり,

$$\log \mathcal{L}_n = \sum_{t \in \mathcal{S}} \log \frac{\mathcal{Z}_t}{K} + \log \left(\frac{1}{K} \sum_{k=1}^{K} w_n^{(k)} \right)$$

となる.ここで,和 $\sum_{t \in \mathcal{S}}$ はリサンプリングを行った時刻 $t \in \mathcal{S}$ についての和とする.対数を真数になおす際には,数値的な扱いに注意が必要なことがある(ひとつ前の項を参照).

原理的には,この方法で σ^2 や τ の値ごとに $\log \mathcal{L}_n$ を求めて,これを最大化する σ^2 や τ を推定値とすればよいが,これはかなり大変なので,いろいろな便法が考えられている.また,モデルの状態の一部として,σ^2 や τ のようなパラメータを含めてしまい,それらが「ゆっくり変化する」という事前分布を仮定して推論を行う方法もあり,**自己組織化型の状態空間モデリング**と呼ばれる(Kitagawa(1998), Doucet et al.(2001)の 9 章).この方法はデータをとりながらでも使える.

平滑化——先祖はみんな一人のイブ？

いままでは，フィルタリングの問題，すなわち，$y_{1:n} = \{y_1, y_2, \cdots, y_n\}$ を知って最後の時刻 n の x_n を推定する問題を考えた．オンラインの場合は，データ y_t を得るごとに，つぎつぎにその時刻の x_t を推定するわけであるが，各時点でやっていることは同じである．これに対して，時点 n までのデータが得られているときに，過去にさかのぼって，$x_{0:n} = \{x_0, x_1, \cdots, x_n\}$ の全体を推定するのを平滑化(smoothing)という．

逐次モンテカルロ法を使って平滑化を行うのは見掛けより難しい．一見すると，時点 n でのリサンプリングの際に，x_n の代わりに，過去を含めた $x_{0:n} = \{x_0, x_1, \cdots, x_n\}$ の全体を複製すると考えれば，フィルタリングと同じようにできるように思われる．実際，すでに述べたように，はじめからこのように考えたほうがアルゴリズムの原理が理解しやすい．しかし，この方法は，$y_{1:n} = \{y_1, y_2, \cdots, y_n\}$ を与えたときに，ある程度以上に遠い過去 $t < n$ の状態 x_t について推論するには不適当である．限りなく多くの計算を毎回異なる乱数列を使って行い，その平均をとれば正しい結果が得られるにしても，一回の計算で十分な精度を保証するには，きわめて多い粒子数 K が必要になるかもしれない．数学的な表現をすれば，$x_{0:n} = \{x_0, x_1, \cdots, x_n\}$ の分布の $K \to \infty$ での収束の速度は，n について一様ではなく，n が大きくなると指数関数的に遅くなる可能性がある．

これは奇妙に思えるが，「復元抽出」ということの根本的な性質によっている．簡単のために，袋に K 種類の玉が 1 個ずつ合計 K 個入っているとし，これを初期条件として K 個を等確率で復元抽出して次の世代の K 個を作るという操作を繰り返すことを考えよう．これは集団遺伝学ではよく知られたモデルである．ある玉が抽出されてできる「子孫」はもとの玉と同じ種類になるとする．途中で，ある種類の玉が 1 個も子孫を残さないことがあると，それ以降はその種類は二度と出てこなくなる．したがって，十分長い時間が経過すると，すべての玉は同じ祖先を持つ同種類のものになる[*12]．定量的に調べると，どの玉も完全に同じ確率で選ばれる場合には，

[*12] これは木村資生が生物の進化について提唱した「中立説」の仕組みそのものである．

粒子数 K の数倍の回数だけ復元抽出を繰り返せば，ほぼ確実にすべての玉が同じ祖先を持つようになる．われわれの問題にこれを当てはめると，仮に事後確率がほぼ同じ値をとる状態の列 $x_{0:n} = \{x_0, x_1, \cdots, x_n\}$ で遠い過去では大きく異なっているものが2種類以上あったとしても，n が大きくなると，生き延びるのは1種類になってしまうことがわかる．さらに問題なのは，袋の中の玉のランダムな復元抽出と違って，生き延びる確率は粒子によって異なり，時間にも依存するから，粒子数 K よりずっと小さい n でそのようになる可能性もあることである．原理的に，ある程度以上の過去を問題にしてはいけないのである．前に触れた「リサンプリングを不必要にやり過ぎると結果が悪くなる」ということも，この問題に関連している．

このように考えると，最近の状態，x_n や x_{n-1} についても，n が大きくなると，結果は信用できないと思えるかもしれないが，必ずしもそうではない．多くの場合，一般状態空間モデルによる推論では，x_n の推定にとって意味のある y_t や x_t は無限の過去にさかのぼるわけではなく，$n - \triangle$ を n より少し過去として，せいぜい $n - \triangle < t \leq n$ の範囲であり，それ以上の「記憶」は無視できると考えてよい．この範囲で復元抽出による問題が起こらない程度に，粒子数 K が大きければ，x_n の推定には影響がないだろう．このような論理で，フィルタリングへの応用が正当化される．リサンプリングを伴う逐次モンテカルロ法は，見た目よりずっとデリケートな方法なのである[*13].

ロボットの位置推定や物体の追跡などの問題ではフィルタリングが主で，平滑化の要求はそれに比較すると少ない．それでも平滑化が必要な場合に，最も手軽なのは，時刻 n での状態 x_n の推定に「少し未来」$n + \triangle$ までのデータだけを使う近似である(固定ラグ平滑化)．実装は粒子の履歴を $(x_{t-\triangle}^{(k)}, \cdots, x_{t-1}^{(k)}, x_t^{(k)})$ のように過去 $t - \triangle$ まで記憶しておき，時刻 $n + \triangle$ まで計算した時点での $\{x_n^{(k)}\}$ を x_n の推定に用いればよい．これに対して，付録 ii で触れた物理への応用の中のいくつかは，いまの議論から考えると問題があるかもしれない．PERM の応用の多く，たとえば自己回避酔歩へ

[*13] このあたりの数理的な定式化については，たとえば，Doucet et al.(2001) の 4.3.3 節を参照．定理 4.3.1 と定理 4.3.2 の違いに注意．

の応用では,「大昔の自分」との相互作用が常に可能であり,モデルがマルコフ的でない点がやっかいである.

9 さらに広い視点から

複数のシミュレーションを考え,それらに対応する「粒子」を生成消滅させるという考え方は,より一般的な文脈で考えることができる.Iba(2001)では,粒子の集まり(population)を考えることから,それらを population Monte Carlo(ポピュレーション型のモンテカルロ法)と総称して,分野横断的な取り扱いの必要性を指摘した.「拡散モンテカルロ法」など,行列あるいは線形作用素の固有値問題や境界値問題を扱う手法は,ポピュレーション型のモンテカルロ法の古典的な例である(付録 ii 参照).

次のような応用も考えられる.マルコフ連鎖モンテカルロ法では,仮想時間についてのシミュレーションの最中に,目標となる分布の形を変えることは許されなかった.ポピュレーション型の方法を利用すると,多数のシミュレーションを同時に行うことで,この点の制限をある程度まで緩和することができる.これについては付録 iii を参照されたい.

付録 iii の方法は,少しずつ違う分布の族 $\{P_i(x)\}$ を用いるという意味では,第 I 部の第 4 章で論じた拡張アンサンブル法に似ている.また,本稿のメインの話題である一般状態空間モデルに対するパーティクルフィルタについても,しだいに系のサイズ n が大きくなっていくことを広義の「分布の変化」とみれば,やはり同種の発想が根にあることがわかる.

一方で,異なる点もある.ポピュレーション型のモンテカルロ法では,同一の時刻の粒子は同じ分布(温度,系のサイズ)に対応するが,過程全体は非定常である.これに対して,レプリカ交換モンテカルロ法では,各レプリカに対応する分布(温度など)が違い,過程全体は仮想時間に関して定常である.また,レプリカ交換モンテカルロ法の定常分布は同じ仮想時刻のレプリカが相互に独立に分布するようにデザインされているが,ポピュレーション型のモンテカルロ法では同時刻の粒子の状態は相互に独立では

ない*14. 両者のギャップは見た目以上に大きいのである.

　一般に,ポピュレーション型のモンテカルロ法の利点は,パーティクル・フィルタによるオンラインの計算に典型的に示されているように,広い意味の実時間性,あるいは,外部とのかかわりの処理しやすさにあるように思われる.粒子の状態をいくつも同時に保持しているのを利用して,咄嗟の変化が粒子数でカバーできる範囲なら吸収して,先を続ける.その分のゆがみが重みの分布にあらわれるが,それはリサンプリングによって処理する,というのが,その基本戦略である.将来,新たに有力な応用分野が見出されるとしたら,やはり何らかの意味で実時間的な要素を持つ分野からではないだろうか.

付録 i 隠れマルコフモデル・一般状態空間モデルのための手法

　隠れマルコフモデルや一般状態空間モデルに対して使われる逐次モンテカルロ法以外の手法を整理しておこう.

　まず,よく使われるのは,漸化式あるいは動的プログラミングの考えに基づく方法(再帰的な方法)である.隠れマルコフモデルでは,forward-algorithm, forward-backward algorithm, Baum-Welch algorithm などが目的に応じて使われる.これらは統計物理で転送行列法と呼ばれる手法と原理的に同じである.なお,漸化式の方法がまず周辺分布を追いかけるのに対し,第3節でいう「逆シミュレーション」はいきなりサンプル列を生成しようとする点で,基本的に違うことに注意されたい.

　離散変数の場合と同様の漸化式は連続変数の場合についても成り立つが,「x_tのとりうる値についての和」が「x_tについての積分」になる.例外的に計算量が少なくてすむのは,線形・ガウスの状態空間モデルの場合で,すべての積分がガウス積分となり,漸化式は期待値と共分散行列に対する漸化式になる.これがカルマン・フィルタである.非ガウス・非線形のモデ

---

*14 したがって,異なる温度・パラメータのシミュレーションの間の粒子の交換をパーティクルフィルタに持ち込むことは安易に正当化できない.これは,時刻 t の粒子のあらわすものが,本当は,現在の状態 x_t ではなく,過去の履歴 $x_{0:t}$ 全体であることとも関係している.

ルや離散変数と連続変数をともに含むモデルについては，x_tについて格子を切って数値積分することになる．この方法は非ガウス型フィルタ，あるいは，グリッド・フィルタとして知られているが，状態x_tがベクトルの場合の計算は次元とともに急激に困難になる．特に，経済時系列の季節調整など，過去の記憶を長く要する問題を第2節で説明した形式で扱おうとすると，計算に必要な記憶容量と演算数は爆発的に増加する．

隠れマルコフモデルに対する漸化式は，本シリーズのあちこちで論じられているが，特に第9巻『生物配列の統計』の浅井氏の解説が詳しい．第11巻『計算統計I』の樺島氏・上田氏の解説では，本題である平均場型の近似法を導入する前の準備として，転送行列法やビリーフプロパゲーション法への言及がある．カルマン・フィルタやグリッド・フィルタなど，連続変数の場合については，第4巻『階層ベイズモデルとその周辺』の石黒氏の解説，及び，北川(2005)を参照されたい．カルマン・フィルタに関連した手法は，本巻第IV部の和合氏・大森氏の解説でも論じられている．

もうひとつの考え方は，もともとが時系列であることを忘れて，$x=\{x_t\}$をtの順番を意識しないで扱うことである．一番素朴なやり方としては，x_tが連続変数である場合に，数値的最適化によって(4)を最大化する$x_{0:n}$をもとめ，そのまわりにガウス近似(2次近似)することで，MAP推定値のまわりの揺らぎや周辺尤度などを求めるという方法がある．

また，マルコフ連鎖モンテカルロ法を利用することもできる．この場合，もとのモデル(1)や実際の時間tとは別に，xの値を更新するための人工的なマルコフ連鎖とその仮想時間を考えることになる．最も単純には，ギブス・サンプラーやメトロポリス法で，mステップ目ではx_tを変え，$m+1$

ステップ目では $x_{t'}$ を変え..とするわけである*15. m は実際の時刻 t, t' 等と無関係であり，同じ x_t の値が何回でも書き換えられる．広い意味では，これも乱数を用いた「シミュレーション」であるが，「x_t から x_{t+1} を生成する」という素朴な意味のシミュレーションとは異質のものになっている．その代わり，未来の y_t の情報が過去にも流れることになり「y_t が得られたときには x_{t-1} などの値は決まってしまっている」という問題は起きない．

付録 ii 物理学におけるポピュレーション型の手法

物理学におけるポピュレーション型のモンテカルロ法について簡単に述べる．この節に限っては物理の用語を自由に用いることにする．もう少し詳しい解説と参考文献は Iba(2001) を参照されたい．

偏微分方程式の固有値問題・境界値問題への応用

沢山の粒子やスピンについての量子力学のシュレディンガー方程式を扱うための手法として「拡散モンテカルロ法」「グリーン関数モンテカルロ法」「射影モンテカルロ法」などがある(たとえば，Kalos(1962)，Anderson(1975)，Ceperley and Kalos(1986) など)．シュレディンガー方程式といっても基本的にはフォッカー・プランク方程式と等価になるものを扱う*16．固有値問題や逆行列を求める問題をべき乗法やフォン・ノイマン級数などを用いて解くことを，巨大次元の正値行列について，ポピュレーション型のモンテカルロ法で行っていると考えることもできる．物理学では，この種の方法は大変古く，少なくとも1960年代からある．重みのみを用いるものと，リサンプリングを用いるものが混在している．

---

*15 マルコフ連鎖モンテカルロ法でも，x_t をひとつずつ変えるとは限らず，モデルによっては「カルマン・フィルタのサンプリング版を構成部品として組み込んだギブス・サンプラー」のようなものが使われる．この場合は，計算の一部が漸化式の方法を利用して行われるので，少し様子がちがってくるが，仮想時間と実時間が同一視できるわけではない．本巻第 IV 部の和合氏と大森氏の解説を参照．

*16 フェルミオンを含む場合など，等価にならない場合は，基本的には手に負えない．量子論と確率論のギャップを示す「負符号問題」のひとつである．

自己回避酔歩への応用と PERM

格子上の自分自身と交差しない折れ線の集合の上の一様分布を考える．この分布からのサンプルは，自己回避酔歩(self-avoiding walk)と呼ばれ，高分子のモデルとして研究されている．逐次モンテカルロ法との関係では，重みのみを考える方法(Rosenbluth and Rosenbluth(1955)，Hammersley and Morton(1954))，重みなしでリサンプリングのみ行う方法(Wall(1959))などが古くからある．両方の特徴をあわせたものを効率的に実装する方法を，Grassberger は PERM(Pruned-Enriched Rosenbluth Method)として提案した(Grassberger(1997, 2002)，Grassberger and Nadler(2000))．高分子の分野で，PERM と類似の手法は過去にもあった(Garel and Orland(1990))が，Grassberger らは，格子タンパクのギブス分布やパーコレーションにおける稀な現象のサンプリングなど，広い応用を提示して，注目されている．よい結果が得られたという報告がある一方で，理論的に疑問な点もある(第8節参照)．

転送行列モンテカルロ法

一方向にだけ長い，帯状あるいは角柱状の格子の上で定義されたギブス分布を，パーティクル・フィルタに類似した手法で計算する．1980年代に開発された(Nightingale and Blöte(1988))．スピン系の統計物理やタイル張りの数え上げの研究に応用されている．

quantum annealing, population annealing

ポピュレーション型のモンテカルロ法で，アニーリングを行いながら期待値を計算する手法が quantum annealing という名称で提案されている[*17](Cho et al.(1994))．Hukushima and Iba(2003)の population annealing はこの手法を単純化して，リサンプリングを用いないバージョンである Jarzynski(1997)，Neal(2001)との関連を明らかにしたものとみなせる．

[*17] 類似の名称の手法がいくつかあるが，それぞれ全く異なっており混乱する．このような名前は本当に量子力学に基づくものに限ったほうがよいと思う．

◇ ◇ ◇ ◇ ◇

　逐次モンテカルロ法の源流はフォン・ノイマンとウラムによる逆行列要素を計算するモンテカルロ法だともいわれるが，これは重みを考えるだけで，リサンプリングは含まないようである．シュレディンガー方程式を解くためのフェルミの提案というのが，Metropolis and Ulam(1949)で言及されているが，これは物理過程そのものに近く，高次元の状態空間での粒子を扱うアルゴリズムのはじまりといえるかどうかわからない．いずれにしても，リサンプリングは，物理への応用では，かなり以前から導入されていると思われる．なお，リサンプリングなしでよければ，時系列への応用についても1960年代から文献がある．

　Metropolis and Ulam(1949)は「モンテカルロ法」の名前が登場した最初の論文といわれているが，これが，物理学者 Metropolis と数学者 Ulam によって，統計学の雑誌 *Journal of the American Statistical Association* に書かれていることは興味深い[*18]．古い時代のモンテカルロ法の研究の様子は，古典的なテキスト Hammersley and Handscomb(1964)や宮武・中山(1960)(ウェブ上で閲覧できる)，ロングセラーである津田(1995)などで伺える．

付録iii　分布が変化する場合のポピュレーション型の手法

　分布の集まり $P_l(\boldsymbol{x})$ があり，$l=0$ から $l=L$ まで次第に変化しているとする．また，$P_0(\boldsymbol{x})$ からのサンプリングは簡単な方法でできるとする．P_l は P_{l-1} の(ハイパー)パラメータや「温度」がわずかに変わったものであってもよいし，事後分布の場合であれば，データが一部変更あるいは追加されたものであってもよい．このとき，以下によって，各 P_l による期待値が

[*18]　これにはメトロポリス法はまだ載っていない．

つぎつぎに計算できる[*19].

1. 各 $k\,(1 \leq k \leq K)$ について，初期値 $\boldsymbol{x}^{(k)}$ を分布 P_0 に従って独立に発生し，重みの初期値を $w_0^{(k)} \leftarrow 1$ とおく．
2. 以下を $l=1$ から $l=L$ まで繰り返す．
   (a) 重みを
   $$\log w_l^{(k)} \leftarrow \log w_{l-1}^{(k)} + \log \frac{P_l(\boldsymbol{x}^{(k)})}{P_{l-1}(\boldsymbol{x}^{(k)})}$$
   で更新する．
   (b) 各 k について，k ごとに独立に，$\boldsymbol{x}^{(k)}$ を P_l を定常分布とするマルコフ連鎖モンテカルロ法の有限回の繰り返しで更新する．
   (c) 欲しい量 A の期待値 $\mathbb{E}(A(\boldsymbol{x}^{(k)}))$ を重み付き平均
   $$\sum_{k=1}^{K}\left(w_l^{(k)} \times A(\boldsymbol{x}^{(k)}) \right) \bigg/ \sum_{k=1}^{K} w_l^{(k)}$$
   で計算する．
   (d) 適当なタイミングで下記の操作を挿入する(リサンプリング)．

   > i. 各 k について，$\boldsymbol{x}_*^{(k)} \leftarrow \boldsymbol{x}^{(k)}$ とする．
   > ii. $\mathcal{Z}_l \leftarrow \sum_{k=1}^{K} w_l^{(k)}$ とする．
   >   各 k について，$Q^{(k)} \leftarrow w_l^{(k)}/\mathcal{Z}_l$ とする．
   > iii. 各 k について，$Q^{(k')}$ に比例する確率で番号 $k'\,(1 \leq k' \leq K)$ を選び，$\boldsymbol{x}^{(k)} \leftarrow \boldsymbol{x}_*^{(k')}$ とする．
   > iv. 各 k について，$w_l^{(k)} \leftarrow 1$ とする．

この方法は，逐次モンテカルロ法の基本形として紹介したアルゴリズムの実時刻のインデックス t を，分布のインデックス l に変えた形になっているが，$P(x_t|x_{t-1})$ による x_t の生成の代わりに，操作(b)でマルコフ連鎖

[*19] これは，Jarzynski(1997)，Neal(2001)が提案した手法にリサンプリングの部分を付加したものとみなせる．先駆的な研究としては Cho et al.(1994)がある．Hukushima and Iba(2003)は，ここに示した形で，期待値の計算やサンプリングを行うことを population annealing 法として提案し，スピングラスの問題に応用した．統計の問題でデータを少しずつ追加する場合への類似の方法の応用は Chopin(2002)で論じられている．

モンテカルロ法の操作を有限回挿入することで各状態 $x^{(k)}$ を揺り動かしている．これがないと，単に最初に P_0 からサンプルしたものの重みを付け替えたり，コピーしたりしているだけで自明な結果になってしまう．

(a)から(d)の操作の順序はこれ以外にもありうるが，大切なのは，マルコフ連鎖モンテカルロ法を適用するときに，P_{l-1} から P_l への変化に対応する重みの更新(a)の前なら P_{l-1} を，後なら P_l を，それぞれ不変にする遷移を用いることである．

シミュレーションに使うすべての乱数について平均したときに，正しい期待値が得られることを示すのは難しくない(ステップ(b)での繰り返しが有限回でも，平均値は正確に一致することに注意)．これに対して，ほどほどの粒子数 K で済むための必要条件は，重み $\frac{P_l(x^{(k)})}{P_{l-1}(x^{(k)})}$ の分布があまり裾を引かないことで，このためには P_l と P_{l-1} があまり違わないことが必要である．第8節の最後の議論を考慮すると，十分条件はもっと微妙で，さらに考察を要する．

文献案内と謝辞

統計科学における逐次モンテカルロ法については，論文集(Doucet et al.(2001))が広く読まれている．時系列解析から，パターン認識やロボティクスへの応用，基礎となる数理など幅広く取り上げられている．この解説で紹介したロボットのナビゲーションについても19章で扱われている．北川の「時系列解析入門」(北川(2005))は，状態空間モデルについての定番のテキスト「FORTRAN77時系列解析プログラミング」の新装版であるが，追加された最後の章に逐次モンテカルロの話題が取り上げられている．

逐次モンテカルロ法についてのプレプリントライブラリを含むウェブサイトがケンブリッジ大学に開設されている．「Sequential Monte Carlo」で検索されたい．英文のテキストでは，Liu(2001)，Robert and Casella(2004)などに逐次モンテカルロに関連する話題が取り上げられている．本シリーズ第4巻「階層ベイズモデルとその周辺」の石黒の解説で言及されている「粒子ベイズ」もポピュレーション型のモンテカルロ法の一種であろう．パー

ティクル・フィルタの原論文は Gordon et al.(1993), Kitagawa(1996) など. 物理関連の文献は, 付録 ii でもいくつか引用したが, より詳しくは Iba(2001) を参照されたい.

リサンプリングが付く場合の収束は, 復元抽出の性質から, マルコフ連鎖モンテカルロ法の場合よりはるかに微妙である. 簡単な解説は Doucet et al.(2001) の 4.3.3 節にある. Doucet 氏によると, より詳しい記述は Crisan and Doucet(2002) に, 現在までに得られた結果の詳細は「すべて Del Moral(2004) にある」ということであるが, 後者は分厚くて読むのは大変だろう.

この解説の内容の一部は Arnaud Doucet 氏との議論によっている. 同氏に感謝する. 持橋大地氏, 駒木文保氏, 麻生英樹氏, 赤穂昭太郎氏, 小林景氏, 粕谷宗久氏, 福島孝治氏, 川崎能典氏には, 有益なコメントを頂いた.

参考文献

Anderson, J. B. (1975): A random-walk simulation of the Schrödinger equation: H_3^+, The Journal of Chemical Physics, 63, 1499-1503.

Ceperley D. M. and Kalos, M. H. (1986): Quantum many-body problems, in *Monte Carlo Methods in Statistical Physics* (2nd ed.), Topics in Current Physics 7, ed. K. Binder, Springer, 145-194.

Cho, A. E., Doll, J. D. and Freeman, D. L. (1994): The construction of double-ended classical trajectories, Chemical Physics Letters, 229, 218-224.

Chopin, N. (2002): A sequential particle filter method for static models, Biometrika 89, 539-551.

Crisan, D. and Doucet, A. (2002): A survey of convergence results on particle filtering for practitioners, IEEE Transactions on Signal Processing, 50, 736-746.

Del Moral, P. (2004): *Feynman-Kac formulae*, Springer.

Dellaert, F., Burgard, W., Fox, D., Thrun, S. (1999): Using the condensation algorithm for robust, vision-based mobile robot localization, IEEE Computer Society Conference on Computer Vision and Pattern Recognition (CVPR'99) Vol.2, p.2588-.

Doucet, A., de Freitas, N. and Gordon, N. (eds.)(2001): *Sequential Monte Carlo Methods in Practice*, Springer.

Garel, T. and Orland, H. (1990): Guided replication of random chain: a new Monte Carlo method, Journal of Physics A: Mathematical and General, 23, L621-L626.

Gordon, N. J., Salmond D. J. and Smith, A. F. M. (1993): Novel approach to nonlinear/non-Gaussian Bayesian state estimation, IEE PROCEEDINGS-F, 140, 107-113.

Grassberger, P. (1997): Pruned-enriched Rosenbluth method: Simulations of θ polymers of chain length up to 1000000, Physical Review E, 56, 3682-3693.

Grassberger, P. (2002): Go with the winners: a general Monte Carlo strategy, Computer Physics Communications, 147, 64-70. http://arxiv.org/abs/cond-mat/0201313 で入手可能.

Grassberger, P. and Nadler, W. (2000): "Go with the winners"-simulations, a talk presented at Heraeus Summer School, Chemnitz, Oct. 2000. http://arxiv.org/abs/cond-mat/0010265 で入手可能.

Hammersley J. M. and Handscomb, D. C. (1964): *Monte Carlo Methods*, Methuen, London and John & Sons, New York.

Hammersley, J. M. and Morton, K. W. (1954): Poor man's Monte Carlo, Journal of Royal Statistical Society B, 16, 23-38.

Hukushima, K. and Iba, Y. (2003): Population annealing and its application to a spin glass, *AIP Conference Proceedings*, 690, 200-206.

Iba, Y. (2001): Population Monte Carlo algorithms, Transactions of the Japanese Society for Artificial Intelligence, 16, 279-286. ウェブ上で入手可能.

Jarzynski, C. (1997): Equilibrium free-energy differences from nonequilibrium measurements: A master-equation approach, Physical Review E, 56, 5018-5035.

Kalos, M. H. (1962): Monte Carlo calculation of the ground state of three- and four-body nuclei, Physical Review, 128, 1791-1795.

Kitagawa, G. (1987): Non-Gaussian state-space modeling of nonstationary time series, Journal of the American Statistical Association, 82, 1032-1063.

Kitagawa, G. (1996): Monte Carlo filter and smoother for non-Gaussian nonlinear state space models, Journal of Computational and Graphical Statistics, 5, 1-25.

Kitagawa, G. (1998): A self-organizing state-space model, Journal of the American Statistical Association, 93, 1203-1215.

Liu, J. S. (2001): *Monte Carlo Strategies in Scientific Computing*, Springer.

Metropolis, N. and Ulam, S. (1949): The Monte Carlo method, Journal of the American Statistical Aassociation, 44, 335-341.

Neal, R. M. (2001): Annealed importance sampling, Statistics and Computing, 11, 125-139.

Nightingale, M. P. and Blöte, H. W. J. (1988): Monte Carlo calculation of free Energy, critical point, and surface critical behavior of three-dimensional Heisenberg ferromagnets, Physical Review Letters, 60, 1562-1565.

Robert, C. P. and Casella, G. (2004): *Monte Carlo Statistical Methods,* Springer (2nd ed.).

Rosenbluth, M. N. and Rosenbluth, A. W. (1955): Monte Carlo calculation of the average extension of molecular chains, The Journal of Chemical Physics, 23, 356-359.

Thrun, S., Fox, D., Burgard, W. and Dellaert, F. (2001) Robust Monte Carlo localization for mobile robots, Artificial Intelligence, 128, 99-141.

Wall, F. T., and Erpenbeck, J. J. (1959): New method for the statistical computation of polymer dimensions, The Journal of Chemical Physics, 30, 634-637.

北川源四郎(2005)：時系列解析入門，岩波書店.

津田孝夫(1995)：モンテカルロ法とシミュレーション――電子計算機の確率論的応用，培風館，三訂版.

中村和幸，上野玄太，樋口知之(2005)：データ同化：その概念と計算アルゴリズム，統計数理 53 巻 第 2 号.

宮武修，中山隆(1960)：モンテカルロ法，日刊工業新聞社. ウェブ上で閲覧可能.

補論B

モンテカルロフィルタを用いた金利モデルの推定

佐藤整尚・高橋明彦

1 はじめに

近年，金融データに対する時系列解析の応用が広く行われるようになった．特に，時系列のトレンドおよびボラティリティの推定とその予測には時系列解析の手法がよく用いられている．また，複数の時系列間の関係を探る上でも時系列解析的手法を用いることが多い．これらに共通する目的として，観測値の背後に隠れている性質や関係を導き出すということが挙げられる．そのような目的では，特に状態空間表現によるアプローチがさかんに研究されている．たとえば，トレンドの推定には移動平均や多項式回帰といった手法から状態空間表現によってモデルを作り，カルマンフィルタ等で推定を行うことが一般的になっている．また，ボラティリティの推定についても，確率的ボラティリティモデルという状態空間表現を用いたモデルを使って推定することが行われている．

しかしながら，1970年代からの金融経済学の発達の過程で，より複雑なモデルが提案されるようになり，金融実務においてもこれらのモデルが積極的に活用されるようになった．ただし，計算手法の制約から線形モデルなどの比較的単純なモデルのみが利用されてきた．

近年，計算機の発達やさまざまな計算アルゴリズムの開発により，カルマンフィルタ等では推定の難しい非線形非ガウスモデルのようなものの推定も可能になってきており，より現実的なモデルの使用が可能になってきた．今回用いるモンテカルロフィルタも，そのような計算手法の発展の中で開発されたもので，平易な計算アルゴリズムによりさまざまな形のモデルを推定することが可能である．

本稿ではモンテカルロフィルタを使った金融データへの応用例として，金利変動の実証分析に関する新しい推定方法を紹介する．その大まかな概念図を図1に示した．ここで考える金利モデルでは，観測される複数の金利系列の背後に共通な成分が隠れていると仮定され，数理ファイナンスの枠組みから，極めて自然に状態空間表現を導入できる．ここでの統計学的な問題としては，その共通成分をどのように推定するかという問題に帰着する

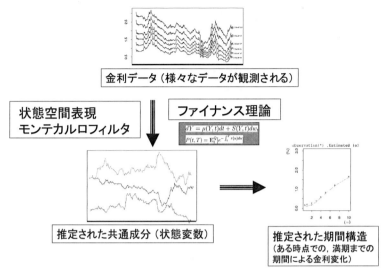

図 1　金利モデルの推定

ことができる．通常，金利の非負制約から，その状態空間表現では非線形なモデルを用いることが多く，共通成分の推定にはモンテカルロフィルタを用いるのが適当であると考えられる．また，推定された共通成分を用いることにより，金利の期間構造や，適正な金利水準を得ることが可能となる．このような解析の実例を示すことがここでの目的である．まず，金利モデルの概略を解説し，次に，それが一般化状態空間モデルによって表現できることを示す．最後にアフィン型金利モデルに属する 2 ファクターモデルを用いた国債金利への適用例，および，Takahashi and Sato(2001) でその詳細が示されている，観測モデルが陽に表現できない場合に対する適用例を紹介する．

2　金利と裁定取引

金利にはさまざまな種類があり，預金金利，貸出金利，国債の利子率，スワップ金利，社債の利子率が代表的なものである．さらに「利回り」も債券

の収益性を表わす指標としてしばしば用いられる．通常，資金の借り手，債券の発行者が，資金返済を契約どおり履行する信用の程度に応じて金利が異なり，信用がないほど利子が上乗せされ，これを信用スプレッドと呼ぶ．以降は簡単化のため，このような危険のない借り手，債券の発行者を前提として話を進める．つまり，契約は確実に履行されると仮定する．

しかし，それでも，利子や元本の返済・償還スケジュールによってさまざまな契約・債券が存在し，それに対応して多種多様な債券の価格・利回りがある．また，ただそれらだけでは，何が有利な契約である，割安な債券である等といった相互関係はよくわからない．それらを統一的な視点で捉える代表的な方法としてゼロクーポン債を用いる方法がある．ゼロクーポン債とは，その保有者が満期で1の資金を受け取り，それ以外の資金の出入り(キャッシュフロー)は発生しない債券のことをさす．つまり，利子のない債券(ゼロクーポン)である．多種多様な発生時点や金額のキャッシュフローをゼロクーポン債を用いて表現しなおすことにより，各金利契約・債券を同じ視点で見ることができる．

以下では，現実とはやや異なり，さまざまな満期のゼロクーポン債に関して，その単位数や金額の制限がなく，取引費用，税金なども被らずに自由に売買できるとする．この前提の下，ゼロクーポン債価格を用いて将来の資金の出入り(キャッシュフロー)の現在価値を評価できることを示す．t時点におけるT時点満期のゼロクーポン債価格を$P(t,T)$と表わすことにする．たとえば，時点$T>0$において金額c(定数)の資金の出入りがある場合，現時点でc単位のゼロクーポン債の購入あるいは売却によりその資金の出入りを実現できるので，その現在価値は$cP(0,T)$で表わせる．仮に，この将来のキャッシュフローcに対して$cP(0,T)$とは異なる価格がついているとすれば，これより高い場合はその値段で売って，c単位のゼロクーポン債を購入することにより，現時点で手元にお金が残り，将来はネットでゼロのキャッシュフローとなるので，確実に利益が得られることになる．逆に$cP(0,T)$より低い場合は，その価格で買って，c単位のゼロクーポン債を売却すれば，やはり確実に利益を得ることができる．このように，金融の世界では「確実に利益を得る取引」を「裁定(arbitrage)取引」と呼ぶ

が，$cP(0,T)$ は「裁定取引を起こせない」価格という意味で，時点 T におけるキャッシュフロー c の現在価値の合理的な評価といえる．同様に，任意の満期のゼロクーポン債が自由に取引できることを前提にすると，さまざまな金利契約の現在価値も，これらを用いて表現できる．ただし，現実の市場では通常，多くの満期のゼロクーポン債は取引されていないので，取引されている利付き債券などから逆にゼロクーポン債価格を推定し，それらを用いてさまざまなキャッシュフローを同じ視点で評価することが必要になる．

3 金利変動の捉え方

ゼロクーポン債価格 $P(t,T)$ に対応する金利には，しばしば計算等で扱いやすい連続複利金利 $R(t,T)$ を用いる．価格と金利の関係は，

$$R(t,T) = \frac{-1}{(T-t)} \log P(t,T)$$

$$P(t,T) = \exp\{-R(t,T)(T-t)\}$$

で与えられる．また，通常，金利期間 $(T-t)$ が1年未満の金利を短期金利と呼び，特に理論的に扱いやすい金利期間 $(T-t)$ が微小な(概念的)短期金利に注目する．その t 時点の量を $r(t)$ で表わし，時点 t において将来の $r(t)$ に対する不確実性がなく，$\{r(u); u \geq t\}$ を市場参加者の間で既知とする．このとき，ゼロクーポン債価格 $P(t,T)$ やその金利 $R(t,T)$ と短期金利 $r(t)$ の合理的な関係は，各 $u(u \geq t)$ 時点で $r(u)$ による微小期間の貸借が可能であることを前提に，先の「裁定取引」の議論を用いて，

$$R(t,T) = \frac{1}{(T-t)} \int_t^T r(u) du$$

$$P(t,T) = e^{-\int_t^T r(u)du}$$

により表わすことができる．つまり，$R(t,T)$ は将来の短期金利の平均，$P(t,T)$ は元本1を短期金利の累計により割り引いた量と見ることができる．

しかし，現実的には未来のことは不確実であり，将来の金利動向は現時点で完全にわかるわけではない．そこで1つのアプローチとして短期金利

$r(t)$ の不確かな変動を確率論を用いてモデル化することが考えられる．短期金利の変動に着目するのは，将来の短期金利が，金利・債券取引に携わる人々が予想する経済指標と直接，間接的に深く関係しているからである．たとえば，各国中央銀行の主な金融政策手段の1つが「短期金利水準の調節」であり，また，将来の財政収支，インフレ率，経済成長率等の主要経済指標は将来の短期金利の動向と密接に関わっている．さらには，現時点の期間構造が将来の短期金利の平均と関連している点も，短期金利の変動をモデル化する理由として挙げられる．先に述べたように，将来の短期金利に対する不確実性がなければ，現在の各期間金利は将来の対応する期間の短期金利の平均と一致する．

次に，具体的に考えるため，短期金利 $r(t)$ をある確率変数 Y の関数として表現できるとする．Y はファクター，状態変数などと呼ばれ，一般的にはベクトル値確率過程によりその変動が記述される．通常 Y は各満期のゼロクーポン債価格の変動を説明する共通の要因を表わし，現実のデータを用いた分析を通じて具体的に特徴付けられる．また，$\{r(u); u \geq t\}$ と $P(t,T)$ または $R(t,T)$ の関係は「裁定取引」の考え方と確率論を基礎に決定される．このような金利モデルを次節以降でより詳細に説明する．

4 金利の理論モデル

本節と次節では，Black-Scholes モデルの拡張を通して，金利モデルの枠組みを紹介する．ここでは，数学的に厳密な記述および議論の一般化を行わず，基本的な考え方を説明する．理論の詳細は Björk (2004) の第 13, 14 章などを参照されたい．

まず，$(\Omega, \mathcal{F}, \{\mathcal{F}_t\}_{t\geq 0}, P), w = \{w_t = (w_{1t}, \cdots, w_{dt}); t \geq 0\}$ を適切な数学的条件を満たしたフィルター付き確率空間と，その上で定義された d 次元ブラウン運動とする．

確率変数 Y を，所与の $\mathbb{R}^m$ 値 m 次元拡散過程に従う確率過程とする．各成分 $Y_i, i = 1, 2, \cdots, m$ の確率過程は，

$$dY_{it} = \mu_i(Y_t,t)dt + \sum_{j=1}^{d}\sigma_{ij}(Y_t,t)dw_{jt}; \quad Y_{i0} = x_i \qquad (1)$$

ここで,
$$Y_t = (Y_{1t},\cdots,Y_{mt})'$$

ただし, x' は x の転置を表わす. Y は, 資産・証券価格を決定する基本的な量で, 状態変数(state variable), あるいはファクター(factors)と呼ばれる. 状態変数 Y の数(ファクター数)が増加すれば表現できる期間構造は多様になる. 債券・金利取引については通常複数の状態変数(2ファクター, 3ファクターモデル)が必要となる. 各ファクターは直接観測できる量ではないが, 市場データを用いた推定の結果から, 事後的に, 長期金利, 短期金利, 長短金利差(スプレッド), ボラティリティ, 期間構造の曲率(バタフライ)等と解釈されることが多い.

次に, t 時点の(瞬間的な)短期金利 $r(t)$ は状態変数 Y, 時間パラメータ t の既知の関数とする.

$$r(t) = r(Y_t,t)$$

このとき, 満期 T のゼロクーポン債価格の $t(\leq T)$ 時点の価格 $P(t,T) \in (0,1]$ が状態変数 Y の関数であると仮定すれば, $P(t,T)$ は,

$$P(t,T) = \hat{E}_t\left[e^{-\int_t^T r(Y_u,u)du}\right] \qquad (2)$$

と表わせる. ただし, $\hat{E}_t[\cdot]$ はリスク中立測度と呼ばれる確率測度の下における条件付期待値を表わす. この測度の下での状態変数 Y の確率過程は,

$$dY_{it} = \{\mu_i(Y_t,t) - \sum_{j=1}^{d}\sigma_{ij}(Y_t,t)\lambda_j(Y_t,t)\}dt + \sum_{j=1}^{d}\sigma_{ij}(Y_t,t)d\hat{w}_{jt} \qquad (3)$$

$$i = 1,\cdots,m$$

と表わされる. ここで, $\hat{w}_t = (\hat{w}_{1t},\cdots,\hat{w}_{dt})$ は, この確率測度の下での d 次元標準ブラウン運動であり, $\lambda(t) = (\lambda_1(Y_t,t),\cdots,\lambda_d(Y_t,t))'$ はリスクの市場価格と呼ばれる確率過程である. これまでの導出の詳細は次節において紹介するが, ゼロクーポン債価格 $P(t,T)$ は状態変数 Y の関数として(2)式の右辺により具体的に表わされることがわかる. したがって, 短期金利 r の確率過程を説明する状態変数ベクトル Y および, $r(t)$ とリスクの市場価

格 $\lambda(t)$ の関数形を決定することが重要となる．通常，$r(t)$ は，非負(全ての $t \in [0,T]$ に対し $r(t) \geq 0$)かつ，平均回帰性(ある平均的な金利水準に戻る性質)を持つことが要求される．また，リスクの市場価格 $\lambda(t)$ は，統計的推定や経済学的均衡論等の基準で決定される．

以上のように，ゼロクーポン債価格は状態変数 Y の関数で表わされることを示してきたが，実際の世界では，Y も r も実際に取引され観測される量ではない．一方，市場で観測可能な利付き債やスワップ金利等はゼロクーポン債価格の関数であるので，これらのデータを用いて Y および Y の確率過程のパラメータを推定することになる．推定は統計的推定の他，いくつかの流動性の高い市場金利に完全に一致させるようにパラメータ，各時点の状態変数の実現値を決定する方法もしばしば採用される．

これまでの導出過程を図示したものが図 2 である．

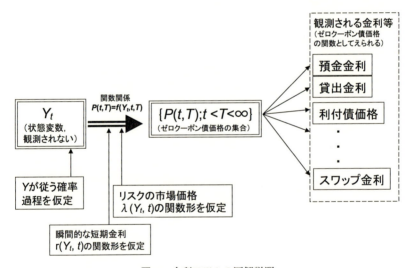

図 2　金利モデルの図解説明

5　ゼロクーポン債価格の評価

本節ではゼロクーポン債価格の表現(2)式の導出を説明するが，次節以

降の議論に直接かかわるものではないので，興味のある読者のみ参照されたい．

まず，本節の導出方法を要約すると，前節で議論したように，拡散過程に従う状態変数により不確実性を表わし，短期金利とゼロクーポン債価格をその状態変数の関数により表現されると仮定する．次に，各時点において瞬間的にリスクが無いように満期の異なるゼロクーポン債のポートフォリオを構成すれば，無裁定条件によりその収益率は短期金利に等しくなり，「リスクの市場価格(Market Price of Risk)」の存在が明らかとなる．さらにゼロクーポン債の契約条件を用いることで，短期金利の確率過程に基づくゼロクーポン債価格の明示的な評価式が得られる．

それでは，具体的な導出方法に入る．ここでは，特に $T_1 < T_2 < \cdots < T_n$ として，T_1 満期のゼロクーポン債価格の評価を考えることにする．まず，各 t 時点で瞬間的にはリスクのない資産の取引が可能で，その t 時点の価格 $S_0(t)$ の確率過程は，

$$dS_0(t) = r(Y_t, t)S_0(t)dt;\ S_0(0) = 1$$

により与えられるとする．つまり，$S_0(t)$ は，連続複利金利 r で運用される積立貯金の t 時点の価値と考えることができて，

$$S_0(t) = \exp\left\{\int_0^t r(Y_u, u)du\right\}$$

により表わすことができる．このとき，満期 T_1 および他の満期 $T_2, \cdots, T_n$ のゼロクーポン債と積立貯金のポートフォリオを瞬間的にはリスクのないように構成し，「裁定取引を起こせない」という仮定，「無裁定条件」と満期 T_1 のペイオフの条件 $P(T_1, T_1) = 1$ により，満期前のゼロクーポン債価格 $P(t, T_1)$ をもとめる．

まず，各 $P(t, T_k)$, $k = 1, 2, \cdots, n$ は，状態変数 Y，時間パラメータ t の関数，$P(t, T_k) = f_k(Y_t, t) > 0$, $f_k \in C^{2,1}$ と仮定する．

$P(t, T_k)$ の確率過程は，伊藤の公式を用いて，

$$dP(t, T_k) = P(t, T_k)\left(\mu_k(t)dt + \sum_{j=1}^d \sigma_{kj}(t)dw_{jt}\right);\ P(0, T_k) = f_k(x, 0)$$

と表わすことができる．

$$\mu_k(t) = \left[\frac{1}{2}\sum_{l=1}^{m}\sum_{p=1}^{m}\left\{\frac{\partial^2}{\partial y_l \partial y_p}f_k(Y_t,t)\right\}\left\{\sum_{j=1}^{d}\sigma_{lj}(Y_t,t)\sigma_{pj}(Y_t,t)\right\}\right.$$
$$\left.+\sum_{i=1}^{m}\mu_i(Y_t,t)\frac{\partial f_k}{\partial y_i}+\frac{\partial f_k}{\partial t}\right]/f_k(Y_t,t), \tag{4}$$
$$\sigma_{kj}(t) = \left[\sum_{i=1}^{m}\sigma_{ij}(Y_t,t)\frac{\partial f_k(Y_t,t)}{\partial y_i}\right]/f_k(Y_t,t),$$

ただし，$x=(x_1,\cdots,x_m)'$ である．

次に，T_1 時点以前の任意の時点 $t(<T_1)$ においてポートフォリオ $\theta(t)=(\theta_0(t),\theta_1(t),\cdots,\theta_n(t))$ を考える．ここで，$\theta_0(t)$ は積立預金への投資額を表わし，$\theta_k(t)$ は T_k 満期のゼロクーポン債への投資額を表わすことにする．このとき，ポートフォリオの価値 $V(t)$ は，

$$V(t) = \sum_{k=0}^{n}\theta_k(t)$$

と表わされる．

また，取引戦略に関して**自己調達トレーディング戦略**(self-financing trading strategy)を仮定すると，ポートフォリオ価値の瞬時的変化は，

$$dV(t) = \theta_0(t)\frac{dS_0(t)}{S_0(t)} + \sum_{k=1}^{n}\theta_k(t)\frac{dP(t,T_k)}{P(t,T_k)}$$

により与えられる．ここで「自己調達トレーディング戦略」とは，積立貯金と $T_1\cdots T_n$ 満期のゼロクーポン債取引による資金調達・運用以外の資金の出入りはない取引戦略を意味する．

さらに，目的の資産額を達成するまで資金調達し続ける "doubling strategy" と呼ばれる裁定戦略を排除するため，ポートフォリオ $\theta(t)$ に対して制約条件を課す必要があるがここでは省略する．詳しくは Björk(2004) の第 10 章などを参照されたい．

以上の設定の下でポートフォリオ価値の瞬時的変化 $dV(t)$ の各 $dw_{jt}, j=1,\cdots,d$ の係数は，

$$\sum_{k=1}^{n}\theta_k(t)\sigma_{kj}(t)$$

により与えられ，dt の係数は，

$$\theta_0(t)r(t) + \sum_{k=1}^{n}\theta_k(t)\mu_k(t) = r(t)V(t) + \sum_{k=1}^{n}\theta_k(t)\{\mu_k(t) - r(t)\}$$

で与えられる．

次に，ポートフォリオ $\theta(t)$ を，

$$\sum_{k=1}^{n}\theta_k(t)\sigma_{kj}(t) = 0, \quad j = 1, \cdots, d$$

となるように選ぶことを考える．つまり瞬間的にはリスクがないポートフォリオを構成する．

$T_k(k=1,\cdots,n)$ 満期のゼロクーポン債の積立貯金に対する瞬時的な超過期待収益率ベクトル $\hat{\mu}(t) \in \mathbb{R}^n$ を

$$\hat{\mu}(t) \equiv (\mu_1(t) - r(t), \cdots, \mu_n(t) - r(t))'$$

により定義し，$n \times d$ 行列 $\sigma(t)$ を

$$\sigma(t) \equiv (\sigma_{k,j}(t))_{k=1,\cdots,n,\ j=1,\cdots,d}$$

により定義すると，線形代数の基礎的事項より $\hat{\mu}(t)$ は，

$$\hat{\mu}(t) = x + y, \quad x \in \mathcal{K}(\sigma'(t)), \quad y \in \mathcal{K}^{\perp}(\sigma'(t))$$

と一意的に表現されることがわかる．ただし，$\mathcal{K}(\sigma^*(t))$ は

$$\mathcal{K}(\sigma'(t)) = \{z : \sigma'(t)z = \mathbf{0}, z \in \mathbb{R}^n\}$$

であり，$\mathcal{K}^{\perp}(\sigma'(t))$ は，$\mathcal{K}(\sigma'(t))$ の直交補空間とする．

ポートフォリオ $\theta(t)$ を $\theta(t) \in \mathcal{K}(\sigma'(t))$ と選べば，このポートフォリオは t 時点において瞬間的にリスクのないポートフォリオといえるので，「無裁定条件」によりその収益率は積み立て貯金の金利に等しくなる必要がある．

$$r(t)V(t) + \sum_{k=1}^{n}\theta_k(t)\{\mu_k(t) - r(t)\} = r(t)V(t)$$

すなわち，

$$\theta'(t)\hat{\mu}(t) = 0$$

となる．特に，$\theta(t) = x \in \mathcal{K}(\sigma'(t))$ とすれば，

$$\theta'(t)\hat{\mu}(t) = |x|^2 = 0$$

となり，$x = \mathbf{0}$ が得られる．つまり，$\hat{\mu}(t) \in \mathcal{K}^{\perp}(\sigma'(t))$ であることがわかる．

さらに，$\mathcal{R}(\sigma(t)) = \{\sigma(t)y : y \in \mathbb{R}^d\}$ とおくと，線形代数の基礎的事項により，$\hat{\mu}(t) \in \mathcal{K}^{\perp}(\sigma'(t))$ は

を示唆するので，$\hat{\mu}(t)$ は，ある $\lambda(t) \in \mathbb{R}^d$ が存在して，
$$\hat{\mu}(t) \in \mathcal{R}(\sigma(t))$$
$$\hat{\mu}(t) = \sigma(t)\lambda(t)$$
と表現される．つまり，各 $k=1,\cdots,n$ に対して，
$$\mu_k(t) - r(t) = \sum_{j=1}^{d} \sigma_{kj}(t)\lambda_j(t) \qquad (5)$$
となる
$$\lambda_j(t) = \lambda_j(Y_t, t), \quad j=1,\cdots,d$$
が存在することがわかる．

(5)式の左辺は，T_k 満期債の積立貯蓄に対する超過収益率を表わし，右辺は，各ブラウン運動 w_j に関する T_k 満期債のボラティリティ σ_{kj} を λ_j をウエイトとして j に関して加重和した量を表わす．本稿の枠組みにおいては，ブラウン運動 $w_j, j=1,\cdots,d$ が本源的なリスクとみなせるので，λ_j, $j=1,\cdots,d$ をおのおの，各ブラウン運動 $w_j, j=1,\cdots,d$ に対するリスクの市場価格と考えると，(5)式の右辺は「T_k 満期債のリスクの市場価格」と解釈できる．したがって，「無裁定条件」から導かれた(5)式は，T_k 満期債の積立貯蓄に対する期待超過収益率がそのリスクの市場価格に等しいことを意味している．すなわち，

（債券の期待超過収益率）＝（債券のリスクの市場価格）

の条件式が得られたことになる．

以下では，$\lambda(t)$ を所与として，(5)式の条件より満期 T_1 のゼロクーポン債価格 $P(t, T_1) = f_1(Y_t, t)$ の表現をもとめる．

(5)に(4)の $\mu_1(t), \sigma_{1j}, j=1,\cdots,d$ の表現を代入すると，

$$\frac{1}{2}\sum_{l=1}^{m}\sum_{p=1}^{m}\left\{\frac{\partial^2}{\partial y_l \partial y_p}f_1(Y_t, t)\right\}\left\{\sum_{j=1}^{d}\sigma_{lj}(Y_t, t)\sigma_{pj}(Y_t, t)\right\}$$
$$+\sum_{i=1}^{m}\left\{\mu_i(Y_t, t) - \sum_{j=1}^{d}\sigma_{ij}(Y_t, t)\lambda_j(Y_t, t)\right\}\frac{\partial f_1(Y_t, t)}{\partial y_i}$$
$$+\frac{\partial f_1(Y_t, t)}{\partial t} - r(Y_t, t)f_1(Y_t, t) = 0 \qquad (6)$$

が得られる．

$f_1(Y_t, t)$ に関して,満期 T_1 におけるペイオフが,
$$f_1(Y_{T_1}, T_1) = 1 \tag{7}$$
により与えられるので,$t \in [0, T_1)$ 時点の価格 $P(t, T_1)$ は,ある数学的条件の下で
$$P(t, T_1) = f_1(Y_t, t) = \hat{E}_t \left[e^{-\int_t^{T_1} r(Y_u, u) du} \right] \tag{8}$$
により表現される.ここで,$\hat{E}_t[\cdot]$ はある確率測度の下における条件付期待値を表わし,この測度の下での状態変数 Y の確率過程は,
$$dY_{it} = \{\mu_i(Y_t, t) - \sum_{j=1}^{d} \sigma_{ij}(Y_t, t) \lambda_j(Y_t, t)\} dt + \sum_{j=1}^{d} \sigma_{ij}(Y_t, t) d\hat{w}_{jt} \tag{9}$$
$$i = 1, \cdots, m$$
と表わされる.ただし,$\hat{w}_t = (\hat{w}_{1t}, \cdots, \hat{w}_{dt})'$ は,この確率測度の下での d 次元標準ブラウン運動である.

(8)式は,証券の現在価値が当該証券の支払う満期のペイオフを金利で割引いた量の期待値により与えられることを示している.さらに,この式は適当な数学的条件の下で Feynman-Kac の公式(Björk(2004)の第 5 章などを参照)により得られるが,Y の確率過程を(9)式と仮定して,$\dfrac{f_1(Y_t, t)}{S_0(t)}$ に対して伊藤の公式を適用し,(6)および(7)式を用いることによっても直接確認できる.特に,(6)式より,T_1 満期債価格の変動 $df_1(Y_t, t)$ の dt の係数は $r(Y_t, t) f_1(Y_t, t)$ であり,したがって,瞬間的期待収益率は瞬間的にはリスクのない積立貯金の金利 $r(t)$ と同一となることがわかるので,この確率測度の下では「リスクに対して中立」であると解釈できる.以上からこの確率測度を「リスク中立測度」,Y の確率過程(9)式を「リスク中立確率過程」と呼ぶ.

なお,他の満期のゼロクーポン債価格に関しても同様にもとめられ,より一般的に任意の満期 T のゼロクーポン債価格 $P(t, T)$ は,
$$P(t, T) = \hat{E}_t \left[e^{-\int_t^{T} r(Y_u, u) du} \right] \tag{10}$$
により与えられる.

6 状態空間表現

本節では,前節までに導出された理論モデルについて,統計学的観点から見直し,状態空間表現に基づく金利モデルを提示する.これにより,モデルに含まれるパラメータ推定と共通成分の抽出が可能になる.

まず,金利モデルに実際の観測データをあてはめるために,一般化状態空間モデルを導入することにする.ここでの状態空間モデルは以下のようなシステムモデルと観測モデルからなる.

$$\begin{cases} Y_t = \boldsymbol{F}(Y_{t-\Delta t}, v_t) & \cdots\cdots \text{システムモデル} \\ Z_t = \boldsymbol{H}(Y_t, u_t) & \cdots\cdots \text{観測モデル} \end{cases} \quad (11)$$

ただし,Y_t, Z_t はそれぞれ,m 次元の状態ベクトル,N 次元の観測ベクトルを表わす.また,Δt は観測の時間間隔である.さらに,v_t, u_t はそれぞれ,m 次元のシステムノイズ,N 次元の観測ノイズであり,その密度はそれぞれ $q(v)$, $\psi(u)$ で表わされるとする.一般に $\boldsymbol{F}(\cdot,\cdot)$ と $\boldsymbol{H}(\cdot,\cdot)$ は非線形関数であり,状態の初期値ベクトル Y_0 は密度関数 $p_0(Y)$ に従う確率変数である.

次にここで導入した状態空間モデルがどのようにして金利モデルの推定に適用されるかを見ていく.Δt が十分に小さいとき,(1)式に対するオイラー近似によって,システムモデル $Y_t = \boldsymbol{F}(Y_{t-\Delta t}, v_t)$ が導出される.具体的には

$$Y_t = Y_{t-\Delta t} + \mu(Y_{t-\Delta t}, t - \Delta t)\Delta t + S(Y_{t-\Delta t}, t - \Delta t)v_t\sqrt{\Delta t} \quad (12)$$

となり,システムノイズ v_t は m 次元の標準正規分布に従う.さらに,線形確率微分方程式の場合のように $Y_{t-\Delta t}$ によって Y_t が解析的に解ける場合は,その表現を使うことも可能である.たとえば,(1)式において Y_t が

$$dY_t = (AY_t + \beta^*(t))dt + SdB_t \quad (13)$$

というような線形確率微分方程式に従う場合を考える.ただし,$\beta^*(t)$ と A は,それぞれ,$\mathbb{R}^m$ 値をとるような時間 t に依存する関数と $m \times m$ の定数行列であり,S は $\Sigma = SS'$ が正定値符号となるような $m \times d$ の定数行列で

ある．このとき，$Y_{t-\Delta t}$ があたえられた元で Y_t は

$$Y_t = e^{A\Delta t}Y_{t-\Delta t} + \int_{t-\Delta t}^{t} e^{(t-s)A}\beta^*(s)ds + v_t^{(\Delta t)} \quad (14)$$
$$= FY_{t-\Delta t} + \beta(t) + v_t^{(\Delta t)}$$

と表わされる．ただし，$F \equiv e^{\Delta t A}$ は $m \times m$ の定数行列であり，$\beta(t) \equiv \int_{t-\Delta t}^{t} e^{A(t-s)}\beta^*(s)ds$ は $m \times 1$ のベクトル値をとる時間 t の関数である．さらに，$v_t^{(\Delta t)}$ は平均 0 で以下のような分散共分散行列 $\Sigma_{\Delta t}$ を持つような正規分布に従う．

$$\Sigma_{\Delta t} \equiv \int_0^{\Delta t} e^{sA}\Sigma e^{sA'}ds \quad (15)$$

この場合，システムモデルは (14) 式で与えられ，システムノイズ v_t の密度関数 $q(v)$ は (15) 式で示されたような分散共分散行列を持つ正規分布になる．

一方，観測モデルにおいて，t 時点の観測ベクトル Z_t は $n(\geq 1)$ 種類のゼロ・クーポン債の価格系列と観測ノイズベクトル u_t の関数として表わされる．

$$Z_t = h(P(Y_t,t;t+T_1),\cdots,P(Y_t,t;t+T_k)) + u_t \quad (16)$$

つまり，Z_t の各要素を構成する観測された債券価格や金利は，異なる満期 $(T_i, i=1,\cdots,n)$ のゼロクーポン債の価格と観測誤差によって表されると考える．さらに，各々の $P(Y_t,t;T_i)$ が Y_t の関数であることから，Z_t も Y_t の関数として表わされることになる．

$$Z_t = H(Y_t) + u_t \quad (17)$$

$h(\cdot)$ において，$P(Y,t;T_i)$ は (3) のプロセスのもとで (2) 式を計算することによって得られる．また，ここで，誤差項 u の密度関数 $\psi(u)$ が平均 0，分散共分散行列 Σ_u であるような多変量正規分布に従うと仮定する．ただし，Σ_u は $N \times N$ の対角行列でその対角要素は正であるとする．ここで，N は各時点の観測データの次元である．

t 時点のゼロクーポン債金利および LIBOR(London Inter Bank Offered Rates)やスワップ金利は観測ベクトル Z_t の典型的な例である．LIBOR はロンドン通貨市場における銀行間預金のオファーレートであり，短期市場金利の代表的な指標である．また，ここでいうスワップとは金利スワップの

ことで,ある一定の期間にわたって,ある同額の想定元本に対する固定金利支払と変動金利支払とを,相対で交換するという契約をさす.通常,変動金利には LIBOR の金利が想定される.この場合,$H(\cdot)$ はゼロクーポン債金利や,LIBOR,スワップ金利とゼロクーポン債の価格との理論的な関係を表し,

$$R_t(Y_t, \tau_i) = -\frac{1}{\tau_i} \log P(Y_t, t; t+\tau_i) \tag{18}$$

$$L_t(Y_t, \tau_i) = \left(\frac{1}{P(Y_t, t; t+\tau_i)} - 1 \right) \frac{1}{\tau_i} \tag{19}$$

$$S_t(Y_t, \tau_i) = \frac{1 - P(Y_t, t; t+\tau_i)}{\delta \sum_{j=1}^{\tau_i/\delta} P(Y_t, t; t+j\delta)} \tag{20}$$

と具体的に表現できる.ただし,$R_t(Y_t, \tau_i)$,$L_t(Y_t, \tau_i)$,$S_t(Y_t, \tau_i)$ はそれぞれ,満期までの期間が τ_i のゼロクーポン債金利,LIBOR,スワップ金利を表わす.また,δ はキャッシュフローの発生間隔であり,たとえば,日本の金融市場では $\delta = 0.5$ (半年)とするのが通例である.

ここまでの話から,(1),(2),(3)式で表わされる金利の期間構造モデルは(11)式の一般化状態空間モデルによって書き直されることがわかった.したがって,この状態空間モデルによって状態推定を行うことで期間構造モデルの Y_t が推定できるのである.

7 モンテカルロフィルタ

この節では具体的な推定手法について説明する.前節で説明された一般化状態空間モデルは線形ガウスモデルであるとは限らないので,標準的なカルマンフィルタは適用できない.そこで,一般化状態空間モデルの推定方法として,モンテカルロフィルタを活用する.モンテカルロフィルタを含むパーティクルフィルタについては,さまざまな方法が提案されているが本稿では Kitagawa(1996)の方法に従う.

───── モンテカルロフィルタのアルゴリズム概要 ─────

1. 状態変数ベクトルの初期値ベクトル $\{f_0^{(1)}, \cdots, f_0^{(M)}\}$ を正規分布，$N(\mu_{f_0}, \Sigma_{f_0})$ に従うと仮定して発生させる．ただし，Σ_{f_0} は対角要素が正であるような対角行列とし，M はモンテカルロフィルタにおける粒子数とする．

2. 以下のステップ（a）〜（d）を各時点 $t = 0, \Delta t, 2\Delta t, \cdots, (T^* - \Delta t), T^*$ に対して適用する．ただし，T^* はデータの最終時点を表わす．

   （a）システムノイズ $v_t^{(j)}, j = 1, 2 \cdots, M$ を正規分布 $N(0, \Sigma_{\Delta t})$（システムモデルが（14）式の場合），または $N(0, I)$（（12）式の場合）に従って発生させる．

   （b）各 $j = 1, \cdots, M$ に対して
   $$p_t^{(j)} = \boldsymbol{F}(f_{t-\Delta t}^{(j)}, v_t^{(j)})$$
   を計算する．$\boldsymbol{F}$ の具体的な関数形は 14）式，または（12）式になる．

   （c）$N(0, \Sigma_u)$ の密度関数 $n[x; 0, \Sigma_u]$ を $x_t = Z_t - H(p_t^{(j)}), j = 1, \cdots, M$ において評価し，これを $\alpha_t^{(j)}, j = 1, \cdots, M$ とする．ここでの $H(\cdot)$ は，状態変数 Y の関数として表現された（18）式，（19）式および（20）式である．これらの式におけるゼロクーポン債価格は（3）のプロセスの下で（2）式を評価することによって得られるが，後に挙げる例のように解析的に解けない場合は，モンテカルロシミュレーションにより評価する必要がある．

   （d）$\{f_t^{(1)}, \cdots, f_t^{(M)}\}$ を $\{p_t^{(1)}, \cdots, p_t^{(M)}\}$ から再抽出（リサンプリング）する．具体的には，各 $f_t^{(i)}, i = 1, \cdots, M$ を $\{p_t^{(1)}, \cdots, p_t^{(M)}\}$ の中から，
   $$\text{Prob}(f_t^{(i)} = p_t^{(j)} | Z_t) = \frac{\alpha_t^{(j)}}{\sum_{j=1}^{M} \alpha_t^{(j)}}, \quad i = 1, \cdots, M$$
   の確率に基づき再抽出する．

次に未知パラメータの推定は最尤推定法により行う．まず，θ を未知パラメータを総称したベクトルとすると，尤度 $L(\theta)$ は $p(Z_{\Delta t}|Z_0)=p_0(Z_{\Delta t})$ として，

$$L(\theta)=p(Z_{\Delta t},\cdots,Z_{T^*}|\theta)=\prod_{k=1}^{\frac{T^*}{\Delta t}} p(Z_{k\Delta t}|Z_{\Delta t},\cdots,Z_{(k-1)\Delta t},\theta)$$

と表わされる．この対数尤度 $l(\theta)$ は，モンテカルロフィルタの枠組みでは，

$$l(\theta)=\sum_{k=1}^{\frac{T^*}{\Delta t}}\left(\log\sum_{j=1}^{M}\alpha_{k\Delta t}^{(j)}\right)-\frac{T^*}{\Delta t}\log M$$

により近似的に計算され，これを θ に関して数値的最適化により最大化することで最尤推定量 $\hat{\theta}$ がもとめられる．最大化においてはグリッドサーチや自己組織化の手法が利用可能である(自己組織化については Kitagawa(1998) を参照)．最後に，複数のモデルの候補を比較する場合は，モデルの"あてはまり"の評価基準として AIC(Akaike's Information Criterion)を使うことができる(Akaike(1973))．これは

$$\mathrm{AIC}=-2l(\hat{\theta})+2(パラメータ数)$$

により容易に計算でき，この値が小さいほど相対的に良いモデルであると判断することができる．

8 例

本節では，具体的な金利モデルに対するモンテカルロフィルタの適用例を2つ紹介する．1つ目の例(例1)は，アフィン型期間構造モデル(ATSM)に属する2ファクターモデルで，ゼロクーポン債価格が簡単な数値計算を伴うが，ほぼ解析的にもとめられるモデルである．このモデルに対しては，日本国債市場のデータを用いた適用例を紹介する．2つ目(例2)は，Hull and White(1994,1997)のクラスに属し，状態変数が正規過程で記述され瞬時的短期金利がその非線形変換で表現されるモデルである．この場合，瞬時的短期金利の非負条件と状態変数間の負の相関が両立するが，ゼロクーポン債の価格が解析的に解けないモデルとなる．ここでは，円 LIBOR，スワップ市場を対象にした実証分析を紹介するが，詳細は Takahashi and Sato(2001)に

解説がある．

■例 1

まずとりあげる期間構造モデルは，Dai and Singleton(2000)のアフィン型期間構造モデルで，一般形は以下のように表わされる．

●理論モデル
$$dY_t = K(\Theta - Y_t)dt + \Sigma\sqrt{S_t}dw_t \tag{21}$$
ただし，Σ は $m \times m$ 行列，$S(t)$ はその対角要素が
$$(S(t))_{ii} = \alpha_i + \gamma_i' Y_t$$
で表わされるような対角行列である．さらに，金利モデルは以下のような式で表わされる．
$$r_t = \delta_0 + \sum_{i=1}^{m} \delta_i Y_{it} \tag{22}$$

次にリスク中立測度の下では
$$dY_t = K^*(\Theta^* - Y_t)dt + \Sigma\sqrt{S_t}d\hat{w}_t \tag{23}$$
となる．ただし，
$$K^* = K + \Sigma\Phi$$
$$\Theta^* = K^{*-1}(K\Theta - \Sigma\psi)$$
$$\Phi = (\lambda_1\gamma_1, \lambda_2\gamma_2, \cdots, \lambda_m\gamma_m)'$$
$$\psi = (\lambda_1\alpha_1, \lambda_2\alpha_2, \cdots, \lambda_m\alpha_m)'$$
である．

ここでは，リスクの市場価格(market prices of risk)$\Lambda(t)$ を以下のように仮定している．
$$\Lambda(t) = \sqrt{S(t)}\lambda$$
$$\lambda = (\lambda_1, \lambda_2, \cdots, \lambda_m)'$$
このときに，ゼロクーポン債価格は
$$P(Y_t, t; t+\tau) = e^{b_0(\tau) - B(\tau)'Y_t} \tag{24}$$
と表わされ，その係数 $b_0(\tau), B(\tau)$ は以下の微分方程式を初期条件 $b_0(0)=0$，$B(0)=0$ により解いた解として与えられる．

$$\frac{db_0(\tau)}{d\tau} = -\theta^{*\prime} K^{*\prime} B(\tau) + \frac{1}{2}\sum_{i=1}^{N}\left[\Sigma' B(\tau)\right]_i^2 \alpha_i - \delta_0, \quad (25)$$

$$\frac{dB(\tau)}{d\tau} = -K^{*\prime} B(\tau) - \frac{1}{2}\sum_{i=1}^{N}\left[\Sigma' B(\tau)\right]_i^2 \gamma_i + \delta_y \quad (26)$$

ただし,$\delta_y = (\delta_1, \delta_2, \cdots, \delta_m)'$ である.

上記の微分方程式は簡単な数値計算で各値をもとめることができる.

今回,ここで扱う具体的な形は以下の 2 ファクターのケースである.

$$Y_t = (Y_{1t}, Y_{2t})', K = \begin{pmatrix} k_{11} & 0 \\ 0 & k_{22} \end{pmatrix}, \Theta = (\theta_1, 0)' \quad (27)$$

$$\Sigma = \begin{pmatrix} 1 & 0 \\ \sigma_{21} & 1 \end{pmatrix}, \sqrt{S_t} = \begin{pmatrix} \sqrt{\beta_1 Y_{1t}} & 0 \\ 0 & \sqrt{\alpha_2 + \beta_2 Y_{1t}} \end{pmatrix} \quad (28)$$

$$r_t = \delta_0 + Y_{1t} + Y_{2t} \quad (29)$$

また,リスクの市場価格に関しては,簡単化のため $\lambda = 0$ であると仮定した.このとき,ゼロクーポン債金利は以下のように与えられる.

$$R_t(Y_t, \tau) = -\frac{1}{\tau}\log P(Y_t, t; t+\tau) = -b_0(\tau) + b_1(\tau) Y_{1t} + b_2(\tau) Y_{2t} \quad (30)$$

ここで,$b_0(\tau), B(\tau) = (b_1(\tau), b_2(\tau))'$ は (25), (26) 式の微分方程式を解くことによりもとめられ,一部,数値計算が必要である.次に,(21) 式を離散化し,状態空間モデルにおけるシステムモデルを導出する.

● システムモデル

$$Y_{1,s+1} = Y_{1,s} + k_{11}(\theta_1 - Y_{1,s})\Delta t + \sqrt{\beta_1 Y_{1,s}}\,v_{1,s} \quad (31)$$

$$Y_{2,s+1} = Y_{2,s} - k_{22}Y_{2,s}\Delta t + \sigma_{21}\sqrt{\beta_1 Y_{1,s}}\,v_{1,s}$$
$$+ \sqrt{\alpha_2 + \beta_2 Y_{1,s}}\,v_{2,s} \quad (32)$$

ただし,$v_{1,s}, v_{2,s} \sim$ i.i.d.$N(0, \Delta t)$(ここで,$\sim$ i.i.d は独立同一分布を表わす)であり,s は離散化された時点を示す.

実証分析に用いる日本国債のデータは 1996 年 5 月 29 日から 2000 年 6 月

20日までの1001時点の日次データで，各時点の観測値 $Z_{1,s}, \cdots, Z_{6,s}$ は利付き国債価格より変換して得られた1年，2年，5年，7年，10年，20年満期のゼロクーポン債金利である．したがって，観測モデルは以下の式で表現される．

● 観測モデル

$$\begin{pmatrix} Z_{1,s} \\ Z_{2,s} \\ Z_{3,s} \\ Z_{4,s} \\ Z_{5,s} \\ Z_{6,s} \end{pmatrix} = \begin{pmatrix} c(\tau_1) \\ c(\tau_2) \\ c(\tau_3) \\ c(\tau_4) \\ c(\tau_5) \\ c(\tau_6) \end{pmatrix} + \begin{pmatrix} H_1(\tau_1) & H_2(\tau_1) \\ H_1(\tau_2) & H_2(\tau_2) \\ H_1(\tau_3) & H_2(\tau_3) \\ H_1(\tau_4) & H_2(\tau_4) \\ H_1(\tau_5) & H_2(\tau_5) \\ H_1(\tau_6) & H_2(\tau_6) \end{pmatrix} \begin{pmatrix} Y_{1,s} \\ Y_{2,s} \end{pmatrix} + \begin{pmatrix} u_{1,s} \\ u_{2,s} \\ u_{3,s} \\ u_{4,s} \\ u_{5,s} \\ u_{6,s} \end{pmatrix}$$

(33)

$$\tau_1 = 1, \tau_2 = 2, \tau_3 = 5, \tau_4 = 7, \tau_5 = 10, \tau_6 = 20 \quad (34)$$

$$c(\tau) = -b_0(\tau, k_{11}, k_{22}, \theta_1, \beta_1, \beta_2, \sigma_{21}, \alpha_2, \delta_0)$$
$$H_1(\tau) = b_1(\tau, k_{11}, k_{22}, \beta_1, \beta_2, \sigma_{21}) \quad (35)$$
$$H_2(\tau) = b_2(\tau, k_{22})$$

最後に，上記のモデルをモンテカルロフィルタによって推定した結果を示す．図3は，ゼロクーポン債金利とモデルによる一期先予測を一部の年限について示している．これらをみると，満期20年のゼロクーポン債金利に対する予測誤差が他の満期のものに比べて，やや大きいという結果になっている．また，図4は推定されたファクターの時系列を示している．第1ファクター Y_1 はほぼ10，20年物などの長期金利の動きと類似しており，第1ファクターと第2ファクターの和 $(Y_1 + Y_2)$ の変動は，ほぼ1年物の金利の変動に対応している．この結果をみると，大まかな動きについてはモデル化ができたと考えられるが，細部でまだ当てはまりの悪い箇所もみられる．これについては，モデル自身の問題や，特にさらに考慮すべきファクターが隠れている可能性があるためだと考えられる．

■例 2

次に取り上げる期間構造モデルは，状態変数が Hull and White(1994,1997)

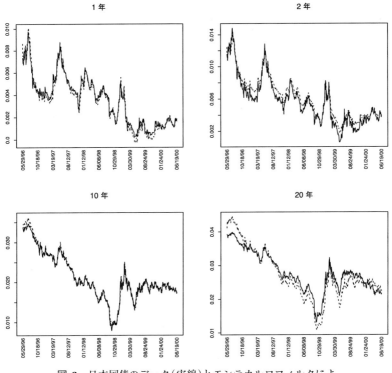

図 3 日本国債のデータ(実線)とモンテカルロフィルタによる 1 期先予測値(点線)

を拡張した 3 ファクターモデルで,He(2001)や大場・菅原(2002)でも取り上げられている.このモデルにおける状態変数 $Y_t = (Y_{1t}, Y_{2t}, Y_{3t})'$ は(13)式において,

$$A = \begin{pmatrix} -a & a & a \\ 0 & -b & 0 \\ 0 & 0 & -c \end{pmatrix} \quad (36)$$

$$\beta(t)^* = \beta_1 = (0, 0, c\theta_1)' \quad (37)$$

とおいたものである.ただし,a, b, c, θ_1 は正の定数とする.システムモデルはこれに対応する(14),(15)式により与えられる.

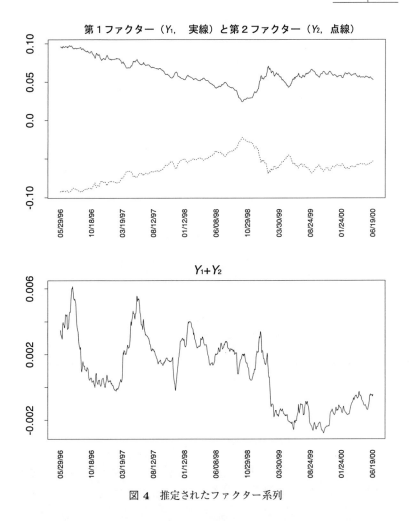

図 4 推定されたファクター系列

　一方，観測モデルは以下のように与えられる．この例で使われた観測データは LIBOR の半年，1 年とスワップ金利の 2 年，3 年，4 年，5 年，7 年，10 年の 8 次元データ ($N=8$) であるので，観測ベクトル $Z_t = (Z_{1,t}, \cdots, Z_{8,t})'$ を

$$Z_{i,t} = \begin{cases} L_t(Y_t, \tau_i) + u_{i,t} & (i = 1, 2 \text{ の場合}) \\ S_t(Y_t, \tau_i) + u_{i,t} & (i = 3, \cdots, 8 \text{ の場合}) \end{cases} \quad (38)$$

とする.ただし,L_t, S_t は(20)式で表わされるものであり,$\tau_1 = 0.5, \tau_2 = 1, \tau_3 = 2, \tau_4 = 3, \tau_5 = 4, \tau_6 = 5, \tau_7 = 7, \tau_8 = 10$ である.

$L_t(Y_t, T_i)$ と $S_t(Y_t, T_i)$ の評価に必要なゼロクーポン債価格 $P(Y_t, t, T)$ は(2)式で与えられる.特に,$r(\cdot)$ は Hull and White(1997) に従って,

$$r(Y_u, u) = g(Y_{1,u}) = \begin{cases} Y_{1,u} & Y_{1,u} \geq \varepsilon \text{ のとき} \\ \varepsilon e^{\frac{(Y_{1,u} - \varepsilon)}{\varepsilon}} & Y_{1,u} < \varepsilon \text{ のとき} \end{cases} \quad (39)$$

とし,ε は 0.0005(5 ベーシスポイント)とおいた.さらに,リスク中立測度における状態変数 Y の確率過程はリスクの市場価格を He(2001)と同様に $\lambda = (0, 0, \lambda_3)'$($\lambda_3$ は定数)と仮定した(3)式に対応するものを用いた.すなわち,リスク中立測度における状態変数 Y の変動は

$$dY_t = (AY_t + \beta_2)dt + Sd\hat{w}_t \quad (40)$$
$$\beta_2 = (0, 0, c\theta_2)' \quad (\theta_2 \text{ は定数})$$

により表現されることになる.

この場合,(2)式を解析的に解くことができないので,以下のようにモンテカルロ・シュミレーションによって求める.

$$P(Y_t^{(i)}, t; T) \simeq \frac{1}{J} \sum_{j=1}^{J} \exp\left(-\sum_{l=0}^{\frac{T}{\Delta t}} g(Y_{t+l\Delta t}^{(i,j)}) \Delta t\right) \quad (41)$$

ただし,$Y_t^{(i)}$ はモンテカルロフィルタにおける Y_t の i 番目の粒子を示す.また,$Y_{t+l\Delta t}^{(i,j)}$ は $Y_t^{(i)}$ を初期点として

$$Y_{t+l\Delta t}^{(i,j)} = FY_{t+(l-1)\Delta t}^{(i,j)} + \hat{\beta}_2 + v^{(i,j)}(t + l\Delta t),$$
$$Y_t^{(i,j)} = Y_t^{(i)}$$

により発生させた $Y_{t+l\Delta t}$ の j 番目のパスを示す.

適用結果は図5,図6に示した.図5では,モンテカルロフィルタで推定されたファクター系列をプロットした.この図に示してあるように,第1ファクター(Y_1)は6ヶ月 LIBOR と相関が高く,第2ファクター(Y_2)はフォワード金利2年(2年先の6ヶ月金利のこと)とフォワード金利10年の金利差(スプ

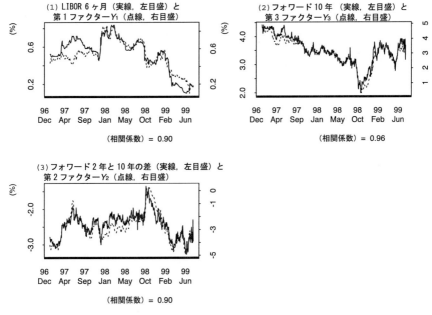

図 5 推定されたファクター系列

レッド)と第3ファクター (Y_3) はフォワード金利10年とおのおの相関が高いことがわかる．さらに，観測された各金利の説明力に関しても，図6に示すように良好である．ここで，R2は1−(観測ノイズの分散)/(観測系列の分散)のことである．先ほどの(例1)に比べると，全体的に当てはまりがよい．これより，この期間データに関しては3ファクターモデルによって，ほぼ，モデル化が可能であることが示せた．

この例が示すように，モンテカルロフィルタを用いることによって，明示的にゼロクーポン債価格が求まらないような金利構造モデルでも推定が可能であり，モデリングの自由度が大きく高まったといえる．この事例は計算機や統計学の発達によって，新しい研究分野が開けた例と位置づけることが可能であり，今後の発展が期待できる．

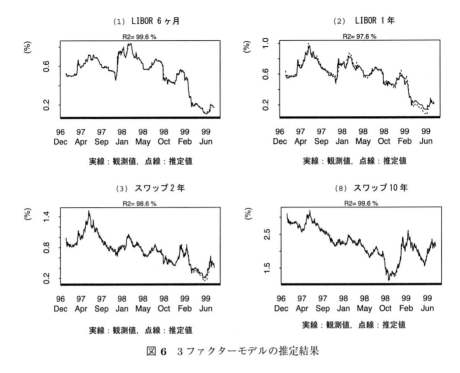

図6 3ファクターモデルの推定結果

参考文献

Akaike, H. (1973): Information theory and an extension of the maximum likelihood principle, *Second International Symposium on Information Theory* (eds. B. N. Petrov and F. Csáki), 267-281, Akademiai Kiádo, Budapest.

Björk, T. (2004): *Arbitrage Theory in Continuous Time, second edition*, Oxford University Press.

Dai, Q. and Singleton, K. J. (2000): Specification Analysis of Affine Term Structure Models, *Journal of Finance*, Vol.LV, No.5, 1942-1978.

He, Hua. (2001): Modeling Term Structures of Swap Spreads, Discussion Paper.

Hull, J. and White, A. (1994): Numerical procedures for implementing term structure models II:Two-factor models, *Journal of Derivatives*, **2**, 37-48.

Hull, J. and White, A. (1997): Taking rates to the limits, *Risk*, Dec., 1997, 168-169.

Kitagawa, G.(1996): Monte Carlo Filter and Smoother for Non-Gaussian Nonlinear State Space Models, *Journal of Computational and Graphical Statistics*, **5**, 1, 1-25.

Kitagawa, G.(1998): A Self-Organizing State-Space Model, *Journal of the American Statistical Association*, **93**, 443, 1203-1215.

Takahashi, A. and Sato, S. (2001): Monte Carlo Filtering Approach for Estimating the Term Structure of Interest Rates, *Annals of The Institute of Statistical Mathematics*, **53**, No.1, 50-62.

大場昭義・菅原周一[編](2002): 年金資産運用の理論と実践, 日本経済新聞社, 東京.

高橋明彦・佐藤整尚(2002): モンテカルロフィルタを用いた金利モデルの推定, 統計数理, 第50巻, 第2号, 133-147.

索　引

accept　11
AIC(赤池情報量規準)　118
burn-in　15, 63, 95
burn-in period　170
burn-in 時間　122
CFTP アルゴリズム　150
detailed balance　47
EM アルゴリズム　57
Gelman-Rubin の収束判定量　130
Geweke の方法　192
Gibbs 点過程　112
Gibbs(ギブス)分布　112
Glauber Dynamics　27
Hard-Core ポテンシャル　119
K 関数　113
KL-divergence　35
KL 情報量　78
Kullback-Leibler 情報量(KL 情報量)　35
LIBOR　341
LSTAR モデル　277
L 関数　114
Metropolis-coupled MCMC　74
m 次元拡散過程　332
path sampling　86
population Monte Carlo　316
reject　11
Soft-Core ポテンシャル　119
STAR モデル　278
XY モデル　140

ア　行

アフィン型金利モデル　329
アミノ酸要素間の類似度　142

イジングモデル(Ising model)　10, 16, 27, 137
一般状態空間モデル(generalized state-space model)　295, 317
遺伝的アルゴリズム(GA)　305
打ち切り回帰モデル　200
円滑推移自己回帰モデル　275
温度　4, 70

カ　行

回帰モデル　197
階層ベイズモデル　55
拡張アンサンブルモンテカルロ法
　(extended ensemble Monte Carlo, generalized ensemble Monte Carlo)　73
隠れマルコフモデル(Hidden Markov Model, HMM)　295, 317
過去からの連動(coupling from the past: CFTP)　150
稼動検査期間　170
カルマン・フィルタ(Kalman filter)　225, 317
換算密度(reduced density)　117
観測雑音　295, 305
観測方程式(measurement equation)　224
観測モデル　340
ガンマ分布　161
緩和時間　13
規格化因子　112
規格化定数　3
棄却　11
基準化定数　3, 160

擬似乱数　65
規則型配置　110
ギブス・サンプラー（Gibbs sampler）
　　23, 37, 53, 156, 167
ギブス分布　4, 112
逆ウィッシャート分布　206
逆関数法　25
逆ガンマ分布　161
既約性　42, 60
共和分　233, 243
共和分ランク　234
金融経済学　328
金利スワップ　341
空間統計（spatial statistics）　110
クラスター・アルゴリズム　60
グリッド・フィルタ　308, 318
候補　10, 19
候補分布　176
誤差修正モデル（ECM）　215, 243
混合　14, 43
混合時間　6, 13, 18

サ　行

最高事後密度（highest posterior density）区間　165
裁定（arbitrage）取引　330
最適化　69
サンプリング　3
ジェフリーズの事前分布　46, 78
事後確率密度関数　159
自己相関時間　195
自己調達トレーディング戦略
　　（self-financing trading strategy）
　　336
事後標準偏差　164
事後分布　159
事後平均　164
システム雑音　295, 305
システムモデル　340

事前確率密度関数　158
事前情報　158
事前分布　158
シミュレーテッド・アニーリング法　69
自由エネルギー　67
自由エネルギー計算　86
修正ベイズ情報量基準（MBIC）　243
収束の診断　190
収束の判定　63
集中型配置　110
周辺確率密度関数　164
周辺尤度（marginal likelihood）
　　67, 243, 313
周辺尤度の計算　263
縮小ランク　244
縮小ランク（reduced rank）回帰モデル　245
受容/棄却サンプリング　218
受理　11
準モンテカルロ法　38
詳細釣り合い　47
詳細釣り合い条件　93, 177
状態空間表現　328
状態空間モデル（state space model）　222
状態変数（state variable）　223, 333
状態方程式（state equation）　224
情報量基準　264
シラーラグ　219
信用区間　164, 190
信用係数　165
推移核　168
酔歩連鎖　179
数値的標準誤差　190
ストカスティック・ボラティリティ変動（SV）モデル　215, 270
スプライン（spline）関数　121

索　引 | 357

スムーズネス(円滑)事前分布　219
正規化定数　3, 67
正規化定数の計算　263
静的なモンテカルロ法　31, 300
切断正規分布　26, 200
ゼロクーポン債　330
ゼロクーポン債価格　333
遷移確率　39, 49
遷移行列　92
線形状態空間モデル　295
潜在因子モデル　257
相互作用　111
相対数値的効率性　195
外場(external field)　149

タ　行

対数正規分布　35
ダイナミック・ファクター・モデル　257
多重積分　67, 78, 97
多重ブロックのメトロポリス–ヘイスティングスアルゴリズム　186
多重連鎖　196
多重和　67, 78
多変量正規分布　23, 295, 311
多峰性の分布　66
単位根　233, 241
単位根モデル　234
単位ベクトルの1次元鎖　138
単純回帰モデル　172, 174
逐次モンテカルロ法(sequential Monte Carlo, SMC)　304
超過期待収益率ベクトル　337
提案分布　176
定常分布　41, 91, 155
定常分布への収束　43
データ拡大法　156
データ同化(assimilation)　308
転送行列法　317

統計物理　4
動径分布関数(radial distribution function)　113
同時(simultaneous)仮説　255
動的モンテカルロ法　4
トービットモデル　200
特異値　254
特異値の事後分布　244, 255
特異値分解　248, 254
独立サンプラー　58
独立連鎖　178

ナ　行

熱浴法(heat bath algorithm)　24, 53
熱力学的積分(thermodynamic integration)　79

ハ　行

パーティクル・フィルタ　304
パーフェクト・サンプリング　95
パーフェクト・シミュレーション　95
配位分配関数　112
Heisenberg(ハイゼンベルグ)モデル　140
バッチ平均　190
パデ(Padé)近似　120
ハミルトニアン・モンテカルロ法(ハイブリッド・モンテカルロ法)　59
Bスプライン(B-spline)基底　125
非ガウス型フィルタ　308, 318
非ガウスモデル　305
非効率性因子　194
非周期性　43
非報知事前分布　166
標本径路　191
標本自己相関関数　193
ビリアル展開　119

フィッシャー情報量　78, 80
フィルタ分布　296
フィルタリング　296, 306, 314
復元抽出　302, 311, 314, 324
不等式制約　21, 63
不変分布　41, 155, 177
プロビットモデル　203
分割表　87
分配関数　4
平滑化(smoothing)　314
平均回帰性　334
ベイズ推論　157
ベイズの公式　56, 296
ベイズの定理　160
ペロン・フロベニウスの定理　94
ポアソン回帰モデル　182
ポアソン分布　163
Poisson 配置　110
方向相互作用モデル(directional interaction potential model)　136
ポートフォリオ　336
ポテンシャルエネルギー　111
ポテンシャル関数　112
ポピュレーション型のモンテカルロ法　316

マ 行

マルコフ連鎖　39
マルコフ連鎖モンテカルロ法(MCMC)　3, 155
マルチカノニカル法　74, 86
見かけ上無関係な回帰モデル　206
無情報事前分布　165, 166
メトロポリス-ヘイスティングスアルゴリズム　156, 175, 176, 186
メトロポリス・ヘイスティングス法　50
メトロポリス法　10, 37, 49
目標分布　155
モンテカルロ・フィルタ　304
モンテカルロ標準誤差　190

ヤ 行

尤度関数　158
予測確率密度関数　165
Johansen の検定　255

ラ 行

ラテン方陣(Latin square)　87
ランダム・ウォーク型のメトロポリス・ヘイスティングス法　57
リサンプリング(resampling)　301, 312
リスク中立確率過程　339
リスク中立測度　339
リスクの市場価格　333
リバーシブル・ジャンプ MCMC (RJMCMC)法　260
粒子(particle)　302
レプリカ交換モンテカルロ法(パラレル・テンパリング法)　74
連続複利金利　331
ロジスティック円滑推移自己回帰モデル　277

ワ 行

割引事前分布(discounting prior)　222

■岩波オンデマンドブックス■

統計科学のフロンティア 12
計算統計 II——マルコフ連鎖モンテカルロ法とその周辺

2005 年 10 月 28 日　第 1 刷発行
2014 年 11 月 5 日　第 9 刷発行
2018 年 7 月 10 日　オンデマンド版発行

著　者　伊庭幸人　種村正美　大森裕浩
　　　　和合　肇　佐藤整尚　高橋明彦

発行者　岡本　厚

発行所　株式会社　岩波書店
　　　　〒 101-8002 東京都千代田区一ツ橋 2-5-5
　　　　電話案内　03-5210-4000
　　　　http://www.iwanami.co.jp/

印刷／製本・法令印刷

© Yukito Iba, Masaharu Tanemura, Yasuhiro Omori,
和合敬子, Seisho Sato, Akihiko Takahashi 2018
ISBN 978-4-00-730789-8　　Printed in Japan